长江上游鱼类生殖形态学

Reproductive Morphology of Fishes in the Upper Yangtze River

张耀光　金　丽　王志坚　蒲德永　等　著

科学出版社

北京

内 容 简 介

本书是对长江上游地区30余种鱼类生殖细胞的发生与形成、受精生物学及早期发育等的组织学、组织化学、扫描电镜、透射电镜研究结果之总结。内容包括卵子和精子的发生与形成、精子的生物学特性、受精生物学、胚胎与器官发育、性腺中非生殖细胞的结构等。除文字描述外,本书提供显微和超微结构图片1000余张。

本书可供从事鱼类学学习、教学、研究和鱼类苗种繁育等的生产实践人员,以及从事水生生物保护与管理等的相关人员参考。

图书在版编目(CIP)数据

长江上游鱼类生殖形态学/张耀光等著. —北京:科学出版社,2019.1
ISBN 978-7-03-058900-2

Ⅰ.①长⋯ Ⅱ.①张⋯ Ⅲ.①长江-上游-淡水鱼类-动物形态学 Ⅳ.① Q959.404

中国版本图书馆CIP数据核字(2018)第218771号

责任编辑:王 静 李秀伟 陈 倩 / 责任校对:严 娜
责任印制:肖 兴 / 封面设计:铭轩堂

科学出版社 出版
北京东黄城根北街16号
邮政编码:100717
http://www.sciencep.com

中国科学院印刷厂 印刷
科学出版社发行 各地新华书店经销

*

2019年1月第 一 版 开本:787×1092 1/16
2019年1月第一次印刷 印张:21
字数:498 000
定价:280.00元
(如有印装质量问题,我社负责调换)

著者名单

张耀光　金　丽　王志坚　蒲德永

杨桂枝　甘光明　李　勇　王永明

庹　云　车　静　殷江霞　张贤芳

谭　娟　李　萍　杜长雷　刘晓蕾

前　　言

　　鱼类生殖细胞的发生与形成，以及精卵的受精与发育一直是人们关注的重要科学问题，相关研究不但能更好地阐明鱼类生殖与发育的基础生物学问题，也能为鱼类的生产实践提供有益的帮助和指导。

　　长江水系有纯淡水鱼类381种，宜昌以上的长江上游地区有鱼类286种，其中包括长江上游特有鱼类142种。长江水系既是重要的鱼类资源基因库，又为鱼类养殖新品种的开发提供了条件和保障。然而，葛洲坝和三峡大坝的形成，以及金沙江和雅砻江梯级水电开发，使这些鱼类的栖息地面积显著减少，种群规模明显缩小，繁衍受到影响，生存受到威胁。因此，加紧对这些鱼类的保护和研究迫在眉睫。

　　自20世纪80年代开始，西南大学鱼类生物学研究团队围绕长江上游重要经济鱼类、名优特有鱼类生殖细胞的发生与形成、受精及早期发育等开展了一系列观察，包括卵子和精子的发生与形成、精子的生物学特性、受精生物学、胚胎与器官发育、性腺中非生殖细胞的结构，涉及组织学、组织化学、扫描电镜、透射电镜等结构观察。有关研究为将长吻鮠（*Leiocassis longirostris*）、南方鲇（*Silurus meridionalis*）、岩原鲤（*Procypris rabaudi*）、中华倒刺鲃（*Spinibarbus sinensis*）等开发为新的名特优养殖对象做出了贡献，产生了显著的经济和社会效益。

　　本团队30余年的研究工作中，涉及的鱼类有胭脂鱼（*Myxocyprinus asiaticus*）、短体副鳅（*Paracobitis potanini*）、贝氏高原鳅（*Triplophysa bleekeri*）、长薄鳅（*Leptobotia elongata*）、泉水鱼（*Pseudogyrinocheilus prochilus*）、华鲮（*Sinilabeo rendahli*）、云南盘鮈（*Discogobio yunnanensis*）、岩原鲤、稀有鮈鲫（*Gobiocypris rarus*）、中华倒刺鲃、白甲鱼（*Onychostoma sima*）、云南光唇鱼（*Acrossocheilus yunnanensis*）、瓣结鱼（*Tor brevifilis*）、黑尾近红鲌（*Ancherythroculter nigrocauda*）、厚颌鲂（*Megalobrama pellegrini*）、唇䱻（*Hemibarbus labeo*）、吻鮈（*Rhinogobio typus*）、圆口铜鱼（*Coreius guichenoti*）、川西鳈（*Sarcocheilichthys davidi*）、四川裂腹鱼（*Schizothorax kozlovi*）、南方鲇、长吻鮠、短尾鮠（*Leiocassis brevicaudatus*）、瓦氏黄颡鱼（*Pelteobagrus vachelli*）、光泽黄颡鱼（*Pelteobagrus nitidus*）、切尾拟鲿（*Pseudobagrus truncatus*）、中华纹胸鮡（*Glyptothorax sinense*）、福建纹胸鮡（*Glyptothorax fukiensis*）、大鳍鳠（*Mystus macropterus*）、斑鳜（*Siniperca scherzeri*）、大眼鳜（*Siniperca kneri*）等30余种。本人既是直接的研究工作者，又是学生研究工作的指导者。除本人直接的研究工作外，涉及长吻鮠、南方鲇的内容主要由本人与杨桂枝、李萍、金丽、谭娟等完成，大眼鳜的相关研究主要由蒲德永、车静等完成，胭脂鱼的相关研究主要由李勇、刘晓蕾等完成，稀有鮈鲫的相关研究主要由王永明完成，唇䱻的相关研究主要由甘光明等完成，圆口铜鱼的相关研究主要由张贤芳等完成，长薄鳅的相关研究主要由殷江霞、

王志坚等完成，厚颌鲂的相关研究主要由杜长雷等完成，岩原鲤的相关研究主要由廖云、谭娟等完成。一些研究成果先后在学术期刊发表。现对已发表和未发表的相关内容进行系统梳理，形成这本《长江上游鱼类生殖形态学》，以期为同行提供一份较为系统的资料，以及为相关研究工作和生产实践提供借鉴。本书对已经发表的部分内容也尽量增加了更多的图片以说明问题。为满足系统性和比较的需要，本书对已经发表的研究内容多数进行了重新编辑。研究工作中所用文献在书末以参考文献的方式列出，文中未能一一表述，敬请原作者见谅。

在此，我特别想表达对西南大学鱼类学研究的开创者、著名鱼类学家施白南教授，以及罗泉笙教授的深深敬意和怀念，同时非常感谢何学福副教授，是他们把我领进了鱼类学研究领域。感谢谢小军教授30余年来兄弟般的帮助与支持。感谢我的团队和学生，一路上秉承"坚持、团结、努力、快乐"的信念，为相同的爱好与事业共同奋斗。研究工作中重庆市万州区水产研究所、北碚江舟渔港和沿江渔民在鱼类标本收集与实验取材，原第三军医大学（现陆军军医大学）电镜室柯金星先生在电镜样品制作与观察等方面给我们提供了大量无私的帮助，特致以衷心的感谢！感谢刘小红在后期编辑方面所做的工作。

30余年来，我们的研究工作得到了国家自然科学基金、973计划前期研究专项、国家科技支撑计划、公益性行业（农业）科研专项、重庆市科学技术委员会重点项目等的支持，在此一并表示衷心的感谢！

本书研究对象主要源自长江上游干流、嘉陵江下游及其主要支流涪江和渠江合川江段的野生个体，胭脂鱼、南方鲇等部分个体源自人工繁殖的后代。感谢这些鱼类个体为我们的研究工作做出的牺牲和贡献。

由于作者水平有限，书中难免存在不足之处，敬请各位专家和广大读者批评、指正。

张耀光
2018年3月于重庆

目　　录

第1章　卵子的发生与形成 ·· 1

1.1　原始性腺的发育与分化 ·· 1
1.2　卵巢发育的外形分期 ·· 2
1.3　卵巢发育的周年变化 ·· 3
1.3.1　性成熟前至性成熟雌鱼卵巢发育的变化 ··· 3
1.3.2　性成熟后雌鱼卵巢发育的周年变化 ·· 3
1.4　卵巢发育的组织学分期 ·· 4
1.4.1　卵原细胞时相（Ⅰ时相） ·· 4
1.4.2　卵母细胞单层滤泡细胞时相（Ⅱ时相） ·· 5
1.4.2.1　Ⅱ时相早期 ·· 5
1.4.2.2　Ⅱ时相中期 ·· 6
1.4.2.3　Ⅱ时相晚期 ·· 6
1.4.3　卵黄泡出现时相（Ⅲ时相） ··· 7
1.4.3.1　Ⅲ时相早期 ·· 7
1.4.3.2　Ⅲ时相中期 ·· 8
1.4.3.3　Ⅲ时相晚期 ·· 9
1.4.4　卵黄充满时相（Ⅳ时相） ·· 10
1.4.5　卵母细胞成熟时相（Ⅴ时相） ··· 11
1.4.6　退化吸收时相（Ⅵ时相） ·· 11
1.5　卵子发生的组织化学观察 ·· 12
1.5.1　不同时相卵母细胞组织化学染色结果 ·· 12
1.5.2　水分、灰分、无氮浸出物含量和能量密度的变化 ································ 13
1.5.2.1　水分含量变化 ·· 13
1.5.2.2　灰分含量变化 ·· 14
1.5.2.3　无氮浸出物含量和能量密度的变化 ·· 14

1.5.3 蛋白质、糖类和脂肪含量的变化 ··14
　　　　1.5.3.1 蛋白质含量变化 ··14
　　　　1.5.3.2 糖类含量变化 ··15
　　　　1.5.3.3 脂肪含量变化 ··15
　　1.5.4 DNA 和 RNA 含量的变化 ··16
　　　　1.5.4.1 DNA 含量变化 ···16
　　　　1.5.4.2 RNA 含量变化 ···16
1.6 卵子发生的超微结构特征 ···16
　　1.6.1 卵原细胞期 ··16
　　1.6.2 卵黄发生前期 ···17
　　1.6.3 卵黄发生期 ··18
　　　　1.6.3.1 卵黄合成初期 ··18
　　　　1.6.3.2 卵黄合成旺盛期 ···18
　　1.6.4 卵黄发生后期 ···19
　　1.6.5 成熟卵子 ··19

第 2 章　精子的发生与形成

2.1 精巢发育的外形分期 ···21
2.2 精巢发育的周年变化 ···21
　　2.2.1 性成熟前至性成熟雄鱼精巢发育的变化 ······································21
　　2.2.2 性成熟后雄鱼精巢发育的周年变化 ···22
2.3 精巢发育的组织学分期 ··22
　　2.3.1 精原细胞时相 ···23
　　2.3.2 初级精母细胞时相 ···23
　　2.3.3 次级精母细胞时相 ···24
　　2.3.4 精子细胞形成时相 ···24
　　2.3.5 精子完全成熟时相 ···25
　　2.3.6 退化吸收时相 ···25
2.4 精子发生的超微结构特征 ···25
　　2.4.1 初级精原细胞 ···26
　　2.4.2 次级精原细胞 ···26
　　2.4.3 初级精母细胞 ···26
　　2.4.4 次级精母细胞 ···27

2.4.5 精子细胞 ·· 27
2.4.6 精子 ·· 28
  2.4.6.1 精子形态 ·· 28
  2.4.6.2 精子结构 ·· 28
2.4.7 退化的精子 ·· 30

第3章 精子的生物学特性 ·· 31
3.1 精子形态和大小 ·· 31
3.2 精液 pH、浓度和精子密度 ·· 32
3.3 精子在不同水体溶液中活力的测定 ·· 32
3.4 精子在不同浓度 NaCl 溶液中活力的测定 ·· 33
3.5 精子激活及抑制机制 ·· 36

第4章 受精生物学 ·· 37
4.1 精子的结构 ·· 37
4.2 卵子的结构 ·· 37
4.2.1 卵膜 ·· 38
  4.2.1.1 卵膜的组织学观察 ·· 38
  4.2.1.2 卵膜的扫描电镜观察 ·· 38
  4.2.1.3 卵膜的超微结构观察 ·· 39
4.2.2 精孔器 ·· 40
4.2.3 皮层小泡 ·· 41
4.2.4 卵黄 ·· 42
4.2.5 染色体 ·· 43
4.3 受精过程的观察 ·· 43
4.3.1 精子入卵过程的组织学观察 ·· 43
4.3.2 精子入卵过程的扫描电镜观察 ·· 46
4.4 受精过程中的皮层反应 ·· 47
4.4.1 皮层反应引发斑 ·· 47
4.4.2 皮层反应的组织学观察 ·· 47
4.4.3 皮层反应的扫描电镜观察 ·· 48
4.4.4 皮层反应的透射电镜观察 ·· 49

4.5 受精前后卵膜结构的物理变化 ·· 51
4.6 卵子激活的细胞学变化 ·· 53
   4.6.1 受精过程中卵内钙离子含量的变化 ·· 53
   4.6.2 Ca^{2+}-ATPase 活性 ··· 53
   4.6.3 钙离子与卵子激活的关系 ·· 54
   4.6.4 Ca^{2+}-ATPase 活性变化与皮层反应 ·· 54
   4.6.5 卵膜的物理结构变化与钙离子调节 ·· 55
   4.6.6 钙离子通道理论假说 ·· 55
4.7 精子星光扩张、牵引 - 细胞质流动学说 ·· 56
4.8 受精初期卵黄颗粒降解的主要途径 ·· 56
4.9 皮层反应及引发机制分析 ·· 57
   4.9.1 皮层反应的分期 ·· 57
   4.9.2 皮层反应的起始位点 ·· 57
   4.9.3 引发斑和释放的皮层小泡可以加快皮层反应的进程 ···················· 58
   4.9.4 皮层反应伴随质膜的修复 ·· 59
   4.9.5 精孔器附近的受精膜外举 ·· 59

第 5 章 胚胎与器官发育 ·· 60
5.1 胚胎发育 ·· 60
   5.1.1 准备卵裂阶段 ·· 62
   5.1.2 卵裂阶段 ·· 62
   5.1.3 囊胚阶段 ·· 63
   5.1.4 原肠胚阶段 ·· 63
   5.1.5 神经胚阶段 ·· 64
   5.1.6 器官分化阶段 ·· 64
   5.1.7 孵化阶段 ·· 66
   5.1.8 有效积温 ·· 67
   5.1.9 胚胎发育特点 ·· 67
5.2 仔、稚、幼鱼发育 ·· 70
   5.2.1 仔、稚鱼发育的形态学观察 ·· 70
      5.2.1.1 卵黄囊期仔鱼 ·· 70
      5.2.1.2 晚期仔鱼 ·· 72

    5.2.1.3 早期稚鱼 ·· 75
    5.2.1.4 晚期稚鱼 ·· 76
  5.2.2 仔、稚、幼鱼的生长 ··· 77
    5.2.2.1 生长指标 ·· 77
    5.2.2.2 体长与日龄的关系 ··· 79
    5.2.2.3 全长与日龄的关系 ··· 80
    5.2.2.4 长度生长 ·· 81
    5.2.2.5 体重与体长的关系 ··· 81
    5.2.2.6 体重与日龄的关系 ··· 82
    5.2.2.7 体重与全长的关系 ··· 83
    5.2.2.8 仔、稚、幼鱼身体各部分比例与体长的变化趋势 ···················· 83
    5.2.2.9 个体生长速度 ··· 84
    5.2.2.10 发育历时和有效积温 ·· 84
    5.2.2.11 生长特性分析 ·· 84
5.3 早期器官分化 ··· 85
  5.3.1 神经胚期的器官分化特征 ··· 85
  5.3.2 器官发生期的器官分化特征 ··· 86
  5.3.3 孵化期的器官分化特征 ·· 88
  5.3.4 早期器官分化的特征分析 ··· 88
5.4 尾部神经分泌系统的结构与发育 ·· 89
  5.4.1 尾部神经分泌系统的解剖结构 ·· 89
  5.4.2 尾部神经分泌系统的显微和超微结构 ·· 91
    5.4.2.1 尾部神经分泌细胞胞体 ·· 91
    5.4.2.2 尾部神经分泌细胞轴突 ·· 94
    5.4.2.3 尾垂体 ··· 95
    5.4.2.4 室管膜细胞 ··· 95
  5.4.3 尾部神经分泌系统的组织化学反应 ·· 96
  5.4.4 尾部神经分泌系统的酶细胞化学反应 ·· 97
  5.4.5 尾部神经分泌系统的发育 ··· 97
    5.4.5.1 组织学和组织化学 ··· 97
    5.4.5.2 超微结构 ·· 99
    5.4.5.3 繁殖前后尾部神经分泌系统结构的变化 ································ 101

第6章 性腺中非生殖细胞的结构 ... 103

6.1 精巢中的非生殖细胞 ... 103
6.1.1 结缔组织细胞 ... 103
6.1.2 成纤维细胞 ... 103
6.1.3 边界细胞 ... 103
6.1.4 支持细胞 ... 104
6.1.5 Leydig 细胞 ... 104
6.1.6 精巢尾区 ... 105

6.2 卵巢中的非生殖细胞 ... 105
6.2.1 基质细胞 ... 105
6.2.2 滤泡细胞的生成与退化 ... 105
6.2.2.1 长吻鮠卵巢滤泡细胞的生成与退化 ... 105
6.2.2.2 南方鲇卵巢滤泡细胞生成与退化的组织学结构 ... 106
6.2.2.3 南方鲇卵巢滤泡细胞生成与退化的超微结构 ... 108
6.2.3 精孔细胞的生成与退化 ... 111
6.2.4 卵膜的形成与变化 ... 111
6.2.4.1 卵膜的组织学结构 ... 111
6.2.4.2 初级卵膜的超微结构 ... 112
6.2.4.3 次级卵膜的超微结构 ... 112
6.2.4.4 卵膜的来源与功能 ... 112

6.3 卵母细胞和滤泡细胞中线粒体的类型与变化 ... 113
6.3.1 线粒体的类型与结构 ... 113
6.3.2 卵巢发育过程中线粒体的变化 ... 114
6.3.2.1 卵原细胞中的线粒体 ... 114
6.3.2.2 卵黄发生前期卵母细胞中的线粒体 ... 114
6.3.2.3 卵黄发生期卵母细胞中的线粒体 ... 114
6.3.2.4 成熟期卵母细胞中的线粒体 ... 115
6.3.3 颗粒细胞中线粒体的形态与变化 ... 115
6.3.4 线粒体的机能 ... 115

参考文献 ... 117

图版 ··· 133
 第 1 章 卵子的发生与形成 ·· 135
 第 2 章 精子的发生与形成 ·· 205
 第 4 章 受精生物学 ·· 248
 第 5 章 胚胎与器官发育 ··· 279
 第 6 章 性腺中非生殖细胞的结构 ·· 314

第1章 卵子的发生与形成

卵子的发生与形成涉及卵巢及卵巢中生殖细胞的发育过程和周年变化。依形态学特征可将卵巢的发育过程分为 6 个时期，据组织学特点可将雌性细胞的变化分为 6 个时相。不同鱼类的发育状况会有所差异。

1.1 原始性腺的发育与分化

将初孵胭脂鱼（*Myxocyprinus asiaticus*）仔鱼记为 0d，出膜 1d 的胭脂鱼仔鱼消化道未发育，未见原始生殖细胞，但已形成肾脏组织。出膜 5d，消化道已经形成，但未开口摄食，卵黄囊未消失。在消化道背侧及肾管背面可见原始生殖细胞，以单细胞形式存在，较体细胞稍大，直径约为 6.76μm，细胞嗜碱性强，细胞核大，染色深，核径约为 4.86μm，核质比较大（图版 1-Ⅰ-A：1）。出膜 9d，仔鱼已经开口摄食，但是卵黄未消耗完全，原始生殖细胞数目增多，有聚集成团的趋势。出膜 15d，原始生殖细胞开始向肾管下方移动（图版 1-Ⅰ-A：2）。出膜 21d，在消化道背侧，鳔管左右两侧出现生殖嵴，生殖嵴无膜包被，与腹膜直接相连。原始生殖细胞沿腹膜向生殖嵴方向迁移，个别个体的生殖嵴中有原始生殖细胞进入（图版 1-Ⅰ-A：3）。出膜 25d，原始生殖细胞迁移进入生殖嵴，形成原始性腺，其内原始生殖细胞数目为 3～5 个，嗜碱性减弱，核膜清晰，核质呈网状，有一个核仁（图版 1-Ⅰ-A：4）。出膜 40d，原始性腺体积增大，原始生殖细胞数目明显增多（图版 1-Ⅰ-A：5）。出膜 80d，原始性腺体积进一步增大，生殖细胞数目进一步增多，出现血管（图版 1-Ⅰ-A：6）。出膜 110d，细胞数量增多明显，血管更加丰富，但性腺没有分化（图版 1-Ⅰ-B：1）。出膜 180d，形成两种不同形态的性腺，一种性腺的生殖细胞成团分布，中间出现新月状裂隙，此新月状裂隙即卵巢腔（图版 1-Ⅰ-B：2），将发育为卵巢；另一种性腺没有裂隙形成，生殖细胞散乱分布，与前期相比变化不大（图版 1-Ⅰ-B：3），将发育为精巢。出膜 200d，卵巢腔体积变大，成团分布的生殖细胞中可以观察到明显的中央大核仁，卵原细胞结构明显（图版 1-Ⅰ-B：4）。另一种性腺中，生殖细胞 3～5 个聚集到一起围绕成环状，形成精小叶，环形结构中间形成小叶腔结构（图版 1-Ⅰ-B：5）。出膜 250d，两种性腺的区别更加明显，卵巢腔体积更大，出现初级卵母细胞（图版 1-Ⅰ-B：6），精巢中小叶腔结构更加明显。

1.2 卵巢发育的外形分期

卵巢发育分为 6 个时期，鉴别特征见表 1-1。

表 1-1 卵巢发育的外形分期
Tab. 1-1 The developmental stages of ovary based on morphology

生殖细胞发育期	南方鲇 *Silurus meridionalis*	长薄鳅 *Leptobotia elongata*	大眼鳜 *Siniperca kneri*	胭脂鱼 *Myxocyprinus asiaticus*	厚颌鲂 *Megalobrama pellegrini*	圆口铜鱼 *Coreius guichenoti*
Ⅰ. 原始生殖细胞期	卵巢细薄膜状，与腹膜紧连，银白色，不见血管，肉眼不能辨别雌雄	卵巢很小、透明，紧贴肾脏，与腹膜紧连，从外表上无法辨别雌雄	卵巢透明状，紧贴肾脏，与腹膜紧连，从外表上无法辨别雌雄	卵巢细线状，透明，紧贴肾脏腹面，与腹膜相连，肉眼无法辨别雌雄	卵巢透明状，紧贴肾脏，与腹膜紧连，从外表上无法辨别雌雄	卵巢很小，透明，呈线状，肉眼不能辨别雌雄
Ⅱ. 增殖期至早期生长期	淡肉色，半透明，扁囊状。横断面可见片状产卵板和卵巢腔，退化至Ⅱ期卵巢松软，血管发达，淡黄红色	早期浅肉红色、半透明，由中间向两端逐渐变窄，晚期肉红色，有血管分布，边缘较中间薄	扁带状，肉眼能辨别雌雄，雌性浅红色，半透明，中间部分较宽，两端变窄，有血管分布	长棒状，半透明，肉红色，前端稍粗或前后端宽度差异不大，微血管明显	扁带状，呈肉红色、半透明，中间部分较宽，两端变窄，可见有微血管分布	线状或细带状，呈"V"形，无血管分布
Ⅲ. 生长早期	浅黄色，中部为略大的长囊状，肉眼可见卵巢内有小黄颗粒，血管众多，有分支	扁平囊状，肉红色，隐约可见卵粒	扁平囊状，浅黄色，随卵巢的发育，其宽度和卵巢厚度显著增加，可见卵粒	扁带状，浅黄色，前端粗，后端细，微血管发达，可见明显的卵母细胞锥形	扁囊状，浅黄色，血管明显变粗、增多，可见卵母细胞的粒状锥形	扁平状，呈微红色，卵巢横切面呈长椭圆形，前、中、后段出现宽度区别
Ⅳ. 生长晚期	淡橙黄色，前粗后细的长囊状，血管发达，卵母细胞充满卵黄颗粒，挤压腹部无卵流出	棒槌状，乳黄色，卵母细胞明显	浅黄色，卵母细胞明显可见，其间相互粘连，不离巢。众多血管布满卵巢表面	圆囊状，黄色，卵母细胞明显，较圆，着生于产卵板并且相互粘连，较易从产卵板剥离，卵巢表面血管明显	卵巢圆囊状，浅黄色，卵母细胞明显可见，其间相互粘连，血管众多，布满卵巢表面	囊袋状，整个卵巢呈青灰色。在鳔管处由于受到挤压，形成明显的凹陷。血管布满整个卵巢表面，分支多
Ⅴ. 成熟期	橙黄色，卵巢松软，卵细胞游离，轻压腹部或将亲鱼提起有卵子从生殖孔流出	卵粒分散在卵巢腔中，卵粒饱满。轻压鱼腹部可挤出卵粒	黄色，卵粒饱满富有弹性，游离于卵巢腔中，轻压腹部即可挤出微油黄色卵粒	卵粒游离于卵巢腔，黄色，圆形，有弹性，富含卵黄，轻压腹部有黏稠的卵子流出	囊袋状，油黄色，卵粒饱满富有弹性，游离于卵巢腔中，轻压腹部即可挤出油黄色卵粒	

续表

生殖细胞发育期	南方鲇 Silurus meridionalis	长薄鳅 Leptobotia elongata	大眼鳜 Siniperca kneri	胭脂鱼 Myxocyprinus asiaticus	厚颌鲂 Megalobrama pellegrini	圆口铜鱼 Coreius guichenoti
Ⅵ. 排空期	产后卵巢体积显著缩小，松软、充血、深红色，内含部分未产出的成熟卵和正在退化吸收的卵粒	卵巢显著萎缩，松软充血	卵巢体积缩小，充血，深红色	卵巢萎缩，松软充血，深红色	卵巢缩小，松软充血，深红色	

1.3 卵巢发育的周年变化

1.3.1 性成熟前至性成熟雌鱼卵巢发育的变化

幼鱼性腺发育与体长、体重及年龄有明显的关系（表 1-2）。表 1-2 中各期卵巢的特征如表 1-1 所示。卵巢发育至Ⅳ期的鱼当年能性成熟，参与繁殖群体的繁殖活动。

表 1-2 南方鲇性成熟前至性成熟雌鱼卵巢发育与体长、体重及年龄的关系
Tab. 1-2 Relationships between ovary development and body length, weight and age from immature to mature of female *Silurus meridionalis*

体长（mm）	体重（g）	年龄	卵巢期
100	11	2 月	Ⅰ
121	14.7	3 月	Ⅱ 早期
437	775	1^+	Ⅱ 中期
520	1460	2^+	Ⅱ 晚期
735	3225	3^+	Ⅱ 晚期
765	4100	3^+	Ⅲ
820	6000	4	Ⅳ 期末
815	5200	4^-	Ⅴ

注：1^+ 表示年龄超过 1 龄，但不到 2 龄，称为 1 加龄；4^- 表示年龄不足 4 龄，但接近 4 龄；以此类推

1.3.2 性成熟后雌鱼卵巢发育的周年变化

性成熟后雌鱼卵巢的周年变化如下。长江上游大多数在 3~5 月繁殖的雌性鱼类个体，在经历第一次繁殖后，9 月至次年 1 月为卵巢越冬期，卵母细胞以Ⅲ~Ⅳ时相为主，也有部分Ⅱ时相卵母细胞，一些鱼类的部分卵巢的卵母细胞在 12 月下旬可发育至Ⅳ时相早期。再次繁殖的南方鲇（*Silurus meridionalis*），1~2 月为产卵前期卵巢，绝大部分卵母细胞已发育至Ⅳ时相早中期；3~4 月为繁殖期卵巢，3 月上旬多数卵巢已达Ⅳ

期末，并开始游向产卵场，3 月下旬到 4 月中旬大批产卵，产卵后卵巢即进入Ⅵ期；5 月卵巢主要处于退化吸收期，少数个体尚能繁殖，切片所用 7 尾个体的卵巢中，有 4 尾处于Ⅵ期，2 尾处于Ⅱ期，1 尾处于Ⅳ期末；6～9 月卵巢处于修复发育阶段，以Ⅱ时相卵母细胞为主，兼有少量Ⅲ时相卵母细胞。经退化吸收期后，卵巢很快回复到Ⅱ期，开始新一个生殖周期的发育。周年变化中没有Ⅰ期卵巢出现。

人工养殖条件下，一些经特别培育的繁殖后雌性个体，如草鱼（*Ctenopharyngodon idellus*）和南方鲇等，当年可再次人工繁殖，但繁殖力较第一次低。

1.4 卵巢发育的组织学分期

卵巢内雌性细胞的发育分为 6 个时相。

1.4.1 卵原细胞时相（Ⅰ时相）

卵原细胞出现于Ⅰ期卵巢中，此时卵巢腔已形成。卵巢壁主要由结缔组织和生殖上皮构成，有丰富的血管和淡红色血细胞。产卵板尚未形成，生殖上皮占卵巢壁厚度的 1/4。卵原细胞圆形或椭圆形，位于生殖上皮内，核所占比例较大，位于细胞中央，一个核仁，核膜内缘有分散的核质，核染深蓝色，胞质淡染。

南方鲇左右卵巢呈囊状向两侧伸出，后端约 1/3 合在一起，共用一腔；卵原细胞直径为 8.91～10.98μm，核径为 4.95～6.93μm。细胞排列杂乱无章（图版 1-Ⅱ：1，2）。

胭脂鱼卵原细胞直径为 7.37～10.51μm，平均为 8.44μm，胞核圆形，较大，核径为 5.18～7.36μm，平均为 6.04μm，位于细胞中央，有一中央大核仁，胞质较少，嗜碱性强，苏木精-伊红（hematoxylin-eosin，HE）染色呈深蓝色，核质比较大（图版 1-Ⅰ-D：2）。

长薄鳅（*Leptobotia elongata*）卵原细胞直径为 14.07～17.28μm，平均为 15.68μm；核径为 7.78～9.95μm，平均为 8.87μm。胞质嗜碱性强，核质比大，核膜双层，清晰，核位于细胞中央，有一中央大核仁（图版 1-Ⅳ-A：1）。

厚颌鲂（*Megalobrama pellegrini*）卵原细胞长径为 4.60～11.52μm，质膜清晰，胞核较大，近圆形、近中位，核径为 3.01～5.75μm，核质比为 1/3～1/2；核仁一个，圆形、中位，强嗜碱性，直径为 1.42～1.97μm；核质和胞质较少，在 HE 染色中相对较淡（图版 1-Ⅴ-A：1）。正在进行分裂增殖的卵原细胞质膜清晰，核仁消失，核膜不可辨，细胞中央有强嗜碱性、呈线团状分布的染色质（图版 1-Ⅴ-A：2）。在发育至Ⅱ期以后的卵巢内也存在少量的卵原细胞，其外形不规则，多为梨形、多角形、多边形等，直径为 69.32～86.01μm。胞质少而均匀、嗜碱性强；胞核近圆形、中位，弱嗜酸性，内含一个大核仁或多个小核仁，核径为 40.13～41.73μm（图版 1-Ⅴ-A：3）。

圆口铜鱼（*Coreius guichenoti*）卵原细胞靠近基质膜，排列紧密，成团挤在一起。核位于细胞中央，核膜清晰。核仁多为一个，居中，强嗜碱性，直径为 1.4μm，核质和胞质较少，三色法和 HE 染色中相对淡染，周围无滤泡细胞分布（图版

1-Ⅵ-A：4）。三色法染色中，核仁呈紫红色，细胞膜呈蓝色，细胞质呈紫蓝色。卵原细胞进一步发育，此时卵巢的产卵板尚未形成，卵母细胞呈椭圆形，细胞长径为 39.0～57.2μm，平均为 44.2μm；短径为 33.8～39.0μm，平均为 37.9μm。细胞核长径为 28.6～36.4μm，平均为 31.5μm；短径为 23.4～27.3μm，平均为 24.3μm；核中有念珠状结构，以纤丝相连，HE 染色呈深蓝色，核质呈网状，胞质为强嗜碱性（图版 1-Ⅵ-A：4）。

大眼鳜（*Siniperca kneri*）卵原细胞形态不规则，多呈梨形、多角形等，胞质少而均匀，核呈圆形，较大，位于细胞中央，称中央大核仁。直径为 22.88～53.25μm，平均为 34.88μm；核径为 16.64～31.72μm，平均为 21.56μm。胞质嗜碱性强，HE 染色呈深蓝色，核质比大，核膜双层（图版 1-Ⅶ-A：1）。

1.4.2 卵母细胞单层滤泡细胞时相（Ⅱ时相）

该时相可分为早、中、晚 3 个时期。

1.4.2.1 Ⅱ时相早期

初次发育至此期的幼鱼卵巢，仍无明显的产卵板，卵母细胞在生殖上皮内无序排列，滤泡细胞还不明显，胞质嗜碱性增强，核区无色或呈淡红色，核仁分散排列，核仁数目较少者多有一个中央大核仁，数目较多者，每个核仁大小相近。卵母细胞间夹杂着成堆排列的卵原细胞。

南方鲇Ⅱ时相早期卵母细胞直径为 20.74～47.52μm，核径为 12.87～25.74μm，核仁径为 1.78～2.97μm（图版 1-Ⅱ：3，4）。

与卵原细胞相比，胭脂鱼卵母细胞体积明显增大，直径为 47.94～177μm，平均为 69.69μm，呈多角形，胞质嗜碱性增强（图版 1-Ⅰ-D：3）；核圆形或椭圆形，核径为 21.31～41.79μm，平均为 34.68μm，位于细胞中央，核膜清晰，核仁 2～10 个，有大小之别，多分布于核膜内缘（图版 1-Ⅰ-D：4）。胞核周围有卵黄核形成，HE 染色着色深，呈深紫色，并由胞核向胞质扩散（图版 1-Ⅰ-D：3，5）；胞质中出现着色深的块状结构，被碱性染料染成深色，逐渐扩散至胞质边缘，在胞质边缘形成一着色深的环状结构（图版 1-Ⅰ-D：4，5）。产卵板和滤泡细胞均不明显。

长薄鳅该时相细胞体积明显增大，直径为 43.53～47.91μm，平均为 45.72μm，核径为 21.43～22.94μm，平均为 22.16μm。核质比约为 2∶1，核仁一个。与卵原细胞不同的是，核仁发生偏位，紧贴核膜。大核仁出现了空泡结构。卵原细胞在卵母细胞之间常成堆分布（图版 1-Ⅳ-A：2）。

厚颌鲂该时相卵母细胞直径为 83.49～139.39μm，胞核圆形、中位，核膜清晰，核径为 37.52～61.37μm，核仁数目为 19～33 个，大小不等，紧贴核膜分布；胞质嗜碱性增强，核质比小于 1（图版 1-Ⅴ-A：5）。

大眼鳜该时相细胞直径为 31.26～63.95μm，平均为 48.56μm，核径为 18.37～36.19μm，平均为 28.95μm（图版 1-Ⅶ-A：2）。

1.4.2.2 Ⅱ时相中期

卵母细胞处于Ⅱ时相中期阶段，生殖上皮及结缔组织突入卵巢腔形成产卵板，卵母细胞沿产卵板排列，单层滤泡细胞明显。卵母细胞大小不完全一致，胞质嗜碱性显著增强。细胞卵圆形或圆形或不规则，胞核均为椭圆形，核仁明显聚集于核中央，很少见其靠近核膜内缘分布。

南方鲇Ⅱ时相卵母细胞直径为 34~68μm，核径为 18.0~32μm（图版1-Ⅱ：5，6）。

胭脂鱼卵母细胞直径为 74.31~116.55μm，平均为 98.95μm，胞核位于细胞中央，核膜清晰，核径为 28.13~48.40μm，平均为 36.14μm，核仁数目增多至 6~22 个，有大小核仁之别，多数分布于核膜边缘（图版1-Ⅰ-E：2）。胞核外围出现新月形块状结构，HE染色着色深，呈深紫色，而后新月形块状结构扩展为同心圆式的环状结构，称为生长环，经HE染色呈深紫色，位于核周（图版1-Ⅰ-E：2~4），随卵母细胞发育，生长环由核周向胞质边缘扩展。随生长环的出现，在其外侧胞质中出现空泡状结构，空泡状结构逐渐扩大为环状透明层，位于生长环外围，最大占到胞质体积的2/3，HE染色不着色，未见明显物质分布其中（图版1-Ⅰ-E：3，4）。卵黄核位于胞质中（图版1-Ⅰ-E：1）。卵母细胞细胞膜外开始出现滤泡细胞，在质膜外侧零星分布（图版1-Ⅰ-E：4）。

长薄鳅该时相卵母细胞直径为 72.44~91.12μm，平均为 81.78μm，细胞核直径为 41.46~62.1μm，平均为 51.78μm。核仁数目增多，2~21 个不等，多靠近核膜分布。核仁大小不一，最大核仁体积是最小核仁体积的10倍（图版1-Ⅳ-A：5）。核仁空泡结构依然存在，且空泡大小不一，数目不一，形状不一（图版1-Ⅳ-A：6）。卵母细胞嗜酸性增强，嗜碱性减弱，卵黄核出现（图版1-Ⅳ-A：5）。滤泡细胞围绕卵母细胞呈零星分布（图版1-Ⅳ-B：7）。

厚颌鲂该时相卵母细胞直径为 210.51~246.02μm，核径为 112.49~121.96μm，大小核仁数目为 25~33 个，多靠近核膜分布，也有的散布于核质中（图版1-Ⅴ-B：7）。

圆口铜鱼该时相卵母细胞大核仁数目一般为 2~13 个，平均为 5 个；小核仁数目为 1~16 个，平均为 9 个，大小约为 3.9μm。胞质中出现卵黄核，核周的胞质中出现生长环，呈新月状，后逐渐向胞质扩展，HE染色呈深紫蓝色。有的生长环扩散形成网格状，逐渐扩散至胞质边缘（图版1-Ⅵ-B：6）。生长环使染色的胞质出现内、中、外3层，内、外层相对淡染（图版1-Ⅵ-B：7）。

大眼鳜该时相卵母细胞直径为 76.94~127.69μm，平均为 97.46μm，核径为 14.56~34.08μm，平均为 28.33μm。核仁数目为 14~20 个，多靠近核膜分布，也有的散布于核质中，核仁大小、形状及数目均有变化，核仁空泡状结构依然存在。卵黄核明显（图版1-Ⅶ-A：4），胞质中出现同心圆式的生长环结构（图版1-Ⅶ-A：5，6）。

1.4.2.3 Ⅱ时相晚期

Ⅱ时相晚期卵母细胞体积增大，嗜碱性减弱，卵黄核出现，胞质边缘出现少量单个卵黄泡。

南方鲇Ⅱ时相晚期卵母细胞核仁数目为35~55个，大小不等，大核仁为10~20个，多排列在核膜内缘，直径为3.96~4.95μm；小核仁分散于核中央，直径为0.99~1.98μm。卵径为111.87~159.39μm，核径为44.55~68.31μm（图版1-Ⅱ：7）。

胭脂鱼该时相卵母细胞体积进一步增大，直径为139.75~232.25μm，平均为182.95μm，多为椭圆形，胞质嗜酸性增强（图版1-Ⅰ-E：5）。核位于细胞中央，核径为35.82~71.11μm，平均为51.75μm，核仁为28~54个，依然有大小之别，大核仁多数分布于核膜边缘，小核仁多散布于胞质中；核膜波曲，出现核仁外排现象（图版1-Ⅰ-E：6）。胞质中生长环消失，大部分卵母细胞中生长环外周的透明层结构消失，胞质均匀，少数卵母细胞的胞质中留有未填满胞质的空泡状结构，该空泡不完全透明，有被纤维状物质逐渐填充的痕迹（图版1-Ⅰ-E：5，6；图版1-Ⅰ-F：1）。卵黄核依然存在（图版1-Ⅰ-F：1）。滤泡细胞在质膜外侧呈单层分布，细胞细长，胞核长条状（图版1-Ⅰ-F：1）。

长薄鳅该时相卵母细胞直径为91.29~124.23μm，平均为107.73μm，核径为56.38~93.76μm，核仁数目为21~33个，核仁空泡结构依然存在。卵黄泡圆形，单个位于胞质边缘（图版1-Ⅳ-B：8）。滤泡细胞细长，核长条形，数目增多（图版1-Ⅳ-B：9）。

厚颌鲂该时相卵母细胞直径为223.51~254.01μm，核径为116.94~132.74μm，大小核仁数目为26~31个，多靠近核膜分布，也有的散布于核质中，仍存在核仁空泡状结构，其空泡大小及数目均有变化。卵黄核向胞质中心移动，在近质膜的胞质处开始出现单个圆形的卵黄泡。滤泡细胞外开始形成少数单个分布的长条形鞘膜细胞（图版1-Ⅴ-B：8）。

圆口铜鱼该时相卵母细胞核仁平均为15个，大核仁为1~9个，小核仁为2~15个。胞质嗜碱性减弱，由于染色较浅，可观察到由细胞器堆积形成的生长环散至细胞质边缘（图版1-Ⅵ-B：8）。卵母细胞边缘出现数目不等的液泡，液泡圆形，大小为7.8~20.8μm，平均为10.8μm。

大眼鳜该时相卵母细胞直径为75.24~158.49μm，平均为109μm，核径为34.37~62.19μm，平均为56.97μm。核区出现空泡状结构，核质向一端集中，HE染色呈淡红色，核仁数目为14~20个，多靠近核膜分布，也有的散布于核质中，核仁大小、形状及数目均有变化，卵黄核向胞质中心移动。细胞质边缘近细胞膜处开始出现单个卵黄泡，圆形（图版1-Ⅶ-B：7）。滤泡细胞细长，分布在细胞膜边缘（图版1-Ⅶ-B：8）。

1.4.3 卵黄泡出现时相（Ⅲ时相）

该时相亦可分为早、中、晚3个时期。

1.4.3.1 Ⅲ时相早期

Ⅲ时相早期卵母细胞嗜酸性增强，胞质染上淡紫红色，核膜清晰。滤泡细胞双层，外层扁平。

南方鲌Ⅲ时相早期卵母细胞卵黄核尚在，靠近细胞膜，体积减小，呈长椭圆形，染色较深，其边缘略透明。卵黄泡小，分布于胞质边缘。卵径为264～332μm，核径为84μm左右（图版1-Ⅱ：8，9）。

胭脂鱼该时相卵母细胞呈椭圆形，体积比前一时期明显增大，细胞核位于卵母细胞中央，较大，核膜波曲程度加大，核仁数目继续增加，核仁外排现象更加明显。胞质内卵黄核消失，胞质边缘出现卵黄泡，呈单层分布，HE染色不着色（图版1-Ⅰ-F：2）。滤泡细胞数目增多。

长薄鳅该时相卵母细胞直径为235.7～312.26μm，平均为273.98μm；核径为49.35～116.17μm，平均为82.76μm。核仁数目多达55个，核仁空泡化现象消失。胞质边缘出现一层卵黄泡（图版1-Ⅳ-B：11）。细胞多数圆形或椭圆形，或少数由于相互挤压呈多角形。卵母细胞嗜酸性进一步增强。卵母细胞外滤泡细胞成层分布（图版1-Ⅳ-B：11）。

厚颌鲂该时相卵母细胞近圆形，体积明显增大，直径为237.68～286.51μm，核圆形、较大，核径为123.7～140.32μm，大小核仁数目为21～27个，胞质边缘出现一层卵黄泡（图版1-Ⅴ-B：9）。

圆口铜鱼该时相卵母细胞核仁均贴在核膜上，数目增加，平均为24个；大核仁达9个以上，小核仁为6～20个（图版1-Ⅵ-B：9）。质膜边缘出现1或2层液泡圈，占细胞半径的1/4～1/3，三色法染色不着色，HE染色法染成蓝色或淡蓝色。液泡呈椭圆形，长径为39～67.6μm，平均为50.96μm；短径为31.2～52μm，平均为39μm（图版1-Ⅵ-B：9）。质膜边缘的胞质形成一层较薄的皮质层，呈浅蓝色；皮质层有红色的卵黄颗粒出现，颗粒较小。

大眼鳜该时相卵母细胞直径为141.76～185.59μm，平均为163.67μm，核径为55.29～65.48μm，平均为60.3μm，胞质呈弱嗜碱性，在胞质边缘出现一层卵黄泡，在胞质的皮质部分近核膜边缘处也出现大小不一的卵黄泡（图版1-Ⅶ-B：9），HE染色不着色。核较大，圆形，核仁数目为11～27个，分散于核内，滤泡膜仍为一层。

1.4.3.2 Ⅲ时相中期

此时卵母细胞与不同的是放射带显著，HE染色呈淡火红色，尚无卵黄积累。

南方鲌该时相卵母细胞卵黄泡排列在胞质外缘呈整齐的1～5圈。滤泡细胞有2或3层，外层扁平，核长杆状，为鞘膜层；内层是颗粒层，细胞短柱状或近椭圆形。核仁数目为1～3个，靠近核膜内缘，其中一个滤泡细胞胞质肥大、透明、核扩大2～2.5倍，转变成为精孔细胞，细胞直径约为11.89μm，核径为5.94μm，向内将放射带压向胞质。放射带内侧的质膜清晰，在纯苏木精染色中呈深蓝色（图版1-Ⅱ：10，11）。

胭脂鱼该时相卵母细胞直径为1141.53～1301.66μm，平均为1210.15μm；胞核依然位于细胞中央，核径为94.62～123.65μm，平均为113.05μm，核质比明显变小；核膜波曲程度继续增大。卵黄泡数目增多并由胞质边缘逐渐向胞质内扩展为多层（图版1-Ⅰ-F：3）。胞核周围有卵黄颗粒生成，卵黄颗粒嗜酸性强，HE染色呈橘红色。滤泡膜已分化出明显的内外两层细胞结构，两层细胞形态相差不大，均为长条形。卵母细胞质膜与滤泡细胞之间由内到外形成透明带—放射带—滤泡膜3层结构，透明带经HE染色不着色，其间有深蓝色颗粒状物质分布；放射带呈鲜红色，约8.97μm，放射纹清晰可见；滤泡膜呈浅紫色（图版1-Ⅰ-F：4）。

长薄鳅该时相卵母细胞直径为281.81~423.57μm，平均为352.69μm；核中位，直径为84.18~126.65μm，平均为105.42μm。核仁大小变化不大，靠近核膜分布。放射带出现（图版1-Ⅳ-B：12），经HE染色后为红色。卵黄泡1~3层（图版1-Ⅳ-B：12），卵黄颗粒在卵黄泡内积累，且在卵黄泡间也有卵黄颗粒出现。

厚颌鲂该时相卵母细胞直径为223.84~440.94μm，核圆形，核径为102.49~206.22μm，核膜开始波曲，核仁数目为22~29个，散布于核内。由核周扩展至胞质中央的生长环明显，HE染色法染成淡红色；卵黄泡由胞质边缘向内逐渐扩展为多层。滤泡膜已增至两层，但内外两层界限不十分清晰。在滤泡膜与卵膜间出现放射带，厚约3.77μm，但放射纹尚不明显（图版1-Ⅴ-B：10）。

圆口铜鱼该时相卵母细胞核膜开始模糊，核仁数目平均为22个，大核仁4~5个，小核仁18~20个。核仁外排明显，分布于胞质中。胞质中液泡层数增多，占细胞半径的1/2（图版1-Ⅵ-B：10，11）。外层的液泡较小，直径为33.5~40μm，平均为36.6μm，呈圆形；内层的液泡较大，直径为66.7~90μm，平均为78.4μm，呈椭圆形。卵黄颗粒向内扩展，有的分布于液泡之间。细胞膜外开始形成放射带。

大眼鳜该时相卵母细胞直径为151.13~286.53μm，平均为195.39μm；核径为55.29~65.48μm，平均为60.3μm。卵黄泡由胞质边缘和核膜边缘逐渐向胞质中央扩展为多层。核膜呈波曲状，核仁数目13~28个，紧靠核膜分布。出现放射带，但放射纹尚不明显（图版1-Ⅶ-B：10）。

1.4.3.3 Ⅲ时相晚期

处于Ⅲ时相晚期的南方鲇卵母细胞的卵黄泡内侧胞质变得透明而形成透明区，约占胞质厚度的一半，透明区中开始沉积小的卵黄颗粒，在卵黄泡内开始形成明显的深色带状区。滤泡细胞中的颗粒层细胞达3层以上，细胞长度增加，胞质中出现小分泌颗粒。卵径为528~596μm，核径为108~176μm（图版1-Ⅱ：12）。

胭脂鱼该时相卵母细胞直径为1164.33~1263.41μm，平均为1224.73μm，核径为133.6~215.16μm，平均为165.45μm，核膜波纹状更加明显（图版1-Ⅰ-F：5）。卵黄颗粒由胞核外围逐渐向胞质边缘扩散，卵黄泡之间出现细微卵黄颗粒，卵黄泡内也开始积累卵黄物质并逐渐被染成深色（图版1-Ⅰ-F：6）。滤泡细胞分层现象更加明显；透明带变薄，放射带增厚，约9.46μm（图版1-Ⅰ-F：6）。

长薄鳅该时相卵母细胞直径为644.11~701.29μm，平均为672.7μm，核径为236.74~306.49μm，平均为271.62μm。核仁大小相似，众多核仁嵌在波曲的核膜处（图版1-Ⅳ-C：13）。卵黄泡多层（图版1-Ⅳ-C：14），卵黄颗粒自卵黄泡区域向胞质扩展，经HE染色后呈鲜红色。放射带增厚，经HE染色后呈红色。少数卵母细胞部分核膜区域破裂，但核仁仍在核区分布。滤泡细胞两层，内层为滤泡细胞层，外层为鞘膜细胞层。

厚颌鲂该时相卵母细胞直径为472.68～517.33μm，核径为149.52～183.79μm，核膜呈波纹状，向胞质中突出明显，核仁数目为21～25个。部分卵黄泡内也开始积累卵黄颗粒。放射带增厚，约19.72μm，放射纹隐约可见（图版1-Ⅴ-B：11）。

圆口铜鱼该时相卵母细胞核仁数目平均为23个，大核仁为5～15个，小核仁为9～15个（图版1-Ⅵ-B：12）。

大眼鳜该时相卵母细胞直径为241.76～385.59μm，平均为283.67μm；核径为51.29～60.48μm，平均为55.3μm。胞质内几乎为卵黄泡充满，在核周围的胞质中开始出现微小的脂滴，卵黄泡间开始出现细小的卵黄颗粒。核仁数目为11～20个，多靠核膜波曲处分布。放射带增厚，放射纹隐约可见（图版1-Ⅶ-B：11）。

1.4.4　卵黄充满时相（Ⅳ时相）

该时相卵母细胞内全被卵黄颗粒填充。

南方鲇卵黄颗粒大小差异悬殊，最大达36μm，最小为2.97μm，多在8.91～12.87μm。胞核位于中央，核膜明显，仍有大小核仁之分，大核仁数量增多，小核仁数量明显减少，卵黄颗粒在核周排成放射状。放射带变薄，滤泡细胞层增厚至28～32μm，颗粒层细胞由低柱状变为高柱状，胞质中充满细小分泌颗粒，并逐渐失去细胞结构。由于卵黄物质的大量积累，细胞体积增大得很快，直径达828～892μm（图版1-Ⅱ：14，15，19）。卵内充满卵黄以后，卵细胞开始向生理性成熟过渡，卵核逐渐移至动物极端。

胭脂鱼该时相卵母细胞的主要变化表现在胞质中卵黄泡的数量减少，体积也变小；卵黄颗粒数量增多，体积增大（图版1-Ⅰ-G：1）。透明层消失，放射带继续增厚。随着卵黄物质继续积累，卵黄颗粒继续增大呈团块状，并相互融合成为小的卵黄小板；充满卵黄物质的卵黄泡也融合成为卵黄小板的一部分；未充满卵黄物质的卵黄泡被挤至胞质外缘，其内含物减少，甚至消失（图版1-Ⅰ-G：3）。胞核由于被挤压而呈辐射状深入胞质内，并且开始偏移。卵黄颗粒融合成卵黄小板，卵黄小板呈橘红色，形态多样；胞质内卵黄泡和皮层泡被卵黄物质填充完全，未被填充完全的皮层泡则被挤压至胞质边缘，呈薄层分布（图版1-Ⅰ-G：4）。放射带厚度增至最大，约为10.8μm，滤泡膜开始退化变薄。

长薄鳅该时相卵母细胞直径为780.55～947.57μm，平均为864.06μm。卵黄颗粒充满卵母细胞（图版1-Ⅳ-C：15，16），颗粒大小不等。核膜破裂，核区可见，细胞核向动物极发生偏移，众多小的核仁在核区分布。大部分未积累卵黄物质的卵黄泡已被挤到卵膜内缘的皮质区（图版1-Ⅳ-C：17）。放射带增至最厚，为22～32μm，经HE染色后为鲜红色。滤泡层3层，内层为滤泡细胞层，外面两层为内鞘膜层和外鞘膜层。

厚颌鲂该时相卵母细胞的主要特征有，皮层泡和卵黄泡之间出现一层膜状环将二者明显隔开；皮层泡经HE染色可分为两类，一类被染成蓝色，另一类被染成浅紫红色（图版1-Ⅴ-B：12；图版1-Ⅴ-C：13，14）。卵黄泡逐渐被填充完全，膜状环消失，仅余少量皮层泡被挤压至胞膜边缘，呈薄层分布，放射带厚度增至最大，约为40.38μm。滤泡膜开始退化变薄（图版1-V-C：15～17）。

圆口铜鱼该时相卵母细胞的主要特征有，液泡逐渐退化，卵黄颗粒迅速积累，其数目增多，体积增大，核膜逐渐消失，核仁数目增多，但体积减小，放射带均匀，放射纹明显，滤泡细胞形成多层扁平滤泡层（图版1-VI-B：13；图版1-VI-C：14～20）。

大眼鳜该时相卵母细胞直径由平均503.67μm变为平均742.81μm，核径由平均75.32μm变为平均109.58μm。胞质中卵黄颗粒增多、增大，并最终形成融合的团块，脂滴由分散小脂滴聚合成大脂滴，核开始向动物极偏移（图版1-VII-B：12；图版1-VII-C：13，14）。

1.4.5　卵母细胞成熟时相（V时相）

该时相卵母细胞核膜完全溶解，卵核消失，核质已和动物极的胞质融合，卵细胞与滤泡层细胞分离，并落入卵巢腔中。

南方鲇产出的成熟卵无论受精与否，遇水后卵膜均能很快举起，包在卵膜外的胶质膜亦吸水膨胀发黏，浸入福尔马林、波恩氏液等固定液中的未受精卵卵膜也能迅速膨胀，只是膨胀度较水中的略小，胶质膜膨胀后无黏性。

胭脂鱼此时相卵母细胞滤泡膜退化变薄，放射带也退化变薄（图版1-I-G：6），厚度约为8.11μm，卵母细胞与滤泡膜分离，游离于卵巢腔成为成熟的卵子。核膜解体，核仁消失，核质与胞质融合并集中于动物极；卵母细胞经第一次减数分裂变成次级卵母细胞，接着发育至第二次减数分裂中期；卵黄小板融合，形成更大的团块，几乎充满整个细胞（图版1-I-G：5）。

长薄鳅该时相卵母细胞直径为1012.13～1185.76μm，平均为1098.95μm。充满卵黄颗粒，可见卵黄颗粒聚集成卵黄小板。核膜完全破裂，由于核向动物极移动，核质已与动物极胞质融合。放射带清晰可见（图版1-IV-C：18）。卵母细胞与滤泡层分离，并落入卵巢腔中。

大眼鳜该时相的变化特征与上述鱼类相似（图版1-VII-C：15）。

1.4.6　退化吸收时相（VI时相）

产卵后卵巢萎缩，质地松软、充血，卵巢腔内含有滤泡、部分III时相和IV时相卵母细胞及未产出的V时相卵细胞。剩余的卵母细胞将被卵巢自身吸收而退化。首先，卵巢充血，滤泡细胞鞘膜层破损，颗粒层细胞核变得显著，核膜恢复至清晰，核仁明显，经有丝分裂大幅度增加细胞数量，同时，卵母细胞核从模糊至逐渐消失。其次，放射带消失，质膜破缺，滤泡细胞数量继续增加并向卵黄扩展，细胞体积增大，成为核明显、胞质不显、胞间界限不清的合胞体状态，细胞核可增大约2倍。再次，卵黄液化，滤泡层颗粒细胞突入卵黄中，分泌卵黄液化酶使卵黄液化，并将其吞噬而进一步肥大，最后形成少量脂肪泡。滤泡细胞液化和吸收卵黄有两种情况，一是从卵周向中央合拢逐步液化吸收，二是分段突入并局部包绕卵黄，形成多个包围圈分别液化并将其吸收。最后，当卵黄被吸收完后，肥大的滤泡细胞被卵巢自身吸收，作为营养物质来源供给下一次卵周期的发育，其本身成为疤痕而消失。

在剩余卵母细胞退化的同时，卵巢中生殖上皮不断发育，卵原细胞分裂产生初级卵母细胞，当剩余卵母细胞全部退化吸收后，卵巢回复到Ⅱ期，进入下一个生殖周期的发育。南方鲇剩余卵母细胞退化吸收过程如图版1-Ⅱ：20，21所示。

1.5 卵子发生的组织化学观察

1.5.1 不同时相卵母细胞组织化学染色结果

长薄鳅各时相卵母细胞组织化学染色结果（表1-3）显示：卵原细胞时相，经过碘酸希夫反应（periodic acid Schiff reaction，PAS反应），胞质和胞核均为无色；经溴-苏丹黑（bromine-sudan black）染色，胞质淡黑色，核无色；经茚三酮（ninhydrin）-Schiff反应，胞质鲜红色，核淡染；经甲基绿-派洛宁（methyl green-pyronin）染色，胞质和胞核均为深绿色。单层滤泡细胞时相，卵母细胞经PAS反应后，胞质由无色到浅红色，细胞核无色，核仁浅红色，卵黄核浅红色，放射带深红色（图版1-Ⅳ-D：19），这说明胞质中有较少的糖类物质，放射带由嗜糖类物质组成；经溴-苏丹黑染色后，胞质淡黑色，核无色，核仁淡黑色，卵黄核淡黑色，说明有较少的脂类物质积累（图版1-Ⅳ-D：20）；经茚三酮-Schiff反应后，早期卵母细胞胞质鲜红色，核淡染，晚期卵母细胞胞质红色变浅，核淡染，核仁深红色（图版1-Ⅳ-D：21）；经甲基绿-派洛宁染色法染色后，胞质深绿色，核仁中的小泡经染色后呈现紫红色（图版1-Ⅳ-D：22）。卵黄泡出现时相，经PAS反应后，胞质浅红色，卵黄颗粒深红色，核无色（图版1-Ⅳ-D：23，24），说明开始有糖类物质积累；经溴-苏丹黑染色法染色后，胞质淡黑色，卵黄物质密集的地方黑色加深，核仁黑色，说明脂类物质积累比单层滤泡细胞时相明显增多（图版1-Ⅳ-E：25）；经茚三酮-Schiff反应后，胞质鲜红色，卵黄颗粒深红色，核浅红色，核仁紫红色（图版1-Ⅳ-E：26，27）；经甲基绿-派洛宁染色法染色后，胞质浅绿色，核仁中的小泡紫红色（图版1-Ⅳ-E：28）。卵黄充满时相，经PAS反应后，胞质鲜红色，卵黄颗粒红色，核淡红色（图版1-Ⅳ-E：29），说明糖类物质积累增多；经溴-苏丹黑染色后，胞质颜色变深，脂类物质积累比卵黄发生前期明显增多（图版1-Ⅳ-E：30）；经茚三酮-Schiff反应后，胞质鲜红色，卵黄颗粒深红色，核浅红色，核仁紫红色（图版1-Ⅳ-F：31）；经甲基绿-派洛宁染色法染色后，胞质浅绿色，核仁紫红色。Ⅴ时相卵母细胞，经PAS反应后，卵黄颗粒紫红色（图版1-Ⅳ-F：32），糖类物质积累达到顶点；经溴-苏丹黑染色后，胞质黑色变深，脂类物质积累达到顶点；经茚三酮-Schiff反应后，卵黄颗粒深红色，蛋白质积累达到顶峰；由于核质已散布于整个卵母细胞，经甲基绿-派洛宁染色法染色后，结果不明显。

厚颌鲂和大眼鳜各时相卵母细胞组织化学染色结果与长薄鳅相似（图版1-Ⅴ-I～图版1-Ⅴ-L；图版1-Ⅶ-C：16～图版1-Ⅶ-G：40）。

表 1-3　长薄鳅各时相卵母细胞组织化学染色结果
Tab. 1-3　Results of oocyte of *Leptobotia elongata* in different phases stained using histochemical staining methods

染色方法	卵原细胞时相		单层滤泡细胞时相						卵黄泡出现时相						卵黄充满时相		卵母细胞成熟时相
			早期		中期		晚期		早期		中期		晚期				
	胞质	胞核	胞质	胞核	胞质	胞核	胞质	胞核	胞质	胞核	胞质	胞核	胞质	胞核	胞质	胞核	胞质
PAS 反应	–	–	–	–	+	–	+	–	+	–	+	–	+	–	+	–	+
茚三酮-Schiff 反应	+	+	+	+	+	+	+	+	+	+	+	+	+	+	+	+	+
溴-苏丹黑	+	–	+	–	+	–	+	–	+	–	+	–	+	–	+	–	+
甲基绿-派洛宁	+	+	+	+	+	+	+	+	+	+	+	+	+	+	+	+	+

注："+"为阳性反应，"–"为阴性反应

1.5.2　水分、灰分、无氮浸出物含量和能量密度的变化

研究结果表明，各种营养物质在不同时期卵母细胞中的积累情况是不同的。采用烘干法测定水分含量，采用灰化炉灼烧法测定灰分含量，采用索氏抽提法测定脂肪含量，采用凯氏定氮法测定蛋白质含量，除水分、灰分、脂肪、蛋白质外即无氮浸出物的量，按照每克蛋白质能值为 23.64kJ、每克脂肪能值为 39.54kJ、每克无氮浸出物能值为 17.15kJ，计算卵巢的能量密度。所得厚颌鲂各期卵巢的化学组分含量及能量密度结果如表 1-4 所示。

表 1-4　厚颌鲂各期卵巢的化学组分含量及能量密度
Tab. 1-4　The content of chemical composition and energy density of ovary in different phases in *Megalobrama pellegrini*

卵巢发育时期	水分含量（%）	灰分含量（%）	脂肪含量（%）	蛋白质含量（%）	无氮浸出物含量（%）	能量密度（kJ/g 湿重）
Ⅱ	73.51±0.55	2.57±0.11	1.45±0.20	22.11±0.65	0.36±0.25	5.86±0.25
Ⅲ	65.79±0.27	3.18±0.15	2.57±0.41	27.52±0.52	0.94±0.52	7.68±0.31
Ⅳ	62.75±0.36	1.55±0.08	2.44±0.22	28.25±0.37	5.01±0.37	8.50±0.19
Ⅴ	58.95±0.72	1.66±0.12	2.50±0.15	30.98±0.45	5.91±0.72	9.33±0.19

1.5.2.1　水分含量变化

由表 1-4 可以看出，厚颌鲂卵巢的水分为含量最多的组分，在卵巢发育过程中呈现先快速下降，然后缓慢下降的趋势。在由Ⅱ期发育至Ⅲ期过程中，水分含量从 73.51% 降为 65.79%，降幅为 7.72 个百分点；在由Ⅲ期发育至Ⅴ期过程中，水分含量缓慢下降，从 65.79% 降为 62.75%，降幅为 3.04 个百分点，再由 62.75% 降为 58.95%，降幅为 3.8 个百分点。在厚颌鲂卵巢发育过程中，水分一直是卵巢内含量最多的组分，这一特点与鱼体的其他组织相同。厚颌鲂卵巢内的水分含量为 58.95%～73.51%，与其肌肉中的水分含

量（79.26%±1.39%）相比明显较低。一般认为浮性卵的水分含量在90%以上，而典型沉性卵的水分含量在60%～75%，本结果支持这一观点。组织学、组织化学及超微结构的研究结果也表明，厚颌鲂卵巢的Ⅲ～Ⅳ期末是卵黄物质大量积累的阶段，而这一阶段水分含量的降幅仅为3.04个百分点，小于Ⅱ～Ⅲ期的水分含量降幅，这可能是卵母细胞在Ⅱ～Ⅲ期的发育中体积迅速增加引起的。卵巢发育Ⅳ～Ⅴ期水分含量的明显降低说明，在卵母细胞成熟的最后阶段，存在卵母细胞在短期内大量积累卵黄物质的过程。

1.5.2.2 灰分含量变化

随着卵巢的发育，厚颌鲂卵巢灰分含量的变化基本呈现先快速升高，然后快速下降，再稍微升高的趋势。由Ⅱ期的2.57%升至Ⅲ期的3.18%，增幅为0.61个百分点；然后又下降为Ⅳ期的1.55%，降幅为1.63个百分点；在Ⅳ～Ⅴ期的发育中稍有增加的趋势，由1.55%升至1.66%，增幅为0.11个百分点。厚颌鲂卵巢内灰分的含量在1.55%～3.18%变化，说明灰分在卵巢内的含量相对较小，但显著高于其肌肉中的灰分含量（1.08%±0.1%）。灰分含量随着卵巢的发育先快速升高，然后快速下降，再稍微升高的变化规律说明，灰分在卵母细胞内的积累集中在早期发育阶段（Ⅱ～Ⅲ期）；灰分含量在Ⅲ～Ⅳ期发育中有所降低，可能是由于细胞体积的迅速增大和其他成分的积累；灰分含量在Ⅳ～Ⅴ期发育阶段的稍微增加，可能是因为灰分的持续积累而卵母细胞的体积变化不大。

1.5.2.3 无氮浸出物含量和能量密度的变化

厚颌鲂卵巢内无氮浸出物的含量在卵巢发育过程中呈逐渐增加的趋势。开始阶段增加缓慢，由Ⅱ期的0.36%增至Ⅲ期的0.94%，增幅为0.58个百分点；然后快速增至Ⅳ期的5.01%，增幅为4.07个百分点；最后增至Ⅴ期的5.91%，增幅为0.9个百分点。无氮浸出物的主要成分为碳水化合物，PAS反应结果表明，卵母细胞发育过程中糖类含量逐渐增加，无氮浸出物的含量由0.36%逐渐增至5.91%，明显高于其肌肉中无氮浸出物的含量（0.73%），说明无氮浸出物为厚颌鲂卵母细胞所积累的重要成分。由无氮浸出物含量的增幅变化可知卵巢发育的Ⅲ～Ⅳ期为其主要的积累阶段，其含量增幅达4.07个百分点，这与卵巢PAS反应的染色结果一致。

厚颌鲂卵巢发育过程中，能量密度逐渐增加。由Ⅱ期发育至Ⅲ期过程中，能量密度显著增加，从5.86kJ/g升至7.68kJ/g；由Ⅲ期发育至Ⅳ期过程中，能量密度稍有增加，由7.68kJ/g变为8.50kJ/g；从Ⅳ期发育至Ⅴ期过程中，能量密度增加显著，由8.50kJ/g增为9.33kJ/g。

1.5.3 蛋白质、糖类和脂肪含量的变化

1.5.3.1 蛋白质含量变化

在卵巢发育过程中，茚三酮-Schiff反应显示细胞颜色由红色到淡红色，再到红色，

这反映了蛋白质消耗与积累的过程。长薄鳅卵原细胞为红色，单层滤泡细胞时相卵母细胞为淡红色，自卵黄泡出现到卵母细胞成熟时相，红色逐渐加深。卵原细胞中含有丰富的蛋白质，卵母细胞的发育要消耗蛋白质，而卵母细胞没有蛋白质来源，只能消耗自身的蛋白质。滤泡细胞出现后，为蛋白质提供了合成与转运渠道，所以卵母细胞中的蛋白质含量又逐渐增多。

厚颌鲂卵巢的蛋白质含量在卵巢发育过程中呈现先快速增加，然后缓慢增加，再显著增加的趋势。在由Ⅱ期发育至Ⅲ期过程中，蛋白质含量明显增加，从22.11%升至27.52%，增幅为5.41个百分点；由Ⅲ期发育至Ⅳ期过程中，蛋白质含量增加缓慢，从27.52%升至28.25%，增幅为0.73个百分点；Ⅳ期发育至Ⅴ期过程中，由28.25%升至30.98%，增幅为2.73个百分点。茚三酮-Schiff反应的染色结果表明卵母细胞发育过程中蛋白质含量由22.11%逐渐增至30.98%，其含量仅次于水分含量，明显高于其肌肉中的蛋白质含量（16.82%±1.11%）。厚颌鲂卵巢内的蛋白质含量在卵巢发育过程中呈现先快速增加，然后缓慢增加，再显著增加的趋势。而茚三酮-Schiff反应的染色结果表明，蛋白质在发育中的卵母细胞质和胞核中均有分布，且随着卵母细胞的成熟着色逐渐加深，因此蛋白质含量在Ⅲ～Ⅳ期缓慢增加可能是由胞体的快速增大引起的。

1.5.3.2 糖类含量变化

PAS反应显示，长薄鳅卵原细胞呈阴性。出现多层卵黄泡时，卵黄颗粒被染上红色；卵黄充满时相，细胞内布满了呈PAS阳性反应的卵黄颗粒；卵母细胞成熟时相，整个细胞均呈红色。经观察表明，卵母细胞中糖类物质的出现在滤泡细胞出现之后，这一现象指出了滤泡细胞具有极其明显的合成活动，并且在卵母细胞的营养供应中起重要作用。滤泡细胞从环境中吸收低分子量的物质，合成较高分子量的化合物，然后送入卵母细胞。滤泡细胞仅仅提供合成的最初步骤，而合成的最后阶段是在卵母细胞本身中发生的。

1.5.3.3 脂肪含量变化

苏丹黑B（sudan black B，SBB）染色显示胞质颜色由淡黑色到浓黑色，反映了脂肪在长薄鳅卵母细胞的逐渐积累过程。

厚颌鲂卵巢内脂肪含量的变化与灰分含量类似，呈现先快速升高，然后缓慢下降，再稍微增加的趋势。由Ⅱ期的1.45%升至Ⅲ期的2.57%，增幅为1.12个百分点；然后又下降为Ⅳ期的2.44%，降幅为0.13个百分点；在Ⅳ～Ⅴ期的发育中稍有增加的趋势，由2.44%升至2.50%，增幅为0.06个百分点。SBB染色结果表明，卵母细胞发育过程中脂肪含量整体呈增加趋势，在1.45%～2.57%范围内变化，与厚颌鲂肌肉中的脂肪含量（2.10%±0.62%）相比差异不大，推测脂肪不是卵母细胞内营养物质的主要成分。厚颌鲂卵巢内脂肪含量的变化与灰分含量类似，呈现先快速升高，然后缓慢下降，再稍微增加的趋势，说明脂肪的积累开始于卵母细胞早期发育阶段（Ⅱ～Ⅲ期）；脂肪含量在Ⅲ～Ⅳ期发育中的降低可能是由细胞体积的迅速增大和其他成分的积累引起的；脂肪含量在Ⅳ～Ⅴ期发育阶段的稍微增加，可能是由于脂肪含量的增加而细胞体积未发生较大变化。

1.5.4 DNA 和 RNA 含量的变化

1.5.4.1 DNA 含量变化

长薄鳅卵原细胞和刚形成的卵母细胞，核内染色质对甲基绿-派洛宁反应表现出强阳性，呈绿蓝色。之后，卵母细胞继续发育，染色质的反应由强变弱。这说明在卵子发生过程中，卵母细胞核经历了强烈膨胀阶段，使 DNA 被冲淡，因此表现出甲基绿-派洛宁反应强度的减弱，产生了明显的视觉效应。另外，在卵子发生中有些染色质 DNA 被排到胞质中的情况也能造成核内 DNA 含量的减少。在卵子发生时，经分光光度计测定，DNA 一直存在并且总量保持不变。

1.5.4.2 RNA 含量变化

指示 RNA 含量的甲基绿-派洛宁反应在长薄鳅卵子发生中表现出一定的特点。卵原细胞期，胞质中无可觉察的 RNA；进入卵黄发生前的卵母细胞期，核仁和胞质的 RNA 含量达到最高，甲基绿-派洛宁反应结果为红色；卵黄发生时，核仁和胞质的 RNA 含量有降低的倾向，其中核仁表现得更明显一些。这一事实说明，核仁内 RNA 的含量与胞质内蛋白质的合成之间存在着十分密切的关系。再者，卵子发生中甲基绿-派洛宁反应表现出阳性强度的降低，是卵子体积激增使 RNA 相对被稀释的结果，并不意味着 RNA 含量减少。更确切地说，在整个卵子发生进程中，RNA 含量其实是增加的，只是到了晚期，由于卵子的生长比 RNA 的合成进行得快，因此好似 RNA 含量在减少。RNA 含量的增加为卵黄颗粒的大量合成准备了物质条件，这一点在蛋白质含量的增加中也得到了证实。

1.6 卵子发生的超微结构特征

取卵黄发生前的卵巢、卵黄发生期以后的卵母细胞及成熟的卵子用于观察，每个材料至少观察两个以上样本。依超微结构特征和卵黄发生的过程将卵子发生分成 5 个时期：卵原细胞期、卵黄发生前期、卵黄发生期、卵黄发生后期和成熟卵子。

1.6.1 卵原细胞期

南方鲇卵原细胞呈圆形或椭圆，核位于细胞中央，核仁一个，为卵圆形，大而明显、均质、无膜结构，四周有外展的染色质。核质分布均匀，无异染色质，核膜清晰，局部呈轻微的波曲状。核孔少，分布不均。卵原细胞的胞质少，呈极性分布，核质所占比例较大。细胞器也少，主要有线粒体、核糖体、内质网等。线粒体椭圆形，嵴板状，稀疏，与线粒体长轴垂直。核糖体散布于胞质中。内质网呈简单、长短不一的内膜片段。卵周无滤泡细胞分布（图版 1-Ⅲ-A：1）。

1.6.2 卵黄发生前期

根据细胞的大小、核仁数目及细胞器的变化，将南方鲇该期的卵母细胞分为早、中、晚 3 个时期。

早期：卵母细胞也呈卵圆形，核质所占比例较卵原细胞小。核仁明显，2~5 个，散乱地分布在核中，核质分布均匀，核周隙明显，胞质的极性分布现象减弱，有线粒体和内质网的分布，也可观察到核糖体及各种形状的泡状结构（图版 1-Ⅲ-A：2）。

中期：卵母细胞体积比早期明显增大，核仁 8~25 个，分散排列，大小差别明显。核膜已出现轻微的波曲状，核周围的内质网及核糖体变得丰富，线粒体和高尔基体相对较少。而卵母细胞胞质边缘，线粒体、内质网、高尔基体及核糖体均丰富，散布在胞质中。有的线粒体已退化为由同心膜组成的髓样小体，基质电子密度高。高尔基体发育成熟，其形成面的运输泡和分泌面的分泌泡在形状、大小及电子密度方面明显不同：运输泡椭圆形或不规则，分散存在，电子密度小；分泌泡圆形或椭圆形，分布较集中，电子密度较大，已产生许多分泌小泡，含有致密物质，有的小泡已与质膜融合（图版 1-Ⅲ-A：3）。卵母细胞与滤泡细胞的接触方式有两种：一种为卵母细胞与滤泡细胞的质膜相互接触，平行走向；另一种为绒毛突起接触。在滤泡细胞和卵母细胞之间具空隙，空隙中有卵母细胞的胞质突起，称微绒毛。微绒毛与卵母细胞呈一锐角分布，有的甚至平行于卵母细胞表面。卵母细胞膜外微绒毛的基部，已有电子絮状物质沉积，即放射带Ⅰ开始形成（图版 1-Ⅲ-A：4）。卵母细胞和滤泡细胞的这两种接触交替出现。在无微绒毛的地方，经常可见滤泡细胞中丰富的含电子致密物的小泡与卵母细胞质膜相连，有的已经进入卵母细胞的胞质中（图版 1-Ⅲ-A：5）。

晚期：显著特征是卵母细胞体积增大明显。卵母细胞核膜波曲明显，核孔数目多，分布均匀，大小核仁常分布于核膜的边缘，均无被膜。核孔附近的胞质中有絮状电子物质渗出，有的散布于胞质中，有的聚积成颗粒，有的与胞质中的膜状结构结合形成电子密度与核仁相当的颗粒（图版 1-Ⅲ-A：6）。卵母细胞内各类细胞器十分丰富，有的聚集分布，有的散在分布。卵母细胞胞质外周和核周均有线粒体聚集成线粒体云。组成线粒体云的线粒体多已退化，形成膜性的髓样结构，基质电子密度高，有的还有基质颗粒，也有少量长形的、嵴明显的线粒体（图版 1-Ⅲ-B：7）。卵母细胞胞质外周的线粒体云中可见一线粒体双层膜仍明显，内部嵴退化，充有絮状电子物质（未成熟的卵黄小板），其间有一排列成斜方点阵的晶体结构。在线粒体云中还分布有高尔基体及其充有电子致密物的分泌泡、内质网和低电子密度的泡状结构（多泡体）（图版 1-Ⅲ-B：7）。卵母细胞胞质外周高尔基复合体和粗面内质网也特别发达且靠得很近。质膜内缘有致密核心小泡，有的甚至与膜融合，向外释放内含物。卵母细胞与滤泡细胞间有絮状的电子致密带，即放射带Ⅰ（图版 1-Ⅲ-B：8）。

线粒体云又名巴尔比卵黄体、卵黄核，在动物的卵母细胞中普遍存在。超微结构表明，南方鲇卵母细胞中的线粒体云除包含线粒体外，还有高尔基体、滑面内质网及一些泡状结构等。可见，构成线粒体云的主要成分是线粒体，在这种意义上讲，线粒体云的称呼再贴切不过了。

对南方鲇的研究结果表明：线粒体云参与了卵黄的形成，该结论基于两点，一是南方鲇卵母细胞的线粒体云中尚存在有功能的线粒体，嵴正常。但大多数线粒体嵴已退化，变为多层由同心膜组成的髓样小体，基质电子密度大，这种退化的线粒体不可能再恢复成功能性线粒体，只能不断地沉积卵黄物质成为卵黄小板。二是组织化学染色，茚三酮-Schiff反应、苏丹黑B法及阿利新蓝-过碘酸希夫（Alcian blue-periodic acid Schiff，AB-PAS）反应表明，在卵黄发生初期的卵母细胞中，核周区、皮层区及带状区均最早出现蛋白质、糖类和脂类，其中核周区和带状区最为明显，而这正是线粒体及其他细胞器主要存在的地方，时间刚好在线粒体云解体以后。线粒体云解体以后，正常的线粒体仍然是提供能量的场所，而沉积了絮状卵黄物质的呈多层同心膜状的退化线粒体继续积累卵黄物质，形成卵黄小板，在茚三酮-Schiff反应和阿利新蓝-过碘酸希夫反应中非常明显。高尔基体结构和功能未变，不断地产生分泌泡或向周围退化的线粒体输送糖蛋白类物质，对卵黄物质的形成和沉积起着重要作用。

1.6.3 卵黄发生期

根据南方鲇卵母细胞中细胞器的变化、卵黄物质形成和积累的程度、胞饮作用的强弱及卵黄的形成变化特点，将该期分成卵黄合成初期和卵黄合成旺盛期。

1.6.3.1 卵黄合成初期

卵黄合成初期卵母细胞中线粒体的数量骤增，在核周区、皮层区等比较丰富，形态多样。部分线粒体已逐渐膨大并为小颗粒状的卵黄物质充塞，双层膜明显，但嵴消失，有的可见嵴的残片，极少部分外膜消失形成卵黄小板。有的线粒体部分松弛，基质密度降低形成"空洞"，随后形成空泡，周围常见数层同心膜。多层同心膜的边缘开始沉积细小颗粒状的电子致密物质（图版1-Ⅲ-B：9）。卵母细胞的胞质周围皮层泡大，呈圆形或椭圆形，膜单层，周围有细小的卵黄物质从边缘开始沉积。胞饮泡形态、大小各异，分布于卵母细胞胞质外周近质膜处，有的已充满电子致密物质（图版1-Ⅲ-B：10）。卵黄小板之间也有丰富的充满电子致密物质的内质网小泡。

1.6.3.2 卵黄合成旺盛期

卵黄合成旺盛期的卵母细胞中含有丰富的内质网、高尔基体、线粒体等细胞器，而且这些细胞器积极参与卵黄小板的形成。内质网膜囊局部膨大泡状化，以断裂脱落的方式形成许多内质网小泡。内质网小泡的形状不规则，分布相对较分散。有的内质网小泡膨大，并相互融合，其中随意沉积卵黄物质，一种为中等电子密度物质，沉积形成外形不规则的脂滴；另一种为高电子密度物质，逐渐充满小泡形成卵黄小板。高尔基体产生许多大膜泡和小膜泡，膜泡形状相对较规则，分布也较集中。卵黄物质在大膜泡中沉积，浓缩形成卵黄小板。在大膜泡的周围，有时可见扩张膨大并沉积电子致密物质的扁平囊结构。小膜泡内沉积致密度高的糖蛋白类物质和致密度低的脂类物质，分别形成小的卵黄小板和脂滴。卵黄小板间的线粒体被卵黄物质沉积后变为球状或椭圆形，有的扩张膨大，嵴和膜均不清晰（图版1-Ⅲ-B：11）。

1.6.4 卵黄发生后期

卵黄发生后期，南方鲇卵母细胞胞质大部分被卵黄小板占据，卵黄合成能力大大下降。胞质中仍有丰富的线粒体和各种来自内质网及高尔基复合体的小泡，但这些结构具有共同的发展趋向：逐渐为卵黄物质所充塞占据。在退化的线粒体中，卵黄物质以线粒体膜和嵴为支持并逐渐充满线粒体。图版1-Ⅲ-B：12中显示的卵黄小板或呈均一的椭圆形，或呈具有低电子密度环的"鸡蛋"状，可能为卵黄小板形成过程中的不同切面所致。胞质中丰富的小泡及泡间的胞质中也逐渐沉积卵黄物质，电子密度不断增大。

长薄鳅卵母细胞卵黄发生后期，胞质中卵黄物质以4种状态存在：Ⅰ型卵黄小板，圆形或椭圆形，均质有膜，外围有大量的已沉积卵黄颗粒的线粒体和大量颗粒状物质（图版1-Ⅳ-N：49）；Ⅱ型卵黄小板，圆形或椭圆形，均质无膜，外围有大量已沉积卵黄颗粒的线粒体和大量颗粒状物质（图版1-Ⅳ-O：50）；Ⅲ型卵黄小板，圆形或椭圆形，外周膜完整，内部充满颗粒状物质（图版1-Ⅳ-O：51）；Ⅳ型卵黄小板，圆形或椭圆形，外周膜零星分布，中央有一椭圆形致密核心，由颗粒状物质组成，推测为积累的卵黄物质（图版1-Ⅳ-P：52），核心外围颗粒状物质稀疏，由此，卵黄颗粒明显可分为致密区和稀疏区。内质网、高尔基体和线粒体均参与了卵黄物质的积累与形成。在卵黄发生过程中，线粒体数量增多，一些线粒体变圆，基质中沉积一定密度的电子絮状物，随着沉积物的增多，电子密度增大。同时，线粒体的嵴和内膜消失，最后演变成致密的卵黄颗粒（图版1-Ⅳ-J：41；图版1-Ⅳ-K：43；图版1-Ⅳ-L：44）。高尔基体产生许多囊泡，囊泡不规则，卵黄物质一般从囊泡中部开始沉积，进而扩展至整个囊泡，经浓缩形成卵黄颗粒。内质网通过局部膨大、断裂、脱落的方式形成小泡，一些电子密度较高的内质网泡腔内的物质逐渐变得致密，最后演变成近球形的卵黄颗粒（图版1-Ⅳ-L：45）。细胞中的溶酶体包围许多组分，形成髓样结构，并逐渐被溶酶体内的水解酶消化为细小颗粒，这些颗粒在溶酶体中融合、蓄积，电子密度逐渐增大，随后演变为卵黄颗粒。卵膜具稳定的3层结构，具微绒毛孔道，且达到最大厚度。有的微绒毛孔道具两个微绒毛，其中一个正在退化解体（图版1-Ⅳ-P：53）；有的微绒毛孔道只有一个微绒毛（图版1-Ⅳ-Q：54）。

1.6.5 成熟卵子

南方鲇成熟卵子胞质内充满卵黄物质，只在动物极留下极少部分胞质，细胞器种类及数目减少，功能减退，除少部分维持功能的线粒体以外，可见大量的正在形成卵黄小板的线粒体。这些线粒体密集在一起，双层外膜明显，有的嵴已消失或只见嵴的残片。部分线粒体有深染的基质颗粒，数量多为 1~3 个。卵黄物质不断地黏附在卵黄小板周缘而使得卵黄小板增大，且大小卵黄小板与卵黄物质连成一片，浓缩形成更大的卵黄小板（图版 1-Ⅲ-B：13）。

　　基于以上的结果可以看出，南方鲇卵子发生表现出明显的阶段性变化。卵原细胞体积最小，细胞器不仅少，结构不典型，而且功能不活跃；随后，体积增大明显，各类细胞器数量剧增，结构典型，功能活跃，并产生了许多分泌泡，为卵母细胞的进一步增大和卵黄小板的出现奠定了基础。此时的滤泡细胞呈扁平状，零散分布或呈单层排列；进而，卵母细胞体积增大，出现了质的飞跃，细胞器丰富发达，卵母细胞胞质周围出现皮层泡和卵黄小板，标志卵黄小板开始生成。随着卵黄小板的增多，滤泡细胞由扁平状到立方状再变为柱状，胞质中粗面内质网和高尔基体发达且十分典型，为卵黄物质的加工与合成奠定了物质基础；接着，卵黄占据卵母细胞大部分，细胞器减少，不发达，卵黄合成速度减慢，滤泡细胞呈现为高柱状合胞体状态；最后，卵黄物质充满整个卵母细胞，细胞器种类减少，功能衰退，卵母细胞的体积达到最大，此时的滤泡细胞结构不完整，各种细胞器退化，细胞解体。因而，将南方鲇卵子发生过程分为卵原细胞期、卵黄发生初期、卵黄发生期、卵黄发生后期和成熟卵子 5 个时期。同时，南方鲇卵子发生也表现出 6 个特点：①卵原细胞和早期卵母细胞中有内质网和线粒体；②卵黄发生初期的卵母细胞在染色中可以明显地分出核周区、皮质区和带状区 3 个区域；③发育中的卵母细胞胞质外周近质膜处会形成大小不同、形态各异的胞饮泡；④内质网、高尔基体、线粒体等细胞器都参与卵黄物质的形成，尤其是线粒体在卵黄物质形成中起着十分重要的作用，并最终形成卵黄小板；⑤卵黄发生中卵黄物质可形成脂滴、皮层泡和卵黄小板 3 种形态，未成熟的卵黄小板中存在一种由大小两种微管有规律排列而成的超微结构，成熟卵子的卵黄物质主要以卵黄小板形式存在；⑥皮层泡来源于高尔基体。其源于高尔基体的依据有二：一是从皮层泡的形态和分布来看，皮层泡呈圆球形，近质膜分布，相互距离较近（图版 1-Ⅲ-B：10）；二是从内含物来看，在茚三酮-Schiff 反应和阿利新蓝-过碘酸希夫反应中，均显示在皮层泡的膜周缘有糖蛋白的存在。苏丹黑 B 的染色结果说明皮层泡中含脂类但量少。因此，根据南方鲇卵黄合成期卵母细胞的组织学、组织化学、半薄切片和超微结构的研究结果证实：卵子发生早期的卵黄泡和卵子发生晚期的皮层泡在形态与组织化学染色中均表现出一致性，因此可以肯定，卵黄泡即皮层泡，卵成熟时演变为皮层颗粒，受精时，释放内含物入卵周隙，形成受精膜。

　　胭脂鱼、南方鲇、长薄鳅、厚颌鲂、圆口铜鱼、大眼鳜卵子发生的超微结构见图版 1-Ⅰ-A~图版 1-Ⅰ-K；图版 1-Ⅲ-A，图版 1-Ⅲ-B；图版 1-Ⅳ-A~图版 1-Ⅳ-Q；图版 1-Ⅴ-A~图版 1-Ⅴ-L；图版 1-Ⅵ-A~图版 1-Ⅵ-K；图版 1-Ⅶ-A~图版 1-Ⅶ-P。

第 2 章 精子的发生与形成

鱼类精子的发生与形成涉及精巢及其中生殖细胞的发育过程和周年变化。精巢的发育常分为 6 个时期，精子的发生与形成常分为 6 个时相。不同鱼的发生与形成情况有所差异。

2.1 精巢发育的外形分期

依据精巢的外形变化将其发育阶段分为 6 个时期，鉴别特征如表 2-1 所示。

表 2-1 精巢发育的外形分期
Tab. 2-1 The developmental stages of testis based on morphology

生殖细胞发育期	南方鲇 Silurus meridionalis	长薄鳅 Leptobotia elongata	大眼鳜 Siniperca kneri
I. 原始生殖细胞期	该期精巢只见于发育中的幼鱼，细薄膜状，与腹膜紧连，银白色，不见血管，肉眼不能分辨雌雄	精巢细线状，肉红色，紧贴肾脏，与腹膜紧连，从外表无法辨别雌雄	精巢外观肉红色，较细，位于鳔腹侧，肉眼不能区分性别。组织切片上精巢背腹明显，精原细胞集中在背面，腹部具输精管
II. 增殖期至早期生长期	早期长窄条状，淡肉色，半透明。晚期浅肉红色，窄片状，外侧较薄，边缘有细缺刻。退化至II期精巢，体积较大，血管丰富，肉红色	精巢线状，细长，粉红色，一对精巢在腹腔内走向平行，与血管伴行，半透明，由前端向后端逐渐变细	精巢细线状，能分辨出雌雄
III. 生长早期	扁薄的长片状，外缘缺刻增加，血管丰富，深肉红色	精巢宽度增加，圆杆状，浅红色，有血管分布	精巢增粗，细棍状，浅红色
IV. 生长晚期	表面血管减少，用力挤压腹部有少量白色精液流出	精巢乳白色，细棒状，上有血管分布	精巢外观圆柱状，乳白色，表面具分支血管
V. 成熟期	无明显血管，白色，体积变化不大，提起亲鱼或轻压腹部，有黏稠的乳白色精液流出	精巢乳白色，细棒状，体积较IV期变化不大，内部充满精液	精巢外观饱满，呈乳白色，腹侧凹沟血管粗大。轻压鱼体腹部，可见乳白色精液流出
VI. 排空期	排精后精巢体积减小，表面呈淡红色，有明显微血管分布	精巢体积因精液排出而缩小，表面淡红色，微血管丰富	精巢萎缩，腹侧凹沟不明显，表面淡红，微血管丰富

2.2 精巢发育的周年变化

2.2.1 性成熟前至性成熟雄鱼精巢发育的变化

幼鱼精巢发育与体长、体重及年龄有明显的关系（表 2-2）。表 2-2 中各期精巢的特征如表 2-1 所示。性腺发育至Ⅳ期的鱼当年能性成熟，参与繁殖群体的繁殖活动。

表 2-2　南方鲇性成熟前至性成熟雄鱼精巢发育与体长、体重及年龄的关系
Tab. 2-2　Relationships between testis development and body length,
weight and age from immature to mature of *Silurus meridionalis*

体长（mm）	体重（g）	年龄	精巢期
174.0	45.0	3 月	Ⅰ
282.5	155.0	1	Ⅱ
525.0	1300.0	1^+	Ⅱ
510.0	1075.0	2	Ⅲ
665.0	2895.0	3^+	Ⅳ
725.0	3750.0	4	Ⅳ
755.0	5350.0	4^+	Ⅴ
746.0	5263.0	4	Ⅴ

2.2.2　性成熟后雄鱼精巢发育的周年变化

根据对嘉陵江南充至北碚段南方鲇精巢发育周年变化的观察发现，雄鱼精巢在 3～4 月主要为Ⅴ期，5～7 月主要为Ⅲ期，8 月至翌年 2 月主要为Ⅳ期。繁殖期为 3～5 月，繁殖高潮期在 4 月。个别年份因气温偏高繁殖期略提早，历年中最早捕捞到流精雄鱼的时间是 2 月 16 日，切片上精巢壶腹壁变薄，生殖上皮停止分化活动，壶腹腔中充满成熟的呈涡旋流动状的精子，将参与生殖活动。性成熟雄鱼周年标本组织切片表明Ⅱ期和Ⅵ期精巢所历时间均较短，Ⅳ期精巢存在时间长达半年以上，Ⅴ期精巢只见于繁殖期，但 5 月Ⅴ期精巢已很少。

根据多年观察可知，嘉陵江北碚至合川段大眼鳜的繁殖期为 3～4 月，繁殖高峰期处在 3 月底到 4 月中旬。此时雄鱼精巢基本成熟，轻压其腹部便可见乳白色精液流出。组织切片结果显示靠近输精管周围的小叶腔和输精管内有大量成熟的精子（图版 2-Ⅴ-B：12，13，14）。非繁殖季节（如 5～7 月和 9 月）组织切片结果显示，输精管及靠近输精管的精小叶内，仍可见到成熟精子。5 月精巢外壁为初级精母细胞，而精巢大部分处在Ⅳ期左右；6 月，这种情况仍很明显，与 5 月相似。根据我们的观察可知，9 月大眼鳜精巢中的成熟精子仍很多，靠近外围的小叶腔内仍残存释放的精子（图版 2-Ⅴ-B：15，16）。但在远离输精管区，小叶腔中精子明显减少或消失，有的已恢复到Ⅲ期，这时生精细胞属于次级精母细胞时相。并以此时期过冬。

2.3　精巢发育的组织学分期

精巢内雄性细胞的发育可分为 6 个时相。

2.3.1 精原细胞时相

Ⅰ期精巢全部由精原细胞构成。例如，南方鲇精巢壶腹型，壁薄，含丰富的结缔组织，生殖上皮随结缔组织内伸，将细小的精巢分隔成许多小的壶腹，每个壶腹内有2~5个精原细胞。精原细胞有两种类型，Ⅰ型精原细胞体积较大，多呈圆形或卵圆形，直径为12.81~3.86μm，核径为6.93~7.92μm，核位于中央，核膜清晰，有一个中央大核仁，核质稀疏，核内及核膜边缘有一些细长或短条状核质，胞质淡红或略透明，内含嗜酸性颗粒。Ⅱ型精原细胞约占20%，细胞体积略小，亦呈圆形，直径为7.92~9.9μm，核径为4.95~5.94μm，中央大核仁不明显，核质较密，多呈点状，胞质亦透明（图版2-Ⅰ：1，2）。只有Ⅰ型精原细胞参加分裂，形成初级精母细胞，Ⅱ型精原细胞分裂生成新的精原细胞。

长薄鳅每个壶腹内由4~9个精原细胞组成，初级精原细胞个体稍大，直径为12.06~12.85μm，中央大核仁明显，直径为1.5~1.9μm；次级精原细胞个体稍小于初级精原细胞，直径为9.7~11.58μm，核径为0.8~1μm，核膜不明显，核质呈点状分布。初级精原细胞的数量为次级精原细胞的3~4倍。HE染色后，核仁与核膜深蓝色，核其余部分淡蓝色，胞质淡红色（图版2-Ⅲ-A：1）。

圆口铜鱼初级精原细胞直径为12.3（11.8~12.8）μm，胞质色浅，核径为6.5（5.6~7.3）μm，核大且核中有一个非常大的核仁，约2μm（图版2-Ⅳ-A：1，9），染色深，核膜清晰。次级精原细胞体积比初级精原细胞明显减小，核仁变小，核染色比初级精原细胞稍深，二者最大的区别是次级精原细胞开始聚集成团。

大眼鳜初级精原细胞直径为12.7（9.2~15.8）μm，核径为6.6（5.3~8.6）μm，核大，多具一个中央大核仁，核膜清晰，附着有一些颗粒状物质，核中央略透明（图版2-Ⅴ-A：5，6）。次级精原细胞体积略小，中央大核仁不明显，还可见到小核仁（图版2-Ⅴ-A：6），核质较密。

2.3.2 初级精母细胞时相

精原细胞经过分裂形成初级精母细胞。初级精母细胞在壶腹边缘排成较为整齐的1~3圈，细胞圆形或椭圆形。南方鲇初级精母细胞直径为7.92~9.9μm，核径为2.97~4.95μm，核膜清晰，核仁显著，核质疏网状，胞质淡红色或透明。壶腹中央出现壶腹腔。壶腹周缘由结缔组织和生殖上皮构成，结缔组织内缘有间断分布的长椭圆形边界细胞，壶腹间有丰富的血管分布。部分壶腹腔中出现少量次级精母细胞，使精巢表现出发育的不同步性（图版2-Ⅰ：3）。繁殖后恢复至Ⅱ期的精巢与首次发育至Ⅱ期精巢的不同在于壶腹腔远较后者为大，壶腹边缘为初级精母细胞，腔中有少量正在退化的精子细胞或精子，壶腹间的结缔组织和血管更丰富（图版2-Ⅰ：4）。

长薄鳅初级精母细胞呈圈状排列在精小叶内侧（图版2-Ⅲ-A：2）。初级精母细胞比次级精原细胞体积小，直径为 9.5～10.89μm，圆形或椭圆形，核仁一个，稍偏位，核膜清晰，经 HE 染色后，核仁和核膜深蓝色，胞质淡红色（图版 2-Ⅲ-A：3）。

圆口铜鱼初级精母细胞从染色结果上看嗜碱性明显增强，细胞直径为 8.6（7～10.3）μm，核径为 4.3（4.1～5.7）μm，核清晰，核膜仍可见，具 1 或 2 个核仁，核质及胞质染色均比精原细胞加深，胞质在 HE 染色下呈浅红色（图版 2-Ⅳ-A：3）。

大眼鳜初级精母细胞在小叶腔边缘排列较规则，细胞圆形或椭圆形，细胞直径为 8.6（8～11.2）μm，核径为 4.3（3.9～6.2）μm，核膜清晰可见，具 1 或 2 个核仁，核质及胞质染色均比精原细胞深，但仍较浅，胞质在 HE 染色下呈浅红色或透明泡状化。这一时期精巢发育具有很好的同步性（图版 2-Ⅴ-A：7）。

2.3.3　次级精母细胞时相

次级精母细胞体积小，嗜碱性增强，胞质透明，核浓缩，位于细胞一端，近新月形，约占细胞体积的一半。南方鲇次级精母细胞直径为 4.46～4.95μm，核径为 2.97～3.47μm。壶腹中表现出显著的不同步性发育，壶腹腔边缘有少量初级精母细胞，次级精母细胞排列无规律性，靠近壶腹腔处有精子细胞，壶腹腔中央有部分精子（图版 2-Ⅰ：5）。繁殖后再次发育至Ⅲ期的精巢，壶腹腔更显著，每个壶腹由 8～10 个生精囊片组成，既有初级精母细胞构成的囊片，也有次级精母细胞及精子细胞构成的囊片，但每一生精囊片内的细胞发育均是同步的（图版 2-Ⅰ：6）。

长薄鳅次级精母细胞直径为 4.83～7.17μm。核的嗜碱性增强，核膜不清晰。每个精小叶由 8～10 个精小囊组成（图版 2-Ⅲ-A：5，6），精小囊分界明显，精小囊中精细胞发育同步（图版 2-Ⅲ-B：7）。

HE 染色下，圆口铜鱼次级精母细胞嗜碱性加强，排列杂乱，细胞界限开始不明显，核明显缩小，次级精母细胞充满精小囊。一个小叶腔内同时存在初级精母细胞、次级精母细胞、精子细胞阶段 3 种情况（图版 2-Ⅳ-A：4）。壶腹周围仍可见次级精原细胞。

2.3.4　精子细胞形成时相

次级精母细胞再次分裂形成精子细胞，突破生精囊壁推入壶腹腔中，壶腹腔中有部分成熟的精子。壶腹壁四周主要由次级精母细胞构成（图版 2-Ⅰ：7，8）。初次发育至Ⅳ期的精巢与繁殖后再次发育至Ⅳ期的精巢差异不大。南方鲇精子细胞直径为 2.14～2.4μm。

长薄鳅多数精小囊中为次级精母细胞（图版 2-Ⅲ-B：8），极少数小囊中为初级精母细胞。同一横切面上，精子首先在靠近输精管周围的小叶内形成，然后突破小叶囊推入小叶腔，小叶腔中有少量成熟精子（图版2-Ⅲ-B：9）。

大眼鳜精子细胞核直径为1.7μm，染色不深，可见到核仁。同一横切面上，精子首先在靠近输精管周围小叶内形成，然后突破生精囊推入小叶腔中，小叶腔中有部分成熟的精子（图版2-Ⅴ-B：10，11）。以输精管为中心，越靠近精巢外壁，精小叶成熟度渐次降低，表现出明显的发育不同步性。

2.3.5 精子完全成熟时相

精子细胞变态为成熟的精子，充满整个壶腹腔或仅靠壶腹腔周缘空出，壶腹壁变得非常薄。精巢中精子均匀分布，发育非常一致，在壶腹壁上很难见到不同时相的生殖细胞。南方鲇整个贮精囊和输精管中均充满精子。成熟精子头部呈圆颗粒状，直径为1.1～1.2μm，尾部只隐约可见，嗜碱性极强，染上深蓝色，在壶腹中呈涡流状（图版2-Ⅰ：10，11）。

长薄鳅精巢中，小囊壁破裂，精子溢出至小叶腔。小叶腔壁很薄，小叶腔和输精管中充满大量的成熟精子，呈涡流状（图版2-Ⅲ-B：11），只在靠近小叶腔壁的地方有一圈空隙。精子发育同步，头部圆颗粒状，直径为0.9～1.1μm，嗜碱性强，HE染色为深蓝色。尾部细长，HE染色为浅蓝色。

圆口铜鱼精子头部呈圆颗粒状，直径为1.6（1～2）μm。小叶腔中充满大量精子，呈涡流状，尾部被伊红所染，隐约可见（图版2-Ⅳ-A：7，8）。

大眼鳜精子头部直径为1.3μm。精小叶间相互贯通（图版2-Ⅴ-B：13，14），成熟精子被排到输精管中。

2.3.6 退化吸收时相

排精后，壶腹呈空囊状，生殖上皮显著活跃，沿生殖上皮向壶腹腔生出不同大小的生精囊片，除少量精原细胞外，主要由初级精母细胞构成，壶腹腔中尚有正在被吸收的精子，变得模糊不清。长薄鳅（图版2-Ⅲ-B：12）、圆口铜鱼、大眼鳜等排精后壶腹间结缔组织充分发育，微血管丰富。排精后其精巢的情况与南方鲇Ⅵ期精巢（图版2-Ⅰ：9）类似。

2.4 精子发生的超微结构特征

正如组织学观察结果一样，超微结构下，精子发生和形成过程仍经历了初级精原细胞、次级精原细胞、初级精母细胞、次级精母细胞、精子形成到成熟精子阶段。

透射电镜下放大2.5万倍，随机选取若干个视野，分别计算每一个视野中生精细胞及精子的数量，计过数的视野不重复计数，得出南方鲇精巢生精细胞形态学指标如表2-3所示。

表 2-3　南方鲇精巢生精细胞形态学指标
Tab. 2-3　Morphological indexes of spermatogenic cell of testis in the *Silurus meridionalis*

生精细胞类型	细胞直径（μm）	细胞核直径（μm）
精原细胞	10.06±3.27	5.13±1.02
初级精母细胞	6.54±2.15	3.06±1.78
次级精母细胞	4.47±0.52	3.05±0.41
精子细胞	2.24±0.16	2.12±0.24

2.4.1　初级精原细胞

初级精原细胞分布于精小囊中，在所有生精细胞中体积最大，为卵圆形，细胞核较大，核仁大，由一些电子致密颗粒聚集而成，位于靠近核膜侧，核质分散、匀质，核膜明显，内、外层核膜间隙较小；胞质近核处有少量拟染色质。拟染色质由电子致密度高的颗粒组成，其结构与核仁相似。核膜与质膜之间的胞质中分布着数量较多的线粒体，线粒体呈圆形或椭圆形，嵴较明显，电子密度大。

南方鲇初级精原细胞胞质中存在大量囊泡结构（图版 2-Ⅱ-A：1）。

长薄鳅初级精原细胞（图版 2-Ⅲ-C：14）直径为 6.2~7.7μm。核仁一个，直径为 1.5~1.9μm，位于核中心。核膜明显，双层，稍波曲。胞质中有多个拟染色体，位于核膜的波曲处，紧贴核膜，电子密度与核仁及核内致密体相近，圆形或椭圆形线粒体紧紧围绕在拟染色体周围。

大眼鳜初级精原细胞胞质中具丰富的膜状结构、平滑内质网及线粒体，靠近核膜处具多个拟染色体，其电子密度与核仁及核内致密体相近，线粒体往往成群附着在拟染色体上构成所谓的线粒体区（图版 2-Ⅴ-E：21）。

2.4.2　次级精原细胞

次级精原细胞由初级精原细胞分裂而来。其体积比初级精原细胞小。染色质染色较浅。胞质中线粒体数量较初级精母细胞少，且为圆形或椭圆形。拟染色体和高尔基体清晰可见。

依据电子致密度的差异，南方鲇次级精原细胞出现两种类型的囊泡（图版 2-Ⅱ-A：2），拟染色体分布于核表面的凹陷中，或与线粒体相连。

长薄鳅次级精原细胞核椭圆形，直径为 4.1~7μm。核仁体积明显小于初级精原细胞，直径为 0.8~1μm。核膜明显，双层，波曲多于初级精原细胞。核膜波曲处有拟染色体，数目多于初级精原细胞，体积与核仁体积相仿（图版 2-Ⅲ-D：15）。拟染色体周围有线粒体分布，线粒体数目少于初级精原细胞。

2.4.3　初级精母细胞

次级精原细胞经过分裂增殖后长大，形成初级精母细胞。初级精母细胞在发育过程中经历了第一次减数分裂前期（前期Ⅰ）、中期（中期Ⅰ）、后期（后期Ⅰ）和末期（末期Ⅰ）的变化，最终完成第一次减数分裂。在前期Ⅰ，细胞核又经历了细线期、偶线期、粗线期、双线期和终变期的变化。在不同的初级精母细胞精小囊中，细胞核呈现不同的形态结构。在同一精小囊中的初级精母细胞处于同一发育时期。

南方鲇初级精母细胞的胞质中未观察到拟染色体。线粒体数量比精原细胞少，体积比精原细胞小，嵴不明显。胞质中还可观察到高尔基体和滑面内质网（图版2-Ⅱ-B：3）。偶线期细胞核中的同源染色体开始配对，出现联会复合体的雏形。在粗线期，细胞核中联会复合体完全形成。联会复合体中央为一条细线状的中央成分。同源染色体分别位于中央成分的两侧，呈绒毛状。双线期联会复合体的结构开始变化，其中央成分和侧成分逐渐解体，染色质较粗线期致密。

长薄鳅初级精母细胞拟染色体周围的线粒体数目减少。细线期，染色质开始浓缩；偶线期，细胞核中同源染色体开始配对，出现联会复合体的雏形（图版2-Ⅲ-E：17）。

大眼鳜初级精母细胞核膜外仍有拟染色体存在，但数量减少，离核较远；或已无线粒体附着，线粒体内嵴增多，变长，高尔基体形状典型（图版2-Ⅴ-F：23，24）。

2.4.4　次级精母细胞

南方鲇初级精母细胞经过第一次减数分裂后形成次级精母细胞。核内染色质分布均匀。其最大的特点是，细胞的体积明显较初级精母细胞小，未见拟染色体（图版2-Ⅱ-B：4）。大眼鳜次级精母细胞核内染色质大致保持着染色体的形状，拟染色质小体消失。长薄鳅线粒体的数量、性状及结构与初级精母细胞相似（图版2-Ⅲ-E：18）。

2.4.5　精子细胞

次级精母细胞进行第二次减数分裂形成精子细胞（图版2-Ⅱ-C：5；图版2-Ⅲ-F：20～图版2-Ⅲ-H：24；图版2-Ⅴ-G：26～图版2-Ⅴ-K：34）。

精子细胞经过变态过程形成精子。根据细胞核和细胞质所发生的变化，可将精子形成分为3个时期，即早期、中期和晚期。

早期：刚形成的精子细胞中尚未见一些特化结构。细胞质绕核对称分布。核圆形或椭圆形，染色质未浓缩，呈细小颗粒状。随着精子细胞的进一步发育，大部分细胞器开始向细胞的一端聚集。其细胞核中染色质进一步浓缩成团块状。在所有精子细胞中其电子致密度最高。细胞质也逐渐变少。有多嵴线粒体、少量囊泡、高尔基体、滑面内质网及双层的膜状结构（图版2-Ⅱ-C：6；图版2-Ⅱ-D：7，8）。

中期：核内染色质进一步浓缩，核前端的细胞质明显减少，中心粒复合体位于核的一侧，定位于质膜。少量线粒体位于中心粒复合体附近。中心粒复合体由远侧中心粒和近侧中心粒构成。一前一后，相互垂直。近侧中心粒向核移动，带动质膜形成植入窝。植入窝内近侧中心粒向后伸出构成鞭毛的轴丝（图版 2-Ⅱ-E：9）。

晚期：染色质高度浓缩，植入窝随着中心粒复合体的运动进一步加深。多数细胞质向袖套方向移动。核开始旋转，使中心粒复合体插入新形成的植入窝，形成鞭毛。核旋转完成，线粒体分布于由基体发出的鞭毛起始区。鞭毛继续向后延伸。多余的细胞质消失，精子细胞变态为成熟精子被推入输精管腔中（图版 2-Ⅱ-E：10；图版 2-Ⅱ-F：11，12；图版 2-Ⅱ-G：13，14）。

2.4.6 精子

成熟的精子由头部、中段和尾部构成。

2.4.6.1 精子形态

光镜和扫描电镜下观察结果显示，南方鲇精子头部近圆形，颈部较明显，尾部细长（图版 2-Ⅱ-H：15，16）。成熟精子的头长和尾长分别为（2.11±0.16）μm 和（48.07±3.21）μm。

2.4.6.2 精子结构

（1）头部

精子的头部呈球形或椭圆形，主要结构是细胞核，细胞质极少。精子质膜为单层，核膜为双层，二者紧密相附，包裹着细胞核。细胞核前端无顶体，后端有植入窝。植入窝从后向前深陷至核中央。

南方鲇精子核呈卵圆形，核染色质为致密颗粒，按有无核泡可分为两种类型（图版 2-Ⅱ-H：17；图版 2-Ⅱ-I：18）。核泡在核中分布无规律性。核泡中有颗粒状电子致密物质。有的空隙中可以见到电子致密物质。细胞核的前端无顶体，细胞核的后端有一较浅的植入窝，在植入窝的周围可见多余的核膜。南方鲇的成熟精子与其他硬骨鱼类的精子一样不具有顶体，这可能是因为它们的卵细胞具有独特的卵膜孔，受精时精子通过卵膜孔直接进入卵细胞，无须通过顶体水解酶溶解卵膜后入卵受精。

（2）中段

精子头部与尾部之间的部分为中段，中段较短，主要由中心粒复合体和袖套构成（图版 2-Ⅱ-I：19；图版 2-Ⅱ-J：20）。中心粒复合体位于植入窝中，袖套接近于核的后端。近侧中心粒紧贴核膜后缘。中心粒复合体偏于核的一侧。中心粒复合体包括近侧中心粒和远侧中心粒两部分。近侧中心粒的长轴与核的长轴约呈直角。

南方鲇精子远侧中心粒的长轴与核的长轴平行。即两中心粒排成"T"字形（图版 2-Ⅱ-I：18，19）。近侧中心粒由 9 组三联管组成，基体的外周有电子致密物质分布。在两中心粒之间有一种电子致密度较高的物质，将其称为中心粒间体。

南方鲇精子袖套位于头部之后，约为头部全长的 1/3（图版 2-Ⅱ-H：17；图版 2-Ⅱ-I：18），呈长筒状，其中腔（也称为袖套腔）较为狭窄。根据位置可将位于袖套的细胞质膜分为袖套内膜和袖套外膜。袖套内膜位于袖套腔一侧,袖套外膜在袖套的另一侧,两者在袖套的下缘相连。将南方鲇精子纵切后可见袖套两侧仅一层线粒体,每侧各一个,横切,可见3或4个。线粒体和核之间有一些囊泡(图版2-Ⅱ-J: 20)。位于袖套中的囊泡有两类。一类囊泡中含有电子致密物质,这些电子致密物质呈颗粒状,另一类囊泡中不具电子致密物质(图版2-Ⅱ-I: 19)。南方鲇精子袖套中含有大量的囊泡结构,这在其他鱼中报道不多。估计它们为精子提供了能量。且在精子的袖套腔中,鞭毛与袖套膜间亦存在一定空隙,这对于缓解鞭毛运动对细胞核的冲击可能具有同样的功效。

厚颌鲂中心粒复合体位于植入窝内,由近侧中心粒、中心粒间体和基体(远侧中心粒)组成,三者均为短棒状,连接排列呈"亠"形。近侧中心粒位于植入窝的底部,长为280~320nm、宽约100nm,其走向与植入窝走向接近垂直;中心粒间体连接于近侧中心粒和基体间,长为380~420nm、宽约100nm,与近侧中心粒及基体间呈一定的角度;基体长为260~320nm、宽约100nm,其向后延伸形成精子的尾部(图版2-Ⅵ: 5, 6)。厚颌鲂精子的中心粒复合体三部分相互连接处未见有明显的交叉融合,推测三者间可能通过微丝相连;三者排列呈"亠"形,其中近侧中心粒和基体间呈一定的角度,连接处类似于关节结构,能够减少鞭毛运动时精子头部的震动。

岩原鲤中心粒复合体的基体前端较粗,向后延伸略细,末端与尾部轴丝相连,过其横切面可见环状结构,内有9个三联管,中央微管缺失(图版2-Ⅶ: 4)。袖套不同纵切面可见两种形状,一种为袖套两侧大小相近,呈对称状(图版2-Ⅶ: 3);另一种两侧呈非对称状(图版2-Ⅶ: 1),一侧宽厚,一侧狭窄(部分只见袖套膜),横切面是一侧宽厚、向对侧逐渐变窄、厚薄不均的环状结构(图版2-Ⅶ: 5, 6),即袖套内膜与袖套外膜非同心圆。由此区分精子背腹面,即袖套宽厚一侧为腹面,对应狭窄一侧为背面。测量得知袖套长(1.27 ± 0.18)μm,紧邻细胞核处宽(2.02 ± 0.59)μm($n=10$),主要结构是线粒体和囊泡,囊泡形状不规则(图版2-Ⅶ: 3, 5)。线粒体较大,长棒状,长(1.22 ± 0.3)μm,宽(0.26 ± 0.07)μm($n=15$),多弯曲呈"C"形(图版2-Ⅶ: 6)。一个横切面或纵切面可见2~6个线粒体,根据其大小及形状推测一个精子内含3~6个线粒体。同时线粒体内可见较大的致密颗粒,颗粒直径为(28.63 ± 4.65)nm($n=15$)(图版2-Ⅶ: 2, 4)。

(3)尾部

精子尾部细长。其起始部分位于袖套腔中,绝大部分伸出袖套之外。尾部的近核端部分较短,远核端部分较长。

尾部的中心部分是轴丝。轴丝接于基体后,为典型的"9+2"结构。远核端部分除轴丝之外,无其他明显可见的结构存在。在尾部的末端,轴丝的外周二联管有的只呈单条微管存在。外围二联管中的A管和B管多呈电子致密状,其管腔清晰,在二联管上可见动力蛋白臂,外被不规则质膜。不存在许多硬骨鱼类所具有的侧鳍结构。在尾的末端,南方鲇和大眼鳜精子出现非典型"9+2"结构的轴丝(图版2-Ⅱ-J: 21;图版2-Ⅴ-L: 36;图版2-Ⅴ-M: 37)。

长薄鳅精子鞭毛细长，袖套腔与远侧中心粒相连处是鞭毛的起始端，核心结构是轴丝，轴丝由9组外周二联管构成，中央有3个微管，为"9+3"式微管结构（图版2-Ⅲ-J：28），外围二联管中A管和B管的管腔清晰。轴丝外围仅有少量细胞质。鞭毛两侧有发达的侧鳍（图版2-Ⅲ-J：28），由包围在鞭毛轴丝外的细胞膜向两侧扩展而成。

2.4.7 退化的精子

正常细胞都有一定的寿命，退化精子的细胞器明显减少，同时线粒体开始膨大，最终解体。染色质也逐渐模糊，尾部轴丝也趋于解体（图版2-Ⅱ-K：22；图版2-Ⅴ-M：38）。有关硬骨鱼类精子发生过程中，发生凋亡的形态学报道较少。南方鲇精子发生中仅见到精子退化时所表现出的核中染色质逐渐空泡化，未能完全观察到生殖细胞凋亡的全过程，主要是因为所采集的是健康能育的标本，细胞凋亡的数量相对较少，若能将生育能力正常的材料与不育的材料结合起来观察，会对进一步全面了解精子发生有一定的指导意义。

综上可以看出，南方鲇的精子与其他鲇鱼类有相似之处，同时也有其自身的特点。①南方鲇精子的双层核膜与质膜间是彼此分离的，这与长吻鮠（*Leiocassis longirostris*）一致，而与一般认为的核膜与质膜互相融合成外被不同。②南方鲇精子的远侧中心粒呈钟罩形，由若干微管束组成，钟罩顶端与近侧中心粒相连，钟罩底部开口处与精子尾部轴丝端相衔，钟罩内空间有些微小的致密颗粒，该结构及形状与长吻鮠等均不同。③南方鲇精子中段仅有3或4个线粒体，为长吻鮠的1/3。④南方鲇精子尾部没有鳍样结构，有别于长吻鮠等鲇形目（Siluriformes）鱼类。⑤南方鲇精子植入窝的长度仅达核的1/3，而长吻鮠植入窝深入精子头部约5/6。

有关南方鲇、长薄鳅、圆口铜鱼、大眼鳜、厚颌鲂、岩原鲤（*Procypris rabaudi*）精子的发生与形成等详见图版2-Ⅰ～图版2-Ⅶ。

第 3 章　精子的生物学特性

鱼类精子的质量直接影响到受精率和孵化率，乃至后代的遗传基础。因此，了解精子的生理特性有利于判断精子活力，提高受精率和孵化率。长江上游多种鱼类精子的生物学特性既有共性也有其自身的特点。现以中华倒刺鲃（*Spinibarbus sinensis*）、白甲鱼（*Onychostoma sima*）及岩原鲤等精子为例做生物学特性的比较观察。

3.1　精子形态和大小

油镜下观察发现中华倒刺鲃、白甲鱼和岩原鲤3种鱼的精子与其他淡水硬骨鱼精子一样分为头部、中段及尾部（图3-1）。头部为圆形或椭圆形，细胞核几乎占满整个头部，染色质浓缩，染成紫红色，深浅不一，无法辨清细胞质；中段染色明显浅于头部及尾部，似圆柱形，其内看不到有形结构；尾部鞭毛状，细长，染色不明显。成熟精子大小测量结果见表3-1。

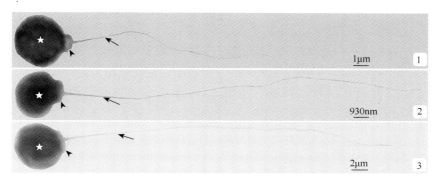

图 3-1　精子形态
Fig. 3-1　The shape of sperms
1. 岩原鲤精子；2. 白甲鱼精子；3. 中华倒刺鲃精子；★. 头部；▸. 中段；↘. 尾部
1. The sperm of *Procypris rabaudi*; 2. The sperm of *Onychostoma sima*; 3. The sperm of *Spinibarbus sinensis*;
★. Head; ▸. Middle piece; ↘. Tail

表 3-1　中华倒刺鲃、白甲鱼和岩原鲤的精子大小
Tab. 3-1　Sperm size of *Spinibarbus sinensis*, *Onychostoma sima* and *Procypris rabaudi*

精子大小（$M \pm SD$）	中华倒刺鲃 *Spinibarbus sinensis*	白甲鱼 *Onychostoma sima*	岩原鲤 *Procypris rabaudi*
精子全长（μm）	41.627±3.661	65.665±2.97	58.89±5.252
精子头长（μm）	3.89±0.526	2.982±0.079	6.423±0.588
精子尾长（μm）	37.73±3.403	62.683±2.929	53.467±5.097

3.2 精液pH、浓度和精子密度

中华倒刺鲃、白甲鱼及岩原鲤的精液pH、浓度和精子密度如表3-2所示。从表3-2可知，上述3种鱼的精液pH相差不大，位于7.2～7.7，精液浓度均在70%以上，中华倒刺鲃和岩原鲤的精子密度稍大于白甲鱼。

表3-2 中华倒刺鲃、白甲鱼和岩原鲤精液的生理特性

Tab. 3-2 Seminal physiological properties of *Spinibarbus sinensis*, *Onychostoma sima* and *Procypris rabaudi*

精液生理特性	中华倒刺鲃 *Spinibarbus sinensis*	白甲鱼 *Onychostoma sima*	岩原鲤 *Procypris rabaudi*
精液颜色	乳白色	淡乳白色	淡乳白色
精液黏稠度	黏稠	较黏稠	较黏稠
精液pH	7.5～7.7	7.3～7.5	7.2～7.4
精液浓度（%）	71.0	76.1	71.0
精子密度（尾/ml）	1.527×10^{10}	1.336×10^{10}	1.362×10^{10}

3.3 精子在不同水体溶液中活力的测定

中华倒刺鲃、白甲鱼及岩原鲤3种鱼精子在曝气双蒸水、自来水和池塘水中的活力详见表3-3。由表3-3可知，3种鱼精子在不同水溶液中的有效运动时间（快速运动时间与中速运动时间之和）和运动总时间均依次升高。采用双样本异方差假设，t检验分析表明，3种鱼精子的有效运动时间在池塘水和双蒸水间均存在极显著差异（$P<0.01$），在池塘水和自来水之间存在显著差异（$P<0.05$）。可见，池塘水较充分曝气的自来水和双蒸水更适于精子生存。

表3-3 不同水溶液对中华倒刺鲃、白甲鱼和岩原鲤精子活力的影响

Tab. 3-3 Effects of different aqueous solution on the sperm motility of *Spinibarbus sinensis*, *Onychostoma sima* and *Procypris rabaudi*

种名	溶液	快速运动时间（s）（$M \pm SD$）	中速运动时间（s）（$M \pm SD$）	慢速运动时间（s）（$M \pm SD$）	运动总时间（s）（$M \pm SD$）	有效运动时间（s）（$M \pm SD$）
中华倒刺鲃 *Spinibarbus sinensis*	双蒸水	26.40±3.94	40.47±3.29	55.67±4.24	122.54±6.69	66.87±4.91
	自来水	27.73±4.32	40.00±4.96	55.60±3.79	123.33±10.47	67.73±8.57
	池塘水	29.38±3.63	44.69±4.42	63.00±7.04	137.07±11.33	74.07±5.74
白甲鱼 *Onychostoma sima*	双蒸水	14.00±1.89	7.80±1.62	10.10±2.39	31.90±2.81	21.80±2.25
	自来水	14.10±2.28	10.33±2.87	10.57±2.66	35.00±3.22	24.43±3.22
	池塘水	16.24±2.17	10.71±2.94	10.24±1.48	37.19±3.67	26.95±3.09
岩原鲤 *Procypris rabaudi*	双蒸水	17.35±6.19	15.40±3.57	21.15±6.60	53.90±8.80	32.75±5.10
	自来水	18.00±6.69	16.00±2.99	38.70±8.30	72.70±9.86	34.00±6.85
	池塘水	23.14±7.01	16.38±4.20	40.29±9.02	79.81±13.90	39.52±7.39

3.4 精子在不同浓度 NaCl 溶液中活力的测定

由表 3-4 可知，中华倒刺鲃、白甲鱼和岩原鲤 3 种鱼精子在不同浓度 NaCl 溶液中的活力有明显变化。中华倒刺鲃精子在 0.35%~0.5% 浓度中有效运动时间逐渐延长，在 0.55%~0.6% 逐渐降低，0.65% 时无快速运动精子，0.8% 以后无运动精子。t 检验分析表明，在不同浓度 NaCl 溶液中，各浓度与 0.5% 和 0.55% 之间均具有显著（$P<0.05$）或极显著差异（$P<0.01$），0.5% 与 0.55% 之间无显著差异（$P>0.05$）。可见，最适于中华倒刺鲃精子生存的 NaCl 浓度为 0.5%~0.55%。白甲鱼精子在 0.25%~0.55% NaCl 溶液中，各溶液不同运动时间之间相差较小，有效运动时间最大值在 0.45% 浓度，0.6% 时精子聚成团，少数向外缓慢运动或颤动。岩原鲤精子在 0.25%~0.45% 溶液中有效运动时间逐渐延长，0.5%~0.6% 时逐渐降低。t 检验分析表明，在不同浓度 NaCl 溶液中，0.45% 与其他浓度之间的精子有效运动时间均存在极显著差异（$P<0.01$），可见，0.45% 浓度 NaCl 溶液为岩原鲤精子生存的最适浓度。

表 3-4 不同浓度 NaCl 溶液对中华倒刺鲃、白甲鱼和岩原鲤精子活力的影响

Tab. 3-4 Effects of different concentration of NaCl solution on the sperm motility of *Spinibarbus sinensis*, *Onychostoma sima* and *Procypris rabaudi*

种名	NaCl 浓度（%）	快速运动时间（s）（$M\pm SD$）	中速运动时间（s）（$M\pm SD$）	慢速运动时间（s）（$M\pm SD$）	运动总时间（s）（$M\pm SD$）	有效运动时间（s）（$M\pm SD$）
中华倒刺鲃 *Spinibarbus sinensis*	0.25	24.95±5.32	42.00±8.87	70.95±11.60	137.90±22.18	66.95±13.56
	0.30	26.65±5.29	42.70±6.39	75.95±14.71	145.30±23.69	69.35±11.69
	0.35	24.80±3.71	40.20±6.73	74.25±15.95	139.25±18.95	65.00±8.45
	0.40	25.94±4.55	43.00±7.17	72.94±8.70	141.88±17.73	68.94±11.01
	0.45	28.07±4.38	44.47±7.85	73.27±7.79	145.81±15.84	72.54±11.65
	0.50	33.85±5.74	51.38±6.70	89.85±12.74	175.08±19.22	85.23±12.02
	0.55	30.70±5.03	52.00±6.04	76.70±10.88	159.40±18.76	82.70±10.04
	0.60	24.70±5.68	43.60±5.74	70.30±5.52	138.60±11.70	68.30±10.98
白甲鱼 *Onychostoma sima*	0.25	16.00±2.42	11.13±4.10	14.40±5.23	41.53±9.24	27.13±5.24
	0.30	17.33±4.90	13.00±3.02	16.33±3.64	46.66±7.53	30.33±6.86
	0.35	17.56±4.44	12.64±4.44	15.60±3.82	45.80±8.58	30.20±7.62
	0.40	17.86±3.67	13.23±6.18	15.23±6.35	46.32±13.26	31.09±8.23
	0.45	17.56±2.19	13.89±4.51	12.67±3.77	44.12±7.80	31.45±5.53
	0.50	15.90±3.45	13.10±4.15	14.90±3.78	43.90±10.06	29.00±7.23
	0.55	15.64±3.17	11.00±3.13	12.36±1.75	39.00±4.84	26.64±5.37

续表

种名	NaCl浓度（%）	快速运动时间（s）($M\pm SD$)	中速运动时间（s）($M\pm SD$)	慢速运动时间（s）($M\pm SD$)	运动总时间（s）($M\pm SD$)	有效运动时间（s）($M\pm SD$)
岩原鲤 Procypris rabaudi	0.25	21.13±3.10	17.00±3.62	31.63±16.12	69.76±16.65	38.13±4.03
	0.30	19.30±5.23	22.45±7.08	33.65±8.26	75.40±10.13	41.75±5.85
	0.35	24.72±3.45	17.36±4.40	37.60±6.06	79.68±9.06	42.08±6.23
	0.40	25.30±3.46	18.57±4.39	31.37±10.90	75.24±13.66	43.87±3.83
	0.45	28.00±5.40	22.45±5.56	39.50±10.84	89.95±14.90	50.45±6.89
	0.50	25.10±5.26	19.90±5.43	34.50±7.06	79.50±10.11	45.00±5.72
	0.55	26.73±6.98	15.32±3.33	23.50±6.11	65.55±9.91	42.05±7.76
	0.60	16.00±5.10	15.00±1.87	13.60±3.91	44.60±6.02	31.00±3.46

另外，对华鲮（Sinilabeo rendahli）精子生物学特性的研究也发现类似情况。华鲮精子全长约42.67μm，头长约2.67μm，尾长约40μm。鲁哥氏法测得精子密度为4.244×10^7尾/ml，pH为7.5。华鲮精子寿命先随生理盐水浓度的升高而延长，当NaCl溶液浓度为0.5%时达到最大值。随后其寿命随着浓度的增加而缩短，当浓度为0.8%时，运动急剧减弱，寿命明显缩短；浓度为0.9%时，精子几乎不动。在江水、池塘水和曝气自来水中其平均寿命为97.94s、95.91s及90.52s。

对不同浓度生理盐水中华鲮精子寿命数据进行分析，计算出精子平均寿命的F值为739.12，查F值表，$F_{0.01}(12, 195)=2.27$，$F>F_{0.01}$，$P<0.01$。表明这13组数据差异极显著。

进一步对其进行q检验（表3-5），结果表明，0.75%与0.0%、0.6%~0.7%，0.0%与0.6%~0.7%，0.7%与0.6%、0.65%，0.65%与0.6%，0.3%与0.35%、0.35%与0.4%、0.4%与0.55%无显著差异；0.5%与0.45%差异显著；其余差异极显著。

表 3-5　不同浓度 NaCl 溶液中华鲮精子寿命的比较

Tab. 3-5　Comparison on the longevity of *Sinilabeo rendahli* sperms in different concentration of NaCl solutions

溶液浓度(%)	平均寿命(s)	Xi-0	Xi-58.31	Xi-125.77	Xi-131.6	Xi-132.05	Xi-139.67	Xi-151.29	Xi-261.72	Xi-275.12	Xi-304.22	Xi-306.2	Xi-361.99	Xi-397.93
0.50	397.93	**397.93	**339.62	**272.16	**266.33	**265.88	**258.26	**246.64	**136.21	**122.81	**93.71	**91.73	*35.94	
0.45	361.99	**361.99	**303.68	**236.22	**230.39	**229.94	**222.32	**210.70	**100.27	*86.87	*57.77	*55.79		
0.55	306.20	**306.20	**247.89	**180.43	**174.60	**174.15	**166.53	**154.91	**44.48	*31.08	1.98			
0.40	304.22	**304.22	**245.91	**178.45	**172.62	**172.17	**164.55	**152.93	*42.50	29.10				
0.35	275.12	**275.12	**216.81	**149.35	**143.52	**143.07	**135.45	**123.83	13.40					
0.30	261.72	**261.72	**203.41	**135.95	**130.12	**129.67	**122.05	**110.43						
0.60	151.29	**151.29	**92.98	25.52	19.69	19.24	11.62							
0.65	139.67	**139.67	*81.36	13.90	8.07	7.62								
0.70	132.05	**132.05	**73.74	6.28	0.45									
0.00	131.60	**131.60	**73.29	5.83										
0.75	125.77	**125.77	*67.46											
0.80	58.31	**58.31												
0.90	0													

"**" 表示差异极显著（$P<0.01$）；"*" 表示差异显著（$P<0.05$）；Xi 表示精子平均寿命

3.5 精子激活及抑制机制

观察比较精子在池塘水、江水和曝气自来水中的运动情况及寿命，得知运动效果以在江水中最佳，例如，华鲮精子的快速运动时间为（39.95±1.21）s，其次是池塘水。这也许与不同水体的离子浓度有关，或者由不同水体中的复杂物质成分引起，因而受精过程的稀释液应尽量采用江河水或池塘水。在不同的生理盐水中，精子活力各不相同。浓度为0.0%~0.5%时，其快速运动时间和寿命逐渐延长，以浓度为0.5%时最佳。随着浓度的增加，其快速运动时间和寿命逐渐缩短，于0.9%时，华鲮精子不活动。

通常精子在精液或精浆中是没有活力的，只有当其受到外界环境的稀释后才表现出一定的活力。精子的运动主要是靠尾部鞭毛的摆动。精子鞭毛大多为"9+2"结构。其外周的每对二联管中的亚管A含有动力蛋白，动力蛋白臂具有ATP酶（ATPase）活性，起着与横纹肌肌球蛋白横桥类似的机能作用。

外界因子通过cAMP-ATP-Mg^{2+}系统来实现对精子活力的影响。影响精子活力的因素有温度、渗透压、离子类型、pH、卵子和季节等。而这些因素的主次也因鱼种不同而有所差异。温度对精子活力的影响是通过影响精子中的ATP酶活性来实现的。当温度低到一定范围时，精子几乎不能运动，因此可以用低温条件来对精子进行储藏。渗透压对大多数鱼类的精子活力起主要调节作用，但不同种鱼对渗透压大小的要求有所差异。K^+对精子活力有一定的抑制作用，Na^+和Ca^{2+}同样对精子活力有一定的作用。精子获能运动与其鞭毛有密切关系。Ca^{2+}是调节鞭毛摆动的重要离子，当细胞内Ca^{2+}浓度升高，激活动力蛋白臂ATP酶活性时，由ATP分解产生的能量促使并列或相邻的二联管滑行，从而使鞭毛发生摆动。通常细胞膜去极化可使Ca^{2+}电导增加，细胞内Ca^{2+}浓度升高。但大多数细胞膜的去极化主要取决于Na^+，而不是Ca^{2+}。这提示Na^+可以通过诱发细胞膜去极化产生动作电位，进而引起细胞内Ca^{2+}浓度的变化，起到间接激活精子运动的作用。但细胞内Ca^{2+}的逆浓度梯度外运是与Na^+的顺浓度梯度内流相耦联的（生物细胞普遍存在的Ca^{2+}-Na^+交换机制）；当细胞外介质中Na^+浓度过高时，反而会使细胞内Ca^{2+}浓度降低。这或许就是环境中高Na^+抑制精子活力的原因之一。Na^+不仅与Ca^{2+}存在Ca^{2+}-Na^+交换机制，还与K^+存在Na^+-K^+交换机制。因此，Na^+似乎可以通过离子间的互作及对渗透压等多方面的影响，起到直接、间接激活或抑制精子运动的作用。从本实验结果可以看出，NaCl（特别是Na^+，维持细胞兴奋性和渗透压的主要阳离子）在一定范围内具有提高精子活力和加快精子运动速度的作用，例如，岩原鲤精子生存的最适NaCl溶液浓度为0.45%，华鲮则为0.50%。因此，在对岩原鲤、华鲮等鱼类进行人工授精时可以选择其最适浓度的NaCl溶液，以延长精子活力，保持精子的激烈运动状态，提高受精率，降低畸变率；当NaCl溶液浓度大于0.9%时，华鲮等精子不活动，故可将该结果作为精子保存液的参考值。

第4章 受精生物学

受精是单倍体的精子与卵子相互结合而启动新生命发育的过程，因而受精生物学一直为众多研究者所重视。

鱼类受精生物学研究仅局限于少数经济鱼类，由于鱼类精子和卵子的特性，多数鱼类的受精生物学特点或机制尚不清楚。

本章是对胭脂鱼、稀有鮈鲫（*Gobiocypris rarus*）和唇䱻（*Hemibarbus labeo*）等鱼的成熟卵结构、精子入卵过程、受精的细胞学变化与皮层反应及其机制研究的总结，以胭脂鱼受精生物学为主进行描述，并对相关问题进行探讨。

4.1 精子的结构

鱼类成熟精子为典型的鞭毛型，分为头部、中段和尾部三部分。例如，中华倒刺鲃、白甲鱼、岩原鲤（图3-1）和稀有鮈鲫精子（图版4-Ⅱ-A：5）头部圆球形，无顶体，主要被细胞核占据，细胞核中有零星分布的核空泡。头部植入窝偏向核的一侧，凹陷深度较浅，约为细胞核长径的1/4。中段由中心粒复合体和袖套组成，中心粒复合体由近侧中心粒和基体组成，近侧中心粒和基体呈"L"形；袖套呈不对称状分布于鞭毛的两侧，一侧狭长，仅含少数囊泡，另一侧肥厚，内含较多线粒体和囊泡。尾部微管为典型的"9+2"结构，无侧鳍（图版4-Ⅱ-K：56~59）。

4.2 卵子的结构

胭脂鱼成熟卵黄色，圆球形，平均直径为2.5mm，含有大量卵黄物质。动物极有一漏斗状的精孔器，经史密斯（Smith）液固定后，在解剖镜下能清晰地看到。受精卵遇水后产生弱黏性，在水温17~18℃下，受精后240s卵膜开始膨胀，变透明，动物极变明显。受精后20min开始形成胚盘，90min胚盘隆起最高。受精后120min开始细胞分裂。

稀有鮈鲫刚产出的成熟卵为圆球形，沉性，无色透明，遇水具强黏性，卵径（1.02±0.03）mm。经Smith液固定后，可清晰地辨别卵子的两极，动物极乳白色，植物极棕褐色。于解剖镜下观察，在动物极的中央卵膜上有一漏斗状凹陷，即精孔器，凹陷的中央即精子入卵的唯一通道——精孔管。在25℃条件下，受精后80s，卵膜显著膨胀。受精后8min，胚盘形成。受精后45min，进行第一次有丝分裂。

唇䱻刚产出的成熟卵圆形，橙色或橘黄色，卵径为1.58~2mm。卵膜分为次级卵膜和初级卵膜，次级卵膜外具单层短柱状颗粒，其长径为 2.15～3.52μm，平均为 2.37μm，初级卵膜内表面较光滑。

胭脂鱼、稀有鮈鲫及唇䱻卵子的结构主要由卵膜、精孔器、质膜、卵黄、细胞质和处于第二次减数分裂中期的染色体组成。

4.2.1 卵膜

4.2.1.1 卵膜的组织学观察

胭脂鱼卵膜一层，位于卵的最外层，为初级卵膜，具有保护卵子、阻止多余精子入卵的作用。卵膜厚约 12.03μm，光镜下呈条纹状，经 HE 染色可观察到两层亚结构，靠近卵黄一层厚约 2.67μm，染色较深，称为卵膜内层；外层厚约 9.34μm，染色呈深红色，称为卵膜外层。卵膜外有绒毛结构，被伊红染成红色，光镜下可以观察到，绒毛状结构从卵膜中伸出（图版 4-Ⅰ-B：8）。经阿利新蓝-过碘酸希夫染液染色，卵膜为中性。在动物极卵膜有一凹陷，称为精孔器，由前庭和精孔管组成，前庭漏斗状，最大直径为 64.94μm，深 78.64μm。卵膜在精孔器前庭处弯折加厚到 29.35μm。精孔管位于精孔器底部，长 2.55μm，直径为 2.4μm。精孔器是精子入卵的唯一通道。精孔器是在卵子形成过程中，精孔细胞在卵膜上留下的压痕，深陷于动物极的皮层内，动物极的皮层区也因挤压而凹陷于卵黄中（图版 4-Ⅰ-A：1）。

稀有鮈鲫卵膜位于卵的最外层，光镜下观察为一层，HE 染色较浅，呈竖条纹状（图版 4-Ⅱ-B：7，9）。

唇䱻卵膜由初级卵膜和次级卵膜组成（图版 4-Ⅲ-B：11）。初级卵膜与质膜紧密相连，厚约 6.25μm，内具 3 层放射带。初级卵膜外侧有一层薄的胶质附属膜，强嗜酸性，HE 染色呈鲜红色。次级卵膜是一层均质的胶质膜，位于卵子最外层，外表凹凸不平，厚薄不均，弱嗜碱性。次级卵膜与初级卵膜连接较为疏松，在切片过程中易与初级卵膜分离。

4.2.1.2 卵膜的扫描电镜观察

扫描电镜下可观察到，胭脂鱼卵子表面分布有很多绒毛状结构，动物极处有一深陷的孔洞，为精孔器。精孔器周围直径约 100μm 的范围内，无绒毛状结构，分布有小突起（图版 4-Ⅰ-J：49）。去卵膜观察，卵子表面覆盖一层薄的质膜，由于质膜覆盖，看不到皮层小泡，但仍可看到由于皮层小泡的填充在细胞膜表面形成的均匀突起。

胭脂鱼卵子表面精孔器周围直径 100μm 范围以外的区域密布大量绒毛状结构，排列无规则性，扫描电镜下可以观察到大量精子处于其中。推测绒毛有两方面的作用：一方面在精子接近卵子时，绒毛的摆动可以加速精子运动，为精子提供辅助动力，使之在最短的时间内接近精孔器，并保证足够数量的精子接近精孔器，确保卵子受精；另一方面对蜂拥而至的精子起到阻碍作用，将多余精子阻止在精孔器有效范围以外，限制进入精孔器精子的数量，这样可以保证胭脂鱼的单受精机制；扫描电镜观察发现多数绒毛的端部聚集在一起,并有精子深陷在绒毛内的现象,亦是很好的证明。

扫描电镜下可观察到,稀有鮈鲫精孔器区域（0.25±0.01）mm以外的卵膜表面密布绒毛,绒毛排列不规则。

扫描电镜下可观察到,唇䱻去卵膜的卵子保持正常形态,其表面覆盖一层极薄的质膜,质膜外被浓密的微绒毛（图版4-Ⅲ-E：26）。

4.2.1.3 卵膜的超微结构观察

透射电镜下观察,胭脂鱼卵膜切面可见规则排列的小孔,是卵子成熟后滤泡细胞和卵母细胞伸出的微绒毛回缩后留下的孔道。卵膜由内向外分为两层,分别称为内层和外层。内层与质膜紧连,透射电镜下观察可知电子致密度高,染色深。外层较厚,可再分为两个亚层,每个亚层内有呈弧形排列的亚弹性结构,为卵膜的弹性支架。卵膜表面有绒毛状结构,绒毛无特殊亚结构,切面电子致密度低,染色浅（图版4-Ⅰ-H：42）。卵子质膜与卵膜内层联系紧密。卵子细胞质较少,主要分布于皮层小泡之间,细胞器多为线粒体和溶酶体,它们共同组成了卵子的内膜系统。

稀有鮈鲫成熟卵子的卵膜分为初级卵膜和次级卵膜,初级卵膜厚（7.16±0.28）μm,由放射膜和附属膜组成（图版4-Ⅱ-K：60）。放射膜厚（6.85±0.05）μm,主要由弹性纤维组成,受精后变化较大,切片上可见规则排列的微绒毛孔道贯穿其中。据电子密度不同,可将稀有鮈鲫成熟卵子的放射膜分为7层（图版4-Ⅱ-K：60）,从外向内依次为放射带Ⅰ（Z0）、放射带Ⅱ（Z1）、放射带Ⅲ（Z2）、放射带Ⅳ（Z3）、放射带Ⅴ（Z4）、放射带Ⅵ（Z5）和放射带Ⅶ（Z6）,其中放射Ⅰ在受精后20s消失。附属膜厚（0.41±0.02）μm,位于放射带外侧,受精后变化不大,据电子密度的不同可分为两层,内层厚（0.17±0.01）μm,电子密度低,弹性纤维较放射带疏松,为一弹性层；外层厚（0.23±0.05）μm,电子密度高,为一胶质层,内无弹性纤维（图版4-Ⅱ-K：60）。次级卵膜紧贴初级卵膜,为一层绒毛层,位于卵子的最外层。初级卵膜内侧为卵子质膜,质膜表面具微绒毛。卵子细胞质从动物极向植物极依次减少,细胞质中所含的细胞器多为核糖体、内质网、线粒体和多泡体。

超微结构显示,唇䱻卵膜分为初级卵膜和次级卵膜,初级卵膜厚6.369μm,由放射膜和附属膜组成（图版4-Ⅲ-C：27）。放射膜主要由弹性纤维组成,可分3层,从外到内分别称为放射带Ⅰ、放射带Ⅱ和放射带Ⅲ,其厚度分别是1.78μm、2.21μm和2.06μm。每一放射带由弹性亚膜和其间的放射管构成,弹性亚膜在纵切面弯曲成"〈"形。弹性亚膜与其间的放射管平均厚度之和,在放射带Ⅰ为0.61μm,放射带Ⅱ为0.97μm,放射带Ⅲ为0.86μm。放射管内具泡状物质和颗粒成分（图版4-Ⅲ-C：28）。放射带之间具有与质膜平行的弹性纤维束,称为间膜,间膜厚0.55μm,其内的弹性纤维比弹性亚膜的稍粗,着色稍深。在间膜与弹性亚膜相接触的部位,二者的弹性纤维相互渗透,使间膜与弹性亚膜紧密连接在一起,共同构成初级卵膜的支架。放射带的外侧是附属膜,附属膜与质膜平行,分为两层,内层是弹性膜,厚0.19μm,其内弹性纤维明显比放射膜的疏松；外侧是胶质层,厚0.11μm,其内无弹性纤维。次级卵膜位于初级卵膜外,厚8.35μm,次级卵膜可分为颗粒区和胶质区,颗粒区占据次级卵膜的90%,含有大量游离的颗粒，胶质区表面凸凹不平，与初级卵膜的胶质层有空隙，其内充满了大量微绒毛，是二者的连接载体。

受精过程中，在受精后 40s 唇䱻卵膜弹性亚膜弯曲的角度开始增加。受精后 80s 初级卵膜增厚至 7.40μm，其内弹性亚膜的弯曲角度继续增大（图版 4-Ⅲ-C：29）。次级卵膜胶质区已被撕开，仍然与初级卵膜胶质层疏松连接。受精后 110s 初级卵膜增厚至 8.00μm，其中放射带Ⅰ厚 1.85μm，放射带Ⅱ厚 3.39μm，放射带Ⅲ厚 2.74μm，其内弹性亚膜的弯曲角度进一步增大，部分弹性亚膜已伸直，与间膜垂直（图版 4-Ⅲ-C：30）。受精后 240s 初级卵膜增厚至 10.18μm，其中放射带Ⅲ的弹性亚膜伸直，厚 3.03μm；放射带Ⅰ的弹性亚膜倾斜，与间膜呈一定的夹角（图版 4-Ⅲ-C：31）。

4.2.2 精孔器

胭脂鱼精孔器属于深陷型，扫描电镜下放大 1000 倍，可见精孔器前庭为涡旋状结构，底部为精孔管（图版 4-Ⅰ-J：50）；精孔器前庭内壁有许多孔洞，孔洞顺螺旋排列，精子入卵后卵子通过空洞释放某种物质或皮层反应物，可以起到使后续精子凝集，阻止多余精子入卵的作用。精孔器去卵膜后内壁结构与细胞膜表面相似（图版 4-Ⅰ-L：62），但缺少皮层小泡形成的突起（图版 4-Ⅰ-K：57）。

稀有鮈鲫卵子的精孔器为深凹陷、短孔道型，由前庭和精孔管组成，前庭深（39.29±0.6）μm，精孔管外口径长（5.90±0.09）μm，内口径长（3.65±0.05）μm。前庭区域平坦，较为光滑。扫描电镜下观察去卵膜的成熟卵子，发现在精孔器凹陷区中央有一直径为 1.74μm 的细胞质突起，这一突起正对精孔管内口，为精子的入卵位点（图版 4-Ⅱ-G：34～39）。

唇䱻卵膜在动物极中央凹陷成漏斗形精孔器（图版 4-Ⅲ-A：1～3）。精孔器属于典型的深凹陷、短孔径型（图版 4-Ⅲ-B：1），由前庭和精孔管两部分组成。前庭膨大，是精孔器的主体，其最大直径为 76.28μm，深度为 32.08μm。前庭具平缓区和凹陷区，平缓区卵膜凹陷相对平缓，当卵膜凹陷至一拐点后，卵膜以大约 75°角急速下陷，从拐点至精孔器底部均属凹陷区。拐点处的前庭直径为 24.25μm。前庭卵膜有较大变异，在平缓区外，次级卵膜厚度逐渐变薄，至平缓区次级卵膜完全消失，与此同时，初级卵膜的放射管排列趋于紧密，至前庭平缓区放射管逐渐消失，卵膜变得致密，弱嗜碱性，其厚度在前庭平缓区逐渐增加，在拐点处厚度达到最大，为 10.89μm，以后又逐渐变薄，至精孔管 6.16μm 处消失。初级卵膜外的附属膜不消失，在放射管消失处陡然增厚至 2.05μm，具极强的嗜酸性，在 HE 染色中呈鲜红色，附属膜一直延伸至前庭底部，为精孔管洞穿。精孔管长 3.21μm，直径为 2.14μm，略大于精子头部直径（1.45μm）。精孔管下的细胞质和卵黄均被挤压成漏斗状。染色体停留在第二次减数分裂中期（图版 4-Ⅲ-B：2）。其分裂相在细胞质浅层，位于初级卵膜放射管消失处，其长轴长 7.27μm，与前庭壁呈大约 72°角，短轴长 4.53μm。

4.2.3 皮层小泡

鱼类卵子的皮层小泡是卵子在生长发育过程中所积累的代谢废物，包含有酸性黏多糖和酸性磷酸酶等成分。皮层区内皮层小泡源于卵母细胞生长过程中的各种生理变化，卵母细胞中出现的含有致密物质的囊泡（这些囊泡可能来自高尔基体）与卵母细胞通过胞饮作用形成的液泡融合，并将内含物排入液泡中形成皮层小泡。而在胭脂鱼受精过程研究中，发现皮层小泡还存在另一个来源，即由某种特定的嗜碱性卵黄颗粒降解转化而来。这一来源的皮层小泡出现在两个时期，一是皮层反应后期的Ⅳ型皮层小泡，二是在卵裂时出现在动物极的皮层小泡，并且这两种不同时期出现的皮层小泡的功能也不相同。

胭脂鱼卵膜之内为卵质膜，其内侧为皮层区，厚约 28.05μm，内含有 1~4 层皮层小泡，皮层小泡由膜包被，与细胞质的界限明显。皮层小泡大小不一，其内含物可以被埃利希（Ehrlich）苏木精染成蓝色。从组织化学（图版 4-Ⅰ-A：2，3）水平上可将皮层小泡分为 4 种类型。Ⅰ型小泡位于皮层最外层，与质膜紧贴，着色浅或不着色。可被 AB-PAS 染成深红色，内含物为中性糖共轭物。Ⅱ型小泡位于皮层外层，着色浅或不着色，直径为 4.42μm。可被 AB-PAS 染成深紫红色或周围红色中间紫红色，内含物为混合型糖共轭物。Ⅲ型小泡广泛存在于皮层区，数目最多，直径为 19.07μm。内含物为酸性糖共轭物，弥散状，可被 HE 染成深蓝色，被 AB-PAS 染成蓝色。Ⅳ型小泡分布于近卵黄区，直径为 15.81μm，内含物为颗粒状，HE 染色呈深蓝色（图版 4-Ⅰ-A：3），此类小泡在后期可以由卵黄颗粒降解转化而来，可被 AB-PAS 染成红色，内含物为中性糖共轭物。此类皮层小泡在外移参与皮层反应的过程中，内含颗粒由粗大逐渐变为细小，且酸性逐渐增强，染色程度由红色向蓝色转变。扫描电镜下可见，胭脂鱼皮层小泡由膜包被，外层小泡与质膜连接紧密，皮层区断裂面可见皮层小泡遗留的蜂窝状凹陷（图版 4-Ⅰ-K：58）。透射电镜下，质膜下可以观察到 3 或 4 层皮层小泡。皮层小泡由单层膜包被，内含形态、性质各异的内含物（图版 4-Ⅰ-G：37）。透射电镜下观察到的皮层小泡的形态与光镜下对应分为 4 种类型。Ⅰ型小泡染色均匀，位于皮层最外侧，与质膜紧密相连，皮层反应过程中最先释放内含物。Ⅱ型小泡位于质膜下，与质膜紧密联系，皮层小泡中间区域染色较浅，周围区域有均匀的嗜电子颗粒沉淀。Ⅲ型小泡中央有一电子致密区域，染色较深。Ⅳ型小泡较大，中央区域电子致密度高，染色深，呈粗大颗粒状或网状。该皮层小泡的来源与卵黄有关。

唇䱻成熟卵细胞质外围也有 1~4 层皮层小泡，大小不一，外被单层膜，离精孔管愈远，皮层小泡直径愈大，层数愈多，着色愈深。在精孔器形成区域，皮层小泡直径平均为 14.66μm，到精孔器急剧凹陷区域皮层小泡直径平均为 5.35μm，在精孔管附近，皮层小泡完全消失。去除质膜，皮层小泡被撕裂，蜂窝状，内具球状或絮状内容物（图版 4-Ⅲ-E：27），但不能观察到皮层小泡的被膜，质膜内表面往往和表层皮层小泡被膜接近或融合，使其也呈蜂窝状（图版 4-Ⅲ-E：28），精孔管附近没有皮层小泡，质膜光滑，不具微绒毛。

据皮层小泡的位置、大小和内含物的性质，可将唇䱻的皮层小泡分为5种类型。Ⅰ型：紧贴于质膜，主要分布于动物极低纬度区，直径小于1.92μm，数量很少，其内充满着色很深、颗粒大的内容物。光镜下Ⅰ型小泡表现为泡状紫色小斑点（图版4-Ⅲ-D：4），在透射电镜下，可见Ⅰ型小泡多数已经破裂（图版4-Ⅲ-E：17）。Ⅱ型：紧贴于质膜，多分布在动物极低纬度区，平均直径为4.12μm，数量少，其内的颗粒直径较大，着色深（图版4-Ⅲ-D：3）。Ⅲ型：与质膜接近，1或2层，平均直径为18.33μm，数量较多，其内的颗粒直径小，着色较浅（图版4-Ⅲ-D：3～5），精孔器附近无皮层小泡（图版4-Ⅲ-D：1）。Ⅳ型：一般离质膜较远，分布广，2或3层，平均直径为24.51μm，数量最多，在透射电镜下可见，其内具少量直径小的颗粒和大量细线状的物质，着色浅；在HE染色中为空泡状，但小泡的植物极端被膜内侧往往附有嗜碱性颗粒物（图版4-Ⅲ-D：4，5）。Ⅴ型：多分散于卵黄附近，也有极少数位于卵膜附近（图版4-Ⅲ-D：5），数量少，内含1或2个大小不一的固体颗粒。

稀有鮈鲫卵细胞质膜内侧为皮层区，内含1～4层皮层小泡，由膜包被，大小不一，HE着色较浅，与细胞质界限明显（图版4-Ⅱ-B：7）。离精孔管越近，皮层小泡越少，在凹陷的正下方皮层小泡完全消失（图版4-Ⅱ-B：9）。皮层小泡内含形态各异的内含物，据所含物质的形态性质可分为3种类型（图版4-Ⅱ-K：61）：Ⅰ型小泡较疏松，电子密度低，为一空泡状结构，多位于皮层最外侧，紧贴质膜；Ⅱ型小泡体积较Ⅰ型小泡大，内含一个到数个小空泡，空泡间充满致密物质，电子密度高；Ⅲ型小泡体积最大，内含数十个大小不等的小空泡，空泡间致密物质电子密度高。

4.2.4 卵黄

卵黄是卵子的主要成分，卵黄颗粒多呈球形，由膜包被，颗粒大小不等。胭脂鱼绝大多数卵黄颗粒为嗜酸性，HE染色呈鲜红色（图版4-Ⅰ-A：1），位于卵子中央。有少数卵黄颗粒为嗜碱性，HE染色呈蓝紫色，内部有空泡，内含物在外推过程中逐渐降解，颗粒由粗大变为细小，参与Ⅳ型皮层小泡的形成（图版4-Ⅰ-A：5）。卵黄颗粒与细胞质界限明显，扫描电镜下卵黄颗粒呈球状，紧密聚集在一起（图版4-Ⅰ-K：59）。超微结构下卵黄颗粒可分为两类（图版4-Ⅰ-G：38）：①分布于皮层下，占卵子的绝大部分，卵黄颗粒直径较大，染色深且均匀，其间细胞质分布较少，或分布有少量脂质，与光镜下的嗜酸性卵黄颗粒相对应；②分布于皮层区内，染色均匀，内有染色深的颗粒状物质存在，称为结晶斑。紧连皮层区的卵黄颗粒，在皮层反应中有外排现象，且电子致密度逐渐降低，与光镜下的嗜碱性卵黄颗粒相对应。

唇䱻卵黄颗粒在HE染色结果中分为两种类型。Ⅰ型：嗜酸性，被染成鲜红色，位于卵子中央及浅层。卵黄颗粒多呈球形，颗粒大小为7.53～25.27μm，平均为14.53μm。少数浅层卵黄颗粒外周具弧形缺口。Ⅱ型：嗜碱性，呈紫色，数量较少，位于卵子细胞质附近，有的已侵入细胞质，颗粒大小为7.04～22.54μm，平均为13.33μm。少数卵黄也有弧形缺口，或其内具有圆形空泡。卵子中央有数个87.45～150.16μm球形或不规则强嗜碱性的网状、实质状或泡状区域（图版4-Ⅲ-B：3），被染成深紫色。超微结构观察结果显示，唇鲮成熟卵卵黄有两种类型，二者有明显界限。Ⅰ型：3～5层，位于皮层小泡内侧，着色深，内有着色深的结晶斑。Ⅱ型：位于Ⅰ型卵黄内侧，着色浅，内不具明显的结晶斑。卵黄颗粒内部多处区域具连成一团的泡状体（图版4-Ⅲ-C：25），颗粒之间具少量细胞质，细胞质内具较多线粒体（图版4-Ⅲ-C：26）、核糖体和内质网。

稀有鮈鲫卵黄颗粒多呈圆形或不规则形，位于卵子中央，由膜包被，颗粒大小不等。据其位置和HE染色情况可分为两类（图版4-Ⅱ-B：7）：Ⅰ型，广泛分布于卵子中，占卵黄的绝大多数，嗜酸性，HE染色呈鲜红色，少数卵黄具弧形缺口或降解呈空泡状；Ⅱ型，数量很少，位于卵子浅层，嗜碱性，HE染色呈淡紫色。卵黄颗粒中央充满了被HE染成淡紫色的细胞质。

4.2.5 染色体

稀有鮈鲫成熟卵的组织切片上，可以清晰地观察到卵子处于第二次减数分裂中期，纺锤体位于动物极胚盘外侧的质膜下方，纺锤体长轴与质膜垂直，纺锤丝清晰，染色体整齐地排列在赤道板上。此时的胚盘为一薄层，动物极较厚，植物极较薄，HE染色呈蓝紫色（图版4-Ⅱ-B：8）。

4.3 受精过程的观察

4.3.1 精子入卵过程的组织学观察

（1）胭脂鱼精子入卵过程的组织学观察

受精后1s：大量精子聚集在精孔器前庭口，部分精子已到达前庭的1/2处（图版4-Ⅰ-B：7），卵细胞处于第二次减数分裂中期，染色体排列在赤道板上（图版4-Ⅰ-B：8）。

受精后3s：有精子开始穿过精孔管（图版4-Ⅰ-B：9），精子运动速度为18.67μm/s。观察材料上有22粒精子聚集在精孔器前庭处（图版4-Ⅰ-B：10）。动物极精孔器两侧的皮层区有较多数量的皮层小泡，但没有释放内含物（图版4-Ⅰ-B：11）。

受精后5s：精子穿过精孔管进入皮层3.64μm（图版4-Ⅰ-B：12），计算得知精子在皮层内的运动速度为1.82μm/s。仍有精子向精孔器底部运动，多数已经到达精孔器前庭的1/2处。动物极低纬度区域最外层的皮层小泡开始融合，小泡间界限不清晰，并且有部分开始与质膜融合。

受精后8s：进入卵子皮层的精子，头部开始膨大，染色体开始解聚，HE染色较浅。动物极最外层皮层小泡开始破裂，释放内含物。

受精后10s：进入皮层区的精子释放中心粒，产生微弱精子星光（图版4-Ⅰ-C：13），染色体进一步解聚。第一次皮层反应开始进行，但仅局限于动物极低纬度区域最外层的皮层小泡，起始位点距离精孔器352.85μm，多为Ⅰ型皮层小泡释放内含物到卵周隙中，HE 染色呈深蓝色（图版 4-Ⅰ-C：14）。

受精后 15s：皮层反应缓慢，只有部分单个皮层小泡进行胞吐，动物极精孔器处皮层小泡不参与此活动。深层皮层小泡相互融合，为下一步皮层反应作准备。

受精后 20s：进入皮层的精子星光开始延长（图版 4-Ⅰ-C：15），胞吐结束的区域质膜开始修复。卵子的染色体仍然处于第二次减数分裂中期。

受精后 25s：精孔器内仍聚集精子，有的精子已经接近精孔管，且将要通过精孔管（图版 4-Ⅰ-C：16），这是多精入卵的表现。深层皮层小泡开始向外移动。

受精后 30s：大量精子聚集在精孔器内，有精子进入精孔管，精孔管下方有皮层小泡出现，阻止后续精子的进入（图版 4-Ⅰ-C：17）。无皮层小泡进行胞吐作用，深层皮层小泡继续向外移动，并开始相互融合（图版 4-Ⅰ-C：18）。在以精孔器为圆心，半径为 352.85μm 范围内的皮层小泡不参与此次皮层反应。

受精后 35s：外移的皮层小泡开始相互融合，小泡之间的界限不再清晰，内含物被 HE 染成深蓝色（图版 4-Ⅰ-D：19），精孔管下面出现的皮层小泡，形成受精锥堵塞精孔管，阻止后续精子入卵（图版 4-Ⅰ-D：20）。

受精后 40s：处于外层的Ⅱ型皮层小泡开始与质膜融合，并开始破裂，释放内含物，此反应局限于动物极周边地区，皮层反应开始进入高潮期。动物极下的皮层小泡也开始相互融合（图版 4-Ⅰ-D：21），但尚未参与皮层反应。

受精后 45s：雌核仍然处于第二次减数分裂中期，染色体靠近质膜，与精孔器中轴呈 30°方向，染色体排列在赤道板上（图版 4-Ⅰ-B：8）。皮层反应范围扩大，向植物极蔓延，融合的皮层小泡进行胞吐，深层皮质小泡继续向外移动，但尚未发生融合。

受精后 50~60s：皮层反应剧烈，迅速向植物极蔓延，大量皮层小泡释放内含物。卵膜外举，卵周隙中充满大量皮层小泡释放物。但是动物极下方的皮层小泡仍未参与反应。

受精后 70~90s：精孔器内仍然残存大量精子。皮层反应继续，部分卵黄颗粒开始降解，转化为Ⅳ型皮层小泡向外释放。动物极精孔器下的皮层小泡开始释放内含物，但反应比较温和，精孔器处卵膜开始与质膜分离形成卵周隙（图版 4-Ⅰ-D：22）。

受精后 100~150s：雄原核仍然具有不明显的星光。皮层区深层聚集大量皮层小泡且继续外移，卵膜大范围膨胀。精孔器处的皮层小泡继续释放内含物，卵膜完全与质膜分离。此过程多为Ⅲ型皮层小泡释放（图版 4-Ⅰ-D：23）。

受精后 3~5min：皮层区外层小泡释放结束，但尚有零星皮层小泡释放，卵膜已经完全与质膜分离（图版 4-Ⅰ-D：24）。皮层区皮层小泡数量明显减少。Ⅳ型皮层小泡外移，此皮层小泡由卵黄颗粒降解形成，在向外移动过程中开始逐渐融合。

受精后 6~8min：质膜下的皮层小泡融合完毕，部分开始与质膜融合，突出于质膜表面，但尚未发生破裂。动物极下的皮层小泡释放完毕（图版 4-Ⅰ-E：25）。

受精后 10min：皮层小泡迅速释放，皮层区内小泡的数量明显减少，皮层反应结束，质膜开始修复（图版 4-Ⅰ-E：26）。

受精后 15min：雌核此时处于第二次减数分裂后期，染色体已经向两极移动（图版 4-Ⅰ-E：27），第二极体略突出于质膜表面。细胞质向动物极流动，胚盘区开始加厚。皮层区内无皮层小泡，但有许多卵黄颗粒，推测可能为Ⅳ型皮层小泡。质膜修复完毕，在皮层的其他区域，仍有零星小泡进行胞吐，释放的内含物多为圆球状，被 HE 染成红色（图版 4-Ⅰ-E：28）。

受精后 20min：雌核处于第二次减数分裂末期，极体形成，突出于受精卵表面，染色质已经分布到极体内（图版 4-Ⅰ-E：29）。动物极皮层区明显厚于其他区域，胚盘形成。

受精后 25min：卵子排出第二极体，极体直径为 18~20μm。受精卵内剩余一半染色质核化。精子星光没有明显变化（图版 4-Ⅰ-E：30）。

受精后 30~40min：精子星光开始延长，雌雄原核在胚盘底部相互靠近（图版 4-Ⅰ-F：31）。皮层内仍有少数皮层小泡释放颗粒，为数量较多的球状颗粒，由卵黄降解后形成，HE 染色呈红色。

受精后 50~60min：精子星光继续延长，雌雄原核开始相向运动。动物极明显隆起，原生质不断向动物极流动，有大量卵黄颗粒进入动物极，降解转化后，使动物极两侧出现皮层小泡（图版 4-Ⅰ-F：32）。

受精后 70~80min：雌雄原核不断接近，进入皮层的卵黄颗粒开始降解，动物极聚集的皮层小泡释放内含物，第二次皮层反应仅局限于动物极皮层区。

受精后 90min：雌雄原核已经靠近，开始融合，核膜开始解体，呈囊泡状，形状不规则。精子星光明显（图版 4-Ⅰ-F：33）。进入动物极的卵黄颗粒解体后形成大量皮层小泡。

受精后 140min：处于第一次有丝分裂中期，染色体排列在纺锤体中间，动物极顶部开始凹陷（图版 4-Ⅰ-F：34）。

受精后 160min：处于第一次有丝分裂后期，染色体开始向两极移动，动物极凹陷下方形成空泡，促进细胞的进一步分裂。卵黄颗粒降解形成皮层小泡，内含物不被着色，呈空泡状（图版 4-Ⅰ-F：35）。

受精后 180min：处于第一次有丝分裂末期，染色体平均分配到两个子细胞中，胚盘分裂成两个细胞，但细胞底部仍然与卵黄物质连接，形成合胞体（图版 4-Ⅰ-F：36）。

（2）稀有鮈鲫精子入卵后的组织学变化

稀有鮈鲫精子入卵后的组织学变化如表 4-1 及图版 4-Ⅱ-B~图版 4-Ⅱ-F 所示。

表 4-1 稀有鮈鲫精子入卵后精、卵的主要变化
Tab. 4-1 The main changes of sperm and ovum after sperm implantation of *Gobiocypris rarus*

受精时间	精、卵的主要变化
0s	精孔管被一蘑菇状的突起堵塞，有两粒精子向突起移动
3s	精孔管敞开，精子进入精孔管
10s	精子进入皮层区，仅有Ⅰ型小泡开始释放内含物
25s	精子头部核化，产生放射状的精子星光，星光偏向精子头部一侧
30s	精孔管被受精锥堵塞，受精锥长（23.23±0.10）μm，最大宽度为（13.91±1.36）μm，大量精子被挡在精孔管外
45s	精子头部位于精子星光中央

续表

受精时间	精、卵的主要变化
60s	染色体随着纺锤丝的牵引开始向两极移动
150s	受精锥解体,质膜开始修复,受精卵处于第二次减数分裂后期
270s	质膜修复平整
8min	受精卵处于第二次减数分裂末期,第二极体形成,向卵子外突出,等待排出
10min	第二极体即将排出
20min	精子星光扩张,星光四射,精核膨化成雄原核,雄原核先于雌原核到达胚盘中央,等待与雌原核结合
30min	雌雄原核在胚盘中央结合,部分核膜消失,两核开始融合
45min	受精卵处于第一次有丝分裂中期,染色体排列在赤道板上,动物极顶部开始凹陷
80min	受精卵处于第一次有丝分裂末期,分裂沟形成,胚盘分裂成两个细胞,细胞基部与卵黄物质相连

(3)唇䱻受精过程的组织学变化

唇䱻受精过程的组织学变化见图版4-Ⅲ-B:4~16及图版4-Ⅲ-C:17~24。

4.3.2 精子入卵过程的扫描电镜观察

(1)扫描电镜观察胭脂鱼精子入卵过程

受精后0s:精孔器完全打开,精孔器内无精子进入,未见有精孔细胞或其他物质阻塞精孔器。

受精后1s:精孔器内无精子,但距精孔器较近的绒毛状结构上有精子聚集(图版4-Ⅰ-J:50)。精孔器内有均匀分布的孔洞,呈涡旋状分布,与精孔器涡旋方向相同。

受精后3s:精孔器外围无绒毛区域聚集大量精子(图版4-Ⅰ-J:51),精孔器前庭内也有大量精子聚集,有精子到达前庭底部,并开始穿过精孔管。多数精子只到达前庭中部。精子头部呈椭圆形,尾部与精孔器呈一定角度。处于精孔器中部的精子,多数尾部凝集在一起或黏附于精孔器前庭上而失去运动能力(图版4-Ⅰ-J:52)。

受精后10s:精孔器内仍然可见大量精子聚集,且有后续精子向精孔器运动(图版4-Ⅰ-J:53)。精孔管仍然敞开着。

受精后40s:在精孔器周围的无绒毛区,有精子向精孔器运动(图版4-Ⅰ-J:54)。放大2000倍,精孔器内聚集大量精子,精孔器堵塞,精孔器内的精子开始凝集而失去精子的完整形态(图版4-Ⅰ-K:55)。

受精后80s:精孔管阻塞,呈蜂窝状。存在于精孔器内的精子进一步凝集成团,丧失精子完整形态。

受精后180s:精孔器呈蜂窝状,且孔洞内有物质伸出,可能受皮层反应的影响,皮层物质溢出。精孔器内的精子开始解体,之间的界限模糊,仅见团状物聚集在一起(图版4-Ⅰ-K:56)。

(2)稀有鮈鲫精子入卵过程

稀有鮈鲫精子入卵过程如图版4-Ⅱ-G~图版4-Ⅱ-J所示。

（3）唇䱻精子入卵过程

唇䱻精子入卵过程见图版 4-Ⅲ-A：4~15。

4.4 受精过程中的皮层反应

4.4.1 皮层反应引发斑

在 HE 染色中，唇䱻卵子动物极低纬度区和精孔器附近的卵膜及质膜之间，具少量均匀的着色非常深的紫色斑点，与Ⅰ型皮层小泡内容物形态结构相似（图版 4-Ⅲ-D：1，2），在透射电镜下，这些斑点和卵膜及质膜有明显的界限，其外没有包被膜结构（图版 4-Ⅲ-E：18），我们称之皮层反应引发斑。扫描电镜下，引发斑呈絮状（图版 4-Ⅲ-E：25）。

4.4.2 皮层反应的组织学观察

对唇䱻皮层反应的组织学观察结果如下。

受精后 35s：Ⅱ型皮层小泡在卵子低纬度区已经破裂，其内容物排于初级卵膜和质膜之间，立即变成深紫色斑点（图版 4-Ⅲ-D：6）。精孔器前庭附近的皮层小泡也开始破裂，形成了若干深紫色斑点（图版 4-Ⅲ-D：8）。

受精后 40s：Ⅱ型皮层小泡附近的皮层小泡随之破裂（图版 4-Ⅲ-D：7），在有些标本中还形成了卵周隙（图版 4-Ⅲ-D：9）。

受精后 50s：卵周隙向周围延伸，皮层小泡大量破裂，排出深紫色的内容物，破裂皮层小泡的被膜和质膜重组形成着色很深的新膜，其外吸附着少量皮层小泡释放物，新膜内侧仍然有大量未破裂的皮层小泡。

受精后 55s：皮层反应从卵子低纬度区向高纬度区（精孔器）延伸（图版 4-Ⅲ-D：10，11）。精孔器前庭附近，皮层小泡继续破裂，形成较大的紫色斑点。

受精后 60s：皮层反应继续向卵子高纬度区延伸，卵周隙继续扩大。精孔器附近皮层反应继续扩大，也形成了卵周隙。

受精后 70s：皮层反应继续向卵子高纬度区延伸，精孔器附近的皮层反应达到高潮，除精孔管外，精孔器附近已经形成了卵周隙，其内具深紫色的皮层小泡释放物，但皮层反应局限于前庭附近，向外扩张的面积少。

受精后 80s：动物极低纬度区皮层反应高潮期的第一阶段结束，外侧皮层小泡大量破裂，质膜随之修复（图版 4-Ⅲ-D：12），新形成的质膜凹凸不平，内侧仍有大量 1~3 层皮层小泡，并多已互相融合。随后，皮层小泡释放物在卵周隙爆炸式扩散，厚达 37.52μm。

受精后 120~150s：皮层反应继续向四周延伸，但未与前庭处的卵周隙打通。精孔器附近的皮层反应接近尾声，精孔器明显举起（图版 4-Ⅲ-D：13），精孔管附近始终无皮层反应发生。

受精后 180s：精孔器附近的皮层反应基本结束。其他区域的皮层反应继续进行。一方面，未进行皮层反应的区域继续进行。另一方面，已进行皮层反应的区域进入皮层反应高潮期第二阶段。第二阶段皮层反应的过程是：在新形成的质膜内侧，皮层小泡继续集聚并互相融合成一大型的泡状体，该泡状体再与质膜融合释放内容物，进而在受精卵表面形成直径达 78.10μm 的凹陷（图版 4-Ⅲ-D：14）。第二阶段皮层反应往往在受精卵若干区域同时发生。

受精后 5min：皮层反应的高潮期第二阶段结束，再次形成的新质膜内侧仅有Ⅴ型皮层小泡、其他残余的皮层小泡和卵黄碎屑，至此，皮层反应高潮基本完成（图版 4-Ⅲ-D：15）。精孔器外举，附近质膜已修复平整，呈弧形，其下具丰富的细胞质（图版 4-Ⅲ-D：16）。

受精后 8min：皮层反应结束，未释放的皮层小泡和卵黄碎屑释放于卵周隙，已经释放的皮层反应释放物向卵周隙扩散，胚盘初步形成，受精膜外举。

4.4.3 皮层反应的扫描电镜观察

（1）胭脂鱼皮层反应的扫描电镜观察

受精后 10s：皮层小泡少量释放内含物，释放后的皮层小泡呈空洞状，将要释放内含物的皮层小泡，向质膜外突起，且隆起较高（图版 4-Ⅰ-K：60）。

受精后 40s：参与皮层反应的皮层小泡数量增多，正在释放的皮层小泡，内含物突出质膜的部分呈白色，不规整。皮层小泡释放后形成的空洞数量增多。实验标本在 400 倍下，空洞数量为 80~100 个（图版 4-Ⅰ-L：61）。

受精后 80s：参与皮层反应的皮层小泡数量继续增多，但多为单个释放，正在释放的皮层小泡将白色内含物释放后，形成空洞。实验标本在 400 倍下，空洞数量为受精后 40s 时的数倍（图版 4-Ⅰ-L：63）。空洞口部或底部仍残留未释放的皮层颗粒，空洞底部逐渐上升，形成浅的凹陷，参与质膜修复过程（图版 4-Ⅰ-L：64）。

受精后 120s：质膜表面多数皮层小泡与质膜融合，或已经突出质膜表面。从皮层小泡开口可以观察到球状的内含物（图版 4-Ⅰ-M：65）。皮层小泡内含物的释放过程为两个或多个内含物融合后，从同一开口向外释放，皮层反应剧烈（图版 4-Ⅰ-M：66）。

受精后 240s：皮层反应减弱，质膜表面仍然可以观察到皮层小泡突起，并且仍有少量的皮层小泡释放内含物（图版 4-Ⅰ-M：67）。动物极精孔器附近的皮层小泡释放剧烈，形成数量较多的空洞（图版 4-Ⅰ-M：68）。

（2）唇䱻皮层反应的扫描电镜观察

唇䱻受精后 40s，皮层反应已经发生，排出絮状内容物，可以观察到皮层小泡释放后残余的被膜（图版 4-Ⅲ-E：28），以此作为皮层反应发生的标志。受精后 60s，皮层反应从发生区域向四周扩散，发生皮层反应和未发生皮层反应的区域有明显界限。发生皮层反应区域，皮层小泡释放出絮状内容物；未发生皮层反应的区域，质膜完整，具浓密的微绒毛（图版 4-Ⅲ-E：29）。受精后 100s，皮层反应扩散至卵子大部分区域，初级卵膜内表面吸附有皮层小泡释放物（图版 4-Ⅲ-E：31），精孔管附近质膜仍然光滑，没有皮层反应发生，精孔管附近卵膜内表面也没有皮层小泡释放物吸附的迹象（图版 4-Ⅲ-E：30）。受精后 240s，大部分区域的第二次皮层反应高潮结束，其内仍有少量皮层小泡释放（图版 4-Ⅲ-E：32），附近微绒毛稀疏，修复完好的质膜柔弱，其表面微绒毛较浓密（图版 4-Ⅲ-E：33），原精孔器附近区域的质膜也开始伸出微绒毛（图版 4-Ⅲ-E：34）。

4.4.4 皮层反应的透射电镜观察

（1）胭脂鱼皮层反应的透射电镜观察

受精后 1s：卵膜内、外层都处于亚弹性状态，其弹性纤维呈弧形结构。卵膜外层的外亚层弧形结构较弱，遇水后卵膜有膨胀趋势。卵膜外表面的绒毛状结构上有精子附着。卵膜与卵质膜结合紧密，皮层小泡位于质膜下，无皮层小泡释放，可见Ⅰ型皮层小泡与质膜紧靠，但尚未与质膜融合形成镶嵌结构（图版 4-Ⅰ-G：39）。

受精后 10s：胭脂鱼卵膜外层的外亚层亚弹性曲度开始减小，为卵膜开始外举的标志。皮层小泡开始释放，但反应较弱，仅有Ⅰ型皮层小泡释放。质膜表面皮层小泡释放后形成许多凹陷。皮层下层的小泡开始外移，与质膜靠近的一面皮层区域变薄。皮层小泡在靠近质膜的同时，内含物性质发生变化，内部电子致密度开始降低，开始变得松散（图版 4-Ⅰ-G：40）。细胞质内有大量的线粒体，溶酶体向质膜外释放。由于皮层小泡内含物的释放，卵膜开始外举，卵质膜开始与卵膜脱离，形成较小的卵周隙。

受精后 20s：胭脂鱼卵膜表面的绒毛状结构中可见精子，并且精子头部开始解体，卵膜外层的外亚层弹性消失，弹性纤维的曲度为零。卵膜内层与卵膜外层的内亚层仍然处于弹性弯曲状态（图版 4-Ⅰ-H：42）。皮层反应程度加大，处于发展状态。皮层小泡开始大量释放，卵膜与卵质膜逐渐分离，形成具有一定宽度的卵周隙（图版 4-Ⅰ-H：41）。卵周隙中可观察到皮层小泡释放至其中的内含物，呈团状。皮层下的小泡继续向外推移，小泡间相互积压处细胞质变薄，相距紧密的皮层小泡之间膜开始相互融合。由于皮层反应的发展，皮层小泡不断释放，卵质膜表面更加凹凸不平。释放后皮层小泡的膜结构逐渐外推，融入卵质膜中致使卵质膜恢复到平滑状态而得到修复。

受精后 40s：胭脂鱼卵膜不断膨胀，卵周隙变宽，卵膜外层的内亚层弹性曲度开始变小。皮层反应强烈，皮层小泡开始大规模释放，质膜表面由于皮层小泡释放而形成凹坑，其内尚残留黏附的内含物。未释放的皮层小泡不断向外推移，在这一过程中皮层小泡的电子致密度逐渐降低，且皮层小泡之间相互融合（图版 4-Ⅰ-H：43）。

受精后 80s：胭脂鱼卵膜外层的外亚层弹性曲度消失，只有卵膜外层的内亚层尚存在一定的弹性曲度。卵膜进一步膨胀，已具有明显的卵周隙（图版 4-Ⅰ-H：44）。皮层小泡大规模释放，反应剧烈，外移的皮层小泡与质膜融合后释放内含物，释放后的皮层小泡呈空泡状，后续的多个皮层小泡又开口于其底部，且将内含物释放其中，再从空泡的开口处释放到卵周隙中（图版 4-Ⅰ-I：45）。皮层小泡连续释放，质膜表面参差不齐，修复过程不明显。皮层下以Ⅲ型和Ⅳ型皮层小泡为主，其中Ⅳ型皮层小泡占多数。Ⅳ型皮层小泡由卵黄转化而来，电子致密度高，但在其外移过程中，内含颗粒由大变小，电子致密度也逐渐降低。

受精后120s：胭脂鱼深层皮层小泡向质膜移动，外侧皮层小泡在质膜表面形成突起。多数皮层小泡开始与质膜融合。深层皮层小泡之间相互融合。从内向外排列的皮层小泡电子致密度逐渐降低（图版4-Ⅰ-I：46）。

受精后240s：胭脂鱼皮层反应接近尾声，皮层小泡数量明显减少，但仍有零星皮层小泡外移、释放。动物极聚集大量细胞质，内含有数量较多的细胞器。质膜得到修复，在低倍镜下观察，质膜已经变得较为平滑，不再像皮层反应时期的参差不齐。在高倍镜下观察，质膜具有较高的电子致密性，且质膜表面有绒毛状突起结构（图版4-Ⅰ-I：47）。

受精后15min：胭脂鱼质膜修复完毕，表面平滑。皮层下仍有少数皮层小泡，卵膜膨胀，卵周隙中充满皮层小泡释放物，部分保留在小泡中的形态，但电子致密度低（图版4-Ⅰ-I：48）。

胭脂鱼卵子受精过程中皮层反应所释放的皮层小泡有4种功能。一是吸水膨胀致卵膜外举。皮层内的皮层小泡在卵子受精后将内含物释放到卵周隙，其吸水膨胀致卵膜外举，卵周隙变得更为明显。二是形成受精锥。胭脂鱼卵子受精30s后，精孔管下出现皮层小泡，35s后形成受精锥，阻止后续精子入卵，确保卵子在受精过程中的单受精机制。三是参与质膜修复。鱼类的受精卵经过皮层反应后，表面呈蜂窝状，卵子质膜有一个修复的过程。质膜修复并不是在反应结束后进行，在皮层反应期间质膜也是不断进行修复的。卵子的内膜系统及皮层小泡的膜系统参与质膜修复过程。胭脂鱼膜系统参与质膜修复，组织学水平观察结果显示，质膜修复时，皮层小泡释放后，底部逐渐向上，最后与质膜融合，使质膜由蜂窝状变为平滑状；透射电镜观察结果显示，参差不齐的质膜修复后呈平滑状态；扫描电镜观察结果显示，皮层小泡释放后形成空洞，空洞底部上升后形成凹坑，最后使质膜表面恢复平滑状态。在修复过程中，并不是所有膜系统都参与质膜修复，有部分皮层小泡膜会遗失到卵周隙中，形成膜管系统，用于排放后期发育过程中形成的代谢废物。新构成的质膜，整合了大量的内膜系统，表面积增大，为早期迅速卵裂过程中需要大量膜系统提供了条件。四是为卵裂提供膜系统。在皮层反应结束后，在卵黄物质进入动物极降解过程中卵黄外的包膜转化成皮层小泡，这类皮层小泡一部分参与第二次皮层反应，另一部分可能为后期的快速卵裂提供充足的膜系统。

（2）唇䱻皮层反应的透射电镜观察

受精后10s，外侧皮层小泡多已互相融合，即将形成泡状体（图版4-Ⅲ-E：19）。受精后40s，Ⅱ型皮层小泡破裂，随着皮层小泡的释放，微绒毛和部分膜结构逸失于卵周隙（图版4-Ⅲ-E：20）。释放的皮层小泡在底部重组形成新质膜，其外表面凹凸不平，吸附着未完全脱离的颗粒。内侧皮层小泡也开始融合（图版4-Ⅲ-E：21），融合的一般过程为：相邻的皮层小泡在向质膜移动过程中相互靠近，皮层小泡的相互挤压使细胞基质成分流于他处，使溶酶体和线粒体等细胞器相对聚集于小泡之间，细胞器膜结构与小泡融合，同时小泡被膜也因挤压变形而撕裂，使相邻的皮层小泡相互愈合，形成了互相连通的泡状体。受精后80s，外侧皮层小泡相继破裂，初步形成卵周隙。引发斑扩张也可以形成卵周隙，在一些没有发生皮层反应的区域，引发斑颗粒扩散，也能使卵膜和质膜分离。受精后110s，外侧皮层小泡释放完毕，保留着皮层小泡1/3的形状，皮层小泡底部又一次发生重组形成新质膜，其表面相对平滑。皮层小泡释放要损失较多的膜结构，损失的膜结构由皮层小泡被膜补充。新质膜内侧细胞质内，集结着大量的内膜系统，包括溶酶体、线粒体和内质网等（图版4-Ⅲ-E：22）。受精后240s，皮层反应高潮期已临近尾声，尚残存即将释放的V型皮层小泡（图版4-Ⅲ-E：23）。皮层反应损失的膜结构直到高潮期结束，也没有渗入受精膜、参与受精膜的形成。

（3）稀有鮈鲫皮层反应的透射电镜观察

稀有鮈鲫的皮层小泡有3种类型（图版4-Ⅱ-K：61）。受精过程中皮层反应的变化见表4-2、图版4-Ⅱ-L及图版4-Ⅱ-M。

表 4-2 稀有鮈鲫受精过程中皮层反应的主要变化
Tab. 4-2 The main changes of cortical reaction during fertilization of *Gobiocypris rarus*

受精时间	皮层反应的主要变化
0s	卵子皮层区（除精孔器区域外）的皮层小泡紧贴质膜的边缘
10s	少量Ⅰ型小泡开始释放内含物
20~40s	皮层小泡释放的内含物逐渐增多，皮层反应正式发生
60~80s	皮层深部的小泡向表层迁移，皮层反应达高潮期，卵周隙增到最大，卵膜外举
100s	皮层反应开始接近尾声，皮层中出现大量的内质网、线粒体、核糖体和多泡体，这些生物膜系统共同参与质膜的修复和受精卵自身物质的合成
240s	皮层内几乎无皮层小泡存在，质膜修复接近完毕，质膜表面有绒毛状突起，卵周隙的皮层小泡内含物解体
10min	质膜修复完毕，表面光滑，卵周隙的皮层小泡内含物完全解体

4.5 受精前后卵膜结构的物理变化

受精后随着卵周隙的形成，初级卵膜硬化，向外膨胀形成受精膜。运用Image-Pro Plus 5.1 Chinese专业图像分析软件对受精后0s、1s、5s、8s、20s、40s、70s、100s、150s和240s受精卵卵膜的各亚层进行测量，测量结果如图4-1～图4-3所示。

由图4-1和图4-2可以看出，随着受精的进行，初级卵膜的厚度呈现出先下降后上升再下降的趋势。通过比较发现，初级卵膜的变化主要来自放射膜结构的变化，而附属膜结构的变化不明显，受精前后其厚度都维持在0.3μm左右。

受精前后，放射膜的结构发生着剧烈的变化，主要表现为厚度的变化，如图4-3所示。

由图4-1和图4-3可以得出如下规律。

受精后0~8s：伴随着精子入卵，稀有鮈鲫受精卵放射膜Z0层和Z1层的厚度减小。

受精后8~20s：随着皮层反应的进行，放射膜的Z0层消失，卵膜小幅度增厚，具体表现为放射膜的Z1、Z2、Z4、Z5、Z6层增厚。

受精后20~40s：进行初期的皮层反应，形成卵周隙，卵膜向外扩张变窄，具体表现为放射膜的Z4、Z5、Z6层弯曲，Z1、Z2、Z3层的厚度较之前变化不大。

受精后40~70s：皮层反应进入高潮期，大量的皮层小泡内含物释放至卵周隙，卵

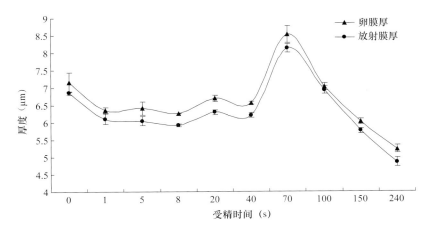

图 4-1 稀有鮈鲫受精后不同时期初级卵膜及放射膜厚度的变化

Fig. 4-1 Alteration of the thickness of primary egg envelope and zona radiata membrane in different stages after fertilization in *Gobiocypris rarus*

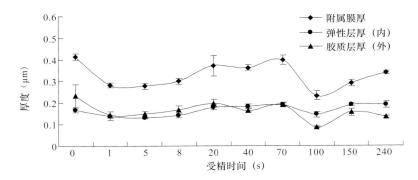

图 4-2 稀有鮈鲫受精后不同时期附属膜及其亚层厚度的变化

Fig. 4-2 Alteration of the thickness of affiliated membrane and it's sub-layers in different stages after fertilization in *Gobiocypris rarus*

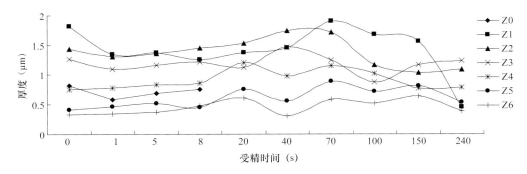

图 4-3 稀有鮈鲫受精后放射膜亚层厚度的变化

Fig. 4-3 Alteration of the thickness of sub-layers of zona radiata membrane after fertilization in *Gobiocypris rarus*

膜继续膨胀，此时卵膜的厚度达最大值。

受精后 70~240s：随着皮层反应的继续进行，卵膜逐渐变窄硬化，向外隆起形成受精膜，具体表现为受精后 100s，放射膜各亚层厚度均减小；受精后 150s，放射膜 Z1、Z2 层继续弯曲，此时放射膜减少到 6 层；受精后 240s，仅有放射膜的 Z1 层弯曲。

稀有鮈鲫卵膜的膨胀主要由内层放射膜的膨胀引起，稀有鮈鲫卵膜外举分为 4 个时期，分别为准备期、始发期、发展期和形成期。卵膜厚度的变化呈"薄 - 厚 - 薄"趋势。稀有鮈鲫成熟卵子的放射膜分为 7 层，受精过程中其卵膜成分的变化及卵膜硬化的机制还有待进一步的研究。

4.6 卵子激活的细胞学变化

4.6.1 受精过程中卵内钙离子含量的变化

应用原子分光光度计在 660nm 波长下，测定胭脂鱼中钙的原子吸收光谱，经计算发现钙离子的含量在整个皮层反应过程中有两次较大的变化，分别在受精后 10s 和 80~90s 时出现两个波峰，这两个时期正是皮层反应的高潮期。这也说明在皮层反应中钙离子含量的波动与卵子的皮层反应有很大的关系（表 4-3，图 4-4）。

表 4-3 胭脂鱼皮层反应中钙离子含量的变化
Tab. 4-3 The alteration of Ca^{2+} content during the cortical reaction of *Myxocyprinus asiaticus*

距受精时间（s）	0	10	20	40	90	120	240
钙离子含量（μg）	0.08	0.84	0.38	0.68	0.8	0.152	0.175

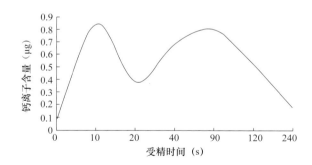

图 4-4 胭脂鱼皮层反应中钙离子含量的变化
Fig. 4-4 The alteration of Ca^{2+} content during the cortical reaction of *Myxocyprinus asiaticus*

4.6.2 Ca^{2+}-ATPase 活性

用定磷法检测 ATP 酶活性的结果显示，OD 值在受精后 80s 和 20min 时较大（表 4-4，图 4-5），ATP 酶的计算公式如下：

表 4-4 胭脂鱼受精过程中 ATP 酶活性 OD 值的变化
Tab. 4-4 The alteration of OD value of the ATPase activity in the fertilization process of *Myxocyprinus asiaticus*

受精时间	20s	40s	80s	120s	240s	10min	20min	40min	60min
OD 值	0.0845	0.0895	0.1555	0.1393	0.0955	0.1190	0.1506	0.0956	0.1177

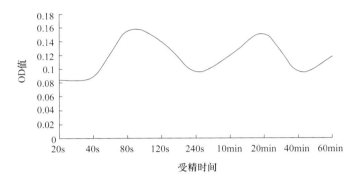

图 4-5 胭脂鱼受精过程中 ATP 酶活性 OD 值的变化
Fig. 4-5 The alteration of OD value of the ATPase activity in the fertilization process of *Myxocyprinus asiaticus*

$$\text{组织中 ATPase 活性（U/mg prot）} = \frac{\text{测定 OD 值} - \text{对照 OD 值}}{\text{标准管 OD 值} - \text{空白管 OD 值}} \times \text{标准管浓度} \times 3 \times 3.9 \times \text{匀浆蛋白含量} \quad (4\text{-}1)$$

在对照值与空白值相同的情况下，酶活性与 OD 值直接相关，Ca^{2+}-ATPase 的活性与受精卵在某一时期所处的状态也有一定的关系。

4.6.3 钙离子与卵子激活的关系

卵子激活即卵子经精子或其他信号物质刺激后，从休眠状态进入活动状态的一个过程。但至今仍不清楚是通过哪条途径引发鱼类卵子激活的。棘皮动物、海鞘和高等脊椎动物的卵细胞通过肌醇三磷酸途径介导内质网中钙离子的释放，从而引起细胞质中钙离子浓度的升高。硬骨鱼类卵子遇水后即被激活，有水存在时无论有没有精子，卵子仍然能够被激活，但不能持续发育。在对胭脂鱼的实验中，利用原子分光光度计测得胭脂鱼全卵中钙离子的含量呈波动性变化，推测钙离子与卵子激活有密切关系。钙离子含量最高的时期是皮层反应进行剧烈的时期，二者变化具有一致性，因此皮层小泡的释放是卵子内钙离子含量增加的结果。

4.6.4 Ca^{2+}-ATPase 活性变化与皮层反应

Ca^{2+}-ATPase 又称钙泵，主要存在于细胞膜和内质网膜上，它将钙离子输出细胞或泵入内质网中储存起来，以维持细胞内一定浓度的游离钙离子，钙泵与 ATP 水解酶耦联，每消耗 1 个 ATP 分子，转运 2 个钙离子，其活性受细胞内钙调蛋白的控制。

对胭脂鱼的实验过程中测得 Ca^{2+}-ATPase 有两次活性较高的时期。受精后 80s 左右，是皮层反应的高潮时期，此时钙离子浓度最高，并且 Ca^{2+}-ATPase 活性也最高，其活性表现在两个方面：①存在于卵细胞内膜系统内的 Ca^{2+}-ATPase 将细胞内 Ca^{2+} 库中的钙离子运输到卵中，促使皮层小泡释放，由于皮层小泡的释放，卵子吸水膨胀，同时将细胞外的钙离子吸收到卵内，而导致卵内钙离子含量的增多；②存在于卵膜上的 Ca^{2+}-ATPase 则表现为向细胞外泵出钙离子，以维持细胞内外电位的平衡。从 Ca^{2+}-ATPase 活性曲线可以看出，Ca^{2+}-ATPase 的活性具有明显的饱和性。

4.6.5 卵膜的物理结构变化与钙离子调节

硬骨鱼类受精过程中，随着皮层反应的进行，卵膜开始膨胀，膨胀卵膜的物理化学结构发生变化。鱼卵膜存在亚结构，卵膜遇水膨胀是因其亚结构发生变化而引起的。其结构的变化，导致其生理功能发生改变。卵膜上存在跨膜信号传递途径，如肌醇三磷酸等信号转导途径，其作用是利用细胞外的信号物质将信号传递入卵细胞，使卵子激活。除此以外，膜上仍存在离子门控通道，包括化学门控通道和机械门控通道，在卵膜亚结构发生改变的情况下，门控通道，特别是机械门控通道，其构象发生改变，为卵细胞内外离子的交流提供条件，在此情况下，钙离子有可能进入卵细胞内而导致一系列的反应。

4.6.6 钙离子通道理论假说

通过对胭脂鱼受精过程中钙离子和 Ca^{2+}-ATPase 变化的研究，我们试图对卵子激活机制做出更为合理的解释（图 4-6）：外源信号物质（各种离子甚至水）激活卵膜上的受体，通过多种信号转导途径诱导细胞内钙离子释放，引发皮层反应。皮层反应中皮层小泡内含物的释放及吸水致使卵膜膨胀，卵膜的亚结构发生改变，使卵膜上的钙离子通道打开。离子通道的打开使钙离子进入卵内，而表现出钙离子含量的变化。钙

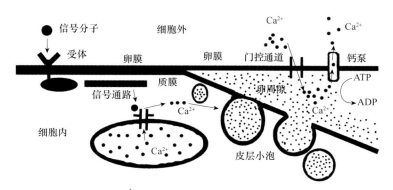

图 4-6 钙离子通道假说理论示图

Fig. 4-6 The theoretical mode of the Ca^{2+} channel hypothesis

离子的大量流入，使膜电位发生改变，为维持膜电位的平衡，Ca^{2+}-ATPase 将钙离子泵出卵外，因而卵子受精过程中 Ca^{2+}-ATPase 表现出活性的波动，其活性波动与钙离子含量变化相关联，且具有饱和性；钙离子和 Ca^{2+}-ATPase 的作用最终导致卵子激活，其中钙离子是卵子激活的主要因素。

4.7　精子星光扩张、牵引 - 细胞质流动学说

研究中发现，已有的细胞质流动学说和星光引导学说都不能很好地解释雌雄原核结合机制，根据对唇䱻雌雄原核形成过程及其运动轨迹的分析，我们提出了精子星光扩张、牵引 - 细胞质流动学说。

（1）精子星光扩张使入卵精子悬浮于胚盘中央

对唇䱻这种具深凹陷型精孔器的鱼类而言，动物极中央部分细胞质和卵黄因精孔器的挤压而呈漏斗状，精子入卵的位置很深，如前所述，在受精过程中，入卵精子运动方向与细胞质流动方向相反，故导致精子运动的动力不可能全是细胞质流动。唇䱻受精后 35s 形成微弱的精子星光，受精后 80s 精子星光几乎抵近卵黄，随着精子星光继续扩张，其受到卵黄的反作用力加大，而精子星光靠动物极方向没有卵黄，不会受到其他力的干扰，于是精子星光携带着精子远离卵黄，使精子悬浮于胚盘中央（不是中轴线）。具浅凹陷型精孔器的鱼类，其精子星光微弱，精子星光形成前，在细胞质流动的作用下，精子将向胚盘底部移动，但随着精子星光完全形成、扩张，精子星光将阻碍精子进一步向胚盘底部移动，使精子与卵黄保持一定的距离。

（2）精子星光牵引和细胞质流动共同作用使雌雄原核结合在胚盘中轴线

精子核化成雄原核后，精子星光进一步扩张，抵达并捕获、牵引雌原核，使雌雄原核互相靠近，在细胞质流动的作用下，精子星光携带着雌雄原核向细胞质丰富的胚盘中央移动，雌雄原核在胚盘中轴线结合。因此精子星光扩张、牵引 - 细胞质流动学说能更好地解释雌雄原核结合机制。

4.8　受精初期卵黄颗粒降解的主要途径

研究发现，唇䱻受精初期有卵黄颗粒降解的现象，其降解途径有 5 种：①小颗粒的 I 型卵黄，随胞质流悬浮于细胞质中，在细胞质中直接降解；②颗粒较大的 I 型卵黄，其内部形成小泡，卵黄从内部小泡开始降解、碎裂；③颗粒较大的 I 型卵黄，其外部形成弧形缺口，卵黄从弧形缺口开始降解，并进一步碎裂成小颗粒；④若干 I 型卵黄颗粒以一个共同的缺口进行降解；⑤ II 型卵黄，卵黄颗粒外被囊泡，卵黄在小泡内进行降解，II 型卵黄颗粒往往消化不彻底，残存的颗粒将随囊泡以胞吐的形式排于卵周隙。

胚盘形成后，其附近仍有少量卵黄颗粒具小泡或缺口，在胚胎发育过程中，卵黄颗粒的降解还可能与卵子内部出现的紫色嗜碱性区域和卵黄颗粒内部的多泡体密切相关。

4.9 皮层反应及引发机制分析

4.9.1 皮层反应的分期

大量研究表明，鱼类皮层反应有一定的起始时间和持续的高潮期，为了研究方便，可以把皮层反应分为潜伏期、发展期、高潮期和衰退期4个不同的时期。潜伏期与发展期以皮层反应起始点作为分界线，发展期和高潮期无明显界线，但前者释放总数较少的Ⅰ型和Ⅱ型皮层小泡，后者释放大量的Ⅲ型和Ⅳ型皮层小泡，衰退期主要释放Ⅴ型和其他残存的皮层小泡。

（1）潜伏期

皮层小泡释放前都可视为皮层反应的潜伏期，在潜伏期，皮层小泡没有释放内容物，也没形成卵周隙，只有外移的趋势，有的皮层小泡开始融合，为其释放作准备。潜伏期长短受水的影响极大，在无水条件下，成熟卵有较长的有效受精时间。精子入卵后，潜伏期迅速缩短，一般在1s到2～3min后皮层小泡开始破裂，形成卵周隙，进入发展期。在生产上常采用干法授精就是为了延长皮层反应的潜伏期，让卵子能保存较长时间，以使精子和卵子充分接触。唇䱻卵子受精后40s开始形成卵周隙。

（2）发展期

质膜附近内含物颗粒直径较大，着色深的Ⅰ型和Ⅱ型皮层小泡外移、破裂，形成卵周隙后，皮层反应就进入发展期。刚形成的卵周隙并非卵膜外举所致，而是皮层小泡破裂导致卵子坍塌凹陷，使质膜与卵膜之间形成空隙。释放单个、少量的皮层小泡是发展期的典型特征。皮层小泡内含有酸性黏多糖，释放后在HE染色中呈深紫色。最初释放的皮层小泡数量少，在HE染色中形成一小块深紫色斑点。因此紫色斑点和形成卵周隙是进入发展期的标志，也被视为皮层反应开始的标志。唇䱻皮层反应的发展期在受精后35～55s。

（3）高潮期

高潮期的典型特征是：几个皮层小泡相互融合形成一个大的泡状体，泡状体再与质膜接触、融合后，随后破裂，释放内容物。处于外围的1～3层皮层小泡相互融合形成的泡状体释放后，内侧的1～3层皮层小泡才融合成泡状体，然后再释放内容物，所以高潮期可以分为两个阶段。第一阶段，外围皮层小泡形成泡状体释放；第二阶段，内层皮层小泡形成泡状体释放。内层皮层小泡泡状体释放后，皮层反应的高潮期结束，细胞质内仅余少数残留的皮层小泡和未完全降解的卵黄颗粒。唇䱻皮层反应高潮期持续大约4min。

（4）衰退期

衰退期的典型特征是：继续释放Ⅴ型皮层小泡、其他残存的皮层小泡及未完全降解的卵黄颗粒碎屑，受精8min后，皮层小泡完全释放，胚盘初步形成。

4.9.2 皮层反应的起始位点

一般而言，鱼类皮层反应从精子入卵位点开始，并从动物极向植物极快速移动，这有助于阻止多精入卵。通过 HE 染色和扫描电镜对唇䱻受精过程中精孔管附近区域进行追踪，未发现皮层反应。唇䱻皮层反应最先出现在动物极低纬度区，稍后出现在前庭形成区域。随后皮层反应从这两个区域向四周扩散，二者在精孔器前庭外相遇、愈合。唇䱻受精卵的皮层反应从动物极低纬度区开始，这是一种皮层反应的新形式，这也提示某些鱼类的皮层反应对多精入卵的阻碍作用是有限的。

深凹陷型精孔器的卵子，其精孔管附近无皮层小泡，这使精子入卵时无皮层小泡的阻挡。精子入卵区无皮层反应，可以避免入卵精子随皮层反应排出，因此具深凹陷型精孔器的唇䱻，其入卵位点无皮层反应对精子快速、顺利入卵有积极的意义。但这可能导致多精入卵和多精受精现象，因此要依赖其他机制来协调单精受精。

4.9.3　引发斑和释放的皮层小泡可以加快皮层反应的进程

在有水无精子的条件下，鱼卵仍然可以发生激动。只要有水，一些物理、化学因子也可促使卵子发生激动。尽管 Ca^{2+} 或卵膜内的糖蛋白可诱导皮层反应，但皮层小泡内含有酸性黏多糖等低渗物质，在受精过程中，只要增加水分子与质膜的接触面积，就会促进皮层反应的进行。逐层释放的皮层小泡和质膜与受精膜间的引发斑起到了加快皮层反应进程的作用。

（1）Ⅰ型皮层小泡释放的引发

Ⅰ型皮层小泡与质膜最贴近，且在潜伏期多已破裂，释放酸性黏多糖，低渗的水可以快速、顺利通过卵膜，增大质膜与水的接触面积，为其他皮层小泡的释放作准备。严格干法受精的唇䱻成熟卵中的皮层小泡破裂。Ⅰ型皮层小泡的破裂表明，未受精或未遇水的成熟卵子看似平静，其内实则进行着复杂的变化。

（2）引发斑的引发

唇䱻成熟卵质膜和卵膜之间的引发斑，其形态结构与Ⅰ型皮层小泡内容物相似，但其外周没有被膜系。在透射电镜下观察，引发斑也可与质膜和受精膜隔离，使外界的水分子进入后，增大质膜与水的接触面积，促进皮层小泡的释放。经 HE 染色，在透射电镜下可观察到，引发斑的形态结构与Ⅰ型和Ⅱ型皮层小泡相似，其内是否含有酸性黏多糖还待深入研究。

（3）皮层反应高潮期的引发

唇䱻皮层反应开始于受精后 35s，在受精后 80s 左右完成高潮期第一阶段反应，皮层小泡快速、大量释放。皮层反应高潮期的引发机制是：Ⅰ型皮层小泡释放和引发斑的引发，使较多水分渗入卵膜，扩大了水分与其他皮层小泡接触的机会，同时，其他皮层小泡大量融合形成大的泡状体，一旦高渗的泡状体任何部位与水接近或接触，泡状体就会破裂，释放内容物，这样一个皮层小泡破裂可引发多个皮层小泡破裂。泡状体的破裂又进一步增大水与皮层小泡或泡状体接触的机会，进而引发更多的皮层小泡破裂。可以认为，皮层反应的高潮期是由Ⅰ型皮层小泡和引发斑所引发的，在水或低渗环境作用下的爆发性的链式反应。

4.9.4 皮层反应伴随质膜的修复

随着皮层小泡的分批释放，质膜也不断被破坏，又不断进行修复。皮层小泡与质膜融合前，质膜外具浓密的微绒毛。皮层反应发展期，单个的皮层小泡与质膜融合形成镶嵌膜，随后镶嵌膜破裂，释放出皮层小泡，部分外侧镶嵌膜随皮层小泡内容物释放于卵周隙，刚形成的质膜凹凸不平，其外不具微绒毛。在皮层反应高潮期，部分外侧镶嵌膜释放于卵周隙，部分皮层小泡被膜逸失在泡状体中，镶嵌膜破裂释放出皮层小泡内容物，高潮期结束后，质膜基本修复完成，在扫描电镜下新修复的质膜非常柔弱，外被稀疏的微绒毛。在衰退期，残存的皮层小泡和卵黄碎屑仍可突破柔弱的质膜。唇鳟形成镶嵌膜是暂时的，一部分随皮层小泡的释放进入卵周隙，另一部分通过内吞作用缩回细胞质内。在透射电镜下可观察到，唇鳟皮层小泡释放的内容物与受精膜直接接触，扩散于卵周隙，皮层小泡膜系统不与受精膜直接接触，也不参与受精膜的形成。

4.9.5 精孔器附近的受精膜外举

唇鳟精孔器附近皮层反应的发生相对较晚，但是精孔器附近的受精膜最先举起，其原因有三。一是精孔器呈漏斗状，表面积大，其内侧的细胞质可容纳更多的皮层小泡。二是精孔器内具单层皮层小泡，皮层小泡绝对数量多，释放时间短，所以皮层反应更激烈（但以单位面积计则比其他部位弱得多），短时间内释放的皮层小泡内容物更多，使卵周隙的渗透压更高，水更易进入卵周隙，促使精孔器附近的受精膜快速外举。三是精孔器呈漏斗状，如果把卵膜看成是弹性物质，因卵膜与质膜的接触面积大，使卵膜张力增大，卵膜更易于外举。受精膜快速外举有利于减少多精子入卵现象的发生。

第 5 章 胚胎与器官发育

鱼类发育分为胚胎发育和胚后发育,胚胎发育从卵子受精开始至孵化出膜通常可分为准备卵裂阶段、卵裂阶段、囊胚阶段、原肠胚阶段、神经胚阶段、器官分化阶段和孵化阶段;胚后发育包括仔、稚鱼的生长及其器官的进一步分化完善到成为幼鱼。

本研究团队先后观察了鲇形目的长吻鮠(*Leiocassis longirostris*)、大鳍鳠(*Mystus macropterus*)、瓦氏黄颡鱼(*Pelteobagrus vachelli*)、光泽黄颡鱼(*Pelteobagrus nitidus*)、短尾鮠(*Leiocassis brevicaudatus*)、中华纹胸鮡(*Glyptothorax sinense*)、福建纹胸鮡(*Glyptothorax fukiensis*)等,以及鲤形目的岩原鲤(*Procypris rabaudi*)、胭脂鱼(*Myxocyprinus asiaticus*)、白甲鱼(*Onychostoma sima*)、云南光唇鱼(*Acrossocheilus yunnanensis*)、瓣结鱼(*Tor brevifilis*)、川西鳈(*Sarcocheilichthys davidi*)等 20 余种长江上游鱼类的胚胎和胚后发育,现以岩原鲤胚胎和胚后发育为代表,描述胚胎和仔、稚鱼发育及其器官进一步分化的过程与特征。

5.1 胚胎发育

岩原鲤性成熟年龄为 4 龄,1~3kg 个体的绝对繁殖力为 3.33 万~6.07 万粒,初次性成熟个体的怀卵量只有几千粒,其繁殖力相对较小。且属于分批产卵的类型,成熟亲鱼一年内有两个产卵周期。其产卵温度为 14~26℃,繁殖温度在人工养殖条件下比江河高。

受精卵在 17.4~23℃水温下,历时 90h34min~118h 孵化出膜,整个发育过程分为准备卵裂、卵裂、囊胚、原肠胚、神经胚、器官分化和孵化 7 个阶段。每个阶段又可依据形态特征的变化划分为若干时期,共计 37 个时期,见表 5-1。

表 5-1 岩原鲤胚胎发育时序表
Tab. 5-1 Embryonic development timeline table of *Procypris rabaudi*

阶段/期	受精时间	水温(℃)	间隔时间	平均水温(℃)	有效积温(h℃)
准备卵裂阶段(合子期)					
胚盘期	1h09min	17.4	49min	17.4	852.6
卵裂阶段					
2 细胞期	1h50min	17.4	41min	17.4	713.4
4 细胞期	3h12min	19.2	1h22min	18.3	1 500.6
8 细胞期	3h51min	19.2	39min	19.2	748.8

续表

阶段/期	受精时间	水温（℃）	间隔时间	平均水温（℃）	有效积温（h℃）
16细胞期	4h48min	19.9	57min	19.55	1 114.35
32细胞期	6h00min	20	1h12min	19.95	1 436.4
64细胞期	6h30min	19.8	30min	19.9	597
多细胞期	8h04min	19.8	1h34min	19.8	1 861.2
囊胚阶段					
囊胚早期	9h18min	19.8	1h14min	19.8	1 465.1
囊胚中期	10h15min	20	57min	19.9	1 134.3
囊胚晚期	10h54min	20	39min	20	780
原肠胚阶段					
原肠胚早期	12h30min	19.4	1h36min	19.7	1 891.2
原肠胚中期	16h50min	19.4	4h20min	19.4	5 044
原肠胚晚期	26h30min	19.4	9h40min	19.4	11 252
神经胚阶段					
神经胚期	27h25min	20	55min	19.7	1 083.5
胚孔封闭期	28h05min	20	45min	20	900
器官分化阶段					
体节出现期	33h10min	20	5h5min	20	6 100
眼原基出现期	35h10min	20	2h	20	2 400
眼囊期	38h59min	20.2	3h49min	20.1	4 602.9
听板期	42h43min	20.2	3h44min	20.2	4 524.8
耳石出现期	46h27min	20	3h44min	20.1	4 502.4
尾芽期	47h40min	20	1h13min	20	1 460
嗅板期	48h15min	20	35min	20	700
肌肉效应期	48h33min	20	18min	20	360
眼晶体出现期	51h55min	22	3h22	21	4 444
嗅囊期	52h51min	22	56min	22	1 232
心脏原基出现期	60h47min	22	7h56min	22	10 472
胸鳍原基出现期	63h29min	22	2h82min	22	4 444
心搏期	65h15min	22	1h46min	22	1 452
肛板期	66h31min	22	1h16min	22	1 672
血液循环期	74h40min	22	8h9min	22	10 758
眼色素出现期	78h16min	23	11h45min	22.5	4 860
孵化阶段					
体色素期	90h34min	23	12h18min	23	16 974
胸鳍上翘期	98h23min	23	7h49min	23	10 787
下颌原基出现期	114h50min	23	6h27min	23	8 901
口凹形成期	117h23min	23	2h33min	23	299

5.1.1 准备卵裂阶段

从卵子受精至第一次分裂前,划分为两个时期(时期1和时期2)。

(1)胚盘前期

岩原鲤成熟卵圆形,淡黄色或橙黄色,透明,具强黏性,卵径为1.5~1.8mm。成熟卵产出即具有较强黏性,黏附到物体上,形成基座。受精卵遇水后卵膜开始膨胀,出现小的卵周隙,通过连续观测发现,受精后20min膨胀至最大,卵膜径膨胀0.80~1.00mm,胶质膜吸水膨胀过程中不断吸附水中的悬浮颗粒而变得浑浊,致使观察困难。胶膜的弹性强度变强,用解剖针不易剥离。

(2)胚盘期

受精后约1h09min,在卵子动物极可观察到一圆饼状的胚盘结构,同时原生质丝开始显现,向动物极集中,胚盘逐渐扩大,胚盘在分裂前最大高度可达卵径(含胚细胞团,下同)的1/5,宽度可达卵径的1/2(图版5-Ⅰ-A:1)。同时,我们也观察到了未受精卵遇水激动的现象,发现其与受精卵在黏性的产生、卵膜的膨胀和胚盘的形成等方面具有相同的特性,只是始终不分裂。

5.1.2 卵裂阶段

水温17.4~20.0℃下历时约7h28min,可分为7个时期(时期3~时期9)。

(1)2细胞期

受精后1h50min,胚盘顶部出现第一条分裂沟,将动物极分为两个大小相等的细胞,卵径约为2.3mm,卵黄直径约为1.5mm,卵膜平均厚0.4mm,分裂球平均高度为0.1mm(图版5-Ⅰ-A:2)。

(2)4细胞期

受精后3h12min,出现第二条分裂沟,与第一条垂直,分为4个大小相等的细胞(图版5-Ⅰ-A:3)。

(3)8细胞期

受精后3h51min,进行第三次分裂,分为2排8个细胞,19min后原生质丝出现,并向动物极移动(图版5-Ⅰ-A:4)。

(4)16细胞期

受精后4h48min,进行第四次分裂,分为4排16个细胞(图版5-Ⅰ-A:5)。

(5)32细胞期

受精后6h,完成第五次分裂,分为4排32个细胞(图版5-Ⅰ-A:6)。

(6)64细胞期

受精后6h30min,完成第六次分裂,8排64个细胞排列在一个分裂面上(图版5-Ⅰ-A:7)。

（7）多细胞期（桑葚胚期）

受精后 8h04min，出现了水平分裂和切线分裂，而且分裂不同步，致使细胞大小不一致，形状不规则，排列不整齐，多层细胞叠加如同桑葚（图版 5-Ⅰ-A：8，9）。

5.1.3 囊胚阶段

水温 19.8～20.0℃下历时 3h12min，可分为 3 个时期（时期 10～时期 12）。

（1）囊胚早期

受精后 9h18min，细胞继续分裂，越分越小，分裂球细胞界限由可分到不清，胚细胞团隆起越来越高，高度达 1mm。透射光下，隐约可见动植物极交界处有一层颜色较深的卵黄多核体，此时可见卵黄体的波状运动现象，卵黄扭曲成不规则形状，另外由于囊胚的高举，多数胚胎处于侧卧状（图版 5-Ⅰ-A：10，11）。

（2）囊胚中期

受精后 10h15min，由于囊胚细胞向植物极移动，胚层高度又逐渐下降，当下降到卵径的 1/3 高度时，细胞界限难以分辨，此时仍可见卵黄的波状运动现象（图版 5-Ⅰ-A：12～14）。

（3）囊胚晚期

受精后 10h54min，胚层高度下降到占卵径的 1/6，此时动植物极交界处表面比较平滑，整个胚胎轮廓近圆形，原生质丝的流动已很微弱，胚盘的下降致使胚胎又恢复正位直立状态（图版 5-Ⅰ-A：15），同一亲鱼的未受精卵遇水激动，但未受精卵至此时已开始变得浑浊，并逐渐解体。

5.1.4 原肠胚阶段

水温 19.4℃下历时 14h55min，可分为 3 个时期（时期 13～时期 15）。

胚层细胞的下包和内卷是相当缓慢的过程，从囊胚晚期到原肠胚早期，再到原肠胚中期历时较长，约一昼夜，越过原肠胚中期后，下包的速度显著加快。

（1）原肠胚早期

受精后 12h30min，胚层细胞向植物极发生下包，约下包 1/2，下包过程中伴随有胚层细胞的内卷，形成胚环（图版 5-Ⅰ-A：16）。

（2）原肠胚中期

受精后 16h50min，胚层下包到胚胎的赤道位置，呈帽状覆盖于卵黄囊上。胚层细胞下包和内卷时又逐渐向一定部位集中，在胚环背面出现一外观呈三角形的加厚隆起，即胚盾，此时胚胎又转向侧卧状态，卵黄体的运动剧烈，沿顺时针方向转圈，每圈约为 20min（图版 5-Ⅰ-A：17，18）。

（3）原肠胚晚期

受精后 26h30min，胚层下包约 3/4，胚盾进一步伸长并加厚，植物极外露一个大的卵黄栓（图版 5-Ⅰ-A：19）。

5.1.5 神经胚阶段

水温20℃下历时5h45min,可分为两个时期(时期16和时期17)。

(1)神经胚期

受精后27h25min,胚层下包约4/5,胚体轮廓显现,胚盾前端出现神经板。继续下包过程中,神经板发生凹陷,并向后伸展为神经沟,沟的两侧隆起为神经褶,到受精后27h45min,胚胎外露一个很小的卵黄栓(图版5-Ⅰ-A:20)。

(2)胚孔封闭期

受精后28h05min,背唇、腹唇和侧唇在胚孔处汇合而将胚孔封闭(图版5-Ⅰ-A:21)。此时统计受精率为90%以上。

5.1.6 器官分化阶段

由胚孔封闭至孵化前,在水温20~23℃下历时57h24min,又可划分为16个时期(时期18~时期33)。

(1)体节出现期

受精后33h10min,胚体中部出现3对体节,胚体占整个卵黄囊周长的2/3以上,神经管前端膨大为脑泡,受精后33h54min,体节5对。

(2)眼原基出现期

受精后35h10min,脑泡两侧出现一对瓜子形的眼原基,体节8对(图版5-Ⅰ-A:22)。

(3)眼囊期

受精后38h59min,眼基中央出现凹陷,并逐渐扩大为腔,体节8~9对;受精后40h16min,胚体包绕卵黄囊4/5,肌节12对;受精后42h32min,此时脑泡已分化为前、中、后脑三部分,体节10~12对(图版5-Ⅰ-A:23)。

(4)听板期

受精后42h43min,后脑两侧出现一对椭圆形透明的听板,尾芽开始形成,体节15对(图版5-Ⅰ-A:24)。

(5)耳石出现期

受精后46h27min,听板变为听囊,听囊内出现两颗透亮的小耳石,眼囊椭圆形,体节16~18对(图版5-Ⅰ-A:25)。

(6)尾芽期

受精后47h40min,胚体后端逐渐隆起为尾芽,体节18~20对,卵黄囊椭圆形,胚体头尾端靠近;受精后47h59min,尾芽开始游离;体节19对(图版5-Ⅰ-A:26)。

(7)嗅板期

受精后48h15min,眼囊前沿出现一对椭圆形的嗅板,体节20对(图版5-Ⅰ-A:27)。

（8）肌肉效应期

受精后 48h33min，体中部首先出现轻微颤动；约 30min 后，形成比较稳定的肌肉效应特征，肌节 20 对，肌肉收缩频率约 3 次 /min，此时嗅原基已出现，并且尾芽开始伸长，体节 20 对（图版 5-Ⅰ-A：28）。

（9）眼晶体出现期

受精后 51h55min，眼晶体形成，体节 28～30 对，肌肉收缩频率约 13 次 /min（图版 5-Ⅰ-A：29）。

（10）嗅囊期

受精后 52h51min，尾芽继续伸长，并出现尾鳍褶，卵黄囊变为倒葫芦形，嗅板下陷为嗅窝，体节 30～32 对，肌肉收缩频率约 16 次 /min。受精后 54h49min，嗅囊清晰，尾部摆动频率为 5 次 /min。受精后 55h20min，胚体扭动剧烈，沿顺时针方向转动，每圈约 4min40s（图版 5-Ⅰ-A：30）。

（11）心脏原基出现期

受精后 60h47min，在耳囊腹面偏前方，眼后下方，紧贴卵黄囊背方出现一直管状的心脏原基，体节约 30 对，胚扭动频率为 12 次 /min，胚体腹面向上，通过尾部的摆动身体头部沿逆时针方向转动，头部转动一周约需 1min4s。尾鳍褶明显，卵黄囊前部大，呈圆形；后部小，呈棒状（图版 5-Ⅰ-A：31）。

（12）胸鳍原基出现期

受精后 63h29min，靠近头部 2～3 对体节的卵黄囊背部两侧出现一对泡状的胸鳍原基，胚体扭动频率为 12～21 次 /min（图版 5-Ⅰ-A：32）。

（13）心搏期

受精后 65h15min，心脏已分化为心房和心室两部分，位于眼囊后下方，并发生轻微搏动，心率为 27 次 /min，但不见血液流动，而后收缩活动逐渐加强；约 30min 后，心率可达 37～38 次 /min，此时胚体扭动频率为 24 次 /min，体节 32～35 对（图版 5-Ⅰ-A：33）。

（14）肛板期

受精后 66h31min，心率为 40 次 /min，胚体扭动频率为 18 次 /min，并向顺时针方向转动，平均 7s/ 圈，此时卵黄囊近球形；受精后 73h20min，胚体扭动剧烈，频率为 36 次 /min，并间断性转动，原地转一圈用时小于 1s，卵黄囊后端有一群细胞加厚成一近条形结构，即肛板。

（15）血液循环期

受精后 74h40min，血液循环开始，沿后主静脉，经卵黄囊后端前行，肌节 44～46 对（图版 5-Ⅰ-A：34）。

（16）眼色素出现期

受精后 78h16min，胚体前端及眼球等部位出现大量颗粒状细胞，零星分布，似孵化腺细胞，头部稍抬起，心脏进一步分化，心室前端出现动脉球，心房接一膨大的静脉窦，血液可见单行向头部流动，血细胞为无色，心率为 60 次 /min，卵黄囊后部和尾部显著伸长，体节 45～46 对；受精后 81h，心脏已移至头正下方，已开始在脊椎间循环。受精后88h59min，血液循环达尾部，心脏移向偏腹方一侧；受精后90h34min，肉眼可见眼色素，背主动脉、后主静脉及总主静脉明显，此时血液无色。

5.1.7 孵化阶段

在水温23℃下，历时（从极少数孵出至绝大部分孵出）约28h，划分为4个时期（时期34～时期37）。

（1）体色素期

受精后90h34min，在胚体前部散布的小颗粒细胞，变成星状黑色素细胞。极少数胚胎卵膜变得很薄，牢固度变小，并以尾部率先破膜，进入孵化期。此时统计孵化率为87.9%。初孵仔鱼心跳加剧，心率为80次/min。当尾部破膜后，摆尾活动加强。鳃原基早已出现，可见3个鳃弓，尚无鳃丝原基。输尿管已发育至卵黄囊后部的1/2。初孵仔鱼侧卧水底，偶尔作抬头运动，但尾部不能离开水底，全长平均为6.4mm，肛后长约为1.8mm，身体透明，眼色素深，鳃盖骨雏形，鳃弧5条，卵黄囊梨形（球部大小约为2.1mm×2mm，棒状部大小约为2.0mm×0.57mm），头长约为0.5mm，眼部大小约为0.31mm×0.24mm，肌节大小约为0.05mm×0.05mm（图版5-Ⅰ-A：36）。

（2）胸鳍上翘期

受精后98h23min，腹褶出现，胸鳍原基开始上翘，并分化为两部分；头部血管明显，背主动脉移到棒状卵黄囊的1/2。受精后101h5min，输尿管伸达棒状卵黄囊的1/2，古维尔氏管和总主静脉清晰。受精后110h，体内有少量的血细胞出现，尾鳍的间质细胞形成辐射状的尾鳍下骨原基，眼色素变深。

（3）下颌原基出现期

受精后114h50min，下颌原基开始出现，眼全部黑色，除耳囊内耳石变大外，还出现了半规管原基，鳃盖骨已明显，胸鳍原基上翘与体轴垂直，血液呈淡红色，后主静脉一端膨大，在卵黄囊上形成一血窦，脊索内出现大量脊索细胞。

（4）口凹形成期

受精后117h23min，口凹形成且鳃循环出现，眼球可转动，心率为78次/min，脊椎间血液循环明显，尾鳍褶向体前端延长，背、腹方达梨状卵黄囊和棒状卵黄囊交界处。受精后118h，大量出膜，绝大部分孵出，仍有3%尚未孵出。测得全长7.43～7.90mm，体长7.13mm，肛前长4.92mm，体高1.08mm，心率82次/min。部分仔鱼可上窜，游动迅速。

在17.8～23℃的水温下，历时76h52min～118h，最早出膜初孵仔鱼全长平均为5.1mm；大量出膜初孵仔鱼全长为7.2～7.8mm，平均为7.43mm，发育也更完善，口凹形成，眼黑色，可见半规管，鳃循环已出现，鳃盖骨已很明显；但其中还有约5%的胚胎历时42h以上仍未能孵出。观察发现最早破膜孵出的仔鱼多为畸形胚胎，畸形特征表现多为躯体波浪形弯曲或发育不全（图版5-Ⅰ-A：35），畸形率达50%。

5.1.8 有效积温

依 $K=N(T-C)$ 公式（K 为有效积温，N 为发育所需时间，T 为生境温度值，C 为生物学零度）对采自不同时间和地点的岩原鲤胚胎从受精卵到孵化期发育所需的有效积温进行计算，见表 5-2 及表 5-3。

表 5-2　平均温度和孵化时间线性关系的方差分析
Tab. 5-2　The variance analysis on linear relationship of average temperature and time of hatching

变异来源	df	SS	MS	F	P
组间	1	8.665 988	8.665 988	0.931 306	0.3718
组内	6	55.831 2	9.305 2	—	—
总合	7	64.497 2	—	—	—

表 5-3　岩原鲤胚胎发育速率与水温变化的关系
Tab. 5-3　Relationship between the change of water temperature and speed of embryonic development of *Procypris rabaudi*

实验地	水温变幅（℃）	平均水温（℃）	孵出时间（h）	胚胎发育积温（h℃）	理论发育时间（h）
万州区水产研究所	17.4～23.0	20.2	90.5～118（104.25）	642.61～847.24	84.74
	20.0～23.0	21.5	76.9～118（97.45）	614.8～1000.64	72.70
	23.0	23.0	124	1320.6	64.27

$C=\sum V^2 \sum T - \sum V \sum VT / n \sum V^2 - (\sum V)^2 = 12.35$；$K = n\sum VT - \sum V \sum T / n \sum V^2 - (\sum V)^2 = 665.1$。推导出 $T=665.1V+12.35$；$665.32=N(T-12.35)$。将以上结果进行方差分析，$P=0.3718>0.05$，直线关系不显著。

一般认为孵化出膜是胚胎期结束和仔鱼时期真正开始的标志。根据岩原鲤胚胎发育的特点可将其分为 7 个发育阶段 37 个时期，各发育阶段所经历的时间和积温如表 5-4 所示，可知其中器官分化阶段历时最长；其次是孵化阶段。岩原鲤胚胎发育的有效积温范围为：1605.98～2222h℃（66.9～92.58d℃）。

表 5-4　岩原鲤胚胎发育各阶段所经历时间和积温
Tab. 5-4　Time and accumulated temperature of different stages of embryonic development of *Procypris rabaudi*

项目	准备卵裂阶段	卵裂阶段	囊胚阶段	原肠胚阶段	神经胚阶段	器官分化阶段	孵化阶段
所经历时间	1h50min	7h28min	3h12min	14h55min	5h45min	57h24min	27h26min
积温（h℃）	31.9	144.76	63.36	291.62	115	1192.86	630.97

5.1.9 胚胎发育特点

岩原鲤属端黄卵，盘状卵裂，其发育特点表现在：初孵仔鱼高度发育，出膜前胚胎期仔鱼头形似猫头鹰，出现"宕延孵出"现象，出膜期持续约 28h。肌肉效应期出现较早，肌肉发达，肌节数 44～46 对，多于同亚科的其他种类，与其产沉性卵及石砾产卵类型相适应。耳石出现较早，尾泡出现在胚孔封闭以后。另外，在不良环境条件下（缺氧等），可导致胚胎提前出膜，其仔鱼畸形率达 50% 以上。卵膜膨胀的速度较慢，从囊胚期开始，卵黄运动剧烈，不断地进行波动、凹入、旋转等运动。发育中的胚胎也经历正位—侧卧—正位—侧卧—正位过程。

温度是影响一个物种胚胎发育速率的主要环境因素，一般情况下，在适温范围内，胚胎发育速率与水温的变化是呈正相关的。在不同温度下，岩原鲤胚胎发育速度与水温呈正相关。我们依 $K=N(T-C)$ 公式对采自不同时间和地点的岩原鲤胚胎从受精卵到孵化期发育所需的有效积温进行了计算（表 5-4）。岩原鲤受精卵发育的理论起始温度为 12.35℃，发育所需的理论有效积温为 665.1h℃。从表 5-1 可以看出，平均水温为 17.4～23.0℃时，胚胎发育所需有效积温值与计算的理论值有较大的差异。在平均水温为 15℃和 16.5℃时，胚胎发育所需积温的差异非常显著，实测发育时间显著低于计算值，这可能也反映出此温度已超出了最适孵化水温。

而作为鲇形目鱼类的代表，南方鲇的成熟卵近球形、沉性、呈橙黄色，平均卵径为 2.07mm。卵膜遇水膨胀后具黏性，透明，此时卵球的平均外径为 3.05mm，卵膜的平均厚度为 0.44mm。在水温 19.6～19.7℃的条件下，胚胎发育时间为 56h23min。初孵仔鱼体节数 44～46 对，身躯侧扁而透明，卵黄囊近圆球形，心率为 120 次/min。南方鲇胚胎发育时序和特征如表 5-5 与图版 5-Ⅱ-A～图版 5-Ⅱ-D 所示；大眼鳜胚胎发育特征如图版 5-Ⅱ-E 所示。

表 5-5　南方鲇胚胎发育时序和特征

Tab. 5-5　Timeline and features of embryonic development of *Silurus meridionalis*

受精时间	水温（℃）	发育时期	特征描述
0h0min	19.7	受精	受精后不久可见卵表面有许多凹陷，渐渐地凹陷减少，同时产生一些亮点，胚盘逐渐形成
1h6min	19.7	胚盘期	细胞质集中于动物极，从植物极到动物极形成放射状结构；质膜内有较多泡状结构存在；然后胚盘隆起较高，绝大部分细胞质已经集中在动物极，放射状细胞质结构减少
1h29min	19.7	2 细胞期	细胞开始分裂时，在分裂沟形成的地方出现细胞质聚集，隆起形成一条胞质线；接着，在胚盘中央形成一条分裂沟，细胞逐渐一分为二，大小相近。卵黄囊部分的细胞质较均匀，细胞呈半圆形
1h40min	19.7	4 细胞期	第二条分裂沟垂直于第一条分裂沟而形成，4 个细胞排列成花的形状，每个细胞看上去像花瓣
1h55min	19.7	8 细胞期	第三条分裂沟平行于第一条分裂沟而形成，2min 后分裂沟较为明显；八细胞已完全形成，呈长椭球形，侧面观，细胞高度达到胚胎长径的 1/3
2h13min	19.7	16 细胞期	一些细胞先出现第四条分裂沟，一些后出现，细胞分裂从此呈现出不同步现象；细胞形状开始出现不规则化，大小差异逐渐增大；细胞高度占胚胎长径的 1/4，卵黄囊中出现了细胞质团，卵黄并非完全均匀
2h30min	19.7	32 细胞期	第五条分裂沟开始出现，由于细胞数量的增多，中部细胞的界限模糊

续表

受精时间	水温（℃）	发育时期	特征描述
2h48min	19.7	64细胞期	第六条分裂沟形成，中部细胞界限更不清晰
3h3min	20.0	128细胞期	第七条分裂沟形成，至此，边缘细胞均采用经裂的方式分裂
3h14min	20.0	多细胞期	第八条分裂沟形成；边缘细胞出现纬裂的分裂方式，形成了双层细胞群，卵黄囊中的细胞质团逐渐变圆；胚细胞继续分裂，主要是纬裂的方式，因此，细胞厚度逐渐增加，向上高高隆起；卵黄囊中出现了更多小的球形细胞质亮团
4h12min	21	囊胚早期	胚细胞不断分裂，隆起高度达到整个胚胎发育的顶点
5h7min	21	囊胚中期	囊胚高度略有下降，细胞开始向下迁移。可以见到卵黄细微而缓慢的波状滚动，使卵黄囊形态出现微小的变化；卵黄波状滚动速度稍稍加快，平均每分钟卵黄囊有一处凹陷下去之后又突起，其形式是左侧凹陷突起后对称的右侧继续凹陷突起；细胞下迁的过程中重心又回到了动物极正中
6h9min	21	囊胚晚期	基部细胞，即贴近卵黄囊的细胞向下迁移的速度较上层的细胞快；卵黄的波状滚动加快，足以带动胚胎在内卵膜中缓缓地匀速转动，外卵膜的黏度和韧性开始下降，细胞界限很不明显，胚环正在形成，卵黄波状滚动越来越明显；胚细胞体边缘有加厚的迹象
10h18min	21	原肠胚早期	胚环形成，卵黄沿着一个方向波状滚动，可以见到卵黄囊的内膜像平静的湖面泛起涟漪一样，此起彼伏。胚细胞下包卵黄囊近一半，侧面及顶面观均可见胚细胞形成中空的腔；从顶端看胚胎，可见中部圆形区域由于胚细胞层较少而光线较暗，圆形区域的周围形成一圈白色的亮环。胚细胞下包卵黄囊1/2，细胞下迁到了最艰难的时期；卵黄波状滚动较为缓慢，大约每分钟一周，细胞质团仍然存在，但其亮度已远不及囊胚早期，看似颗粒悬浮在均匀半透明的细胞基质中；往后胚细胞越过卵黄囊1/2处后继续往下迁移；从顶端看，空腔的界限越来越不明显
14h3min	21	原肠胚中期	出现胚盾，胚细胞覆盖了胚胎表面的1/3；由于胚盾的形成，卵黄囊由球形变成了椭球形，动物极和赤道面的直径相当，卵黄的流动受到阻碍；胚细胞覆盖胚胎表面的3/4，卵黄仍有波状滚动，使整个胚胎的形状发生变化；在胚盾形成的轴线上，细胞正在分裂并逐步隆起
15h17min	21	原肠胚晚期	胚细胞下包胚胎4/5，几乎看不见卵黄的波状滚动了；胚盾延伸至动物极，动物极宽而植物极窄。细胞质团仍然存在，有些聚集形成了较大的块状结构；胚细胞下包胚胎6/7，出现了背唇褶，胚细胞下包胚胎7/8
16h22min	21	神经胚期	神经褶出现，卵黄栓形成，脑分化为前、中、后三部分，分化出3对体节；神经沟逐步形成神经沟、神经管及胚盾形成、胚孔封闭过程中，先后出现眼泡，尾部形成末球，出现听囊；胚孔封闭时，体节数达到20对
35h38min	19.6	器官分化阶段	出现24对体节，尾芽游离，但并未出现摆动，身体绕卵黄囊一周长；肌肉开始收缩，但没有节律性，收缩强度不大，卵黄呈橙黄色；肌肉收缩强度逐渐加大，带动尾芽前后移动；此时体节数已达到26对，出现了颌须原基；体节达到30对以上时，眼睛和颌须原基进一步发育；尾摆动迅速
56h23min	19.6	孵化阶段	尾芽游离部分达到胚体长度的1/2，头部向上抬起形成围心腔，可以见到心脏有节律地跳动；耳囊内出现了两粒发亮的耳石，外卵膜黏度大大降低，内卵膜变得柔软，此时用解剖针拨动胚胎，胚胎由于受到外界刺激而用力摆动尾部；胚胎腹部出现了奇鳍褶，胚胎能灵敏地感受外界的刺激；出膜前内卵膜不再呈球形而向内凹陷，胚胎尾部摆动剧烈，并努力地撑着卵膜，试图将其顶破，当卵膜破裂后，胚胎由膜内孵出，有个体的卵膜和仔鱼的头部粘在一起，于是仔鱼尾部用力摆动，力图挣脱卵膜；其摆动有左右、上下和前后3种方向；随着时间推移，仔鱼疲倦下来，摆动频率降低；初孵仔鱼体节数44~46［(15或16)+(29或30)］对，身躯侧扁而透明，卵黄囊近圆球形，心率为120次/min

5.2 仔、稚、幼鱼发育

5.2.1 仔、稚鱼发育的形态学观察

观察仔、稚鱼发育过程，测量其鱼全长、体长、肛前长、头长及体高等生长指标；体重取多尾鱼的平均值（$n=10$）。计算绝对生长率（absolute growth rate，AGR）和特殊生长率（special growth rate，SGR）[$AGR=(L_f-L_i)/t$，$SGR=100(\ln L_f-\ln L_i)/t$，$L_f$ 为每一时期结束时的平均长度，L_i 为每一时期开始时的平均长度]。将统计学数据在坐标上描点，根据图形的走向趋势，建立直线或者曲线方程，从而确立仔、稚鱼期的生长方程（探讨体长与发育时间、体重及其他可量性状之间的相关关系），例如，体重和体长——$W=bL^a$，体长和日龄——$L=a+bx$。

岩原鲤的仔、稚鱼发育（或胚后发育）可划分为卵黄囊期仔鱼、晚期仔鱼、早期稚鱼和晚期稚鱼4个阶段。卵黄囊期仔鱼从胚胎孵化出膜至卵黄囊完全被吸收，共历时9d。晚期仔鱼从卵黄囊吸收至各鳍鳍条发育完整，鳞片出现，共历时13d。稚鱼期从各鳍鳍条发育完整至鳞片形成，共历时60d左右。仔、稚鱼发育阶段的水温在21～27℃波动。

5.2.1.1 卵黄囊期仔鱼

该阶段包括体色素出现期、胸鳍上翘期、下颌原基出现期、口凹形成期、鳃丝出现期、下颌形成期、肠管贯通期至卵黄囊消失期等（图版5-Ⅲ-A：1～8）11个时期，在水温21～23℃下，历时约9d。

（1）体色素出现期

初孵仔鱼的胚体前部散布有星（蜘蛛网）状细胞，密布眼球各部及耳囊以前的部位，黑色素细胞已出现，鳃原基早已出现，仅见鳃弓3个，尚无鳃丝原基，输尿管发育至卵黄囊后部的1/2，尾鳍褶细小不发达，眼部大小为0.31mm×0.25mm，耳囊长0.02mm，卵黄囊分为前后连续的两部分，前部球形，大小为2.1mm×2mm，后部棒状，大小为2.0mm×0.57mm，肌节大小为0.05mm，全长6.40mm，体长6.28mm，肛前长4.60mm（图版5-Ⅲ-A：1）。水温23℃。

（2）胸鳍上翘期

出膜7h49min，腹褶出现，胸鳍原基开始上翘，并分化为两部分；头部血管明显。受精后101h5min，后肠伸达棒状卵黄囊的1/2，古维尔氏管和总主静脉清晰。受精后110h，体内有少量的血细胞出现，尾鳍的间质细胞形成辐射状的尾鳍下骨原基，眼色素变深。

（3）下颌原基出现期

出膜24h16min，血液呈淡红色，胸鳍原基上翘与体轴垂直，鳃盖骨已明显，后主静脉一端膨大，在卵黄囊上形成一血窦，眼全部黑色，耳囊内耳石变大，出现半规管原基，下颌原基也出现，脊索内出现大量的脊索细胞。

（4）口凹形成期

出膜26h49min，鳃循环出现，眼球可转动140°，尾鳍褶向体前端延长，背、腹方达梨状卵黄囊和棒状卵黄囊交界处，心率为78次/min，脊椎间血液循环明显（图版5-Ⅲ-A：2）。受精后118h，大量出膜，绝大部分孵出，仍有3%尚未孵出。仔鱼有少量畸形。全长7.43~7.90mm，体长7.13mm，肛前长4.92mm，体高1.08mm，心率为82次/min。部分鱼可上窜，游动迅速。

（5）鳃丝出现期

出膜3d，水温21℃，全长7.9mm，体长7.53mm，肛前长5.06mm，体高1.1mm，眶间距0.87mm，头长1.24mm，卵黄囊长3.9mm，卵黄囊细段（后端）出现色素细胞，非常明显，球状卵黄囊未见色素细胞，口凹形成，鳃盖微弱开闭，鳃丝原基出现，鳃耙明显，鳃循环清晰，心率为81次/min，鳔后室清晰可见且已充气。尾鳍条原基清晰，呈辐射状排列（图版5-Ⅲ-A：3）。仔鱼绝大多数平卧箱底，极少数仔鱼可上游且游动速度较快，表现为间歇性向一个方向迅速上窜运动，大多数时间静止平卧箱底。

（6）下颌形成期

出膜4d，水温21℃，全长8.3mm，体长8mm，肛前长5.38mm，体高1.1mm。全部出膜，下颌形成并可活动，鳔1室，其周围色素细胞密集。棒状卵黄囊上有一排色素，另外在脊索的背方有零星的色素。鳃盖伸长，下部可盖住鳃丝。脊索尾部伸直，尾鳍辐射状鳍条下叶的出现多于上叶。眼球可随意转动，在卵黄囊的中间有一个突起，位于胸鳍后，脊索前端的脊索细胞清晰可见（图版5-Ⅲ-A：4）。

（7）肠管贯通期

出膜5d，水温21℃，全长8.66mm，体长8.36mm，肛前长5.56mm，头长1.7mm，体高1.1mm。口端位，卵黄囊下方（腹方）有一黄色状结构——肝脏。鳔的前下方有一黄色圆球状结构——胆囊出现。棒状卵黄囊上色素细胞加深，卵黄囊更加缩小，前后肠已贯通（可进食），进入混合营养期，尾鳍骨周围有少量色素沉积，尾形变宽圆，胸鳍扇形，消化道前端变粗，耳石长径为0.07mm，腹鳍褶变宽为0.05~0.14mm，肛门前后的鳍褶高度明显增大，出现明显的1或2块尾下骨，口裂后方食道（前肠位置）出现皱褶，鳔仍1室。心率为102次/min，全身遍布红色小滴，消化道前端可见皱褶，下颌开闭自如。色素细胞沿卵黄囊背腹方分布，血液循环向后延伸至最末几根脊椎，尾下骨有3或4块。尾鳍中的间质细胞形成鳍条。鳃丝数量增多（图版5-Ⅲ-A：5）。仔鱼静卧水底，集群对光线较敏感，表现为正趋光性。

（8）尾鳍分化期

出膜6d，水温21℃，全长9.22mm，体长8.88mm，肛前长5.62mm，体高1.1mm，尾鳍长0.45mm，卵黄囊进一步缩小，整体呈棒状，长度为4.1mm，宽度为0.14~0.82mm。眼脉络膜、晶状体及视网膜清晰可辨。耳石大小为0.08~0.09mm。消化道有水蚯蚓和丰年虫的残留物，表明已进食。心率为120次/min，鳔仍1室，鳔眼距约为0.13mm，鳔长径为0.1mm，鳔表面黑色素细胞增多，成片相连，布满整个表面，使鳔显黑色。下颌活动自如，鳃盖骨开闭自如。尾鳍鳍膜褶变宽，并向前延伸至鳔的末端。胸鳍扇形变宽，基部胸鳍下骨清晰可见。末端几节脊椎骨稍微向下弯曲，肝前段周围心脏后面有一黄色透明倒梨状结构，尾鳍鳍条已形成，且尾鳍骨上开始有色素沉积，尾鳍腹方有一细胞团伸展似管状，且有血液流过（图版5-Ⅲ-A：6）。仔鱼分散在水族箱底，游动缓慢，主要是做直线向前运动，不上窜，活动范围在底层不超过水族箱高度的1/4。

（9）背鳍原基出现期

出膜7d，水温21℃，全长9.26mm，体长8.90mm，肛前长5.90mm。背鳍原基开始形成。鳃盖开闭频率为72次/min，上颌、上唇、下唇、下颌可分。耳囊内形成两个半规管。鳃耙、鳃丝数量增多，鳃小片逐渐形成。心脏四部分清晰可见——静脉窦、心耳、心室、动脉球，腹大动脉入口处有一膨大。围心腔壁上有星状色素细胞沉积，肝脏两叶清晰可见。鳔仍1室。消化道已形成皱褶增多，可见其内的残留物，胸鳍长度为1.18mm，卵黄囊继续缩小，呈细棒状，前钝后尖，卵黄囊长3.6～3.9mm。两侧星状色素细胞排列成两列，肛门开口体外，肛门前鳍褶已延伸到鳔中部下方。仔鱼分散在底层，不上窜，游动时头朝下倾斜，活动能力增强。

（10）鳔2室期

出膜8d，水温21℃，全长10.25mm，体长9.95mm，肛前长6.5mm。上下唇明显可分，已有鱼鳔前端伸出一球状结构，直径为0.11mm，心率为128次/min，上颌有左右两个黑点。消化道前肠皱褶面积变大，且从后向前做收缩运动。胸鳍鳍条清晰，胸鳍骨可辨，长度为1.23mm。尾鳍圆形，尾鳍下骨色素沉积较多，尾鳍条上出现少量色素，鳍条有分支。星状色素细胞沿脊索背方分布，呈一字排列，在腹方肌节上的点状色素呈一字排列（有2～3排），近肠肌节处，肠消化道腹方有一排点状色素，靠脊索的背方肌节也有一排点状色素（图版5-Ⅲ-A：7）。腹鳍褶宽0.05～0.32mm，鳔眼距为1.70mm，鳔长1.0mm，鳔高0.6mm。幼鱼绝大多数在箱底层活动，仅少数几条上窜至水面，活动范围比较分散，或平游，或头朝下倾斜运动，或上浮，仅极少数个体平卧箱底，喂食后，成群围在食物团周围，用尾部扇动使自身浮在水层中，后摄食。

（11）卵黄囊消失期

出膜9d，水温21℃，全长10.3mm，体长9.90mm，肛前长6.80mm。卵黄囊耗尽，背鳍条原基出现，脊索末端开始上翘，尾部回流静脉较大，形成红筋，尾鳍条分支清晰，全身色素细胞变深，背部沿轴肌上下各有一行色素细胞，每一肌节一个色素细胞，鳃盖膜盖住鳃部，鳃丝长出鳃小片，鳃小片数量增加，尾鳍下叶有一稀疏色素丛，头顶散有花斑状色素体（图版5-Ⅲ-A：8）。仔鱼仍在中下层活动，活动范围比较分散，基本上平游。少数个体上浮至水面，受惊吓后四处逃散，游动能力比较强。

5.2.1.2 晚期仔鱼

本阶段仔鱼的发育以鳔2室形成，各鳍的分化、形成，以及鳞片的出现为序。在水温21～23.5℃下，历时13d，分为7个时期。

（1）背鳍分化期

出膜10d，水温22℃，全长10.9mm，体长10.0mm，肛前长7.1mm，体高1.6mm。头背方从眼球后方至耳囊前有零星点状色素和两个星状色素细胞，色减淡，后两对鳃盖膜还未完全遮住鳃，消化管长 3.9mm，有节律地从后面向前收缩蠕动，频率为 16~17 次 /min，鳔前端腹方紧靠前肠有一圆形脾脏，大小为 0.17~0.23mm。位于嗅囊上有两个较大的色素细胞，背鳍条原基出现，肛门前腹鳍膜上有色素沉积，位置在肛门前 1 肌节和 2 肌节之间，尾鳍下骨、鳍条清晰可见，尾鳍部分鳍膜分化出 20 余条辐射状的弹性丝，消化道前端进一步膨大（图版 5-Ⅲ-A：9）。仔鱼头略微朝下运动，可做各种运动。分散在水体底层，不上浮水面。

出膜 11d，水温 22 ℃，全长 11.8mm，体长 10.73mm，肛前长 7.73mm，体高 1.6mm。胸鳍长 0.15mm，舌颌骨可见，第二鳔室大小为 0.03mm，但未明显充气。鳔中间白，两边黑，鳔前背方出现头肾原基，尾鳍下叶出现 19 条鳍条，并有色素沉积，背鳍原基有 3 根间质辐射纹，尾索末端明显上翘，尾褶上下叶开始变得不对称（图版 5-Ⅲ-A：10）。仔鱼于箱底层缓慢平游，各个体较分散活动，活动范围未超过箱 1/2 高度，游动速度较快，受惊吓后迅速分散逃逸。可抬头倾斜向上运动。

（2）臀鳍原基出现期

出膜 12d，水温 23 ℃，全长 12.77mm，体长 11.5mm，肛前长 8.13mm，体高 1.6mm。背鳍出现 4 条辐射状鳍条原基，臀鳍原基出现，口开闭频率为 120 次 /min，体淡黄色透明，鳔前室变大，鳃盖形成，基本盖住鳃。尾鳍末端开始凹入（图版 5-Ⅲ-A：11）。仔鱼分散于箱底，缓慢平游，进食后叼住水蚯蚓，仔鱼活动比较活跃，进食量较大。可上下左右自由运动。

（3）腹鳍原基出现期

出膜 13d，水温 21~23.5℃，全长 13.68mm，体长 11.54mm，肛前长 8.60mm，背鳍出现 11 条辐射状鳍条原基，臀鳍出现 5 条辐射状间质鳍条原基，消化道血液微循环清晰可见，头部色素加深，数量变多。头部背方分布有较多色素细胞，且很大，呈星状，腹鳍原基出现，位置在背鳍最前端正下方，鳔后方第 2 与第 3 个脊椎骨之间（图版 5-Ⅲ-A：12）。肌节长 0.38~0.39mm，宽 0.1~0.14mm，心率为 120 次 /min，鳔上有 4 条斜纹。

出膜 14~15d，水温 23.5℃，全长 13.68mm，体长 11.54mm，肛前长 8.60mm。仔鱼游动较平缓，分散分布于中下层，对声音敲击反应敏感，形成了正趋光性，大部分喜欢在中央光线较强区域活动（图版 5-Ⅲ-A：13，14）。

（4）鳔前室充气期

出膜 16d，水温 21~23.5℃，气温 24~29℃，全长 14.0mm，体长 11.66mm，肛前长 8.72mm。鳔前室已充气，大小为 0.05~0.07mm。肌节呈"W"形排列，尾鳍条 5 枚，腹鳍已见辐射状鳍条原基，背鳍条 10 枚（图版 5-Ⅲ-A：15）。仔鱼分散在箱底，游动缓慢，可做各种运动，多数成一大群活动。

出膜 17d，水温 23.5℃，全长 16.28mm，体长 13.58mm，肛前长 10.04mm。尾鳍内凹分为两叶，尾鳍条 21 或 22 枚，渐成正型尾，各鳍条已分为 2~4 节，脊索末端上翘 90°，臀鳍条 6 枚，与尾鳍之间的鳍膜宽度逐渐变小，背鳍数 12~14 枚，背鳍褶向后逐渐缩小但仍相连，宽 0.03~0.17mm，腹鳍原基已出现 3 枚辐射状鳍条，脊椎形成中，可见髓弓、脉弓和椎间孔；消化管仍为一直管，前端膨大，且有节律地蠕动，咽齿可见，全身背面皮肤中的黑色素细胞收缩成圆点状。仔鱼仍在底层运动，时而成群运动，大部分分散活动，不上窜，可做各种运动。

（5）尾鳍形成期

出膜18d，水温23.5℃，尾鳍内凹分为两叶，尾鳍条21或22枚，分为4节，鳍条上色素较淡，并成排排列，正型尾，尾鳍和脊索末端相连处有8～10个较大且深的星状黑色素细胞，背鳍条数12或13枚，各鳍条顶端开始分支，奇鳍褶变小，腹鳍原基变大，辐射状鳍条可见，臀鳍条5或6枚，且中间一枚分为两节，鳔前室椭圆形，继续变大，大小为0.68mm×0.86mm，腹方肌节色素细胞变大（星状），各脊椎骨髓弧脉弓间有较大的星状色素细胞，体背方肌节处色素细胞变小、变少，头部色素较多且分散（星状），嗅囊突出，出现口咽腔，消化道在后鳔室下方有一弯曲，出现第一个肠襻（图版5-Ⅲ-A：16）。仔鱼仍在底层运动，在前进中能较易地下转弯，活动范围比较分散，可成群朝同一方向运动。

（6）臀鳍和背鳍形成期

出膜19d，水温22.5℃，臀鳍条8枚（Ⅰ，7[①]），仍与尾鳍相连，鳍褶仍在，腹鳍有4条辐射状鳍条原基形成，背鳍条14枚，分为3节，尖端分支游离，与尾鳍相连，鳍褶仍在，尾鳍条24枚，分上下两叶，有4～7节，末端鳍褶相连，未游离，尾型为典型正尾型。脊椎骨正在形成，色素在体侧背方变淡、变小，眼背方色素很多、密集，耳囊附近有十几个星状色素细胞，较小，鳔上充血，有血液流过，尾鳍上各鳍条可见微血液循环流动，体侧腹方色素细胞密集、星状、较大，排成一排，靠近肛门处，与臀鳍相连处下方有色素细胞群。仔鱼分散在中下层缓慢游动，头略微朝下，反应灵敏，游动敏捷。

出膜20d，水温22.5℃，体淡黄色透明。两眼背后方至鳃盖后缘为色素细胞集中区，尾鳍和脊索相连处也有色素细胞集中。嗅囊处有两团色素细胞。尾鳍分叉，分为背腹叶，鳍条27或28枚，尾鳍长4.1mm，尾叉深1.7mm，约占尾鳍的40%，各鳍条上的色素变浅、变小或消失。体背轮廓线变弯曲，背鳍鳍条17枚（Ⅰ，16），鳍褶中部消失，向后与尾鳍不相连。鳔前室变大，为0.87mm×1.12mm，后室大小为0.82mm×0.90mm。胸鳍有5或6枚辐射状鳍条原基未骨化，仍有臀鳍。臀鳍鳍条6枚（Ⅰ，5），中央鳍褶已消失，与尾鳍不相连，有色素细胞沉积（图版5-Ⅲ-A：17）。背鳍上色素细胞多聚集在前几枚鳍条基部，另外各鳍条上色素细胞较分散，较少且小，后面鳍条上无色素。仔鱼分散在箱底层或中下层，大部分缓慢游动，从右向左运动，少数个体窜上中层或中上层，感觉反应灵敏，游动迅速，可做各种运动。

出膜21d，水温22.5℃，体白色透明，尾鳍条25枚，鳔前后室中央似乎有一细胞团，肌节44对，大小为0.16mm×0.49mm，中肾两叶和头肾可见，腹鳍变宽，大小为0.55mm×1.19mm，鳍条5枚，仅两个色素细胞，臀鳍条6枚（Ⅰ，5）（图版5-Ⅲ-A：18）。仔鱼分散在箱底层，多数迎着水流缓慢平游，微水流方向从右向左。游动迅速，可做各种运动，能上窜至水面。

---

① "Ⅰ，7"中，罗马数字（Ⅰ）表示不分支鳍条数，阿拉伯数字（7）表示分支鳍条数，全书余同

（7）侧线出现期

出膜 22d，水温 22.5℃，体淡黄色透明，胸鳍条数目为 11～13 枚，扇形，腹鳍分支鳍条 6 枚，侧线出现，可见感觉芽。脑、体背左右两侧及腹侧都有色素分布。胆囊绿色，肝脏两叶，脾脏位于两鳔室中间腹方。鼻瓣可见，形成上下两个鼻孔。各鳍条逐渐骨化，鳍褶未消失，中肾变大（红色），消化道尚无肠祥（图版 5-Ⅲ-B：1）。晚期仔鱼反应灵敏，游动迅速，用纱绢做成的小网不易捕捉，仍分散在水体底层，朝流水方向缓慢平游，少数个体上窜至水面，可做各种运动并任意改变方向。

5.2.1.3 早期稚鱼

在稚鱼期，鳞片出现，腹鳍褶完全消失，外部器官分化完毕，体色素沉积，须出现，至鳞被完全覆盖，幼鱼体形、体色及生活习性完全似成鱼。水温 22～27℃下，历时约 60d。侧线管形成，体呈浅灰色或黑色，并不断加深。摄食能力不断增强，已能摄食人工饵料和水蚯蚓。最后鱼体两侧形成 13 排黑色纵纹，至此即完成了本阶段的发育活动。

鳞片出现至腹鳍形成期，体表色素开始沉积，身体变得不透明（图版 5-Ⅲ-B：2～7），在水温 22～23℃下，历时 18d。

（1）鳞片出现期

出膜 23d，水温 23℃，全长（20.62±0.60）mm，体长（16.28±0.56）mm，肛前长（11.44±0.44）mm，体淡黄色透明，体前腹方，两鳔室下方可见闪光质鳞片，另外鳃盖上也出现闪光质鳞片。腹鳍褶还未完全消失，可观察到鳍褶明显变窄，臀鳍和背鳍的鳍褶消失，消化道仍无肠祥，但前段加粗，鳔的下方有一团球状的泡状物（经解剖为脂肪颗粒），胸鳍条 11 枚。稚鱼分散在水体各层，反应敏捷，游动迅速。

出膜 24d，水温 22℃，臀鳍条 8 枚（Ⅰ，7），背鳍条 19 枚（Ⅰ，18），鳍条分支为 3～5 节，腹鳍条 6 枚，尾鳍条 28 枚，鳞片分布于体腹方，鳔的下方，沿肛门向前，消化道外部呈卵圆形，直径 0.08～0.12mm。稚鱼游动烦躁不安，乱窜数量变多，大部分仍分散在底层。

出膜 26d，水温 22.5℃，体淡黄色透明，肠前段膨大变粗，仍为一直管，"腹沟"明显，腹褶未消失，但明显变窄，其余鳍褶消失，第二鳔室下面有脂肪小滴（闪光质）集中区，脂肪小滴沿肠延伸，双凹形椎体形成（图版 5-Ⅲ-B：2）。稚鱼分散在中下层，运动迅速，反应灵敏。

出膜 27d，水温 23℃，两鳃盖缘鳞片增多，体侧鳞片增多，并且从前向后、从下往上覆盖。腹褶仅剩极少数，腹鳍 6 枚，鳞片后包到近肛门处（图版 5-Ⅲ-B：3）。稚鱼运动迅速，用纱绢做成的小网不易捕捉，多分散在水体底层。稚鱼可食人工饲料。

（2）腹褶完全消失期

出膜 32d，水温 23℃，全长（26.98±0.11）mm，体长（19.48±0.11）mm，肛前长（14.58±0.08）mm，体白色透明，腹褶完全消失，背鳍 21 枚（Ⅰ，20），臀鳍 7 枚（Ⅰ，6）（图版 5-Ⅲ-B：4）。

（3）腹鳍形成期

出膜 34～40d，水温 23℃，体白色透明，侧线平直，背鳍宽大，外缘较平直，尾鳍分叉凹入最窄处，占整个尾鳍的1/2，头部色素较淡，两鼻瓣清晰可见。稚鱼在水体中可垂直上升或下降，反应灵敏，运动迅速，用纱绢做成的小网不易捕捉，吃食时，先靠近食物，然后突然咬住食物，吞食，并迅速游离（图版5-Ⅲ-B：5~7）。

5.2.1.4 晚期稚鱼

体表色素开始沉积，身体变得不透明，吻须原基出现，至鳞被覆盖完全（图版5-Ⅲ-B：8~17），在水温23~27℃下，历时42d。

（1）体色素变深期

出膜41d，水温23℃，全长（30.40±0.65）mm，体长（23.10±0.55）mm，肛前长（16.24±0.43）mm。体淡黄色，色素沉积使体表变得不再透明。背鳍外侧非平直。稚鱼在各层水域均有分布，在下层水域分布较多，可游到水面，集群沿水流方向反向游动（图版5-Ⅲ-B：8）。可食人工饲料。

出膜42d，水温23℃，体淡黄色，但色素比以前深。背鳍外侧非平直。稚鱼在各层水域均有分布，在下层水域分布较多，可游到水面。

出膜48d，水温24.8℃，体表色素变深，头部色素变深，各鳍棘和分支鳍条清晰可辨，胸鳍条16枚（Ⅲ，13），腹鳍条9枚（Ⅰ，8），臀鳍条9枚（Ⅲ，6），背鳍条23枚（Ⅲ，20），尾鳍条39枚。鳞片继续向背、腹方覆盖，有9排鳞片清晰可见，侧线平直，侧线鳞40，侧线上鳞38，有3~4排，侧线下鳞39，有5排（鳞式：3-4/40-42/5-Ⅴ）。

出膜51d，水温24~24.8℃，体淡青色，少数个体仍为淡黄色。稚鱼畏光，群居于箱底层一角，头朝上，保持上冲姿态。

出膜64d，水温25℃，体表鳞片除背部靠背鳍处外其余都已长齐。稚鱼性情较温和，与鲤鱼、鲫鱼、华鳈等相比抢食能力明显较弱，但群居的岩原鲤喜干净的环境，往往将食物残渣成团堆在一个角落里。岩原鲤稚鱼有藏食物的行为。

（2）吻须原基出现期

出膜74d，水温26~26.5℃，全长（47.77±3.59）mm，体长（35.40±2.95）mm，肛前长（25.8±2.3）mm，头长9.9mm，体高9.06mm，出现吻须原基（图版5-Ⅲ-B：15）。

出膜78~79d，水温26.5~27℃。鳞片大部分已长齐，体灰黑色或青灰色。可见吻须及下颌须各一对，吻须较短，下颌须较长。侧线管已形成，较平直（图版5-Ⅲ-B：16）。

（3）鳞被覆盖完全期

出膜82d，全长（48.8077±2.48）mm，体长（36.2308±2.08）mm，肛前长（26.2692±1.51）mm，头长10.44mm，体高9.51mm，鳞被已覆盖完全，体灰黑色或青灰色，体侧形成13条贯体黑色纵纹（图版5-Ⅲ-B：17）。比较安静，分散在水体下层。

根据岩原鲤仔、稚鱼发育的形态、生态和生理变化特征，参照国内外硬骨鱼类早期生活史的划分方法将其发育时期划分为4个阶段。卵黄囊期仔鱼从仔鱼孵出至卵黄囊消失为止，主要是头部发育和卵黄被迅速吸收（历时9d，水温21~23℃），分为11个时期；晚期仔鱼从鳔2室形成至鳞片的出现为止，水温21~23.5℃，历时13d，分为7个时期；早期稚鱼从鳞片出现至腹鳍形成期，主要是鳞被开始覆盖，体表色素开始沉积，身体变得不透明，在水温22~23℃下，历时18d，分为3个时期；晚期稚鱼从体表色素开始沉积至鳞被覆盖完全,在水温 23~27℃下,历时 42d,分为 3 个时期,主要是体表色素发育,须发育,鳞被覆盖。

大眼鳜胚后发育特征如图版 5-Ⅲ-C 所示。

5.2.2 仔、稚、幼鱼的生长

5.2.2.1 生长指标

岩原鲤仔鱼出膜 1~92d 的生长指标见表 5-6 及表 5-7。

表 5-6 岩原鲤仔、稚、幼鱼的全长、体长及肛前长(水温 21~27℃)

Tab. 5-6 Total length, body length and pre-anal length of larva, juvenile and young *Procypris rabaudi* (water temperature 21-27℃)

日龄(d)	所测尾数 N	全长(mm)		体长(mm)		肛前长(mm)	
		变幅	$M\pm SD$	变幅	$M\pm SD$	变幅	$M\pm SD$
1	10	5.9~6.5	6.4±0.96	5.78~6.39	6.28±0.82	4.1~4.7	4.61±0.78
2	10	7.3~7.9	7.6±0.27	6.9~7.6	7.3±0.27	4.7~5.3	5.02±0.19
3	11	7.5~8.1	7.93±0.19	7.2~7.7	7.57±0.18	5~5.5	5.17±0.20
4	9	8.1~8.7	8.23±0.19	7.8~8.4	7.93±0.19	5.2~5.7	5.44±0.16
5	8	8.3~8.8	8.6±0.18	8.0~8.7	8.25±0.2	5.4~5.7	5.6±0.09
6	9	8.7~9.5	9.06±0.37	8.4~9.1	8.72±0.33	5.5~5.8	5.66±0.10
7	8	8.7~9.6	9.19±0.31	8.1~9.1	8.69±0.35	5.5~6.1	5.76±0.23
8	8	9.5~10.6	9.9±0.40	9.0~9.95	9.24±0.40	6~7	6.35±0.36
9	7	9.7~10.7	10.17±0.94	8.9~9.9	9.4±0.87	6.1~6.8	6.47±0.64
10	6	10.8~11	10.88±0.08	9.4~10	9.63±0.24	6.8~7.1	7.0±0.11
11	6	11.4~12.1	11.6±0.29	9.5~11	10.28±0.56	6.1~7.9	7.32±0.64
12	6	11~12.8	12.15±0.75	9.2~11.6	10.71±1.0	6.3~8.2	7.52±0.77
13	8	12.3~14.1	13.36±0.58	10.3~12.1	11.31±0.58	8.2~8.8	8.44±0.30
14	6	12~14.2	13.1±0.80	10.1~12.1	11.52±0.71	7.4~9.1	8.52±0.60
15	6	11.9~13.9	12.83±0.75	9.8~11.8	11.02±0.81	6.9~8.6	7.7±0.76
16	3	13.1~15.6	14±1.39	10.2~12.5	11.07±1.25	7.1~9.3	7.9±1.21
17	9	16~16.5	16.28±0.19	13.3~13.8	13.58±0.19	9.4~10.4	10.04±0.43
18	7	16.1~17.4	16.64±0.59	13~13.9	13.76±0.95	9.1~10.7	9.94±0.56
19	7	16.5~18.1	17.24±0.53	12.4~14	13.14±0.53	9~10.2	9.69±0.43
20	5	18.2~19.9	19±0.70	14.1~15.6	14.9±0.66	10.9~11.4	11.22±0.43
21	14	17.2~19.6	18.42±0.76	13.7~15.4	14.5±0.54	9.3~11.1	10.32±0.55
22	5	19.6~21.3	20.62±0.77	15.5~16.9	16.26±0.62	10.9~11.5	11.24±0.24
23	5	20~20.9	20.62±0.60	15.6~16.9	16.28±0.56	11~12	11.44±0.44
24	12	19.9~20.9	20.34±0.34	15.3~16.8	15.89±0.51	10.8~12	11.26±0.40
25	5	21~22.2	21.7±0.48	16~17.2	16.66±0.53	11.8~12.3	12.06±0.18

续表

日龄（d）	所测尾数 N	全长（mm）		体长（mm）		肛前长（mm）	
		变幅	$M \pm SD$	变幅	$M \pm SD$	变幅	$M \pm SD$
26	5	22.4~23	22.72±0.28	16.9~17.5	17.22±0.28	12.4~13.1	12.66±0.36
27	12	20.4~23.8	22.28±1.11	15.7~17.8	17.08±0.75	11~13.3	12.28±0.69
28	5	22.9~23.5	23.14±1.0	17.5~18	17.72±0.19	12.5~13	12.72±0.19
29	5	24~24.9	24.48±0.15	18.2~18.9	18.64±0.27	12.9~13.6	13.24±0.27
31	5	24.8~25.7	25.08±0.36	18.9~19.5	19.08±0.24	13.9~14.6	14.1±0.28
32	5	26.8~27.1	26.98±0.11	19.3~19.6	19.48±0.11	14.5~14.7	14.58±0.08
34	3	25.5~27.5	26.5±1.0	19.0~19.2	19.17±0.15	13.6~13.9	13.77±0.15
38	3	27.8~28.1	27.97±0.15	20~20.5	20.33±0.29	14.8~15	14.9±0.1
40	3	29~33	30.67±2.08	22.0~25	23.27±1.55	16~17	16.5±0.5
41	5	30~31.5	30.4±0.65	22.5~24	23.1±0.55	16~17	16.24±0.43
48	5	34~37	36±1.73	25~28	27.0±1.73	18~21	19.67±1.53
51	6	35.2~39.3	37.52±1.36	27.5~29	27.83±0.68	19.2~20	19.73±0.69
55	10	38~40.9	39.23±0.87	28~30	28.79±0.92	20~21	20.64±0.33
62	10	42~44	41.9±0.12	30~33	31.45±0.10	21.5~23	22.65±0.06
74	10	43~55	44.77±3.59	31.0~41	35.4±2.95	22~29	25.8±2.3
82	13	45~52.5	48.81±2.48	32.5~40	36.23±2.08	23~29	26.27±1.51
92	11	48~58	52.5±3.78	36~42	39.18±2.44	26~31	27.82±1.78

表 5-7 岩原鲤仔、稚、幼鱼的肛后长、头长、体高、眼径及体重（水温 21~27℃）

Tab. 5-7 The post-anal length, head length, body height, eye diameter and weight of larva, juvenile and young *Procypris rabaudi* (water temperature 21-27℃)

日龄（d）	所测尾数 N	肛后长平均值 M（mm）	头长平均值 M（mm）	体高平均值 M（mm）	眼径平均值 M（mm）	体重平均值 M（mm）
1	10	1.79	0.5	2.285	0.3	—
2	10	2.58	1.22	1.4	0.5	—
3	8	2.76	1.35	1.1	0.5	—
4	5	2.79	1.52	1.1	0.5	—
5	5	3	1.7	1.1	0.5	—
6	6	3.4	1.81	1.1	0.5	—
7	6	3.43	2.12	1.33	0.6	—
8	3	3.55	2.18	1.5	0.6	—
9	3	3.48	2.42	1.5	0.6	—
10	6	3.88	2.52	1.73	0.6	—
11	6	4.28	2.73	2.01	0.73	—
12	6	4.63	2.84	1.9	0.73	—
13	8	4.92	2.87	2.2	0.7	—

续表

日龄 (d)	所测尾数 N	肛后长平均值 M (mm)	头长平均值 M (mm)	体高平均值 M (mm)	眼径平均值 M (mm)	体重平均值 M (mm)
14	6	4.58	2.98	2.13	0.77	—
15	6	5.13	2.85	2.3	0.87	—
16	3	6.1	—	—	—	—
17	9	6.24	3.13	—	—	—
18	7	6.7	3.99	2.95	0.95	0.02
19	7	7.55	—	—	—	0.03
20	5	7.78	4.54	—	—	0.05
21	5	8.1	4.67	3.33	1.03	0.04
22	5	9.38	—	—	—	0.04
23	5	9.18	—	—	—	0.04
24	12	9.08	4.73	3.69	1.11	0.06
25	5	9.64	—	—	—	—
26	5	10.06	—	—	—	0.08
28	5	10.42	4.97	3.93	1.19	—
31	5	10.98	—	—	—	0.1625
32	5	12.4	—	—	—	0.166
34	3	12.73	—	—	—	0.14
38	3	13.07	5.5	5	—	0.22
40	3	14.17	6.98	7.1	—	0.2375
41	5	14.5	—	—	—	0.2713
48	5	16.33	7.5	6.8	2.0	0.44
51	6	17.79	8.0	7.32	2.0	0.47
55	10	18.59	8.1	7.35	—	0.552
62	10	19.25	8.61	8.1	—	0.69
74	10	21.9	9.9	9.06	—	0.932
82	13	22.54	10.44	9.51	3.19	0.998
92	11	24.37	10.91	10.47	—	1.627

5.2.2.2 体长与日龄的关系

通过对 304 尾仔、稚、幼鱼的生长情况（表 5-6，表 5-7）进行统计分析，结果表明，仔、稚、幼鱼体长与日龄为线性关系（图 5-1），用生长公式 $l=a+bT$ [l 为体长（mm），T 为日龄（d）] 表示，得到体长与日龄的直线回归方程为 $l=0.388T+6.4945$，$r^2=0.9869$；体长日增长量为 0.388mm。$r=0.9934>r_{0.01}=0.393$，表明体长与日龄有极显著的线性关系。

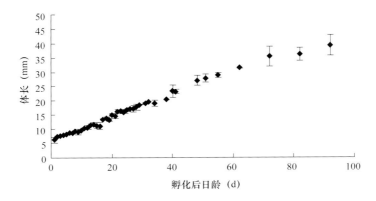

图 5-1 孵化后不同日龄仔、稚、幼岩原鲤的体长（平均值）
Fig. 5-1 Body length (average value) of post-hatched larva, juvenile and young *Procypris rabaudi* at different age in days

5.2.2.3 全长与日龄的关系

不同日龄仔、稚、幼岩原鲤全长生长的测定结果见表5-8（水温21～27℃），第1日全长增长较快，达1.20mm。2～8日龄增长较缓，而9日龄之后又明显加快。9～21日龄平均日增长量为0.80mm，22日龄以后增长较缓。全长与日龄为线性关系（图5-2），用生长公式 $L=a+bT$ [L 为全长（mm），T 为日龄（d）] 表示，得到体长与日龄的直线回归方程为 $L=0.5506T+6.9603$，$r^2=0.987$，$r=0.9934$。$r>r_{0.01}$，证明全长和日龄的线性关系极显著。

表 5-8 不同日龄仔、稚、幼岩原鲤全长生长（水温 21～27℃）
Tab. 5-8 The growth of total length of larva, juvenile and young *Procypris rabaudi* at different age in days (water temperature 21-27℃)

日龄（d）	所测尾数 N	全长（mm） 变幅	全长（mm） $M\pm SD$	平均日增长量（mm）
初孵仔鱼	10	5.9～6.5	6.4±0.96	—
1	10	7.3～7.9	7.6±0.27	1.2
2	11	7.5～8.1	7.93±0.19	0.33
3	9	8.1～8.7	8.23±0.19	0.3
4	8	8.3～8.8	8.6±0.18	0.37
5	9	8.7～9.5	9.06±0.37	0.46
6	8	8.7～9.6	9.19±0.31	0.13
7	8	9.5～10.6	9.9±0.40	0.71
8	7	9.7～10.7	10.17±0.94	0.27
9	6	10.8～11	10.88±0.08	0.71
10	6	11.4～12.1	11.6±0.29	0.72
11	6	11～12.8	12.15±0.75	0.55

续表

日龄（d）	所测尾数 N	全长（mm） 变幅	全长（mm） M±SD	平均日增长量（mm）
12	8	12.3～14.1	13.36±0.58	1.11
15	3	13.1～15.6	14.00±1.39	0.21
18	7	16.5～18.1	17.24±0.53	1.08
21	5	19.6～21.3	20.62±0.77	1.13
24	5	21～22.2	21.7±0.48	0.36
27	5	22.9～23.5	23.14±1.0	0.45
30	5	24.8～25.7	25.08±0.36	0.65
40	5	30～31.5	30.4±0.65	0.53
50	6	35.2～39.3	37.52±1.36	0.71
54	10	38～40.9	39.23±0.87	0.43
61	10	42～44	41.9±0.12	0.38
71	10	43～55	47.7±3.59	0.58
81	13	45～52.5	48.81±2.48	0.11
91	11	48～58	52.5±3.78	0.37

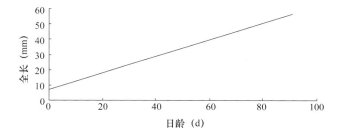

图 5-2　不同日龄仔、稚、幼岩原鲤的全长

Fig. 5-2　Total length of larva, juvenile and young *Procypris rabaudi* at different age in days

5.2.2.4　长度生长

从初孵仔鱼至稚鱼期结束，全长和体长是不断变化的。晚期仔鱼的 AGR 值最高，混合营养期仔鱼的 AGR 值最低，其次是晚期稚鱼；而内源性营养期 SGR 值最大，晚期稚鱼的 SGR 值最低（表 5-9）。

5.2.2.5　体重与体长的关系

根据 18～107 日龄仔、稚、幼鱼体重与体长数据绘制的曲线呈幂函数形式（图 5-3），得到仔、稚、幼岩原鲤体重（W）与体长（l）的关系式，用 $W=al^b$ 表示。经计算求得 $W=0.0061l^{3.3537}$，$r^2=0.9674$（$P<0.01$），证明仔、稚、幼岩原鲤体重与体长的相关关系极显著。

表 5-9　岩原鲤各时期的长度生长率（绝对生长率和特殊生长率）
Tab. 5-9　The growth rate of length (absolute growth rate and special growth rate) of *Procypris rabaudi* at different stages

发育期	绝对生长率（mm/d）		特殊生长率（%/d）	
	全长	体长	全长	体长
内源性营养期仔鱼	0.44	0.39	5.9	5.26
混合营养期仔鱼	0.39	0.29	4.19	3.25
晚期仔鱼	0.8	0.53	5.44	4.22
早期稚鱼	0.56	0.39	2.2	1.99
晚期稚鱼	0.43	0.31	1.1	1.05

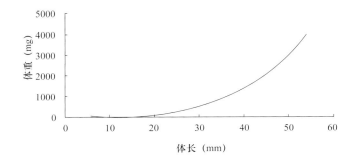

图 5-3　仔、稚、幼岩原鲤体重与体长的相关曲线

Fig. 5-3　The correlation curve between weight and body length of larva, juvenile and young *Procypris rabaudi*

5.2.2.6　体重与日龄的关系

根据 18～107 日龄仔、稚、幼鱼体重与日龄数据绘制的曲线呈幂函数形式（图 5-4），得到仔、稚、幼岩原鲤体重（W）与日龄（T）的关系式，用 $W=aT^b$ 表示。经计算求得

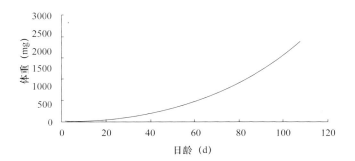

图 5-4　仔、稚、幼岩原鲤体重与日龄的相关曲线

Fig. 5-4　The correlation curve between weight and age in days of larva, juvenile and young *Procypris rabaudi*

$W=0.0323T^{2.386}$，$r^2=0.9763$（$P<0.01$），证明仔、稚、幼岩原鲤体重与日龄的相关关系极显著。

5.2.2.7 体重与全长的关系

体重（W）与全长（L）的关系表现为幂函数形式，其回归曲线方程式为$W=aL^b$。根据313尾仔、稚、幼岩原鲤全长和体重实测数据计算得知（图5-5）$W=0.0029L^{3.2937}$，$r^2=0.9784$（$P<0.01$），证明体重与全长的相关关系极显著。

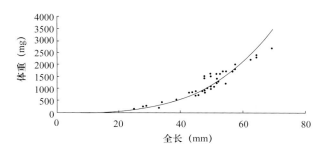

图 5-5　仔、稚、幼岩原鲤体重与全长的相关曲线

Fig. 5-5　The correlation curve between weight and total length of larva, juvenile and young *Procypris rabaudi*

5.2.2.8 仔、稚、幼鱼身体各部分比例与体长的变化趋势

在体长<25mm时，岩原鲤身体各部分比例的变化较大；而体长≥25mm时，其各部分比例比较稳定（图5-6）。

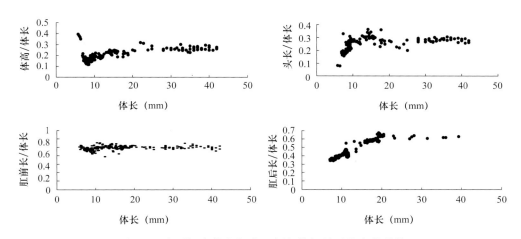

图 5-6　岩原鲤身体各部分比例与体长关系的变化趋势

Fig. 5-6　The alteration tendency of relationships between the ratio of different selected indexes and body length of *Procypris rabaudi*

5.2.2.9 个体生长速度

仔、稚、幼岩原鲤的体长和体重与日龄的相关关系虽然分别呈直线和曲线，但其个体的生长速度差异显著。对72日龄稚鱼的体长和体重进行随机抽样测定，在测定的10尾稚鱼中，平均体长为47.77mm，标准差为3.59，变异系数为10.54；平均体重为0.93g，标准差为0.12，变异系数为37.53%。

5.2.2.10 发育历时和有效积温

岩原鲤仔、稚鱼整个发育期总积温为1940.25d℃（早期仔鱼196d℃，晚期仔鱼289.25d℃，早期稚鱼405d℃，晚期稚鱼1050d℃），从表5-10可以看出岩原鲤有较长的稚鱼期。

表5-10 岩原鲤仔、稚鱼发育各期的历时和有效积温

Tab. 5-10 Duration and effective accumulated temperature of larva and juvenile of *Procypris rabaudi* at various development stages

项目	早期仔鱼		晚期仔鱼	早期稚鱼	晚期稚鱼
	内源性营养期仔鱼	混合营养期仔鱼			
所经历时间（d）	5	4	13	18	42
平均温度（℃）	22	21.5	22.25	22.5	25
有效积温（d℃）	110	86	289.25	405	1050

5.2.2.11 生长特性分析

岩原鲤仔鱼转变成稚鱼的最小体长为16.28mm（表5-11），而各部分比例保持稳定的最小体长在25mm左右，说明形态特征和生长特征的分期存在差异。而鲤鱼身体各部分比例保持稳定的体长为20~25mm，岩原鲤与鲤鱼生长特性相似。

表5-11 岩原鲤各发育期的体长范围

Tab. 5-11 Range of body length of *Procypris rabaudi* at different developmental stages

时期	体长范围（mm）	$M \pm SD$（mm）	所测尾数 N
卵黄囊期仔鱼	6.28~8.25	7.26±0.3	49
弯曲前期仔鱼	8.72~9.63	9.17±0.42	52
弯曲中期仔鱼	9.5~11	10.28±0.56	6
弯曲后期仔鱼	10.71~16.26	13.49±0.25	68
稚鱼期	≥16.28	—	5

岩原鲤仔、稚鱼的生长速度明显高于鲤鱼。这说明在同等条件下，岩原鲤为有较大养殖前途的经济鱼类。

人工养殖条件下，仔、稚、幼岩原鲤的个体生长速度差异明显。72日龄稚鱼，最大个体全长为61.90mm，最小个体全长为51.80mm；最大个体与最小个体在生长方面

有明显的差别，这种差别要求养殖人员在其变态期对岩原鲤的投喂应兼顾不同发育阶段的摄食习性，满足不同个体生长发育的需要。导致这种个体差异的原因，一方面是鱼体生长的自然差异，另一方面可能是雌雄成体个体差异悬殊在幼体时的表现。

仔鱼孵出后5日即可开口摄食，体长通常为8.70~9.50mm。孵出后8~9日的仔鱼卵黄囊大部分耗尽，遂开始由内源性营养转为外源性营养。因此，这一阶段的饵料问题对培育鱼苗是十分重要的。仔、稚、幼岩原鲤的食性与天然水域中岩原鲤的食性基本一致，实验中观察到仔、稚、幼岩原鲤虽然也有摄食人工饲料的活动，但其摄食人工饵料活动远没有摄食活饵料那么强烈，对不同饲料具有一定的选择性。

人工饲养条件下，幼鱼有明显的昼夜摄食节律，即在每次投喂后，幼鱼的摄食量也相应增加。但在夜间投喂，幼鱼的摄食活动最为强烈，摄食量也最大。白天光照强烈或周围环境不安静，可能会在一定程度上影响幼鱼的摄食活动。

仔、稚鱼期是人工育苗的关键期，只要建立了初次摄食，仔鱼在自然条件下的成活率是很高的，几乎不会死亡，但在稚鱼期鳞片尚未长全时，发病率和突然死亡率很高。影响仔、稚鱼成活的因素包括饵料、密度、溶解氧、光照等。因此在养殖过程中，应在孵化设施上加盖遮阴，在鱼苗塘中种植沉水植物以利于遮阴和鱼苗栖息，通过观察发现，其夜间的摄食量较大，所以投喂饲料时白天投1/3，傍晚投2/3。岩原鲤是杂食性鱼类，和多数杂食性鱼类一样，仔、稚鱼发育的食性转化是一个渐变的过程，而不是突变。因此在食性转化时期，活饵料和人工饵料必须交叉投喂。鱼苗下塘后，在养殖上应采取浮游动物（虫、水蚤阶段）、水蚯蚓及人工精饲料的先后顺序，但前后不能割裂，要有较短的重叠时间。

在鱼类体重与全长的关系式 $W=aL^b$ 中，$b=3$，为等速生长；$b>3$，为异速生长。岩原鲤仔、稚、幼鱼体重和全长的幂函数曲线方程 $W=0.0029L^{3.2937}$ 中，$b=3.2937>3$，其为异速生长类型。另外各时期的长度生长率 [绝对生长率（AGR）和特殊生长率（SGR）] 存在较大的差异，同样显示其为异速生长类型。

岩原鲤天然种群数量已经稀少，加之性成熟较晚，在江河里性成熟最小年龄为4龄，繁殖力低，初次性成熟个体怀卵量小于5000粒，又属于分批产卵类型，应加强野生资源的保护和人工增殖放流。

5.3 早期器官分化

5.3.1 神经胚期的器官分化特征

下包至卵黄4/5处，整个胚盾由6~8层细胞组成，明显地分为3个胚层（图版5-Ⅳ-A：1）。上胚层已分为表皮和神经外胚层，表皮层为一层方形或多角形的细胞，核深染，将来形成表皮细胞；神经外胚层由3~5层细胞组成，各分裂层细胞较活跃，分别处于有丝分裂的不同时期，纺锤体和染色体清晰可见。下胚层腹面也分化出一薄片状的细胞层——内胚层，细胞略为分散，是单层的扁平细胞，紧贴于卵黄合胞体层之上。内外胚层之间的三四层细胞是中胚层。卵黄合胞体层较薄，核深染，较分散，与卵黄连接处多有空泡状结构（图版 5-Ⅳ-A：2），为吸收和运输卵黄物质后所形成。下包 9/10（小卵黄栓期），神经外胚层细胞向背部中央集中，并下陷形成一实心细胞索，横切面为三角形，为中枢神经系统的原基。在胚孔封闭期的纵切面中，可见胚体后端腹面有一囊状结构——库普弗（Kupffer）氏囊，中空，位于内胚层，紧贴于卵黄多核体层，其内壁为单层立方上皮细胞，高度约为 15.63μm，核较大，椭圆形，占细胞体积的 1/2 以上，腔大小为 140μm×59μm，在光镜下未能观察到游离面的纤毛结构（图版 5-Ⅳ-A：3）。

5.3.2 器官发生期的器官分化特征

受精后 24h33min，体节出现（图版 5-Ⅳ-A：4）。体节两对，大小约为 78μm×58μm，最早成对出现在胚体的中部，脊索位于相邻肌节中央，横切面为球形，纵切面为长条状细胞索，脊索细胞不规则，横切面细胞立方形，核大，椭圆形，核径约 10μm，纵切面呈棒状，核染色较浅。体节盘状，由两层细胞构成，外层细胞排列较紧密，细胞多为方形，核中位，分散，核仁数量多；内层细胞分散，细胞活跃，为有丝分裂不同时相的细胞（图版 5-Ⅳ-A：5）。神经索为实心细胞索，三角形，下陷头部脱离表皮层，胚体中后部尚未脱离表皮层（图版 5-Ⅳ-A：6）。卵黄多核体层，细胞无质膜界限，细胞核很大，较分散，核径约 15μm。眼原基已经出现（图版 5-Ⅳ-B：7），实心细胞团中央有一狭窄裂隙，最大眼径为 108.7μm，头部神经索继续膨大，表皮层有两层细胞，外层为扁平上皮细胞，内层为黏液类型细胞，较大，另有少量孵化腺细胞位于头部，核基位，椭圆形，大小约为 10μm×5μm，胞质中有嗜伊红颗粒，但数量较少（图版 5-Ⅳ-B：8）。

受精后 28h43min，眼囊期，体节 9~10 对。头端略为抬起，前、中、后脑具雏形，视泡中央形成凹陷（图版 5-Ⅳ-B：9），头端神经索继续膨大，细胞层次和界限不清，细胞活跃，处于有丝分裂不同时期；神经索后有一纵贯体轴的沟——脊索；眼泡周围有 5 层细胞，核卵圆形；体中部神经索仍为三角形，尚未和表皮层分离，体节由腹部体节（生骨节）最终形成体轴骨骼和软骨，而背部体节（生肌节）最终形成身体的肌肉，生骨节呈刀形，而生肌节则呈盘状，肌节由两层细胞构成，外层细胞方形，核中位，染色体清晰地排列到赤道板上，各细胞正处于有丝分裂的中期，比较同步（图版 5-Ⅳ-B：10）；心脏原基出现，位于头部神经索左侧腹方，紧靠卵黄囊（图版 5-Ⅳ-B：11）；前肾原基（生肾节）形成前肾褶（图版 5-Ⅳ-B：12）。

受精后 34h43min，听板期，体节 15 对。中后部神经管中空，耳囊由实心细胞团构成，中有耳石（图版 5-Ⅳ-C：13），嗅板出现，有 7 层细胞，核大，卵圆形或圆锥形，黏液层为嗜中性黏液细胞，感觉层细胞核圆锥形（图版 5-Ⅳ-C：14）。前肾房出现（图版 5-Ⅳ-C：15），位于第六体节处，和生肠节、血管带、背主动脉相连，尚未分离，尾芽未游离。此时 Kupffer 氏囊仍存在，腔隙大小约为 81.25μm×42.97μm。眼内有多层细胞，分不清细胞界限，核深染，圆形或卵圆形，晶状体原基出现，由视杯口的神经外胚层陷入形成，由两层细胞构成。外层为单层柱状上皮细胞，还有嗜中性的黏液细胞；内层为迁入的神经外胚层细胞（图版 5-Ⅳ-C：16）。胚体的表皮层有两层细胞，孵化腺细胞已经散布于整个胚体表面，但数量少，直径为15～25μm（图版5-Ⅳ-C：17）。

受精后39h43min，嗅板期，体节20对，"T"字形中脑可辨（图版5-Ⅳ-C：18）。前肾房由5～8个细胞组成，上皮细胞立方状，直径为5～6μm，核中位，核仁1或2个，但未出现管腔，且与侧板中胚层未分离（图版5-Ⅳ-D：19）；Kupffer氏囊消失。

受精后44h43min，中脑和小脑的界限有明显的皱褶，嗅板的细胞数量增多，耳囊变大，盘状肌节和刀形生骨节相连，尾部横切可见脊索细胞呈方形，纵切可见脊索细胞呈长棒状。神经索上中央静脉管和背板出现。最前面的几对肌节排列方式呈"V"形（图版5-Ⅳ-D：20）。

受精后49h43min，嗅板变为嗅囊（图版5-Ⅳ-D：21）；耳囊外层壁细胞变薄，腔隙变大；围心腔出现，侧板中胚层的造血组织形成；前肾房出现管腔［中肾管（Wolffian duct）的雏形］，上皮细胞立方状，由8或9个细胞组成，直径为9.35～11.72μm，核中位，核仁1或2个；后肠出现，但无管腔，单层立方状上皮，由10个细胞组成，直径为14.06～23.44μm（图版5-Ⅳ-D：22）；体节变成"V"形，中央夹角大于90°；神经索细胞集中在中腔附近，神经管的顶壁和中央管可见（图版5-Ⅳ-D：23）；胚体表皮层的孵化腺细胞数量增多，孵化酶原颗粒尚未释放，由神经表皮层运动到表皮层（图版5-Ⅳ-D：24）。

受精后54h43min，脊索细胞中央空泡化，纵切表面为单层扁平上皮；肌节的肌丝出现，长梭形细胞，核中位；后肠出现腔隙，管腔径为5μm，前肠出现一实心的细胞团，管状心脏已经开始搏动（图版5-Ⅳ-E：25），卵黄囊上出现了血液循环，此时血细胞无色，圆形或椭圆形，直径为7.81～9.38μm，核很大，近圆形，约占细胞体积的2/3；咽囊4对（图版5-Ⅳ-E：26）。

受精后60h43min，脊索中空；咽囊5对；前肠细胞团继续膨大，并向前后延伸，出现了前肠管雏形，后肠也不断地向前延伸（图版5-Ⅳ-E：27）；随着孵化腺细胞数量不断增多，表皮层有多层细胞，另外表皮层上出现了许多的腺泡，腺泡里有许多不同时期和不同类型酶活性的孵化腺细胞。切片发现有少量成熟的孵化腺细胞已释放酶原颗粒，已释放酶原颗粒的孵化腺细胞呈空泡化，被相邻的表皮细胞吸收（图版5-Ⅳ-E：28）。

受精后64h43min，眼色素层出现（图版5-Ⅳ-E：29），核较大，卵圆形，分不清细胞界限；神经丘出现在头前端，位于眼前缘的表皮层（图版5-Ⅳ-E：30）；甲状腺出现（图版5-Ⅳ-F：31），甲状腺滤泡分散于咽腔及头部，单层扁平上皮，管径约为31.25μm；胸鳍原基开始突出（图版5-Ⅳ-F：32），咽囊6对（图版5-Ⅳ-F：33）；前肠出现了3个膨大（图版5-Ⅳ-F：34）。

受精后69h43min，中脑部分出现一团细胞，前肠有3个膨大，位于体表胚体的孵化腺细胞数量有所减少，而头部（眼、耳囊周围）孵化腺细胞数量增多。表皮内出现4种类型的黏液细胞（图版5-Ⅳ-F：35）。

受精后74h43min～76h53min，五部分脑初步形成（端脑、间脑、中脑、小脑、延脑）（图版5-Ⅳ-F：36）；脊索中空，背神经管中央凹陷两侧的细胞比较集中，排列紧密，肌节细胞梭状，I 带和 A 带出现（图版 5-Ⅳ-G：37）；肠道为单层立方上皮，核中位，卵圆形，后肠延伸到体中段，前肠继续向四周膨大，靠近卵黄囊内侧出现一团细胞，染色较深；前肾小管紧贴于后肠上方，向前延伸，其上皮细胞直径为 14~16μm，管径为 37.5μm（图版 5-Ⅳ-G：38）；孵化腺细胞布满体表，尤其在眼周围和头前端分布最多。神经丘原基在体中段出现（图版 5-Ⅳ-G：39）。

5.3.3 孵化期的器官分化特征

第一批卵在受精后 90h34min 开始孵化，平均温度为 20.2℃；另外两批卵在受精后 76h53min 开始孵化，绝大部分在受精后 118h 孵出，持续时间约 41h。头端已离开卵黄囊，稍微抬起，脑已经高度发育，5 对鳃弓可分，前肾小管向前盘曲。受精后 82h34min，孵化腺细胞数量减少，胸鳍位于前肠膨大部分的前面，脊椎间血液循环开始，每个椎间孔出现一团细胞，眼囊前下方有一黏液腺（图版 5-Ⅳ-G：40）。受精后 90h34min，孵化腺细胞主要分布在头部眼眶周围，表皮层有 1 或 2 层，有不同类型的黏液细胞；受精后 98h34min，原始的肝脏和胰脏同时出现，胰脏细胞混合位于前肠前端（图版 5-Ⅳ-G：41）。受精后 118h，表皮无孵化腺，仅单层扁平上皮夹杂有黏液细胞；肝脏可分为两叶，内有少量血窦，胰脏位于肝脏后方弥散分布，主要部分绕前肠呈带状分布，鳔原基已出现，5 对鳃弓可分，心脏呈"S"形（图版 5-Ⅳ-G：42）。

5.3.4 早期器官分化的特征分析

岩原鲤各器官早期分化情况与其他鱼类大体一致，但也有其特点。脊索是在胚盾内最先可辨认的结构，平行于内胚层的边界，为中胚层形成的轴索，轴索旁边的盘状中胚层（节板中胚层）将形成体节，随着分节的继续，脊索中心的细胞开始变成空泡状，与脊索相连的体节沿前后体轴逐渐形成。体节最早出现在受精后 29h33min，成对出现，脊索深入相邻体节中央，脊索细胞不规则，多呈棒状，盘状体节由两层细胞构成，外层细胞排列较紧密，细胞多为方形，核中位，分散，核仁数量多；内层细胞分散，细胞活跃，为有丝分裂不同时相的细胞。体节的最终数量在 42~46 对，出膜前已完全形成。腹部体节由生骨节组成，最终形成体轴骨骼和软骨，而背部体节由生肌节组成，最终形成身体的肌肉。肌管由近轴的原肌节细胞形成，最初出现在体节的中部表面，横跨体节纵轴。

在神经索下面为脊索、中胚层和内胚层，内胚层为一层扁平细胞。脊索中胚层位于神经物质和内脏层之间。脊索向前达到耳囊处，向后则终止于尾端。在眼发生之后，脊索细胞内发生空泡化，其外的细胞形成脊索鞘。

第一肌节出现在胚孔封闭后。肌节的发育过程与高等脊椎动物一致，肌节的数量受外界环境温度的影响，已有研究资料表明，在低温和高盐度的环境中孵化时会出现更多的肌节。

口腔是由前脑膜面的外胚层加厚成细胞团，然后产生空隙，由空隙扩大而成的，并与咽相通。咽部有 6 对咽囊（第一对为舌颌囊，后为第二对至第六对咽囊），与其外胚层凹陷的鳃沟相通，形成鳃裂。舌颌囊不与鳃沟相通，因此硬骨鱼类只有 5 对鳃裂。鳃盖亦由舌弓形成。

岩原鲤消化管由实心细胞团分化形成，在出膜前就出现了；肝脏和胰脏原基在孵化期出现，起源于前肠突出的细胞芽。

甲状腺由简单的单层滤泡细胞构成，是由咽部腹壁产生的一对实心细胞团所形成的内分泌腺体，起源于内胚层。岩原鲤的甲状腺在出膜前就已经出现，分散在分化形成中的口咽腔，出现时间和产卵类型是一致的。从分散到集块，这是分类地位高的硬骨鱼类的特征，岩原鲤甲状腺滤泡分散，且数量很少，属比较低等的种类。

Kupffer 氏囊（尾泡）的出现是硬骨鱼类特有的胚胎发育特征，其结构为囊状，内壁由单层立方上皮构成，游离面有纤毛，其可能有运输和吸收卵黄物质的功能。尾泡一般出现在胚孔封闭之后，体节出现之前，岩原鲤尾泡在胚孔封闭后出现，在嗅板出现以后消失。

岩原鲤前肾原基在眼囊期时就已经出现（体节 9~10 对），位于第六体节处，前肾小体在出膜后第二天出现，初步具有功能。

黏附腺是一种临时性的器官，其功能是供刚出膜的仔鱼用以黏附到体外物体上进行发育。岩原鲤在出膜时仅有两对黏附腺，均在出膜后第二天消失。

胚胎在孵化过程中主要是依靠其孵化腺细胞分泌的孵化酶作用破膜，胚体运动起到辅助作用。岩原鲤的孵化腺细胞起源于神经外胚层，后迁移到表皮层，为表皮细胞所覆盖。岩原鲤的孵化腺在体节出现时就已出现，在 20 对体节时就有分泌颗粒形成，出膜前 14h 出现分泌活性，出膜前后的分泌活性达到最高，出膜后 24h 内孵化腺细胞完全消失。绝大多数孵化腺细胞有 PAS 阳性酶原颗粒，也有少量 PAS 阴性酶原颗粒。迁移到胚胎表层的孵化腺向胚胎表面突起，形成临时开口，富含孵化腺的分泌小泡从此开口处将孵化腺颗粒几乎倾囊排出，呈火山口爆发状，释放完毕，这些孔洞被修复。岩原鲤的孵化腺有其形成、迁移、分泌和凋亡过程，并且其孵化酶的分泌是陆续进行的，从受精后 60h43min 开始就有分泌活性，而且孵化后仍存在有分泌活性的孵化腺细胞。

5.4　尾部神经分泌系统的结构与发育

尾部神经分泌系统是鱼类所特有的一个神经分泌系统。它位于脊髓末端，是类似于脊椎动物下丘脑-神经垂体的一种结构，其内有一种具有内分泌功能的神经分泌细胞，该细胞及其轴突中均可见神经分泌颗粒，其提取物也显示出多种生物学活性，在鱼类的生殖生理调控、渗透压调节及心血管调节等多方面都起着重要的作用。本节叙述南方鲇尾部神经分泌系统的结构及繁殖前后的变化。

5.4.1　尾部神经分泌系统的解剖结构

南方鲇尾部神经分泌系统位于最后 3 个脊椎骨所对应的脊髓处（图版 5-Ⅴ-A：

1)，由位于尾部脊髓的神经分泌细胞（巨大细胞 Dahlgren 细胞）、轴突和神经血管区（尾垂体）组成（图版 5-Ⅴ-A：2～4）。除尾垂体外，尾部神经分泌系统的解剖形态外观与前端脊髓无明显区别。尾垂体位于脊髓终丝之前，是最后一个脊椎骨所对应脊髓的腹面膨大，相对应脊椎骨的椎体背面也具特有的凹陷结构。我们先后观察了 50 尾南方鲇尾垂体的形态，发现有如下 3 个特点。①只有一个尾垂体，且与脊髓的过渡区无明显分界，但可分为两种形态（图版 5-Ⅴ-B：7），大部分腹面观近似长椭圆形，侧面观前端接近脊髓处圆胀，往后逐渐缩小。也有少量尾垂体可分为连续的两部分，前部分突起明显，体积较大，近圆形；后部分背腹面扁平，中间纵轴方向有凹陷。②不同个体尾垂体的形态大小差异较大（表 5-12 和图 5-7），但从 3 月龄到 6^+ 龄鱼尾垂体的体积与其年龄成正比，即尾垂体的大小随着年龄的增大而增大。从 3 月龄个体的 1008.31μm×270.13μm×312.33μm 到 6^+ 龄个体的 5134μm×1843μm×2038μm，长可增大到 5 倍，宽和高甚至可分别增加到 7 倍左右。这可能与南方鲇个体大、增长快有关。③通过观察 50 尾采自不同地点的南方鲇个体尾部脊髓发现，人工养殖个体与江河个体的外部形态有差异，主要表现在两方面。第一，颜色上有明显差别，人工养殖个体尾垂体及脊髓部分的外软膜背面上布有较多的黑色素细胞，呈黑色；而江河内个体则无色或呈淡黄褐色，黑色素细胞极少。推测其原因是江河内个体长期生活在深水的底层，阳光照射较少，使其黑色素细胞较少；而人工养殖个体生活在浅水地区，受光照影响较大，故黑色素细胞较多。这也可以作为区分人工养殖与江河个体的依据之一。第二，同一年龄段江河个体的尾垂体比人工养殖个体的稍大。例如，同属 4^+ 龄，体长及体重相近的两尾南方鲇，来自江河个体的尾垂体大小为 3053μm×1282μm×1446μm，而人工养殖个体的大小为 3049μm×1162μm×1333μm。推测原因是江河个体受外界渗透压环境的影响较大，需要较大的尾垂体来协调作用；而人工养殖个体生活环境的变化较小，故尾垂体较小。

表 5-12 南方鲇不同个体的尾垂体形态特征比较

Tab. 5-12 The comparison of morphological characteristics on urophysis in different individuals of *Silurus meridionalis*

年龄	数量	性别 ♀	性别 ♂	体长（mm）($M±SD$)	尾垂体长（mm）($M±SD$)	尾垂体宽（mm）($M±SD$)	尾垂体高（mm）($M±SD$)
3 月龄	5	5	0	141.2±6.76	919.46±190.07	237.94±46.89	278.52±76.32
6 月龄	12	6	6	237.75±50.28	1555.95±448.41	570.61±201.69	589.08±70.6
1^+ 龄	10	10	0	278±39.4	1493.29±255.39	611.67±66.13	657.24±75.02
2^+ 龄	4	4	0	578.75±49.39	2623.68±462.61	1143.28±92.28	1197.97±176.31
3^+ 龄	10	10	0	652.5±35.45	2705.96±278.63	1220.21±184.83	1235.62±236.14
4^+ 龄	6	3	3	736.67±107.27	3066.93±345.89	1169.13±57.45	1285.78±174.38
6^+ 龄	3	3	0	976.67±64.29	4386±662.12	1605.11±345.89	1703.21±362.87

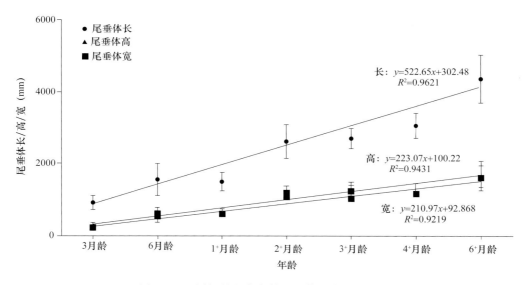

图 5-7　不同年龄段南方鲇尾垂体形态特征变化

Fig. 5-7　The changes of morphological characteristics on urophysis of *Silurus meridionalis* at different ages

5.4.2　尾部神经分泌系统的显微和超微结构

5.4.2.1　尾部神经分泌细胞胞体

南方鲇尾部神经分泌细胞胞体集中于最后 3 个脊椎骨所对应脊髓的背面灰质内，紧邻中央管处，特征明显。Dahlgren 细胞胞体较大，突起较多（图版 5-V-A：5），1～5 个不等，多数为 3 或 4 个，具有各种形状，如圆形、梭形和三角形，还有方形和多边形。胞质具嗜碱性，可被 HE 染成红紫色，染色不均匀，其内可见紫色颗粒。核通常较大，形状不规则，多数近圆形或椭圆形，内有一大空泡，几乎不着色，少量核质可被 HE 染成淡紫色。通常一个细胞具 1 或 2 个核，也有部分具 3 或 4 个核（图版 5-V-A：6）。核内核仁明显，经 HE 染色为蓝黑色，显示强嗜碱性。高尔基（Golgi）银染法显示胞体及突起明显（图版 5-V-C：8）。

组织学观察表明，南方鲇 Dahlgren 细胞根据胞体大小、形态、着色性及分布位置等可分为两类（图版 5-V-C：9，10）。一类细胞胞体平均截面积较大，具有多种形态，多为多边形，通常具有两个及以上胞核，经 HE 染色胞质颜色较淡，称为大型尾部神经分泌细胞，即 Dahlgren Ⅰ 型细胞，其分布区域较广，在 3 段脊髓中均有分布，从靠近中央管部分开始，往后数量依次增多且逐渐远离中央管，向灰质周边集中，靠近末端时又逐渐减少，春季时 3^+ 龄个体细胞平均大小为 $(225.92\pm126.52)\ \mu m \times (58.45\pm17.18)\ \mu m$，平均面积为 $(867.03\pm474.44)\ \mu m^2$（$n=20$）。另一类称为 Dahlgren Ⅱ 型细胞，为小型尾部神经分泌细胞，即胞体较小，通常呈梭形或圆形，具一个近圆形核，经 HE 染色较 Ⅰ 型细胞深，分布区域相对狭窄、集中，主要分布在尾垂体背面的脊髓灰质中靠近中央管的区域，从中央向四周呈索状排列，春季时 3^+ 龄个体细胞平均大小为（57.32±27.37）μm×（28.61±8.47）μm，平均面积为（228.47±92.61）μm^2（$n=20$）。

性腺Ⅲ期时尾部神经分泌细胞的超微结构显示 Dahlgren 细胞胞质内含丰富的 RER、核糖体和线粒体，还可以见到高尔基复合体、溶酶体样小泡及不同密度的电子致密颗粒（图版 5-Ⅴ-Ⅰ：37）。其中高尔基体紧邻细胞核（图版 5-Ⅴ-Ⅰ：38），较发达，周围可以看到不同大小和电子密度的颗粒及囊泡。电子致密颗粒多近似圆形或椭圆形，分布无规律，根据其染色的深浅及电子密度的大小分为两类。一类染色很深，称为Ⅰ型颗粒，直径为 80.63～239.26nm，平均为（167.34±37.10）nm，面积为 5.42～35.21nm^2，平均为（20.53±7.06）nm^2（$n=52$）；另一类染色很浅，称为Ⅱ型颗粒，直径为 107.49～227.75nm，平均为（163.32±31.69）nm，面积为 9.54～35.04nm^2，平均为（20.17±6.96）nm^2（$n=96$）。Dahlgren 细胞核内有与显微结构染色结果相同的电子密度低、染色质极少的椭圆形空白区域，核仁明显，深染，致密（图版 5-Ⅴ-Ⅰ：39）。神经纤维间也可见无被膜的分泌颗粒，有的散在分布，有的聚集成堆，由膜包被，形成赫林（Herring）体（图版 5-Ⅴ-L：46）。对应两种组织学类型 Dahlgren 细胞的超微结构也稍有差异：Ⅰ型细胞染色较深，胞质内细胞器（如 RER、核糖体、线粒体、溶酶体等）非常丰富，且 RER 排列整齐，核糖体多以多聚核糖体形式存在，细胞核形状不规则，富含异染色质且分布不均匀（图版 5-Ⅴ-J：40）；Ⅱ型细胞染色较浅，胞质内细胞器相对较少，RER 明显减少且排列杂乱，多聚核糖体减少，细胞核表面相对平滑，染色质分布相对均匀（图版 5-Ⅴ-J：41）。

进一步观察发现，处于不同性腺期的 Dahlgren 细胞具有不同的形态特征，与繁殖有密切的关系，在显微水平和超微水平上均有明显差异。其中显微结构差异主要表现在以下 3 个方面。①细胞胞体的变化：采用 HE 染色、偶氮卡红（azocarmine，AZAN）三色法及马洛里（Mallory）三色法染色，比较发现，繁殖前后两种类型尾部神经分泌细胞的大小均有相似的变化（图版 5-Ⅴ-D：11～14），繁殖前 Dahlgren 细胞胞体较大，染色较深，充满内含物；而繁殖后，神经分泌细胞胞体较小，周围空泡化，可能是胞体内含物排出后体积减小所致。② Herring 体的变化：显微结构中繁殖前在最后一段脊髓内可见充满分泌物的 Herring 体（图版 5-Ⅴ-D：15），而繁殖后很少发现，多呈空泡状（图版 5-Ⅴ-D：16）。③细胞形态计量学的变化：不同南方鲇个体繁殖前后尾部神经分泌细胞形态计量学的结果也显示明显差异（表 5-13），Dahlgren Ⅰ型细胞和 DahlgrenⅡ型细胞在繁殖前胞体面积分别为（604.10±355.30）μm^2 和（136.77±42.21）μm^2（$n=40$），繁殖后减少为（262.57±115.23）μm^2 和（87.00±34.69）μm^2（$n=40$），其胞体面积、周长、长轴、短轴及胞核面积、周长、长轴、短轴等各项指标在繁殖前后均有极显著差异（$P<0.001$）。

不仅如此，超微结构也显示了同样的显著差异，主要表现在以下 6 个方面。①尾部 Dahlgren 细胞胞质内细胞器的变化：繁殖前 Dahlgren 细胞胞体内充满各种细胞器，线粒体、内质网及核糖体都很丰富（图版 5-Ⅴ-K：42），高尔基体发达，周围存在透明小泡及大量分泌颗粒；而繁殖后 Dahlgren 细胞胞体内存在大量空泡（图版 5-Ⅴ-K：43），

表 5-13　繁殖前后 Dahlgren 细胞的形态计量学比较（$n=20$，$M\pm SD$）
Tab. 5-13　The comparison of morphologic metrology on
Dahlgren cell before and after reproduction ($n=20$，$M\pm SD$）

	取材编号	1	2	3	4	5
	性别	雌	雌	雌	雌	雌
	性腺期	III～IV	V～VI	V～VI	VI～II	VI～II
	年龄	3^+	6^+	5^+	4^+	4^+
Dahlgren I 型细胞	胞体面积（μm²）	867.03±474.44	630.74±412.43	577.46±295.85	242.75±111.66	281.44±118.09
	胞体周长（μm）	117.36±33.68	104.57±35.26	103.20±31.19	61.62±16.91	71.95±20.51
	胞体长轴（μm）	225.92±126.52	143.35±70.79	295.77±434.65	68.99±42.40	92.93±45.78
	胞体短轴（μm）	58.45±17.18	46.68±10.00	54.82±20.80	31.45±8.69	37.92±9.00
	胞核面积（μm²）	40.46±13.19	34.06±10.98	37.64±13.42	23.35±6.42	26.37±10.47
	胞核周长（μm）	28.69±8.23	24.22±8.26	22.07±5.17	14.49±2.97	14.65±3.82
	胞核长轴（μm）	19.56±5.60	15.41±3.70	20.47±12.94	10.73±2.37	12.99±3.41
	胞核短轴（μm）	13.91±4.07	11.91±3.18	13.43±5.01	8.02±2.51	9.27±3.18
Dahlgren II 型细胞	胞体面积（μm²）	228.47±92.61	137.83±31.56	135.70±51.57	75.09±23.44	99.51±40.41
	胞体周长（μm）	59.38±14.23	50.54±8.40	47.73±10.33	38.94±12.01	41.04±8.28
	胞体长轴（μm）	57.32±27.37	61.21±22.57	66.28±28.88	28.54±10.16	46.74±22.02
	胞体短轴（μm）	28.61±8.47	30.20±6.07	31.17±6.63	20.43±3.54	26.09±6.52
	胞核面积（μm²）	20.08±5.97	19.35±5.58	16.53±4.18	12.27±3.21	14.16±3.39
	胞核周长（μm）	14.22±2.99	11.00±3.20	11.74±2.55	8.49±1.27	9.65±2.12
	胞核长轴（μm）	9.16±2.90	9.99±2.29	10.11±2.29	6.43±1.37	9.03±3.04
	胞核短轴（μm）	7.66±2.08	7.71±1.51	7.87±1.74	5.33±1.18	6.52±1.60

线粒体内嵴减少，几乎呈空泡状，RER 管腔膨大化，游离核糖体数量减少，分泌颗粒稀疏散布在胞质中，高尔基体仍紧邻细胞核。②胞质内溶酶体的变化：繁殖前尾部 Dahlgren 细胞胞体内具有较多的初级溶酶体和次级溶酶体，有时可见溶酶体内含分泌颗粒的现象（图版 5-V-K：44）；而繁殖后期初级溶酶体极少见，次级溶酶体数量及体积均有所减少，但染色加深（图版 5-V-K：45）。③胞核的变化：繁殖前，可见大量 Dahlgren 细胞的胞核形状不规则，形成复杂内陷，深度可达 3.5μm，占胞核短径的 1/3，内陷胞质内含 RER、核糖体、线粒体及分泌颗粒等，特别的是核内陷口处聚集大量染色很深的近椭圆形的次级溶酶体，次级溶酶体内除有少量电子密度稍低的球形小囊泡外无其他明显的细胞结构（图版 5-V-L：47）；而繁殖后大量 Dahlgren 细胞胞核表面平滑（图版 5-V-L：48）。④ Dahlgren 细胞突起及末梢的变化：繁殖前 Dahlgren 细胞突起及末梢内充满两种类型的分泌颗粒，I 型颗粒相对较多，胞体内也有部分分泌颗粒（图版 5-V-L：49）；而繁殖后 Dahlgren 细胞突起和末梢内分泌颗粒急剧减少，前者内含物多是神经原纤维，后者则是充满了空泡状的线粒体及电子密度极低的球形小泡。⑤ Herring 体的变化：繁殖前 Herring 体体积较大，且充满了分泌颗粒，也含有少量电子透明空泡（图版 5-V-M：50）；繁殖后 Herring 体体积明显缩小并空泡化（图

版 5-Ⅴ-M：51）。⑥毛细血管及其周围的变化：繁殖前，毛细血管管腔平滑，内皮细胞胞核不明显，外围与充满分泌颗粒的突起紧密相邻（图版 5-Ⅴ-M：52）；繁殖后，毛细血管呈萎缩状，内皮细胞胞质向管腔内突起较多褶，基膜周边轴突末梢多为空泡（图版 5-Ⅴ-M：53）。

5.4.2.2 尾部神经分泌细胞轴突

尾部神经分泌细胞轴突向腹面延伸入尾垂体，通常是无髓神经纤维，近乎平行排列，进入尾垂体前集合成束（图版 5-Ⅴ-E：17）。电镜下可见无髓神经纤维轴突内含神经原纤维、线粒体、神经分泌颗粒及一些电子透明囊泡（图版 5-Ⅴ-N：54）。其分泌颗粒和透明囊泡与 Dahlgren 细胞内的电子致密度相同。电镜下还可见有髓神经纤维，外围有由施万细胞质膜包围而成的髓鞘，髓鞘外还有一层较薄的基板。髓鞘因其髓鞘板层的层数不同而显示出不同的厚度，为 $0.06\sim4.37\mu m$，平均为 $(0.32\pm0.74)\mu m$（$n=34$）。在多层髓鞘板层中，有的髓鞘板层之间的空隙由施万细胞胞质填充。有髓神经纤维轴突内包含物与无髓神经纤维类似，但基本上不含分泌颗粒（图版 5-Ⅴ-N：55，56）。南方鲇 Dahlgren 细胞轴突末端内含物稍有不同，根据内含颗粒的电子密度及大小可分为 3 种类型，一种末梢（Ⅰ型）主要为电子透明小泡，直径为 $21.13\sim77.67nm$，平均为 $(42.93\pm11.27)nm$（$n=42$）；另一种末梢（Ⅱ型）包含电子致密颗粒及部分电子透明小泡，其中电子致密颗粒的直径为 $29.13\sim157.47nm$，平均为 $(72.65\pm32.18)nm$（$n=40$），电子透明小泡大小与Ⅰ型末梢相似；还有一种末梢（Ⅲ型）则只有几个大的空泡，无其他明显内含物，大空泡直径为 $70.42\sim147.05nm$，平均为 $(97.98\pm20.42)nm$（$n=30$）。但凡是轴突末梢，其神经原纤维几乎都不能辨认（图版 5-Ⅴ-N：57）。

电镜下，轴突末梢形成的比较常见的突触是"轴-体"突触（图版 5-Ⅴ-I：37），也可见"轴-树"突触（图版 5-Ⅴ-N：58）和"轴-轴"突触（图版 5-Ⅴ-N：59）。突触后膜与突触前膜之间形成对称性突触。

南方鲇尾部神经分泌系统的组织学观察结果表明 Dahlgren 细胞轴突外多是无髓鞘的，但透射电镜观察结果表明最后 3 段尾部脊髓内也含有大量有髓神经纤维。比较观察发现，在 3 月龄个体的尾部神经分泌系统中，最后一段尾部脊髓几乎都是有髓神经纤维；到 6 月龄时，以无髓神经纤维为主，而倒数第三段脊髓仍有大量有髓神经纤维；1^+ 龄时，最后一段尾部脊髓内无髓神经纤维数量进一步增加，但倒数第二段脊髓内仍有大量有髓神经纤维。即使到成鱼阶段，最后一段尾部脊髓内仍保留部分有髓神经纤维。故推测在尾部神经分泌系统形成之前，尾部脊髓主要由其他神经细胞的有髓轴突组成，随着 Dahlgren 细胞数量不断增加，无髓神经纤维所占比例不断提高，导致单位面积内有髓神经纤维的数量减少。不管无髓神经纤维还是有髓神经纤维，除后者缺乏分泌颗粒外，其他内含物基本一致，都包含有大量的神经原纤维、线粒体和电子透明囊泡等。南方鲇 Dahlgren 细胞轴突末梢也可根据内含颗粒的电子密度和大小及透明小泡的大小分为 3 种类型，这 3 种类型的轴突末梢可能代表了不同类型的神经元。南方鲇幼鱼和成鱼不同发育期的 Dahlgren 细胞轴突末梢内均可见直径为 700Å 左右的透明小泡，推测也可能是乙酰胆碱突触小泡，故认为突触末梢类型中主要包含电子透明小泡的Ⅰ型末梢可能是乙酰胆碱能神经元，包含分泌颗粒的Ⅱ型末梢可能是单胺能神经元。

5.4.2.3 尾垂体

尾垂体是脊髓的腹面膨大，与脊髓过渡连续，共用外层脊膜，但在脊髓内由于两者结构不同而分界明显（图版5-Ⅴ-E：18）。显微结构表明，邻近尾垂体的脊髓主要是无髓神经纤维，HE染色显示尾垂体与脊髓交界处的颜色深浅及结构与尾垂体明显不同。AZAN染色显示有染成蓝色的被膜结构分布在脊髓及尾垂体外围，且在脊髓与尾垂体之间有成束的结缔组织不连续地将两者分隔，并伴随轴突向尾垂体内延伸，将尾垂体分成若干个大小不等的区间。故可将尾垂体人为划分为"皮质"和"髓质"两部分。皮质主要由尾部神经分泌细胞轴突及少量毛细血管组成，包裹在尾垂体外围，前后两端分布更加集中、大小不等的区间就是髓质。髓质主要由轴突末梢、神经胶质细胞及毛细血管组成，经HE、三色法等染色较深，易与皮质区分（图版5-Ⅴ-E：18）。

超微结构表明尾垂体内轴突末端与毛细血管紧密接触，形成特殊的神经血管区。尾垂体内毛细血管与其他器官内毛细血管无明显区别。毛细血管外围基膜明显但厚薄不均，管道壁很薄，内皮细胞核呈扁平状或方形，胞质较少，可见线粒体、RER及电子透明空泡（图版5-Ⅴ-O：60）。管腔内可见红细胞，核明显，呈圆形，核内染色质分布不均匀，异染色质多集中在核边缘（图版5-Ⅴ-O：61）。管腔内有时还可见一些电子密度偏低的类似溶酶体的小泡，有的小泡内可见内含物（图版5-Ⅴ-O：62）。毛细血管外有无髓神经纤维、成纤维细胞、神经胶质细胞及轴突末梢，且在神经胶质细胞之间、轴突之间经常可见细胞间连接——桥粒（图版5-Ⅴ-O：63～65）。

5.4.2.4 室管膜细胞

尾部神经分泌系统内的室管膜细胞衬于脊髓中央管的腔面，呈方形或长梭形，排列紧密，紧邻外围神经毡（图版5-Ⅴ-F：19）。室管膜细胞胞质较少，细胞核体积大而明显，近似圆形或椭圆形。室管膜细胞底部逐渐变细，形成分支的突起并伸入外围神经毡内，与外围神经毡内神经胶质细胞紧密联系，有时可见神经胶质细胞胞体从室管膜层分离出来的现象（图版5-Ⅴ-F：19）。采用HE、Mallory三色法及AZAN三色法染色，结果表明室管膜细胞与神经胶质细胞染色结果一致（图版5-Ⅴ-F：20）：经HE染色胞质为红色，核为紫色；经三色法染色胞质为淡紫红色，核为鲜红色。与前面脊髓内的室管膜细胞相比，尾部神经分泌系统内的室管膜细胞的形态及染色结果均无明显区别，但沿终丝方向室管膜细胞逐渐变长，在倒数第22个脊椎骨所对应脊髓的室管膜细胞长（9.69±5.41）μm（$n=10$）；在倒数第15段脊髓时细胞长径变为（10.44±5.59）μm（$n=15$）；倒数第10段脊髓时变为（10.55±6.01）μm（$n=22$）；倒数第5段细胞长径增加到（13.9±6.74）μm（$n=20$）；而在临近尾垂体处，即倒数第二段脊髓的室管膜细胞的长径达到（16.58±3.74）μm（$n=15$）。同时，中央管从脊髓中央也逐渐移向背部，到最后一段脊髓时，室管膜细胞紧邻脊髓外膜，中央管腔变大。

5.4.3 尾部神经分泌系统的组织化学反应

采用多种染色方法显示 2^+ 龄或 3^+ 龄春季时期及成鱼繁殖前期和后期的尾部神经分泌系统各组成成分的组织化学特征，包括酸碱性、蛋白质、糖类、脂类及 RNA 和 DNA 等。结果表明，两种类型 Dahlgren 细胞胞体的染色结果类似，且胞核内均有大块椭圆形不着色的空白区域；神经胶质细胞胞核及室管膜细胞胞核在不同染色方法中的染色结果类似；轴突染色结果类似于 Dahlgren 细胞胞质，但颜色明显浅于胞质；尾垂体内髓质部分各种染色方法的结果均明显深于皮质部分；在不同个体不同时期的 Dahlgren 细胞胞体内检测蛋白质及脂类等不同的对象，其组织化学染色结果不同（表 5-14）。

表 5-14 不同个体不同时期尾部神经分泌系统的组织化学特征比较

Tab. 5-14 Comparison of histochemical characteristics on caudal neurosecretory system in different individuals of different stages

检测对象	检测方法	检测时期	Dahlgren 细胞				室管膜细胞	神经胶质细胞	尾垂体	
			胞质	胞核	核仁	轴突			皮质	髓质
酸碱性	Mallory 三色法	3^+ 龄春季	淡蓝紫	蓝紫色	红色	微紫红	淡蓝紫	淡蓝紫	微紫红	紫红色
		繁殖前	淡紫红	紫红色	鲜红色	微紫红	紫红色	紫红色	微紫红	紫红色
		繁殖后	蓝紫色	淡紫红	鲜红色	淡紫红	蓝紫色	蓝紫色	微紫红	紫红色
蛋白质	汞-溴酚蓝反应	2^+ 龄春季	蓝色	深蓝色	蓝黑色	蓝色	蓝色	深蓝色	蓝色	深蓝色
		繁殖前	蓝色	深蓝色	蓝黑色	蓝色	蓝灰色	深蓝色	蓝色	深蓝色
		繁殖后	黄绿色	土黄色	黄棕色	蓝绿色	黄绿色	蓝色	蓝色	黄绿色
	茚三酮-Schiff 反应	3^+ 龄春季	粉红色	深粉红	红色	淡紫红	微紫红	紫红色	微紫红	淡紫红
		繁殖前	微紫红	蓝紫色	紫红色	紫红色	紫红色	紫红色	紫红色	淡紫红
		繁殖后	紫红色	蓝色	深蓝色	淡紫红	深紫红	深紫红	微紫红	淡紫红
糖类	PAS 反应	2^+ 龄春季	洋红色	淡蓝色	淡蓝紫	淡洋红	淡蓝色	淡蓝紫	微洋红	淡洋红
		繁殖前	淡紫红	淡蓝紫	蓝紫色	微紫红	淡紫红	淡蓝紫	微蓝紫	淡蓝紫
		繁殖后	紫红色	蓝色	蓝紫色	微紫红	紫红色	紫红色	微蓝紫	淡蓝紫
脂类	溴-苏丹黑	3^+ 龄春季	灰白色	灰白色	灰白色	灰白色	灰白色	灰白色	淡灰蓝	灰蓝色
		繁殖前	微灰蓝	灰白色	灰白色	灰白色	淡灰蓝	灰白色	灰白色	灰蓝色
		繁殖后	微灰蓝	灰白色	灰白色	灰白色	灰白色	灰白色	灰白色	灰蓝色
DNA 和 RNA	甲基绿-派洛宁	3^+ 龄春季	淡玫瑰红	淡绿蓝	玫瑰红	微洋红	绿色	淡绿蓝	微洋红	淡洋红
		繁殖前	淡玫瑰红	淡绿蓝	玫瑰红	微洋红	淡绿蓝	淡绿蓝	微洋红	淡洋红
		繁殖后	淡玫瑰红	淡绿蓝	玫瑰红	微洋红	淡绿蓝	淡绿蓝	微洋红	淡洋红

酸碱性检测采用 AZAN 三色法和 Mallory 三色法。结果显示神经分泌系统外包围的脊膜呈蓝色，包含了部分胶原纤维；神经分泌细胞胞质具嗜碱性（图版 5-Ⅴ-D；

11~14；图版 5-Ⅴ-E：17）。

蛋白质检测采用 4 种方法。其中汞-溴酚蓝及茚三酮-Schiff 反应结果相对较明显。汞-溴酚蓝反应结果显示尾部神经分泌系统中蛋白质含量比较丰富（图版 5-Ⅴ-F：24；图版 5-Ⅴ-G：25）；而茚三酮-Schiff 反应表明尾部神经分泌细胞胞质内含有部分碱性蛋白质，如赖氨酸、羟赖氨酸、谷氨酸及天冬氨酸等（图版 5-Ⅴ-F：21~23）。铁氰化铁法和过甲酸-阿利新蓝法反应均极弱，说明尾部神经分泌系统中蛋白质的含量比较低。

糖类检测采用 PAS 法。表明尾部神经分泌系统中可能含有少量黏蛋白或中性黏多糖（图版 5-Ⅴ-G：26，27）。

脂类检测采用冰冻切片溴-苏丹黑染色及磷钼酸法。两者染色结果类似，反应均很弱，即脂类含量极少（图版 5-Ⅴ-G：29，30）。

甲基绿-派洛宁法可以用于检测尾部神经分泌系统中的 RNA 和 DNA 含量（图版 5-Ⅴ-G：28）。3^+ 龄个体春季时期及成鱼繁殖前期和后期的反应结果均无明显差异。

5.4.4 尾部神经分泌系统的酶细胞化学反应

采用常规冰冻切片、多种酶细胞化学方法染色，镜检观察Ⅲ期性腺及繁殖前后的 Dahlgren 细胞，发现处于不同性腺期个体的脊髓中 Dahlgren 细胞不同酶的活性不一样。繁殖前后 Dahlgren 细胞的 Mg^+-ATP 酶、Na^+-ATP 酶、胆碱酯酶、硫胺素焦磷酸酶、醛缩酶及碳酸酐酶几乎无反应；5′-核苷酸酶及一氧化氮合酶反应极弱，只隐约可见胞体轮廓；酸性磷酸酶反应较弱，胞体轮廓明显，核反应弱于胞质；细胞色素氧化酶在繁殖后活性较强；Ca^+-ATP 酶的活性一般，反应部位集中在神经分泌细胞胞体及其突起边缘与毛细血管周围，分泌细胞胞质内及室管膜细胞内均无明显黑色沉淀（图版 5-Ⅴ-H：31，32）。乙酰胆碱酯酶（acetylcholinesterase，AChE）及碱性磷酸酶（alkaline phosphatase，ALP）活性较强，不同性腺发育时期该两种酶活性反应相对明显（图版 5-Ⅴ-H：33，34）。AChE 阳性反应在性腺Ⅲ期时较繁殖期时弱，这可能与繁殖期间分泌活动旺盛有关；ALP 在性腺Ⅲ期和繁殖期间阳性反应变化不显著，可能是因为 ALP 参与神经分泌的活动较少，或者是在任何时候 ALP 都在发挥重要的调节作用。

5.4.5 尾部神经分泌系统的发育

5.4.5.1 组织学和组织化学

至 3 月龄，南方鲇尾部神经分泌系统已初步完成形态发育，各部分典型结构与成鱼无明显区别。但外部形态显示 3 月龄、6 月龄和 1^+ 龄南方鲇尾部脊髓及尾垂体随着年龄增大而增大（图版 5-Ⅴ-A：6），组织学结构显示形态上的变化包含以下 4 个方面：随着年龄增大，① Dahlgren 细胞胞体的截面积、周长、长径、短径及细胞核的面积、周长、长径、短径等细胞形态学特征增大（表 5-15）；② Dahlgren 细胞的数量增

表 5-15　不同年龄段南方鲇 Dahlgren 细胞及细胞核的形态计量学变化比较（$n=50$，$M\pm SD$）

Tab. 5-15　Comparison morphologic metrology on Dahlgren cell and its nucleus of *Silurus meridionalis* at different ages（$n=50$，$M\pm SD$）

类型	年龄	编号	细胞截面积 (μm²)	细胞周长 (μm)	细胞核截面积 (μm²)	细胞核周长 (μm)	细胞长径 (μm)	细胞短径 (μm)	细胞核长径 (μm)	细胞核短径 (μm)
Dahlgren I 型细胞	3 月龄	1	111.36±44.05	44.03±8.11	48.96±23.00	26.91±6.53	16.17±3.34	9.87±2.14	8.89±2.09	6.56±1.65
		2	124.69±43.11	47.05±7.04	54.28±24.11	28.32±6.93	17.31±2.91	10.43±2.07	9.24±2.30	6.98±1.65
		3	150.44±29.43	52.27±7.00	65.08±6.85	31.74±2.29	18.73±3.09	11.95±1.63	10.50±1.31	7.81±0.75
		平均值	128.83±19.86	47.79±4.17	56.11±8.21	28.99±2.48	17.40±1.29	10.75±1.08	9.54±0.84	7.11±0.64
	6 月龄	1	188.68±57.04	56.77±10.37	84.32±27.37	35.15±5.59	19.88±3.21	14.35±2.58	11.11±1.81	9.67±1.62
		2	163.62±11.41	54.70±3.78	73.67±12.05	33.70±3.59	20.26±2.34	12.65±1.44	11.48±0.91	8.10±0.67
		3	188.64±9.64	59.83±7.69	69.15±12.82	32.93±2.49	23.47±4.58	11.98±1.55	11.69±0.73	7.85±1.66
		平均值	180.31±14.46	57.10±2.58	75.71±7.79	33.93±1.12	21.20±1.97	12.99±1.22	11.43±0.29	8.54±0.98
	1⁺龄	1	244.19±36.06	69.06±10.11	86.42±28.21	37.74±5.49	24.63±5.64	14.60±2.01	12.60±2.60	8.78±1.84
		2	253.70±45.48	68.11±8.29	74.38±8.31	35.29±3.52	23.68±4.95	15.63±2.55	11.59±1.50	8.40±1.35
		3	257.47±48.05	68.80±5.84	84.93±23.29	35.76±4.90	22.29±3.27	16.16±1.87	11.62±1.64	9.15±1.53
		平均值	251.79±6.85	68.66±0.49	81.91±6.57	36.26±1.30	23.53±1.18	15.47±0.19	11.94±0.58	8.78±0.37
Dahlgren II 型细胞	3 月龄	1	24.71±3.09	20.21±1.58	12.05±2.71	13.10±2.06	7.21±1.03	4.76±0.72	4.40±0.58	3.34±0.41
		2	27.74±7.57	21.39±3.53	13.75±4.12	14.18±2.12	7.65±1.56	5.02±1.11	4.71±0.80	3.49±0.65
		3	59.58±13.41	30.80±3.09	30.38±7.82	21.59±2.72	10.51±1.13	8.11±1.16	7.18±1.23	5.09±0.98
		平均值	37.34±19.32	24.13±5.81	18.72±10.13	16.29±4.62	8.46±1.79	5.96±1.87	5.43±1.53	3.97±0.97
	6 月龄	1	54.99±11.71	29.40±3.41	28.47±6.91	20.63±2.50	9.92±1.05	7.35±1.04	6.26±0.91	4.97±0.55
		2	66.84±8.75	33.72±3.39	34.34±6.77	23.99±4.51	12.45±1.86	8.15±1.17	7.27±1.29	5.67±1.22
		3	59.12±7.50	30.07±1.99	27.61±3.37	20.41±1.35	10.10±1.09	8.60±0.89	6.83±0.66	4.94±0.44
		平均值	60.32±6.02	31.06±2.32	30.14±3.66	21.68±2.00	10.83±1.41	8.03±0.64	6.79±0.51	5.20±0.42
	1⁺龄	1	86.96±9.14	39.11±2.76	37.56±9.17	24.25±2.51	14.03±1.78	8.55±1.52	7.77±0.94	5.80±1.30
		2	96.59±14.19	41.83±5.13	38.16±8.82	24.53±2.91	14.61±2.52	10.04±0.92	7.66±1.51	6.24±0.71
		3	93.62±6.37	41.23±2.48	41.58±8.22	25.15±2.78	14.22±1.50	9.92±1.22	8.37±0.96	6.77±0.52
		平均值	92.39±4.93	40.72±1.43	39.10±2.17	24.64±0.46	14.29±0.29	9.50±0.83	7.93±0.38	6.27±0.49

加，尤其是最后一段脊髓内 Dahlgren II 型细胞数量增加显著（表 5-16）；③脊髓白质轴突的数量也相对增加，倒数第三段脊髓及尾垂体背面的脊髓横切面和纵切面均可见明显增厚，倒数第三段脊髓的白质在 3 月龄时平均垂直高度为（81.56±20.92）μm（$n=12$），6 月龄时为（85.27±17.67）μm（$n=13$），到 1^+ 龄时则增加到（120.3±67.91）μm（$n=13$），尾垂体背面的神经轴突占据的体积也同样依次增大，平均垂直高度由 3 月龄的（11.26±6.09）μm（$n=12$）到 6 月龄的（38.98±20.23）μm（$n=15$）再到 1^+ 龄的（43.77±19.67）μm（$n=17$）；④尾垂体内轴突末梢及毛细血管的数量增加。

表 5-16　不同年龄段南方鲇尾部神经分泌细胞数量及室管膜细胞形态变化（$n=50$，$M±SD$）
Tab. 5-16　Changes in the caudal neurosecretory cell number and the morphology of ependyma cell in *Silurus meridionalis* at different ages ($n=50$, $M±SD$)

年龄	细胞分布位置	Dahlgren I 细胞数量	Dahlgren II 细胞数量	室管膜细胞长径（μm）
3 月龄	倒数第三段脊髓	5.64±2.46	9.45±2.98	17.81±5.87
	最后一段脊髓	2.88±2.59	12.88±4.02	19.79±6.74
6 月龄	倒数第三段脊髓	8.6±4.01	10.9±7.34	19.34±5.67
	最后一段脊髓	4.58±5.65	27.83±17.53	22.60±3.73
1^+ 龄	倒数第三段脊髓	9.18±3.95	14.91±4.74	19.86±4.72
	最后一段脊髓	6.46±3.28	39.15±22.92	25.66±6.49

3 月龄、6 月龄和 1^+ 龄各期幼鱼尾部脊髓的 Mallory 三色法及 AZAN 三色法染色结果与成鱼基本类似（图版 5-V-H：35，36），但染色更深，前者染色结果中胞质呈淡紫红色，后者染色结果中胞质则呈深紫红色，表明胞质具有强嗜碱性。

5.4.5.2　超微结构

3 月龄时南方鲇尾部神经分泌细胞的超微结构特点主要表现在以下 8 个方面。① Dahlgren 细胞胞体内游离核糖体非常丰富，布满整个胞体，同时可见大量核糖体与 RNA 相结合，构成了多聚核糖体，但胞体内分泌颗粒很少见（图版 5-V-P：66）。②胞体内线粒体也非常丰富，呈长棒状，并且有发达的内嵴，内嵴之间可见少量由钙或镁沉淀形成的电子致密颗粒，颗粒截面积为 0.39～2.89nm^2，平均为（1.63±0.68）nm^2；周长为 67.14～199.41nm，平均为（147.82±34.85）nm；直径为 20.37～58.2nm，平均为（43.85±10.94）nm（$n=21$）（图版 5-V-P：67）。③胞体内 RER 比较丰富，呈层状排列，较整齐，两层之间间隔较宽，达 20.58～53.18nm，平均为（37.56±8.02）nm（图版 5-V-Q：70）。④ Golgi 体发达，且其周围可见电子透明空泡（图版 5-V-Q：71）。⑤胞质内还可见大量近圆形的类似溶酶体样小泡，大小不等，截面积为 0.14～1.19μm^2，平均为（0.47±0.24）μm^2；周长为 1.44～4.42μm，平均为（2.59±0.70）μm；长径为 0.43～1.29μm，平均为（0.82±0.22）μm；短径为 0.36～1.20μm，平均为（0.67±0.21）μm（$n=36$）；溶酶体内含 1～4 个空泡，有时可见溶酶体与电子透明小泡融合的现象（图版 5-V-P：68；图版 5-V-Q：72）。⑥ Dahlgren 细胞胞核多偏于胞体一侧，双层核膜清晰，核仁深染，邻近核膜，核内染色质分布不均匀，可见大量异染色质，偶尔可见复杂的胞质内陷入核膜的现象，内陷入口处有部分电子透明空泡（图版5-V-Q：73），与成鱼繁殖后Dahlgren细胞胞核内陷入口处的胞器组成明显不同。⑦神经分泌细胞突起内含有大量的电子透明小泡，截面积为1.47～10.91nm^2，平均为（4.01±2.51）nm^2；周长为141.51～378.02nm，平均为（226.91±64.75）nm；直径为40.84～120.48nm，平均为（68.43±22.35）nm（n=57）（图版5-V-P：69）。⑧超微结构表明3月龄时最后一段尾部脊髓内神经分泌细胞突起多为有髓神经纤维，无髓神经纤维只占很少一部分，还可以见到少量胶原纤维（图版5-V-Q：74）。

与3月龄相比，6月龄及1$^+$龄南方鲇尾部神经分泌细胞既有其相似性，又有其显著差异性。相同点主要表现在胞体内胞器的组成方面，3个年龄段鱼体的尾部神经分泌细胞胞体内均充满了RER和核糖体，Golgi体都很发达，周围可见电子透明空泡。其不同点则可总结成以下5个方面。①6月龄鱼体的神经分泌细胞胞体内线粒体数量稍有增加，但体积变小，多呈椭圆形，内嵴没有3月龄发达，且基本上没有电子致密颗粒（图版5-V-R：77）。1$^+$龄鱼体神经分泌细胞胞体内线粒体数量进一步增加，体积也很小，近椭圆形，未见电子致密颗粒。②6月龄及1$^+$龄鱼体神经分泌细胞胞体的RER与3月龄一样丰富，但内质网管腔增大，管腔直径由3月龄的20.58～53.18nm，平均（37.56±8.02）nm，增加到6月龄的20.98～72.91nm，平均（42.01±10.88）nm；1$^+$龄鱼体则更宽，为53.18～126.64nm，平均（62.21±25.09）nm（图版5-V-R：78，79）。③6月龄鱼体神经分泌细胞胞体内溶酶体样小泡数量大为减少，一般一个胞体内可见1～3个，形态与3月龄近似，但相对小一点，截面积为0.07～0.22μm^2，平均为（0.13±0.04）μm^2；周长为1.05～1.86μm，平均为（1.38±0.24）μm；长径为0.36～0.65μm，平均为（0.45±0.10）μm（n=14）（图版5-V-S：80）。1$^+$龄时溶酶体样小泡数量进一步减少，但在胞体内依然可见（图版5-V-S：81）。④与3月龄鱼体显著不同的是6月龄鱼体的神经分泌细胞突起内含有两种丰富的神经分泌颗粒，其中I型颗粒较II型颗粒常见（图版5-V-S：82）。与成鱼相比，其颗粒直径及截面积相对小一点，I型颗粒直径为103.52～184.12nm，平均（147.46±21.79）nm，面积为7.75～27.193nm^2，平均为（15.33±4.14）nm^2（n=56）；II型颗粒直径为107.72～182.09nm，平均为（135.35±20.69）nm，面积为6.26～21.36nm^2，平均为（12.93±3.43）nm^2（n=52）。1$^+$龄鱼体神经分泌细胞突起及轴突末梢跟3月龄一样，很少见分泌颗粒，胞体内则更少见，但末梢内具有丰富的染色较浅的透明突触小泡，以及少量小型线粒体（图版5-V-S：83）。⑤6月龄及1$^+$龄鱼体尾部脊髓内均有大量有髓神经纤维（图版5-V-Q：75；图版5-V-R：76），但集中分布区域有所变化。6月龄鱼体最后一段尾部脊髓内以无髓神经纤维为主，倒数第三段脊髓则含有大量有髓神经纤维；1$^+$龄鱼体倒数第二段脊髓处仍有大量有髓神经纤维。

鱼种不同，其尾部神经分泌系统的发育进程也不完全相同。南方鲇在3月龄时，其尾部神经分泌系统的初步形态发育已完成（具体起源于何时则尚待研究），明显早于其他种类，这可能与其生长发育较快有关。国内外有关尾部神经分泌系统胚后发育的报道较少，南方鲇3月龄、6月龄和1$^+$龄3个阶段鱼体尾部神经分泌系统的显微结构及超微结构变化都很明显,包括神经分泌细胞及其轴突数量的增加,以及尾垂体内神经胶质细胞和毛细血管等组成成分的增加及复杂化。

5.4.5.3 繁殖前后尾部神经分泌系统结构的变化

繁殖前后南方鲇尾部神经分泌系统结构的变化与已有种类的报道结果类似。繁殖前Dahlgren细胞及其轴突内充满两种类型的分泌颗粒,内质网及核糖体等胞器丰富且发达;而繁殖后分泌颗粒急剧减少,可见大量的电子透明空泡、线粒体内嵴空泡化与内质网管腔膨大等。和其他种类相比,南方鲇具有更复杂的胞核内陷形式及内陷口处多样的胞器。繁殖前,Dahlgren细胞胞核有较深的凹陷,凹陷内有线粒体及核糖体等多种胞器,且凹陷开口处有大量的类似次级溶酶体的泡状物,有时泡状物甚至连成片。内陷口处大量的泡状物可能是胞核内含物外排的结果。而繁殖后,核膜表面得到修复,逐渐趋向平滑。值得注意的是,繁殖前后均可见部分溶酶体,繁殖前,初级溶酶体和次级溶酶体均可见,且数量没有明显差异,经常可见次级溶酶体内包含分泌颗粒、电子透明空泡及内质网等残余物的现象;繁殖后,主要为次级溶酶体,染色加深,数量和体积均有所减少,极少见初级溶酶体。因此,推测溶酶体在繁殖过程中起着重要的清除残留物的作用,并且与神经分泌细胞中的电子致密颗粒和透明小泡的数量平衡密切相关。

繁殖前毛细血管周围紧邻大量的轴突末梢,末梢内富含分泌颗粒,在血管周围未见游离的分泌颗粒,而繁殖后毛细血管周围的轴突末梢多已排空,内含大量的电子透明小空泡;因此,南方鲇尾部神经分泌颗粒可能是通过轴突末梢转运至毛细血管腔中的。

总体来看,南方鲇尾部神经分泌系统结构和繁殖前后的发育变化有如下特点。①尾部神经分泌系统主要由尾部神经分泌细胞(Dahlgren细胞)、轴突及神经血管区(尾垂体)三部分组成,Dahlgren细胞主要分布在尾部最后3段脊髓中。②尾垂体属于单个连续型,与其他物种明显不同的是其具有两种形态:一种腹面观近似长椭圆形,侧面观前端接近脊髓处圆胀,往后逐渐缩小;另一种可分为前后连续的两部分,前端近圆球形,后端背腹面扁平。③尾垂体大小在3月龄至6^+龄年龄段之间随年龄增大而增大。3月龄时尾垂体大小可达1008.31μm×270.13μm×312.33μm,6^+龄时可达到5134μm×1843μm×2038μm,与一般鱼种相比体积明显偏大,这可能与南方鲇个体大、生长快有关。④Dahlgren细胞根据细胞胞体的大小、形态、着色性及分布位置等可分为两类:DahlgrenⅠ型细胞和DahlgrenⅡ型细胞。细胞平均大小分别为(867.03±474.44)μm^{2}和(228.47±92.61)μm^2($n=20$)。⑤Dahlgren细胞轴突末梢根据内含颗粒的电子密度及大小可分为3种类型,一种末梢Ⅰ型主要为电子透明空泡,平均直径为(42.93±11.27)nm($n=42$);另一种末梢Ⅱ型包含电子致密颗粒及部分电子透明空泡,其中电子致密颗粒平均直径为(72.65±32.18)nm($n=40$),电子透明空泡大小与Ⅰ型末梢相似;还有一种末梢Ⅲ型则只有几个大的空泡,无其他明显内含物,大空泡平均直径为(97.98±20.42)nm($n=30$)。这几种末梢可能代表了几种不同类型的神经元。⑥南方鲇尾部神经分泌系统的显微和超微结构变化与繁殖有密切的关系。显微结构表明：繁殖前，Dahlgren 细胞胞体较大，HE、Mallory 等染色较深，充满内含物；而繁殖后，胞体较小，周围空泡化，可能是胞体内含物排出后体积减小所致。采用细胞形态计量学方法进行测定，结果显示繁殖前 Dahlgren I 型细胞和 Dahlgren II 型细胞的胞体面积分别为（604.10±355.30）μm^2 和（136.77±42.21）μm^2（$n=40$），繁殖后减少为（262.57±115.23）μm^2 和（87.00±34.69）μm^2（$n=40$）。超微结构也进一步证明了尾部神经分泌系统在繁殖前后的变化。繁殖前，Dahlgren 细胞内胞器丰富且发达，充满分泌颗粒，Herring 体也充满分泌颗粒，细胞核形状不规则；而繁殖后，细胞核表面平滑，胞器数量减少，分泌颗粒数量急剧减少，线粒体及 Herring 体空泡化，内质网管腔膨大，次级溶酶体数量减少，毛细血管内壁皱缩。⑦南方鲇幼鱼尾部神经分泌系统的发生相对较早。3 月龄时雏形已基本形成，最后一段脊髓已微微隆起，光镜下可见少量 Dahlgren 细胞；6 月龄时，Dahlgren 细胞数量进一步增加；1^+ 龄时 Dahlgren 细胞数量更多，且胞体体积逐步增大，轴突及毛细血管数量也相应增加。超微结构表明 3 个阶段的 Dahlgren 细胞也有明显变化，线粒体数量逐步增加，内质网管腔增大，溶酶体数量减少，最后一段脊髓内无髓神经纤维所占比例逐渐增加。

第 6 章 性腺中非生殖细胞的结构

鱼类性腺中的非生殖细胞主要包括精巢中的结缔组织细胞、成纤维细胞、边界细胞、支持细胞、Leydig 细胞、一些鱼类构成精巢尾区的上皮细胞，卵巢中的卵巢基质细胞、滤泡细胞，以及构成精、卵巢微血管壁的内皮细胞和微血管中的血细胞等。

6.1 精巢中的非生殖细胞

6.1.1 结缔组织细胞

结缔组织细胞主要存在于精巢外膜的结缔组织和精小叶间质中。长吻鮠精巢的结缔组织细胞依精巢外膜边缘排列，细胞长梭形，核长椭圆形，异染色质靠核膜边缘排列，常染色质排列稀疏，胞质内有高尔基体、粗面内质网及溶酶体等细胞器，质膜内缘有明显的分泌小泡（图版 6-I-A：3 上部）。

6.1.2 成纤维细胞

显微镜下，长吻鮠精巢的成纤维细胞呈长梭形，核染色很深。透射电镜下，成纤维细胞呈长梭形，胞质不明显，核所占比例很大，核质分布比较均匀，电子密度高，内有不规则包涵体。细胞周围主要为胶原纤维（图版 6-I-A：3 中下部）。长薄鳅的成纤维细胞细长，位于精小叶之间，核不规则，有的细长，有的长椭圆形，异染色质明显，靠近核膜边缘分布。胞质中有内质网和圆形线粒体。大眼鳜的成纤维细胞呈梭形，有长的细胞突起，细胞核呈长条状，核膜明显，可见异染色质，胞质内有内质网、线粒体及囊泡。

6.1.3 边界细胞

长吻鮠的边界细胞位于精小叶周缘，呈间断分布（图版 6-I-A：1）。超微结构显示其细胞核修长，不甚规则，核质较为致密，异染色质和常染色质混杂分布，胞质较少，内有滑面内质网及囊泡状结构（图版 6-I-A：4）。南方鲇边界细胞细胞核呈长椭圆形，核外周有电子致密度较高的异染色质，其他细胞器不明显。

6.1.4 支持细胞

长吻鮠的支持细胞位于组成精小叶的精小囊外周。透射电镜下，支持细胞胞核位于细胞基部，表面凹凸不平，核质内有致密小体，胞质中有丰富的滑面内质网、粗面内质网、高尔基复合体及溶酶体，另外还有较多排列整齐的微管。细胞的近心端呈变形虫状外突内陷，远心端伸达管腔腔面（图版 6-I-A：2）。支持细胞通常是单层包围在生殖细胞团外，精子形成后，小囊破裂，四周便没有支持细胞。根据支持细胞的结构特点，结合其他硬骨鱼类的研究结果推测，长吻鮠的支持细胞除具有支持、运输、营养、吞噬作用外，还具有清除在生精细胞发育中脱落的胞质残体和退化的生精细胞，以及产生激素与维持血睾屏障等作用，为生精细胞的发育与分化提供适宜的微环境，保证精子发生的正常进行。圆口铜鱼的支持细胞不规则，细胞质常呈突起状包围各生精细胞，支持细胞胞核体积大，占据细胞的绝大部分，经常出现变形现象。胞质内具大量滑面内质网及线粒体。长薄鳅的支持细胞通常单层包围在生殖细胞周围，核大，不规则，胞质中有大量的圆形线粒体。大眼鳜的支持细胞不规则，胞质常呈突起状包围各生精细胞，支持细胞胞核经常出现变形现象，核内有一明显的大核仁，具随体染色质，胞质内有丰富的线粒体、滑面内质网、囊泡和环状片层。南方鲇的支持细胞胞体拉长，胞核椭圆形，位于精小囊的外周，包围着同一发育阶段的精母细胞，核仁 1 或 2 个。胞质中有大量的线粒体及内质网，线粒体嵴明显。

6.1.5 Leydig 细胞

该类细胞数量较少，3~5 个聚在一起，分布于精小叶间质中（图版 6-I-A：1）。超微结构显示，长吻鮠的 Leydig 细胞呈长椭圆形，核卵圆形，核质致密，常染色质和异染色质均明显。胞质内含有较多光滑内质网、线粒体及高尔基体等细胞器，胞质中还有较多的糖原颗粒，线粒体为圆形或椭圆形，呈管状（图版 6-I-A：5）。Leydig 细胞是于 20 世纪 70 年代发现的，存在于小叶间质细胞之间。长吻鮠的 Leydig 细胞较少，从超微结构中其含有发育良好的滑面内质肉、管状线粒体、高尔基复合体及糖原等特征分析，其可能与其他鱼类一样，也具有产生激素的功能。圆口铜鱼的 Leydig 细胞位于精小叶之间，细胞不规则，核嗜碱性较强，核内呈现泡状化，核体积大，胞质中具丰富的环状和长形线粒体。长薄鳅的 Leydig 细胞往往成群分布，细胞不规则，核长椭圆形，体积大，胞质中有线粒体及滑面内质网等细胞器。大眼鳜的 Leydig 细胞不规则，核长椭圆形，嗜碱性较强，体积较大，占细胞的绝大部分，胞质中具同心环状线粒体及滑面内质网。南方鲇的 Leydig 细胞分布于小叶之间的间质组织中，胞体长形，胞质含丰富的线粒体和众多分泌颗粒，核区电子密度极高，内呈泡状化结构。随性腺成熟度的提高，细胞器数量逐渐增加。

在精巢中还有淋巴细胞（图版 6-I-A：6）。细胞形态不规则，核很大，常染色质和异染色质均十分显著。胞质相对较少，内有高尔基复合体和溶酶体等细胞器，细胞的主要特点是胞质中和质膜内缘有许多由质膜下陷而成的胞饮小泡（箭头所示），小泡起着向毛细血管内外运送物质的作用。

6.1.6　精巢尾区

鲇形目鲿科（Bagridae）鱼类存在精巢尾区。长吻鮠精巢高度分支，呈指状，后1/3外观呈紫红色，其内不产生生殖细胞，完全由结缔组织连成网眼状的一个一个小囊所构成，囊壁全由柱状分泌型上皮细胞所组成，称为精巢尾区。在周年变化过程中，囊壁的柱状细胞要经过3个发育阶段。①非繁殖期，囊壁的上皮细胞呈短柱状，单层或双层，胞间界限清晰，胞质中分泌颗粒很少，细胞端部的刷状缘明显，囊腔中无分泌物（图版6-I-A：7）。②繁殖前期，囊壁细胞变为单层高柱状，个别地方间杂有多层扁平上皮细胞，胞间界限不清晰，胞质内充满分泌颗粒，核靠近囊腔，椭圆形或近圆形，核膜清晰，具一个大核仁，细胞端部的刷状缘更显著，囊腔中开始富积分泌物（图版6-I-A：8），整个细胞嗜伊红。③繁殖期，囊壁细胞释放分泌物后，细胞消失，只留下结缔组织框架，囊腔中被分泌颗粒充满（图版6-I-A：9），细胞全泌型。参与繁殖时，分泌物作为精液的一部分排出体外。

6.2　卵巢中的非生殖细胞

6.2.1　基质细胞

长吻鮠的卵巢基质细胞成堆出现（图版6-I-B：10），体积甚小。

6.2.2　滤泡细胞的生成与退化

滤泡细胞是指围绕在卵子外围的卵泡膜细胞层，由卵巢基质细胞衍生而成。

6.2.2.1　长吻鮠卵巢滤泡细胞的生成与退化

长吻鮠卵巢滤泡细胞的结构随着卵母细胞的发育而变化。在卵巢发育第Ⅰ时相（卵原细胞时相），尚未见滤泡细胞形成。在卵巢发育第Ⅱ时相（单层滤泡细胞时相），刚开始时，卵母细胞外周出现零散排列的滤泡细胞，细胞长而窄，核十分明显（图版6-I-B：11）。到中晚期阶段，卵母细胞外形成明显的单层排列的滤泡细胞，细胞长而扁平（图版6-I-B：12）。到第Ⅲ时相（卵黄泡出现时相），滤泡细胞为明显的双层，内层细胞体积较外层大（图版6-I-B：13）。超微结构显示此时的滤泡细胞排列为2或3层，细胞长而扁，核占据细胞的绝大部分，核质致密，尤以靠核膜内缘为甚。胞质内未见明显的线粒体，但有高尔基复合体、微丝和游离核糖体等细胞器。最外层滤泡细胞质膜内、外缘和相邻滤泡细胞之间可见十分发达的小泡。滤泡细胞所在的滤泡膜在超微结构上可明显分为4层，最外层主要由张力原纤维构成；第二层结构疏松，有较发达的绒毛状突起；第三层结构致密；内层与卵黄膜相接，由众多细纤毛组成。外层滤泡细胞的分泌小泡沿着一定的通路向卵母细胞扩散（图版6-I-B：15），很可能起到向卵母细胞运送营养物质的作用。卵巢发育到Ⅲ时相晚期阶段，内层滤泡细胞长度缩短，核渐渐变圆，整个细胞逐渐演变为立方状（图版6-I-B：14）。再往后高度增加，由立方状衍生为柱状（图版6-I-B：17），整个滤泡膜厚达3.96～7.92μm。到卵巢发育第Ⅳ时相（卵黄充满时相），内层滤泡细胞高度急剧增加，达29.7～54.45μm，细胞内充满颗粒状物质，胞间界限变得模糊不清（图版6-I-B：16）。卵巢发育至第Ⅴ时相（卵母细胞成熟时相），内层滤泡细胞中的颗粒物释放出来，形成卵细胞外的胶质膜。释放内含物后滤泡细胞高度降低，胞质透明或呈空泡状，核恢复圆形，染色深而明显（图版6-I-B：19）。之后滤泡细胞与卵壳膜分离，卵母细胞从滤泡内排出，落入卵巢腔中。卵巢发育第Ⅵ时相（退化吸收时相），排卵后，滤泡细胞开始退化，而滤泡细胞的退化主要是内层含颗粒状物质的滤泡细胞的退化，其退化过程有两种情况。产卵期过后留在卵巢内逐步退化的卵母细胞周缘滤泡细胞的退化是随卵母细胞的退化而发生的。首先，卵巢充血，滤泡细胞层破损，核变得显著，经有丝分裂细胞数量增加。其次，滤泡细胞向卵黄扩展，细胞体积增大，成为核明显、胞间界限不清的合胞体状态（图版6-I-B：20）。至此，滤泡细胞转变为具有吞噬能力的吞噬细胞，吞噬细胞从几个不同部位伸出"伪足"（图版6-I-B：18），破坏卵母细胞，侵蚀卵黄，卵黄液化，滤泡细胞肥大，富营养化。最后泡状化的吞噬细胞亦被卵巢自身吸收而消失（图版6-I-B：21）。卵排出后空滤泡上滤泡细胞的退化与退化卵母细胞周缘卵泡膜细胞的退化情况相似，只是后者在退化过程中不经历转化成吞噬细胞吸食卵黄的过程（图版6-I-B：22）。

6.2.2.2 南方鲇卵巢滤泡细胞生成与退化的组织学结构

南方鲇的卵巢滤泡细胞源于卵巢基质细胞，由围在卵子外围的卵泡膜细胞层及其内侧的颗粒细胞层组成。最先出现的滤泡细胞扁平，紧邻围绕卵母细胞的结缔组织膜内缘，称为卵泡膜细胞，之后向内分裂增殖形成的滤泡细胞呈柱状，位于扁平的滤泡细胞内侧，含有丰富的分泌颗粒，称为颗粒细胞。滤泡细胞从发生到退化的全过程分为7个时期，即零散卵泡膜细胞期、单层扁平卵泡膜细胞期、多层扁平卵泡膜细胞期、立方状颗粒细胞期、柱状颗粒细胞期、颗粒细胞分泌期和颗粒细胞退化期。

（1）零散卵泡膜细胞期

卵原细胞周围未见明显的滤泡细胞（图版6-Ⅱ-A：1）。处于Ⅱ时相早期的卵母细胞周围开始出现一薄层结缔组织样膜，其内缘附着有3～5个零散排列的卵泡膜细胞，与卵母细胞尚无密切关系，这是最早出现的卵泡膜细胞。细胞小而扁平，长椭圆形或梭形（长7.71～8.99μm，宽1.28μm），核大，一个核仁，核膜内缘有少量短条状染色质（图版6-Ⅱ-A：2，3）。

（2）单层扁平卵泡膜细胞期

卵母细胞发育至Ⅱ时相中期，周缘的卵泡膜细胞已形成，一个接一个地单层排列，细胞扁平，略有增大呈长椭圆形，核长杆状（图版6-Ⅱ-A：4）。卵泡膜细胞层厚5.14～6.42μm。

(3) 多层扁平卵泡膜细胞期

卵母细胞发育至Ⅱ时相晚期，单层卵泡膜细胞通过增殖形成 2~3 层，细胞排列疏密不一。最内层细胞体积较外层略大，胞质明显（图版 6-Ⅱ-A：5）。

(4) 立方状颗粒细胞期

卵母细胞发育至Ⅲ时相早期，即胞质边缘出现单层卵黄泡时，内层卵泡膜细胞分裂增殖形成短卵圆形颗粒细胞（长 6.42~7.71μm，宽 5.78~6.42μm），核大而明显（核径 4.49~5.19μm），有一大核仁，胞质略透明。颗粒细胞与卵黄膜间形成一条明显的淡染色区，油镜下（20×100 倍）可见垂直的丝状物与卵黄膜相接，可能是滤泡细胞胞质向卵黄膜的突起。有向卵母细胞运输营养物质的作用（图版 6-Ⅱ-A：6）。外侧的 1~2 层卵泡膜细胞形态无变化。卵母细胞发育至Ⅲ时相中期，形成多层卵黄泡时，颗粒细胞由短卵圆形发育为立方状，胞核靠近细胞端部，呈垂直的卵圆形，胞质中已出现少量颗粒状内含物（图版 6-Ⅱ-A：7，8）。整个滤泡细胞层厚 15.42~21.84μm。

(5) 柱状颗粒细胞期

卵母细胞发育至Ⅲ时相晚期，即卵母细胞积累卵黄时，颗粒细胞由立方状发育为柱状（高 12.85~19.27μm），胞核位于细胞中央，圆形或卵圆形，胞质中有明显的颗粒状分泌物（图版 6-Ⅱ-A：9），整个滤泡细胞层厚 14.13~20.56μm。至Ⅳ时相早、中期，细胞呈高柱状（高 61.53~76.92μm），核膜明显或不明显，核形状不规则，大核仁仍清晰，胞质中充满颗粒状物质（图版 6-Ⅱ-A：10，12），整个滤泡细胞层厚 69.23~87.18μm。到Ⅳ时相末期，颗粒细胞达最大高度（87.18~128.2μm）。核膜不明显或消失，只核仁和核质可辨，胞质充满点状、短条状或不规则颗粒物，胞间界限模糊（图版 6-Ⅱ-A：11，13）。外层的卵泡膜细胞更为扁平。整个滤泡细胞层厚达 97.28~134.92μm。

(6) 颗粒细胞分泌期

排卵前，颗粒细胞释放内含物，形成胶质膜（即次级卵膜），包围在卵黄膜外面。分泌后，颗粒细胞高度显著降低（25.64~35.90μm），胞质透明或呈空泡状，核恢复圆形，染色深而明显（图版 6-Ⅱ-A：14）。之后颗粒细胞与胶质膜分离，卵母细胞从滤泡内排出落入卵巢腔，成为成熟的卵细胞。成熟卵细胞的胶质膜成为包在卵外的次级卵膜，排出后遇水即膨胀，有黏性，可将卵黏附于水中物体上发育。

(7) 颗粒细胞退化期

滤泡细胞的退化主要是颗粒细胞的退化。颗粒细胞的退化有两种情况，一是产卵期过后留在卵巢内逐步退化卵母细胞周缘的颗粒细胞的退化；二是卵排出后空滤泡的颗粒细胞的退化。前者是随着卵母细胞的退化而发生的。首先，卵巢充血，围着卵母细胞的卵泡膜细胞层破损，颗粒细胞胞核变得显著，核膜恢复，核仁明显，经有丝分裂细胞数量大量增加（图版 6-Ⅱ-B：18，19）；其次，卵黄膜消失，质膜破损，颗粒细胞数量继续增加，并向卵黄扩展，细胞体积增大，成为核明显、胞间界限不清的合胞体状态（图版 6-Ⅱ-B：20），核从 2.97μm 膨大至 4.95~5.94μm，颗粒细胞转变成具有吞噬能力的吞噬细胞；再次，吞噬细胞侵入卵黄，分泌卵黄液化酶将卵黄液化，吞噬细胞体积增大且泡状化（图版 6-Ⅱ-B：21）；最后，随着卵黄的吸收，泡状化的吞噬细胞亦被卵巢自身吸收而消失（图版6-Ⅱ-B：22）。

排卵后空滤泡颗粒细胞的退化分4个阶段。①恢复阶段，随着卵巢充血，空滤泡周围出现大量微血管，内含大量红细胞，经历分泌期后体积缩小的滤泡细胞胞核变得显著，核膜核仁清晰（图版6-Ⅱ-B：23）；②增殖阶段，经细胞分裂，颗粒细胞数量大增，空滤泡厚度增至56.41～143.58μm，细胞近球形，圆形的核中有一显著的大核仁（图版6-Ⅱ-B：24）；③空泡阶段，球形细胞增大成为空泡状，核消失，胞质透明似脂肪泡（图版6-Ⅱ-B：25～27）；④解体阶段，充满空泡的细胞被卵巢吸收而消失（图版6-Ⅱ-B：28）。两种退化方式的最大差异在于前者要转化成吞噬细胞吸食卵黄后再肥大解体，后者不存在上述转化过程。

以上结果表明，南方鲇的滤泡细胞来源于卵巢基质细胞。卵原细胞周围未见滤泡细胞（图版6-Ⅱ-A：1），性腺切片上卵原细胞以成堆的方式存在，所有卵原细胞的大小基本一致，不存在体积更小的卵原细胞；滤泡细胞是随着结缔组织膜的出现而出现于卵母细胞周围的，其形态、大小都与卵原细胞毫不相似而与卵巢基质细胞类似。因此，南方鲇的滤泡细胞是由非生殖细胞分化而成的，源于卵巢基质细胞。南方鲇的滤泡细胞在卵母细胞的发育、成熟和退化中对卵母细胞有保护、供给营养、分化出精孔细胞、形成次级卵膜、破坏并吞噬退化的卵母细胞的功能。更重要的是硬骨鱼类的滤泡细胞还有合成卵黄半成品、分泌类固醇激素及促进卵母细胞发育的功能。

6.2.2.3 南方鲇卵巢滤泡细胞生成与退化的超微结构

滤泡细胞的发育伴随着卵母细胞生长与成熟的全过程。超微结构下多层细胞的滤泡可以分为外膜层、鞘膜细胞层、粗纤维层、细纤维层和滤泡细胞层5个亚层。颗粒细胞具丰富的微丝、线粒体、内质网及核糖体，高尔基体也丰富而发达。滤泡细胞具有生成次级卵膜、合成卵黄蛋白并加工成卵黄前体颗粒和中间颗粒、产生类固醇激素及协助排卵等作用。

（1）零散卵泡膜细胞期

卵原细胞的周围只有薄薄的一层结缔组织膜，尚无滤泡细胞的存在。卵黄发生前的早期卵母细胞外围，结缔组织膜增厚，分化出滤泡细胞。刚形成的滤泡细胞零散分布，不成层，细胞小，长梭形。核大，长椭圆形，核膜内缘常分布有异染色质，核仁偏位于核的一端。胞质中细胞器比较丰富，有内质网、核糖体、线粒体和大量的膜性小泡。

（2）单层扁平卵泡膜细胞期

卵黄发生前的中期卵母细胞外围，滤泡细胞在卵母细胞外形成连续的单层，体积较零散期大。细胞仍呈长梭形，核呈长棒状，胞质中微丝数量大量增加，核糖体、内质网和膜性小泡也十分丰富（图版6-Ⅲ-A：1，2）。相邻滤泡细胞胞质相接触的地方，有连接复合体的存在（图版6-Ⅲ-A：2）。

（3）多层扁平卵泡膜细胞期

卵黄发生前的晚期卵母细胞外围，滤泡膜细胞已发育到2或3层。外层是鞘膜细胞，内层为滤泡细胞，两层细胞间夹杂有粗细纤维，将滤泡分为5个亚层：外膜层、鞘膜细胞层、粗纤维层、细纤维层和滤泡细胞层，分别记为 F1、F2、F3、F4 和 F5。F1 为滤泡最外面较薄的结缔组织膜，分布有纤维及一些泡状结构。F2 位于 F1 内，主要有鞘膜细胞和微血管等；鞘膜细胞细长，核一端略大，呈胡萝卜形，核质比大；胞质中分布有内质网及核糖体等。往里为 F3，主要包括一部分粗纤维，纤维弯曲，走向不一。粗纤维以内为细纤维层，即 F4，细纤维排列成一条粗带状。最内层为 F5，主要分布有滤泡细胞。此期滤泡细胞及细胞核的外形与单层扁平卵泡膜细胞期大致相同，而最明显的变化是胞内内质网及小泡等膜性结构特别发达，微丝也十分丰富。内质网膜平行排列，大量的膜性小泡分布于两侧或散布于其他部位，基质的电子密度大，有的膜性小泡已与质膜融合，呈现为质膜的外突小泡。近卵母细胞的外突小泡从质膜上分离下来，成为向卵母细胞运输物质的运输小泡。说明在卵黄发生前的晚期卵母细胞中已有外源性物质进入，为卵黄的大量生成拉开了序幕（图版 6-Ⅲ-A：3）。

（4）立方状颗粒细胞期

卵母细胞发育到卵黄生成初期时，滤泡的 5 个亚层仍然明显（图版 6-Ⅲ-A：4）。滤泡膜细胞已经增厚到 3～5 层，外层细胞为鞘膜细胞，长形或长梭形，细胞核呈长梭形或长椭圆形，有明显的切迹（图版 6-Ⅲ-A：4），胞质中有线粒体、粗面内质网及游离核糖体，内质网尤为丰富，多分布在核周围，游离核糖体散布于整个胞质中。此时滤泡细胞因内含分泌颗粒而被称为颗粒细胞，颗粒细胞呈立方状，核的大小及形状各异（图版 6-Ⅲ-A：5）。核膜内缘常有异染色质聚积，胞质中有丰富的线粒体、内质网和高尔基体。内质网的分布与鞘膜细胞内一样，多绕核分布，末端膨大，呈膜囊状或相互交叉呈网状（图版 6-Ⅲ-A：5），膜的外侧密布核糖体。高尔基体发育成熟，扁平囊多层，在成熟面有大量的分泌泡，有的已沉积物质形成电子密度高的颗粒。整个滤泡层线粒体形态多样，板状嵴线粒体中嵴或垂直于线粒体的长轴，或呈锯齿状平行排列直达对侧，或排列成迷路状，以锯齿状和巨型线粒体尤为特殊；具小管状嵴的线粒体中仍存在部分板状嵴。在不同衰退阶段的线粒体形成的空泡中，充满了低电子密度物质。

（5）柱状颗粒细胞期

正如组织学上的描述，在卵黄生成初期向旺盛期过渡的阶段，颗粒细胞由立方状经柱状变成高柱状，细胞的高度增加，细胞核明显但不规则，核质中有异染色质块。胞质内胞器丰富、发达，膜性泡状结构内充满颗粒。质膜不完整或消失，成为合胞体状态（图版 6-Ⅲ-A：6）。

（6）颗粒细胞分泌期

柱状颗粒细胞经过卵黄合成旺盛期阶段，很快向分泌期的颗粒细胞变化。卵巢滤泡半薄切片在天青-亚甲蓝染色下，不同地方滤泡层厚度不一，颗粒细胞已发生变化，细胞核不明显，靠外处染色淡，为圆形或多边形的泡状结构，泡状结构的染色也深浅不一，大部分泡状结构的一侧靠膜处有一染色深的大颗粒。泡状结构内外交界处主要为深染颗粒。内层染色深，主要为絮状物和运输泡组织（图版 6-Ⅲ-B：7），运输泡内有颗粒物。运输泡的大小、形状和数目在卵母细胞的不同部位有差别，对应鞘膜层内血管的分布也有差异：运输泡圆形、小且多的部位，相应鞘膜层内血管丰富（图版 6-Ⅲ-B：8）；而运输泡少、大小不一、形状多变的部位，对应鞘膜层内血管少（图版 6-Ⅲ-B：7）。卵母细胞质膜内的胞饮泡分布于整个卵母细胞的胞质外周，大的胞饮泡内颗粒内含物明显（图版 6-Ⅲ-B：7）。在胞饮泡多、胞饮作用旺盛的地方，放射膜和卵母细胞质膜波曲明显。反之，则趋于平缓（图版 6-Ⅲ-B：8）。超微结构下，此期颗粒细胞的细胞核已开始空泡化，泡状结构处核膜模糊、不完整。质膜完全解体，整个颗粒细胞层成为合胞体（图版 6-Ⅲ-B：9）。在滤泡外层有深色、浅色两种泡状结构。浅色泡中，电子密度低的卵黄物质逐渐聚集浓缩，形成电子密度中等、具放射状分支的不规则结构，称前体颗粒。前体颗粒又不断地附集卵黄物质，电子密度继续增大，颗粒性增强，形成电子密度较大的颗粒，称中间颗粒，中间颗粒周围也常有短分支。分布有中间颗粒的泡状结构的内缘，往往分布有电子密度高的物质，呈环状，经天青-亚甲蓝着色后染色深，故名深色泡（图版 6-Ⅲ-B：10）。浅色泡的边缘常分布有深染大颗粒，颗粒内部或为"迷路"状，或呈"梯田"状排列。从它的形态和排列看，其与退化的巨型线粒体相似。因此，作者认为滤泡细胞层的泡状结构为巨型线粒体退化吸收卵黄物质形成的，其中的颗粒可能为外源性的卵黄蛋白原经滤泡细胞加工合成卵黄物质向卵母细胞运输的一种形式（图版 6-Ⅲ-B：10）。颗粒细胞内、外层交界处，电子密度比外层大（图版 6-Ⅲ-B：11），为许多高尔基体和内质网产生的小泡及线粒体退化形成的泡状结构，部分小泡愈合形成大泡，泡与泡间沉积电子絮状物质。内质网和高尔基体产生小泡的形态及沉积物质的方式不同。内质网产生的泡状结构形状不规则，电子物质常从小泡膜的边缘开始沉积。高尔基体产生的小泡多为圆形或椭圆形，电子物质从中央开始沉积，逐渐填满整个泡，形成电子致密颗粒，只在致密颗粒的周围留下一圈低电子密度区。颗粒细胞靠近卵母细胞部分除胞饮泡之外。其余均为电子物质，主要为卵黄中间颗粒的聚集，经胞饮作用进入卵母细胞，在有些部位形成了物质运输途径。另外，颗粒细胞胞质突起基部有一带状的中等电子密度物质，与胞质基部膜性小泡的电子密度相似（图版 6-Ⅲ-B：12）。

　　从上述结果可以看出，滤泡细胞的结构和发育过程随着卵母细胞的发育而变化。南方鲇滤泡细胞的发育过程有如下显著特征。①细胞数量经过了由零散分布到形成单层、再到复层的过程，整个发育过程可以分为零散期、单层扁平期、多层扁平期、立方状期、柱状期、分泌期和退化期 7 个时期。②外层为鞘膜细胞，形态始终为长扁形，胞间形成紧密连接（图版 6-Ⅲ-A：2）。而内层细胞因颗粒状内含物逐渐增多，名称亦改为颗粒细胞。颗粒细胞则经历了在形态上由扁平到立方状、再到高柱状，在内含物上由出现分泌颗粒到充满分泌颗粒、再到排出分泌颗粒内含物的变化过程，晚期颗粒细胞解体，整个颗粒细胞层完全以合胞体形式存在。③颗粒细胞中有长条形板状嵴线粒体、锯齿状嵴线粒体、小管状嵴线粒体和巨型线粒体 4 种功能性线粒体，尤以存在众多的巨型线粒体及其衰退膨大形成的泡和发达的高尔基体最显著。④滤泡细胞中具有丰富的微丝和发达的粗面内质网。滤泡细胞的机能表现为：鞘膜细胞间的紧密连接有利于细胞间通讯，同时，可以为卵母细胞的发育创造一个微环境，维持激素水平，保证卵母细胞的发育同步，进一步印证南方鲇为一次产卵型鱼类。晚期的颗粒细胞中含有十分丰富的颗粒内含物，细胞以合胞体状态存在更有利于颗粒内含物的分泌。柱状颗粒细胞的胞质突起基部已有次级卵膜，其电子密度与柱状颗粒细胞胞质内的膜小泡一致，并且次级卵膜位于放射带Ⅱ（Z1）和颗粒细胞间，说明次级卵膜由颗粒细胞分泌形成。据此推测，卵母细胞和颗粒细胞共同分泌物质形成卵膜可能是硬骨鱼类卵膜形成的基本方式。颗粒细胞中还有丰富的粗面内质网、滑面内质网、高尔基体和核糖体，这表明其具有强的合成和加工卵黄物质的能力。丰富的滑面内质网、发达的高尔基体及小管状嵴线粒体的存在，证明了滤泡细胞具有分泌类固醇激素的功能。这些激素具有促使肝脏合成卵黄蛋白及促进卵子成熟的作用。另外，滤泡细胞中丰富的微丝有促进排卵的作用。

6.2.3 精孔细胞的生成与退化

精孔细胞由滤泡细胞发育而成。南方鲇卵母细胞发育至Ⅲ时相中期，在未来动物极端一滤泡细胞增大、透明，核也随之增大2～2.5倍，分化成精孔细胞。精孔细胞长约23.41μm，宽约18.27μm；细胞核长约11.56μm，宽约5.14μm。精孔细胞内侵将卵黄膜压成一凹陷，该凹陷以后成为精孔器前庭，容纳精孔细胞（图版6-Ⅱ-B：29）。当卵母细胞发育至Ⅳ时相中期，精孔细胞体积进一步增大，精孔管已经形成，它是穿过卵膜的管状结构，精孔管向内开口于质膜表面。精孔管与前庭等构成精孔器。精孔细胞核清晰，有一明显的端部大核仁。胞质浓缩并呈螺旋状伸向精孔管外口（图版6-Ⅱ-B：31）。当卵母细胞发育至Ⅳ时相末期，精孔细胞开始退化，核不清晰（图版6-Ⅱ-B：30）。从发育过程和特点看，早期的精孔细胞与相邻的滤泡细胞除大小外，在形态上几乎无差异，只是其后逐渐增大、变形，分化成精孔细胞。随后精孔细胞内陷将卵黄膜压成一凹陷，并因胞质的伸展与卵母细胞表面保持联系，从而形成精孔管。精孔管逐渐变细，最后开口于卵母细胞表面，成为精孔管内口。南方鲇与大多数硬骨鱼类一样仅含一个精孔细胞。

6.2.4 卵膜的形成与变化

卵膜指包绕在发育中卵母细胞、成熟卵和发育中胚胎外面的单层、双层及三层被膜，即初级卵膜、次级卵膜和三级卵膜。初级卵膜源于卵母细胞，次级卵膜和三级卵膜分别由滤泡细胞及输卵管分泌形成。卵膜由非细胞结构物质所组成。南方鲇的卵外由初级卵膜（也称为卵黄膜）和次级卵膜（胶质膜或称壳膜）包裹，二者分别由卵母细胞和晚期滤泡细胞分泌形成。

6.2.4.1 卵膜的组织学结构

南方鲇卵母细胞发育至Ⅲ时相早期，在质膜和滤泡细胞之间形成明显的卵黄膜，被染成淡火红色，厚1.28～1.54μm（图版6-Ⅱ-A：6）。Ⅲ时相中期，卵黄膜增厚至1.83～2.57μm（图版6-Ⅱ-A：7，8），Ⅲ时相晚期增厚至3.59～3.86μm（图版6-Ⅱ-A：9）。随着卵黄物质的积累，卵黄膜逐渐减薄，Ⅳ时相中期出现横纹（图版6-Ⅱ-A：

12），Ⅳ时相末期卵黄膜减薄至1.54～1.83μm（图版6-Ⅱ-A：13）。排卵前，处于分泌期的颗粒细胞释放内含物形成明显的胶质膜（次级卵膜），围绕在卵黄膜外周。置入各种固定液的成熟未受精卵卵膜也能膨胀，与卵子分离，形成卵周隙。尚未脱离卵巢的Ⅳ时相末期的卵母细胞遇水或固定液，卵膜也会略有膨胀（图版6-Ⅱ-A：14）。膨胀后的初级卵膜在切面上可见排列规则的圆形小孔。次级卵膜无明显结构（图版6-Ⅱ-A：14～17）。胚胎孵化后的空卵膜（初级卵膜和次级卵膜）与成熟卵卵膜无明显差异（图版6-Ⅱ-A：16），只是厚度稍薄。

6.2.4.2 初级卵膜的超微结构

南方鲇卵黄发生前的中期卵母细胞，于胞外微绒毛的基部近卵母细胞处出现一层絮状的电子物质沉积，即放射带Ⅰ（Z0）。同时，卵母细胞的胞质周围存在丰富的内含絮状物的小泡，电子染色结果与放射带Ⅱ（Z1）相同，有时还可见致密核心小泡外排内含物的情况（图版6-Ⅲ-A：2）。至卵黄发生前的后期卵母细胞，Z1的电子密度增大，仍紧靠卵母细胞，而与颗粒细胞间有电子空白区，说明Z1来源于卵母细胞。当卵母细胞发育至卵黄发生初期时，Z1已浓缩为一层，断断续续。Z1的下方已出现较宽的一层，电子密度与Z1相当，称为放射带Ⅲ（Z2），放射带Ⅲ中有许多贯穿的通道，每个孔道中有颗粒细胞和卵母细胞的胞质突起及微绒毛，二者相互靠近甚至接触，进行物质和信息的交流（图版6-Ⅲ-B：13）。从Z2的位置和卵母细胞胞质中致密核心小泡的电子密度来看，不难理解Z2与Z1一样，也源于卵母细胞。卵母细胞发育到卵黄合成旺盛期，在Z2之下为一层电子密度与其相当的放射带Ⅳ（Z3）。放射带Ⅳ的电子物质排列还不致密，中间出现不规则的电子空白区，近质膜处不断有电子致密物附集上去。卵母细胞不断地发育成熟，同时Z1、Z2和Z3发生了显著的变化：3层相互愈合，变得致密均质，同时，卵母细胞的微绒毛和颗粒细胞的胞质突起分别回缩，留下明显的通道。

6.2.4.3 次级卵膜的超微结构

卵黄合成后期阶段，在Z1和颗粒细胞之间出现一层中等电子密度的物质，这一层物质多位于颗粒细胞胞质突起的基部，并可见颗粒细胞基部的胞质中有一种电子密度与此层相当的分泌小泡。从该层所处的位置和颗粒细胞的胞质特点来看，该层为颗粒细胞分泌形成的次级卵膜。此时的颗粒细胞处于柱状，随着颗粒细胞不断地分泌形成次级卵膜，次级卵膜不断地加厚。到卵母细胞成熟，即将排出时，次级卵膜最厚。次级卵膜为均质的胶质膜（图版6-Ⅲ-B：12）。

6.2.4.4 卵膜的来源与功能

从上述观察结果可以看出，南方鲇初级卵膜在形成中分3层结构，即Z1、Z2和Z3，各层依次出现。各层形成时，卵母细胞胞质周围出现内含絮状物的小泡和致密核心小泡，内含絮状物小泡的物质组成与Z1、Z2和Z3的相似性及致密核心小泡的分泌现象，表明二者参与了初级卵膜的形成，这也说明Z1、Z2和Z3源自卵母细胞。最后，

3层相互融合形成致密均质的一层,即初级卵膜。次级卵膜形成较初级卵膜晚,从其物质组成与颗粒细胞形成的一种分泌物的相似性,可以断定其源自颗粒细胞。硬骨鱼类初级卵膜的称谓较多,常用的有透明带、透明膜、放射冠、放射带、卵黄膜、卵黄被。鉴于初级卵膜来自卵母细胞本身的观点已普遍为人们所接受,因而最好把来自卵母细胞的卵膜称为卵黄膜。一般认为,浮性鱼卵只有初级卵膜,沉性鱼卵有初级和次级乃至三级卵膜。

硬骨鱼类卵膜的结构甚为复杂。南方鲇产沉性黏性卵,除有由卵母细胞形成的初级卵膜外,还有由滤泡细胞分泌形成的次级卵膜。卵母细胞成熟后,其初级卵膜上仍保留有圆形小孔(图版6-Ⅱ-A: 14, 16, 17),该结构是因卵母细胞的微绒毛和滤泡细胞的突起(即Ⅳ时相中期卵母细胞卵黄膜上的横纹)在卵子成熟时没有从卵黄膜上缩回或退化而使孔道得以保留的结果,该孔道除与受精时运输皮质小泡、形成卵周隙有关外,可能还具有保持胚胎良好的通气性和调节渗透压的作用。

硬骨鱼类的卵膜具有保护、固着、形成受精孔、运输皮质小泡、增加通透性及物质和气体交换等功能。

6.3 卵母细胞和滤泡细胞中线粒体的类型与变化

线粒体是一种具有半自主性的细胞器,在卵母细胞中它能够直接提供卵母细胞呼吸代谢所需的能量,同时具有明显的可塑性,能够对生理或环境条件的变化做出相应的反应。在研究南方鲇卵子发生过程中不同发育阶段卵母细胞和滤泡细胞形态变化的同时,作者发现其中的线粒体表现出类型与结构的多样性,特别是在卵子发生过程中与卵黄形成密切相关。

6.3.1 线粒体的类型与结构

根据线粒体的长短、嵴的形态表现出的多种变化,电镜下,可将南方鲇卵子发生过程中卵母细胞和滤泡细胞中的线粒体分为6种类型。①椭圆形板状嵴线粒体,外形椭圆,嵴板状(图版6-Ⅳ: 1)。②细条状线粒体,外形细长,条状,膜清晰,嵴明显,与长轴垂直或呈一定倾角,基质致密度高(图版6-Ⅳ: 2)。③球形线粒体,是在晚期卵母细胞(即卵黄合成旺盛期)出现的一种线粒体形态,外形圆球状,这种球状的线粒体在卵黄形成中为卵黄小板的致密核心(图版6-Ⅳ: 3)。④长条形板状嵴线粒体,外形长条形,嵴板状,嵴排列为一种中间型,部分嵴沿短轴或略倾斜排列,部分沿长轴排列(图版6-Ⅳ: 4)。⑤锯齿状嵴线粒体,嵴锯齿状,增大了嵴与基质的接触面积(图版6-Ⅳ: 5)。⑥巨型线粒体,由单个线粒体演变而来,体积异常膨大,嵴板状,其数目多且排列奇特(图版6-Ⅳ: 6)。前3种形态的线粒体主要存在于卵母细胞中,后3种形态的线粒体主要存在于滤泡细胞中,而椭圆形的板状嵴线粒体则在卵母细胞和滤泡细胞中都存在。各种形态的线粒体在卵子发生过程中执行其相应的功能,在维持卵子的生存与发育中起着十分重要的作用。

6.3.2 卵巢发育过程中线粒体的变化

依超微结构特征和卵黄发生的过程可将南方鲇卵子发生分为卵原细胞期、卵黄发生早期、卵黄发生期和成熟期4个时期。利用透射电镜技术研究卵子的发育过程，结果表明，从卵原细胞期到卵黄发生前期、再到卵黄发生晚期，卵母细胞内的线粒体经历了从外部形态到内部结构的一系列变化。

6.3.2.1 卵原细胞中的线粒体

卵原细胞出现于Ⅰ期卵巢中，周围出现明显的滤泡细胞，此期细胞中只见椭圆形板状嵴线粒体，数量较少。线粒体椭圆形，嵴板状，稀疏，与线粒体长轴垂直。

6.3.2.2 卵黄发生前期卵母细胞中的线粒体

卵母细胞胞核的周围线粒体数目较少，胞质边缘线粒体较丰富，在卵黄发生前期的较早阶段，有的线粒体已退化为由同心膜组成的髓样小体（图版6-Ⅳ：8），基质电子密度高，在较晚阶段，卵母细胞胞质外围和核周均有线粒体聚集成线粒体云，组成线粒体云的线粒体多已退化，形成膜性的髓样结构，基质电子密度高，有的还有基质颗粒，也有少量长形的嵴明显的线粒体。卵母细胞胞质外围的线粒体云中线粒体双层膜仍明显可见，内部嵴退化，含有絮状电子物质，其间有一排列成斜方点阵的晶体结构，似横竖排列整齐的大小管状结构（图版6-Ⅳ：8），直径为20nm，小的约为7.5nm，在线粒体云中还分布有高尔基体及其含有电子致密物的分泌泡。

6.3.2.3 卵黄发生期卵母细胞中的线粒体

卵黄发生早期阶段，卵母细胞线粒体数量骤增，在围核区、皮层区及带状区比较丰富，形态多样。可分为3种情况。第一种为典型的功能性线粒体，呈细条状或球状。细条状线粒体的横切面直径与球状线粒体的直径大致相当，膜清晰，嵴明显，且与长轴垂直或呈一定倾角，基质致密度高。第二种线粒体已逐渐膨大并为小颗粒状的卵黄物质充塞，双层膜明显，但嵴消失，有的可见嵴的残片，极少部分外膜消失，形成卵黄小板（图版6-Ⅳ：9）。第三种线粒体部分松弛，基质密度降低，形成空洞，周围常见数层同心膜，多层同心膜的边缘开始沉积细小颗粒状的电子致密物质（图版6-Ⅳ：8，9）。第一种线粒体表现出活跃的代谢特征，后两种线粒体即将退化沉积卵黄物质，形成卵黄小板。

卵黄合成的中期阶段，滤泡膜细胞已增殖到3~5层，整个滤泡层线粒体嵴均为板状，共有5种线粒体形态，除卵母细胞中的第一和第三种线粒体形态外，滤泡层还有3种类型的线粒体。第一是椭圆形板状嵴线粒体，椭圆形，嵴细，波浪状紧密平行排列直达对侧（图版6-Ⅳ：1）。第二是长条形板状嵴线粒体，长条形，横切面为椭圆形，嵴排列为一种中间型，部分嵴沿短轴或略倾斜排列，部分沿长轴平行排列（图版6-Ⅳ：4）。第三是巨型线粒体，主要存在于颗粒细胞中。巨型线粒体比正常的线粒体大几倍到十几倍，是一种即将衰退的线粒体，在不同的衰退阶段，其体积和嵴的排列方式不同，可明显地分为前期、衰退早期、衰退中期和晚期（图版6-Ⅳ：6，7）。前期的线粒体最大，嵴板状，数目多，相互连接形成"迷路"，表现出强的功能性结构特征。衰退早期巨型线粒体的部分嵴松弛，解体，形成泡状结构，此时，嵴排列成"迷路"状或同心圆式的网格状，可见空泡中已积累了电子密度低的絮状物质。衰退中期巨型线粒体的嵴仍呈板状，排列为相互平行的栅栏状或梯田状，泡的体积略超过巨型线粒体的一半。衰退晚期的巨型线粒体大部分泡状化，一端有少数嵴的存在，到最后，巨型线粒体充满低电子密度的物质。

卵黄形成晚期阶段，即卵黄合成旺盛期。卵黄小板间的线粒体被卵黄物质沉积后变为球状，称球形线粒体，有的扩张膨大，嵴和膜均不清晰，这种球状化的线粒体比内质网和高尔基体形成的卵黄小板电子密度高，称为致密球状体。致密球状体周围有卵黄物质积累，形成大小不一的卵黄小板，致密球状体为卵黄小板的致密核心（图版6-Ⅳ：9）。

6.3.2.4 成熟期卵母细胞中的线粒体

卵原细胞经过一系列发育过程体积增加到最大，胞质中充满卵黄物质。此期可见丰富的正在形成卵黄小板的线粒体，这些线粒体聚集在一起，双层外膜明显，有的嵴已消失或只见嵴的残片，部分线粒体有深染的基质颗粒，数量多为1~3个。

6.3.3 颗粒细胞中线粒体的形态与变化

颗粒细胞中除长条形板状嵴线粒体以外，还有锯齿状线粒体和巨型线粒体。锯齿状线粒体嵴呈锯齿状，增大了嵴与基质的接触面积，是对代谢高度活跃时需要能量的一种适应，颗粒细胞中出现该种线粒体的时间正是滤泡细胞合成和加工卵黄物质的高峰期，不断地从细胞外面胞饮物质入内并产生分泌泡以运输物质入卵母细胞，该结构体现了形态与功能的统一；在不同阶段的退化巨型线粒体中，含有不同形态和电子密度的物质，它们经过不断聚积、浓缩后，低电子絮状物质形成中等电子密度的具放射状分支的卵黄前体颗粒，再浓缩成颗粒性强的卵黄中间颗粒，说明颗粒细胞不仅能合成卵黄物质而且能进一步加工成卵黄前体颗粒和中间颗粒。巨型线粒体为卵黄前体颗粒和中间颗粒的形成提供了空间，尤其在卵黄小板形成中起到了重要作用。颗粒细胞中丰富的滑面内质网及发达的高尔基体等的存在，证明了滤泡细胞具有分泌类固醇激素的功能，这在很多种鱼中已得到证明。这些激素具有促使肝脏合成卵黄蛋白及促进卵子成熟的作用。

6.3.4 线粒体的机能

线粒体一般都具有能量转换、作为运输系统、参与钙的摄取等功能。南方鲇卵子发生过程中，线粒体的数目、形态和大小在不同发育时期的细胞中很不一致。卵原细胞期，线粒体形态典型，呈椭圆形或圆形，有集中现象；卵黄发生前期，线粒体不但外观膨大，融合或变形，出现多种形态，嵴退化或消失，基质浓度降低，而且数量较卵原细胞中明显减少；进入卵黄发生期，线粒体再次出现集中现象，数量增加，比任何一个时期都多，但体积缩小。卵子发生过程中的这种行为变化，一方面说明其在种间存在差异性，另一方面说明各期细胞的氧化代谢不同。

线粒体嵴是氧化磷酸化的主要部位。生物种间及各类细胞之间线粒体形态的差异性很主要的一个方面反映在嵴的形状及排列方式上，嵴的形式、形状和数量因其细胞的代谢活动而大小不一，嵴的多少与氧化代谢的强弱成正比，因此，呼吸代谢强的比呼吸代谢弱的线粒体具有更丰富的嵴。卵黄发生期嵴的数量多而明显，这与细胞在该时期需要大量的能量有关。

线粒体参与了卵黄物质的形成过程。卵黄发生前期，卵母细胞胞质、外围和核周均有线粒体聚集成线粒体云。卵黄合成初期有些线粒体即将退化沉积卵黄物质，形成卵黄小板。卵黄合成旺盛期，卵黄小板间的线粒体被卵黄物质沉积后变为球状，为致密球状体，致密球状体周围有卵黄物质积累，形成大小不一的卵黄小板，致密球状体为卵黄小板的致密核心。卵黄成熟期，可见丰富的正在形成卵黄小板的线粒体，这些线粒体密集在一起，双层膜明显，部分线粒体有深染的基质颗粒。卵黄物质不断地黏附在卵黄小板周缘而使得卵黄小板增大，大、小卵黄小板及卵黄物质连成一片，浓缩形成更大的卵黄小板，并逐渐充满卵母细胞。

参 考 文 献

贡长恩，李叔庚．2001．组织化学．北京：人民卫生出版社．
秉志．1983．鲤鱼组织．北京：科学出版社．
蔡泽平．1994．大弹涂鱼卵巢发育的组织学研究．热带海洋，13（1）：3-40．
曹伏君．1999．鲫（♀）鲤（♂）杂交 F_1 代精巢细胞学研究．湛江海洋大学学报，19（1）：4-9．
曹运长，刘筠．2000．鲫鲤杂种一代（F_1）自交二代（F_2）的受精细胞学研究．生命科学研究，4（3）：255-259．
陈昌福，楠田理一．1999．三种鳜对柱状嗜纤维菌脂多糖免疫应答的比较研究．华中农业大学学报，18（3）：252-255．
陈大元．2000．受精生物学——受精机制与生殖工程．北京：科学出版社．
陈大元，宋祥芬，赵学坤，等．1991．文昌鱼受精机理研究——受精卵的超显微结构．动物学报，37（4）：422-426．
陈定福．1984．南方鲶碱性磷酸酶的分子量及氨基酸组成的研究．四川大学学报，31（4）：579-583．
陈恒，姜建明．1998．鲫鱼尾部神经分泌系统 Dahlgren 细胞季节性变化的细胞计量学研究．上海大学学报，4（4）：398-405．
陈恒，姜建明，从默．2000a．鲫鱼尾部神经分泌系统 Dahlgren 细胞的糖类、脂类及蛋白质计量的季节性变化研究．生物学杂志，17（2）：11-12．
陈恒，姜建明，秦国强，等．2000b．鲫鱼尾部神经分泌系统 Dahlgren 细胞酶计量的季节性变化研究．南京大学学报（自然科学版），36（5）：636-639．
陈恒，刘书朋，谷平．2000c．鱼类尾部神经分泌系统研究进展．上海大学学报，6（3）：248-254．
陈红菊，岳永生．2002．保安湖鳜鱼（*Siniperca Chuatsi*）卵巢发育的组织学观察．山东农业大学学报，33（3）：290-296．
陈军，刘伟，赵春刚，等．2004．杂交鲶精子入卵扫描电镜观察．吉林农业大学学报，26（3）：343-346．
陈军，郑文彪，伍育源，等．2003．鳜鱼和大眼鳜鱼年龄生长和繁殖力的比较研究．华南师范大学学报，（1）：110-114．
陈康贵，王志坚，岳兴建．2002．长薄鳅消化系统结构研究．西南农业大学学报，24（6）：487-490．
陈明茹，丘书院，杨圣云．1999．闽南近海尖头斜齿鲨的精巢结构及精子发育．台湾海峡，18（4）：393-397．
陈少莲．1960．鲤鱼（*Cyprinus carpio* Linné）胚胎发育的观察．动物学杂志，（4）：165-168．
陈文银，张克俭．2003．乌鳢卵巢发育的组织学．水产学报，27（2）：183-187．
陈永龙，梁桂霞，毛铭廷．1995．金鱼精子头在卵细胞质中转化的超微结构研究．西北师范大学学报，31（2）：112-113．
陈永龙，毛铭廷．1995．金鱼受精过程超微结构研究的快速半薄切片定位．西北师范大学学报，31（3）：35-37．
戴大临，戴怡龄，魏刚，等．2002．长吻鮠（*Leiocassis longirostris*）精母细胞染色体的超微结构研究．电子显微学报，21（5）：580-581．
樊廷俊，史振平．2002．鱼类孵化酶的研究进展及其应用前景．海洋湖沼通报，（1）：48-54．
方永强．1991．文昌鱼 Sertoli 细胞超微结构的进一步研究．动物学报，37（2）：123-126．
方永强，戴燕玉，洪桂英．1996．卵形鲳鲹早期卵子发生显微及超微结构的研究．台湾海峡，15（4）：407-414．
方永强，李正森．1989．17α-甲基睾酮刺激鲻鱼精子发生机制的初步研究．海洋与湖沼，20（1）：10-14．
方永强，林君卓，翁幼竹，等．2004．池养鲻的卵巢发育和卵子发生过程．水产学报，28（4）：353-359．
方永强，齐襄．1992．厦门文昌鱼卵子发生的超微结构研究．海洋学报，14（6）：92-96．
方永强，U·威尔士．1996．文昌鱼卵子发生中成熟分裂时卵母细胞的超微结构研究．动物学报，42（4）：355-360．
方永强，Welsch U．1995．文昌鱼卵巢中滤泡细胞超微结构及功能的研究．中国科学（B 辑），14（1）：1079-1085．
方永强，翁幼竹，洪万树，等．2001．鲻鱼早期卵子发生的超微结构研究．水生生物学报，25（6）：583-589．
方永强，翁幼竹，周晶，等．2002．大黄鱼性早熟的机制：精巢中间质细胞和足细胞的显微与亚显微结构．台湾海峡，21（3）：275-279．
方展强．1993．尼罗罗非鱼精子发生的超微结构研究．华南师范大学学报，（1）：68-74．
方展强，郑文彪，马广智，等．2002．鲇卵膜形成和卵黄发生的超微结构观察．华南师范大学学报（自然科学版），（2）：25-31，119．

冯俊荣，曹克驹，曹秀云．1995．乌鳢精巢发育的研究．水利渔业，（5）：7-9．

冯文和，肖蕾，赵涛，等．1996．大熊猫卵泡及卵母细胞发育的研究．兽类学报，16（3）：161-165．

符路娣，方展强．2004．鳜精巢的组织学和超微结构观察．华南师范大学学报（自然科学版），（2）：114-119．

傅更锋，姜建民，徐根兴，等．1998．鲫鱼（Carassius auratus）尾部神经分泌系统形态计量学的季节性变化．南京大学学报（自然科学版），34（2）：132-138．

富丽静，解玉浩，唐作鹏，等．1999．柴河水库大银鱼生殖腺组织学的初步观察．中国水产科学，6（2）：122-123．

甘光明，张耀光．2005．唇䱻受精卵的皮层反应及其引发机制．水生生物学报，29（5）：479-486．

甘光明，张耀光，张贤芳，等．2006．唇䱻受精的细胞学研究．水生生物学报，30（3）：284-291．

甘光明，张耀光，张贤芳，等．2009．唇䱻精子早期入卵观察．四川动物，28（4）：493-498．

高洪娟，张天荫，刘廷礼．1996．金鱼卵的皮层反应．山东大学学报，31（1）：82-89．

高令秋，高书堂，岳朝霞．1993．泥鳅器官发生的初步研究．武汉大学学报，（5）：84-92．

高令秋，高书堂，岳朝霞，等．1995．泥鳅精子入卵程序的扫描电镜观察．武汉大学学报，41（6）：740-744．

龚启祥，曹克驹，曾嶒．1982．香鱼卵巢发育的组织学研究．水产学报，6（2）：221-234．

龚启祥，陈桂娟，郑国生，等．1986．大黄鱼卵母细胞发生的研究．动物学杂志，21（6）：5-9．

龚启祥，郑国生，王苊初，等．1984．东海群成熟带鱼卵巢变化的细胞学观察．水产学报，8（3）：185-196．

龚启祥，倪海儿，李伦平，等．1989．东海银鲳卵巢周年变化的组织学观察．水产学报，13（4）：316-325．

顾志敏，何林岗．1997．中华绒螯蟹卵巢发育周期的组织学细胞学观察．海洋与湖沼，28（2）：138-145．

关海红，曲秋芝．2002．利用松油醇对鲟鱼成熟卵子组织结构的观察．水产学杂志，15（1）：71-73．

管汀鹭．1988．金鱼精子鞭毛发生的特点．动物学报，34（2）：189-190．

管汀鹭．1989a．金鱼精子发生中的拟染色质小体．动物学报，35（2）：124-129．

管汀鹭．1989b．金鱼精子酸、碱性磷酸酶的细胞化学研究．科学通报，34（6）：456-458．

管汀鹭．1990a．金鱼精巢支持细胞间连接和血睾屏障．实验生物学报，23（1）：29-39．

管汀鹭．1990b．金鱼精子头部的液泡结构．科学通报，33（9）：719-720．

管汀鹭．1990c．金鱼精子质膜和核膜的区域特异性．实验生物学报，23（1）：17-27．

管汀鹭，黄丹青，黄国屏．1990．金鱼精巢的细胞构造与精子的发生和形成．水生生物学报，14（3）：233-238．

郭明申，王晨阳，康现江，等．2004．斑马鱼受精过程中原核的时空规律．河北大学学报，24（4）：409-413．

何大仁，肖金华，石燕飞．1981．厦门杏林湾普通鳍鱼性腺组织学研究．水产学报，52（4）：329-342．

何德奎，陈毅峰，蔡斌．2001．纳木错裸鲤性腺发育的组织学研究．水生生物学报，25（1）：1-13．

何学福，贺吉胜，严太明．1999．马边河贝氏高原鳅繁殖特性的研究．西南师范大学学报，24（1）：69-73．

何振邦，洪万树，陈仕玺，等．2009．中华乌塘鳢精子入卵过程的扫描电镜观察．厦门大学学报，48（1）：128-133．

贺吉胜，何学福，严太明．1999．涪江下游唇䱻胚胎发育研究．西南师范大学学报，24（2）：225-231．

洪水根，孙涛，倪子绵，等．1995．中国鲎精子发生的研究：Ⅰ．精子的发生过程．动物学报，41（4）：393-342．

洪万树，翁幼竹，林君卓，等．2001．鲻鱼精子发生和形成的超微结构研究．海洋学报，23（5）：116-120．

洪万树，张其永，倪子绵．1991．西埔湾黄鳍鲷精子发生和形成．水产学报，15（4）：302-307．

洪一江，胡成钰，林光华，等．1994a．兴国红鲤受精早期精子入卵及卵子变化的研究．南昌大学学报（理科版），18（1）：58-64．

洪一江，胡成钰，张丰旺，等．1994b．兴国红鲤受精卵皮层颗粒释放及卵子质膜修复重组的研究．南昌大学学报（理科版），18（2）：23-128．

洪一江，王静，王军花，等．2005．三倍体萍乡肉红鲫的精子入卵及胚胎发育观察．水生生物学报，29（5）：518-523．

胡先成．1996．河川沙塘鳢仔、稚、幼鱼的发育阶段及生长的研究．重庆师范学院学报，13（2）：10-15．

湖南师范学院生物系鱼类研究小组．1975．青鱼性腺发育的研究．水生生物学集刊，5（4）：471-488．

华元渝，杨州，陈亚芬，等．1999．暗纹东方鲀生殖洄游期性腺发育特点及人工繁殖的研究．淡水渔业，29（4）：3-9．

黄辨非，罗静波，杨代勤，等．2000．氯化钠溶液对美国大口胭脂鱼精子活力影响的观察．湖北农业科学，（6）：61-62．

黄国屏，严绍颐．1988．金鱼卵母细胞发育过程中环孔片层的电镜观察．动物学研究，9（3）：209-214．

黄树庆，阎淑珍．1997．黄海太平洋鲱受精前后卵膜的动态变化．青岛海洋大学学报，27（2）：196-202．

黄永松．1990．尼罗罗非鱼成熟卵结构及精子入卵早期的电镜观察．动物学报，36（3）：227-230．

参考文献

黄永松. 1993. 尼罗罗非鱼卵母细胞受精细胞学研究. 动物学报, 39（1）: 19-22.
黄种持. 2004. 黑脊倒刺鲃胚胎发育研究. 淡水渔业, 34（1）: 30-31.
贾林芝, 张存辉. 2000. 山溪鲵卵巢滤泡细胞的显微与超微结构. 动物学研究, 21（5）: 419-421.
江仁党. 2003. 范厝库区鲂性腺发育周年变化的观测. 江西水产科技,（3）: 22-24.
姜乃澄, 卢建平, 袁保京. 2001. 罗氏沼虾初级卵母细胞在卵黄形成期超微结构的变化. 东海海洋, 19（1）: 35-43.
姜言伟, 万瑞景. 1988. 渤海半滑舌鳎早期形态及发育特征的研究. 海洋水产研究,（9）: 185-192.
姜叶琴. 2005. 秀丽白虾卵母细胞不同发育阶段线粒体的变化. 中国水产科学, 12（1）: 10-13.
金丽, 殷江霞, 杨桂枝, 等. 2008. 南方鲇卵母细胞和滤泡细胞中线粒体的类型与变化. 西南大学学报, 30（12）: 56-60.
乐佩琦, 陈宜瑜. 1998. 中国濒危动物红皮书. 鱼类. 北京: 科学出版社: 170-172.
李建中, 张轩杰, 刘少军, 等. 2002a. 异源四倍体鲫鲤的受精细胞学. 动物学报, 48（2）: 233-239.
李建中, 张轩杰, 刘少军, 等. 2002b. 异源四倍体鲫鲤的性腺发育研究. 水生生物学报, 26（2）: 116-122.
李静涵. 1988. 线粒体. 北京: 北京大学出版社.
李军林, 王志坚, 张耀光. 1998. 白甲鱼（♀）与瓣结鱼（♂）杂交种的胚胎和胚后发育. 西南师范大学学报, 23（4）: 449-453.
李君, 蔡亚非. 1998. 动物精子形态的进化趋向. 安徽师范大学学报（自然科学版）, 21（2）: 201-204.
李愁, 黄之春, 魏于生, 等. 1997. 短盖巨脂鲤卵巢发育组织学研究. 水生生物学报, 21（3）: 241-246.
李萍, 张耀光, 殷江霞, 等. 2005. 华鲮精子活力的观察. 西南师范大学学报, 30（6）: 1100-1104.
李璞, 汪安琦, 崔道枋, 等. 1959. 鲫鱼和金鱼胚胎发育的分期. 动物学报, 11（2）: 145-157.
李勇, 张耀光, 谢碧文. 2006. 白甲鱼胚胎和胚后发育的初步观察. 西南师范大学学报, 31（5）: 142-147.
梁银铨, 胡小建, 黄道明, 等. 1999. 长薄鳅胚胎发育的观察. 水生生物学报, 23（6）: 631-635.
梁银铨, 胡小建, 虞功亮, 等. 2004. 长薄鳅仔稚鱼发育和生长的研究. 水生生物学报, 28（1）: 96-100.
林丹军, 尤永隆. 1998. 褐菖鲉精细胞晚期的变化及精子结构研究. 动物学研究, 19（5）: 359-366.
林丹军, 尤永隆. 2000. 卵胎生硬骨鱼褐菖鲉卵巢的周期发育. 动物学研究, 21（4）: 269-274.
林丹军, 尤永隆, 陈莲云. 2000. 卵胎生硬骨鱼褐菖鲉精巢的周期发育. 动物学研究, 21（5）: 337-342.
林丹军, 尤永隆, 苏敏. 2003. 黑脊倒刺鲃精巢结构和精子发生的研究. 水生生物学报, 27（6）: 563-671.
林丹军, 尤永隆, 钟秀容. 1999. 中国雨蛙精子结构及其系统发育上的意义. 动物研究, 20（3）: 161-167.
林丹军, 张健, 骆嘉, 等. 1992. 人工养殖的大黄鱼性腺发育及性周期研究. 福建师范大学学报, 8（3）: 81-87.
林鼎, 林浩然. 1984. 鳗鲡繁殖生物学研究Ⅲ. 鳗鲡性腺发育组织学和细胞学的研究. 水生生物学集刊, 8（2）: 157-164.
林光华. 1995. 革胡子鲇精巢分化和精母细胞超微结构的研究. 南昌大学学报（理科版）, 19（2）: 158-164.
林光华, 林琼, 胡成钰, 等. 1998. 草鱼、兴国红鲤和革胡子鲇精子超微结构的比较研究. 南昌大学学报（理科版）, 22（3）: 283-287.
林光华, 翁世聪, 张丰旺, 等. 1981. 草鱼卵巢在第一次性周期内发育的研究. 海洋与湖沼, 12（4）: 372-381.
林光华, 翁世聪, 张丰旺, 等. 1985. 性成熟草鱼卵巢发育的年周期变化. 水生生物学报, 9（2）: 8-16.
林光华, 熊敬维. 1995. 革胡子鲇卵巢在第一次性周期内分化与发育的研究. 动物学研究, 16（4）: 365-372.
林光华, 张丰旺. 1989. 兴国红鲤精巢发育的研究. 江西大学学报, 13（3）: 1-9.
林加涵. 1987. 文昌鱼精子发生过程中的超微结构研究. 海洋与湖沼, 18（5）: 432-435.
林君卓, 翁幼竹, 方永强, 等. 2001. 鲻鱼精子发生的组织学研究. 台湾海峡, 20（1）: 57-61.
刘焕章, 汪亚平. 1997. 厚颌鲂种群遗传结构及哑基因问题. 水生生物学报, 21（2）: 194-196.
刘建康, 何碧梧. 1992. 中国淡水鱼类养殖学. 3版. 北京: 科学出版社.
刘筠. 1993. 中国养殖鱼类繁殖生理学. 北京: 中国农业出版社.
刘筠, 陈淑群, 王义铣. 1981. 三角鲂（*Megalobrama terminalis*）精子与青鱼（*Mylopharyngodon piceus*）卵子的受精细胞学研究. 水生生物学集刊, 7（3）: 329-336.
刘筠, 陈淑群, 王义铣, 等. 1966. 草鱼卵子受精的细胞学研究. 湖南师范学院学报, 5（2）: 173-184.
刘筠, 刘国安, 陈淑群, 等. 1983. 尼罗罗非鱼性腺发育的研究. 水生生物学集刊, 8（1）: 17-23.
刘筠, 张轩杰. 1992. 鱼类精子结构和相应的卵子类型. 湖南师范大学学报, 5（2）: 168-174.

刘筠, 周工健. 1986. 红鲫（♀）×湘江野鲤（♂）杂交一代生殖腺的细胞学研究. 水生生物学报, 10（2）: 101-107.

刘利平, 王武, 赵雷蕾, 等. 2004. 江黄颡鱼精子的超微结构. 上海水产大学学报, 13（3）: 198-202.

刘少军, 姚占州. 1992. 革胡子鲇成熟精巢超微结构的研究. 湖南师范大学学报, 15（3）: 252-256.

刘少军, 姚占州, 刘筠. 1995. 能自体受精的雌雄同体黄边胡鲇的性腺结构研究. 水生生物学报, 19（1）: 92-93.

刘文彬, 张轩杰. 2004. 黄颡鱼精巢发育和周年变化及精子的发生与形成. 湖南师范大学学报, 27（1）: 66-70.

刘修业, 崔同昌, 王良臣, 等. 1990. 黄鳝性逆转时生殖腺的组织学与超微结构的变化. 水生生物学报, 14（2）: 166-169.

刘雪珠, 石戈, 王日昕. 2005. 黑鲷精子发生过程中的超微结构变化. 海洋科学, 29（10）: 48-53.

刘雪珠, 杨万喜. 2001. 硬骨鱼类受精细胞学研究进展. 东海海洋, 20（1）: 37-41.

刘雪珠, 杨万喜. 2002. 硬骨鱼精子超微结构及其研究前景. 东海海洋, 20（3）: 32-37.

刘雪珠, 杨万喜. 2004. 平鲷精子的超显微结构. 东海海洋, 22（1）: 43-48.

刘灼见, 高书堂, 邓青. 1996. 食蚊鱼的性腺发育及性周期研究. 武汉大学学报, 42（4）: 487-493.

刘子列, 华元渝, 钱林峰, 等. 1999. 暗纹东方鲀卵巢氨基酸组成分析. 水产养殖, （1）: 13-14.

柳爱莲, 曹更生. 2004. 斑马鱼早期胚胎发育形态学观察. 河南大学学报, 34（2）: 50-53.

卢敏德, 葛志亮, 倪建国. 1999. 暗纹东方鲀精、卵超微结构及精子入卵早期电镜观察. 中国水产科学, 6（2）: 5-8.

鲁大椿, 傅朝君, 刘宪亭, 等. 1989. 我国主要淡水养殖鱼类精液的生物学特性. 淡水渔业, （2）: 34-37.

罗芬, 何学福. 1999. 氯化钠浓度对宽口光唇鱼精子活力的影响. 四川动物, 18（2）: 70-72.

罗仙池, 徐田祥, 吴振兴, 等. 1992. 鳜鱼的胚胎、仔稚鱼发育观察. 水产科技情报, 19（6）: 165-168.

罗相忠, 邹桂伟, 潘光碧, 等. 2002. 大口鲇精子生理特性的研究. 淡水渔业, 32（2）: 51-53.

倪子绵, 张其永, 洪万树, 等. 1995. 大弹涂鱼卵细胞发育的显微和超微结构. 台湾海峡, 14（2）: 163-168.

潘德博, 许淑英, 叶星, 等. 1999. 广东鲂精子主要生物学特性的研究. 中国水产科学, 6（4）: 111-113.

潘光碧, 邹世平, 邹桂伟, 等. 1999. 诱导鲤雌核发育时精子入卵的扫描电镜观察. 中国水产科学, 6（3）: 28-31.

蒲德永. 1996. 南方鲶精子活力的观察. 水产科学, 15（6）: 11-12.

蒲德永, 王志坚, 张耀光. 2007. 大眼鳜幼鱼的发育和生长. 西南大学学报, 29（8）: 118-122.

蒲德永, 王志坚, 张耀光, 等. 2006. 大眼鳜胚胎发育的观察. 西南农业大学学报, 28（4）: 651-655.

曲秋芝, 孙大江, 马国军, 等. 2003. 史氏鲟精子入卵过程的扫描电镜观察. 水产学报, 27（4）: 377-380.

沈其璋, 吴坤明, 蔡振岩, 等. 1990. 泥鳅精子入卵的动力作用. 动物学研究, 11（3）: 179-183.

施瑔芳. 1988. 鱼类性腺发育研究新进展. 水生生物学报, 12（3）: 248-258.

施瑔芳. 1992. 我国鱼类生殖生理学研究概况. 海洋与湖沼, 23（3）: 325-332.

施瑔芳, 尹伊伟, 胡传林. 1964. 鲢鱼性腺周年变化的研究. 水生生物学集刊, 5（1）: 77-94.

石奕武, 刘筠. 1999. 日本白鲫（♀）×四倍体鱼（♂）的受精细胞学研究. 湖南医学高等专科学校学报, 1（4）: 3-5.

舒琥, 刘晓春, 张勇. 2005. 赤点石斑鱼精子发生和形成的超微结构研究. 中山大学学报, 44（7）: 103-106.

宋海霞, 翁幼竹, 刘志刚, 等. 2009. 半滑舌鳎精子发生的组织学研究. 台湾海峡, 28（1）: 19-24.

宋慧春, 吴坤明, 沈其璋, 等. 1999. 大银鱼卵膜孔结构的电镜观察. 动物学报, 45（1）: 8-14.

苏德学, 严安生, 田永胜, 等. 2004. 钠、钾、钙和葡萄糖对白斑狗鱼精子活力的影响. 动物学杂志, 39（1）: 16-20.

孙际佳, 郭云贵, 李桂峰, 等. 2006. 赤眼鳟精子入卵的扫描电镜观察. 中国水产科学, 13（5）: 740-743.

孙可一, 从默, 贾长春. 1998. 加州鲈鱼生殖腺的组织学及相应时期血清成分电泳分析. 水产养殖, （5）: 18-22.

谭娟, 张耀光, 刘本祥, 等. 2006. 中华倒刺鲃、白甲鱼和岩原鲤精子的生理特性比较. 淡水渔业, 36（4）: 3-7.

唐安华, 何学福. 1982. 云南光唇鱼 Acrossocheilus yunanensis（Regan）的胚胎和胚后发育的初步观察. 西南师范学院学报, （1）: 1-9.

唐洪玉, 刘建虎. 1998. 中华倒刺鲃性腺发育观察. 西南农业大学学报, 20（1）: 90-94.

王爱民. 1994a. 莫桑比克非鲫卵黄形成的电镜观察. 水生生物学报, 18（1）: 26-31.

王爱民. 1994b. 莫桑比克非鲫卵壳膜形成的电镜观察. 海洋与湖沼, 25（4）: 385-388.

王汉平, 魏开金, 姚红. 1998. 养殖鲥鱼性腺发育的研究. 动物学报, 44（3）: 314-321.

王汉平, 魏开金, 姚红. 1999. 养殖鲥鱼性腺发育的年周期变化. 水产学报, 23（S1）: 15-21.

王剑伟. 1992. 稀有鮈鲫的繁殖生物学. 水生生物学报, 16（2）: 165-174.

王剑伟. 1999. 稀有鮈鲫产卵频次和卵子发育的研究. 水生生物学报, 23（2）: 161-166.
王剑伟, 谭德清, 李文静. 2005. 厚颌鲂人工繁殖初报及胚胎发育观察. 水生生物学报, 29（2）: 130-136.
王珺, 杨圣云, 陈明茹. 2000. 闽南-台湾浅滩渔场金色小沙丁鱼精巢的发育. 台湾海峡, 19（1）: 17-21.
王蓉晖. 1997. 草鱼孵化腺超微结构及孵化酶形成与释放的研究. 水生生物学报, 21（1）: 64-69.
王瑞霞, 张毓人. 1984. 家养鱼类受精生物学的研究. 水生生物学集刊,（2）: 172-176.
王瑞霞, 张毓人, 傅仑生, 等. 1982. 鲂鱼受精早期精子入卵的扫描电子显微镜观察. 水产学报, 6（4）: 313-320.
王晓安, 朱洪文. 1991. 鲫鱼尾部神经分泌系统支配的 HRP 研究. 南京大学学报, 27（3）: 540-546.
王永玲, 杨彩根, 宋学宏, 等. 2007. 黄颡鱼精子入卵的扫描电镜观察. 淡水渔业, 37（4）: 41-44.
王永明, 史晋绒, 蒲德永, 等. 2011. 稀有鮈鲫精子主要生物学特性及活力的观察. 淡水渔业, 41（1）: 68-72.
王咏星, 刘辉, 王健, 等. 1999. 革胡子鲶精巢的定量组织学初步测定. 四川动物, 18（2）: 73.
王志坚, 殷江霞, 张耀光. 2009. 长薄鳅的精巢发育和精子发生. 淡水渔业, 39（1）: 3-9.
王志坚, 张耀光, 李军林. 2000a. 福建纹胸鮡幼鱼发育的研究. 西南农业大学学报, 22（5）: 457-460.
王志坚, 张耀光, 李军林, 等. 2000b. 福建纹胸鮡的胚胎发育. 上海水产大学学报, 9（3）: 194-199.
王志坚, 张耀光, 廖承红. 2000c. 涪江下游川西黑鳍鳈胚胎和幼鱼发育研究. 西南师范大学学报, 25（5）: 590-595.
王祖昆, 邱麟翔, 陈魁侯, 等. 1985. 我国南方主要淡水养殖鱼类精子特性研究. 淡水渔业, 15（1）: 18-21.
魏刚, 陈怀辉. 1994. 鲶卵巢发育组织学的初步研究. 西南师范大学学报（自然科学版）, 19（5）: 517-521.
魏刚, 黄林, 戴大临, 等. 2005. 鲶卵膜形成的显微和超微结构比较的研究. 西南农业大学学报, 27（1）: 96-101.
魏开金, 王汉平, 林加敬, 等. 1996. 氯化钠浓度对鳜鱼精子活力影响的初步观察. 淡水渔业,（4）: 9-10.
吴景贵. 1959. 鲤鱼精子的寿命观察报告. 动物学杂志,（10）: 462-465.
吴坤明, 沈其璋, 刘根洪. 1991. 泥鳅成熟卵受精孔涡旋状结构的研究. 科学通报, 36（15）: 1175-1178.
吴立新. 1993. 碧流河水库斑鳜胚胎发育的形态观察. 水产科学, 12（9）: 5-8.
吴莹莹, 柳学周, 王清印, 等. 2006. 大菱鲆受精过程的细胞学观察. 中国水产科学, 13（4）: 555-560.
肖亚梅. 1993. 黄鳝繁殖生物学研究. I. 黄鳝生殖腺的早期发生及其结构变化. 湖南师范大学学报, 16（4）: 346-349.
肖亚梅. 1995. 黄鳝繁殖生物学研究. II. 黄鳝的雌性发育. 湖南师范大学学报, 18（4）: 45-51.
谢恩义, 何学福. 1998a. 瓣结鱼 [*Tor brevifilis*（Peters）] 的性腺发育及周年变化. 生命科学研究, 2（2）: 140-146.
谢恩义, 何学福. 1998b. 瓣结鱼的胚胎发育. 怀化师专学报, 17（2）: 33-37.
谢刚, 陈焜慈, 胡隐昌, 等. 2003. 倒刺鲃胚胎发育与水温和盐度的关系. 大连水产学院学报, 18（2）: 95-98.
谢小军. 1986. 南方大口鲇的胚胎发育. 西南师范大学学报,（3）: 72-78.
谢小军. 1989. 南方大口鲇幼鱼发育的研究. 水生生物学报, 13（2）: 124-133.
徐根兴, 朱洪文. 1986. 团头鲂尾部神经分泌系统的超微结构及其在人工催产过程中的变化. 水产学报, 10（2）: 205-210.
徐根兴, 朱洪文, 郑一守. 1988. 乌鳢尾部神经分泌系统组织化学和 HRP 法研究. 南京大学学报, 24（3）: 543-550.
徐剑, 邹佩贞, 温海燕, 等. 2004. 光倒刺鲃卵巢发育的初步研究. 动物学杂志, 39（4）: 7-11.
许雁, 熊全沫. 1988. 中华鲟授精过程扫描电镜观察. 动物学报, 34（4）: 325-328.
许雁, 熊全沫. 1990. 中华鲟受精细胞学研究. 动物学报, 36（3）: 275-279.
严云勤, 李光鹏, 郑晓民. 1995. 鲫鱼卵子发生. II. 一些细胞器的变化和放射带的形成. 东北农业大学学报, 26（3）: 273-279.
严云勤, 徐立滨. 1994. 鲫鱼卵子发生. I. 皮层小泡的形成和卵黄发生. 东北农业大学学报, 25（1）: 81-88.
颜素芬. 1995. 锯缘青蟹卵母细胞的卵黄发生. 厦门大学学报, 34（3）: 430-436.
杨桂枝, 张耀光. 2000. 南方鲇（*Silurus meridionalis* Chen）卵黄发生的研究. 四川解剖学杂志, 8（3）: 136-145.
杨万喜, 堵南山, 赖伟. 1999. 日本沼虾生精细胞与支持细胞之间的连接关系. 动物学报, 45（2）: 178-186.
杨勇正, 滕松山. 1983. 大鼠睾丸间质细胞的小管结构及其功能的初步研究. 动物学报, 29（2）: 112-115.
姚纪花, 周平凡. 1998. 大鳞副泥鳅卵子壳膜结构与授精过程的扫描电镜观察. 上海水产大学学报, 7（1）: 65-68.
叶玉珍, 吴清江. 1994. 人工复合三倍体鲤卵的受精生物学研究. 水生生物学报, 18（1）: 17-21.
易祖盛, 陈湘粦, 王春, 等. 2004. 倒刺鲃胚胎发育的研究. 中国水产科学, 11（1）: 65-69.
尹洪滨, 孙中武, 刘玉堂, 等. 2000a. 索氏六须鲶精子的超微结构. 水产学报, 24（4）: 302-305.

尹洪滨，孙中武，刘玉堂，等. 2001. 索氏六须鲶精巢结构及精子发生、形成与排出方式的研究. 中国水产科学，7（4）：1-5.
尹洪滨，孙中武，潘伟志. 2000b. 索氏六须鲶受精早期精子入卵的扫描电镜观察. 中国水产科学，7（2）：1-4.
尹洪滨，孙中武，潘伟志，等. 2000c. 三倍体鲶鱼的性腺发育研究. 海洋与湖沼，31（2）：123-129.
尹洪滨，孙中武，姚道霞，等. 2007. 黄颡鱼受精早期精子入卵扫描电镜观察. 动物学杂志，42（4）：95-100.
尤永隆，林丹军. 1996a. 黄颡鱼（*Pseudobagrus fulvidraco*）精子的超微结构. 实验生物学报，29（3）：235-245.
尤永隆，林丹军. 1996b. 鲤鱼精子超微结构的研究. 动物学研究，17（4）：377-383.
尤永隆，林丹军. 1997. 大黄鱼精子的超微结构. 动物学报，43（2）：119-126.
尤永隆，林丹军. 1998. 尼罗罗非鱼精子形成中核内囊泡的释放. 动物学报，44（3）：257-263.
尤永隆，林丹军. 2003. 黑脊倒刺鲃生精细胞拟染色体的形成过程. 实验生物学报，36（1）：67-75.
尤永隆，林丹军，陈莲云. 2001. 大黄鱼的精子发生. 动物学研究，22（6）：461-466.
尤永隆，林丹军，钟秀容. 2002. 卵胎生硬骨鱼褐菖鲉精子发生的超微结构研究. 热带海洋学报，21（1）：70-77.
余志堂，梁秩燊，易伯鲁. 1984. 铜鱼和圆口铜鱼的早期发育. 水生生物学集刊，8（4）：371-388.
岳朝霞，高书堂，邓凤姣，等. 1996. 乌鳢卵巢发育的组织学研究. 武汉大学学报，42（2）：25-32.
张春光，赵亚辉. 2000. 胭脂鱼的早期发育. 动物学报，46（4）：438-447.
张克俭，张饮江，郑东勇，等. 1999. 海鳗性腺形态和发育的研究. 水产学报，23（1）：13-20.
张其永，洪万树，倪子绵. 1993. 东山岛西埔湾养殖黄鳍鲷卵膜和退化卵母细胞的超微结构. 台湾海峡，12（1）：75-80.
张其永，洪心，蔡友义，等. 1988. 赤点石斑鱼雌性性腺的周期发育. 台湾海峡，7（2）：195-212.
张人铭，蔡林钢，吐尔逊，等. 2001. 赛里木湖高白鲑性腺发育观测. 水产学杂志，14（1）：66-69.
张天荫，封树芒，潘忠宗. 1993. 金鱼精子入卵过程的扫描电镜观察. 动物学研究，14（2）：166-170.
张天荫，封树芒，潘忠宗，等. 1991. 鳙鱼受精早期扫描电镜研究. 动物学报，37（3）：293-296.
张贤芳，张耀光，甘光明，等. 2005. 圆口铜鱼卵巢发育及卵子发生的初步研究. 西南农业大学学报，27（6）：892-897.
张贤芳，张耀光，甘光明，等. 2006. 圆口铜鱼早期卵母细胞发生的超微结构. 西南师范大学学报，31（1）：119-124.
张筱兰，丛娇日，姚斐，等. 1998. 黑鲷（*Sparus macrocephalus*）成熟精、卵和精子入卵早期过程的初步观察. 海洋湖沼通报，（4）：62-68.
张筱兰，郭恩棉，王昭萍，等. 1999a. 3 种海产经济鱼类成熟卵膜形态的比较研究. 海洋科学，（6）：48-51.
张筱兰，姜明，姚斐，等. 1999b. 红鳍东方鲀精子形态的研究. 青岛海洋大学学报，29（2）：255-259.
张旭晨，王所安. 1992. 细鳞鱼精巢超微结构和精子发生. 动物学报，38（4）：355-358.
张耀光. 1998. 内塘养殖长吻鮠 3 时相卵母细胞亚微结构的研究//胡锦矗，吴毅. 脊椎动物资源及保护. 成都：四川科学技术出版社：150-155.
张耀光，何学福. 1991. 长吻鮠幼鱼发育的研究. 水生生物学报，15（2）：153-160.
张耀光，罗泉笙，何学福. 1994. 长吻鮠的卵巢发育和周年变化及繁殖习性研究. 动物学研究，15（2）：42-49.
张耀光，罗泉笙，钟明超. 1992. 长吻鮠精巢发育的分期及精子的发生和形成. 动物学研究，13（3）：281-287.
张耀光，罗泉笙，钟明超. 1993. 长吻鮠精巢及精子结构的研究. 水生生物学报，17（3）：246-251.
张耀光，王德寿，罗泉笙. 1991. 大鳍鳠的胚胎发育. 西南师范大学学报（自然科学版），16（2）：223-229.
张耀光，谢小军. 1995. 南方鲶卵巢滤泡细胞和卵膜生成的组织学研究. 动物学研究，16（2）：166-172.
张耀光，谢小军. 1996. 南方鲇的繁殖生物学研究：性腺发育和周年变化. 水生生物学报，20（1）：8-17.
张耀光，杨桂枝. 2004. 南方鲇卵子发生的超微结构研究. 西南师范大学学报（自然科学版），15（2）：265-272.
张耀光，杨桂枝，金丽. 2004. 南方鲇卵巢滤泡细胞和卵膜生成的超微结构研究. 西南师范大学学报（自然科学版），29（6）：1009-1015.
张永普，胡健饶，计翔. 2004. 中国石龙子成熟精子的超微结构. 动物学报，50（3）：431-441.
章龙珍，陈丽慧，庄平，等. 2008. 长江口纹缟虾虎鱼精子、卵子及受精过程扫描电镜观察. 海洋渔业，30（4）：308-313.
赵振山，高贵琴，黄峰，等. 1999. 彭泽鲫的受精细胞学. 上海水产大学学报，8（1）：25-30.
郑家声，王梅林，史晓川，等. 1997. 欧氏六线鱼 *Hexagrammos otakii* Jordan & Starks 性腺发育的周年变化研究. 青岛海洋大学学报，27（4）：497-503.

郑曙明. 1997. 铜鱼精子发生中的超微结构研究. 水利渔业, (6): 22-24.

郑曙明, 吴青, 刘筱筱. 2006. 华鲮受精早期的电镜观察. 四川动物, 25 (4): 822-825.

郑曙明, 熊全沫. 1993. 铜鱼卵巢的显微和超微结构研究. 武汉大学学报, (3): 103-109.

郑文彪, 潘炯华, 安东, 等. 1991. 革胡子鲶受精过程的扫描电镜观察. 动物学研究, 12 (2): 111-115.

钟慈声. 1984. 细胞和组织的超微结构. 北京: 人民卫生出版社.

周定刚, 温安祥. 2003. 黄鳝精子活力检测和精子入卵早期过程观察. 水产学报, 27 (5): 398-402.

朱洪文, 李新人. 1963. 鲫鱼卵发生过程中细胞学和细胞化学的研究. 动物学报, 16 (3): 348-353.

朱洪文, 徐根兴. 1987. 鲫鱼尾部神经分泌系统显微和亚显微结构的季节性变化. 动物学报, 33 (1): 67-72.

朱洗, 陈兆熙, 王幽兰. 1960. 金鱼和鳊鱼卵球受精的细胞学研究. 实验生物学报, 7 (1): 29-46.

竺俊全, 杨万喜. 2004. 毛蚶与青蚶精子超微结构及其所反映的蚶科进化关系. 动物学研究, 25 (1): 57-62.

Abraham M, Higle V, Lison S, et al. 1984. The cellular envelope of oocytes in teleosts. Cell Tissue Res, 235(2): 403-410.

Abram M, Rahamin E, Tibika H, et al. 1980. The blood-testis barrier in *Aphanius dispar* (Teleost). Cell Tissue Res, 211(2): 207-214.

Afzelius B A. 1978. Fine structure of the garfish spermatozoon. J Ultrastruc Res, 64(3): 309-314.

Aketa K. 1954. The chemical nature and the origin of the cortical alveoli in the egg of the medaka, *Oryzias latipes*. Embryologia, 2(7): 63-66.

Alberts B, Bray D, Lewis J, et al. 1994. Molecular Biology of the Cell. 3rd ed. New York: Garland Publishing Inc: 365-385, 911-946, 1014-1021.

Alderdice D F. 1988. Osmotic and ionic regulation in teleost eggs and larvae. *In*: Hoar W S, Randall D J. Fish Physiology. San Diego: Academic Press: 163-251.

Amanze D, Iyengar A. 1990. The micropyle: a sperm guidance system in teleost fertilization. Development, 109(2): 495-500.

Amiri B M, Maebayashi M, Adachi S, et al. 1996. Testicular development and serum sex steroid profiles during the annual sexual cycle of the male sturgeon hybrid, the bester. J Fish Biol, 48(6): 1039-1050.

Anderson E. 1967. The formation of the primary envelope during oocyte differentiation in teleosts. J Cell Biol, 35(1): 193-212.

Anderson E. 1969. Oocyte-follicle cell differentiation in two species of amphineurans (Mollusca). J Morphol, 129(1): 89-126.

Arnold-Reed D E, Balment R J, McCrohan C R, et al. 1991. The caudal neurosecretory system of *Platichthys flesus*: general morphology and responses to altered salinity. Comp Biochem Physiol, 99(2): 137-143.

Arocha F. 2002. Oocyte development and maturity classification of swordfish from the north-western Atlantic. J Fish Biol, 60(1): 13-27.

Asahina K, Uematsv K, Aida K. 1983. Structure of the testis of the goby *Glossogobius olivaceus*. Bull Jan Soc Sci Fish, 49(10): 1493-1498.

Ayson F G, Kaneko T, Hasegawa S, et al. 1994. Development of mitochondrion-rich cells in the yolk-sac membrane of embryos and larvae of tilapia, *Oreochromis mossambicus*, in fresh water and seawater. J Exp Zool, 270(2): 129-135.

Azevedo C, Coimbra A. 1980. Evolution of nucleoli in the course of oogenesis in a viviparous teleost (*Xiphophorus helleri*). Biol Cell, 38: 43-48.

Baccetti B, Afzelius B A. 1976. The biology of the sperm cell. Monogr Dev Biol, 10: 1-254.

Baldacci A, Taddei A R, Mazzini M, et al. 2001. Ultrastructure and proteins of the egg chorion of the Antarctic fish *Chionodraco hamatus* (Teleostei, Notothenioidei). Polar Biol, 24(6): 417-421.

Balon E K. 1986. Types of feeding in the ontogeny of fishes and the life-history model. Environ Biol Fish, 16(1-3): 11-24.

Balon E K. 1999. Alternative ways to become a juvenile or a definitive phenotype (and on some persisting linguistic offenses). Env Biol Fish, 56(1-2): 17-38.

Baumgarten H G, Falck B, Wartenberg H. 1970. Adrenergic neurons in the spinal cord of the pike (*Esox lucias*) and their relation to the caudal neurosecretory system. Z Zellforsch Mikrosk Anat, 107(4): 479-498.

Beams H W, Kessel R G. 1973. Electron microscope studies on developing crayfish oocyte with special reference to the origin of yolk. J Cell Biol, 18(3): 621-649.

Begovac P C. 1989. Major vitelline envelope proteins in pipefish oocytes originate within the follicle and associated with the Z3 layer. J Exp Zool, 251(1): 56-73.

Begovac P C, Wallace R A. 1988. Stages of oocyte development in the pipefish, *Syngnathus scovelli*. J Morphol, 197(3): 353-369.

Berlind A. 1972. Teleost caudal neurosecretory system: sperm duct contraction induced by urophysial material. J Endocrinol, 52(3): 567-574.

Bern H A, Lederis K. 1978. Caudal neurosecretory system of fishes in 1976. *In*: Bargmann W, Oksche A, Polenov A L, et al. Neurosecretion and Neuroendocrine Activity: Evolution, Structure and Fuction. Berlin, Heidelberg: Springer Verlag: 341-409.

Bern H A, Takasugi N. 1962. The caudal neurosecretory system of fishes. Gen Comp Endocrinol, 2(1): 96-110.

Bern H A, Yagi K, Nishioka R S. 1965. The structure and function of the caudal neurosecretory system of fishes. Arch Anat Microsc Morphol Exp, 54(1): 217-237.

Besseau L, Brusle-Sicard S. 1995. Plasticity of gonad development in hermaphroditic sparids: ovotestis ontogeny in a protandric species, *Lithognathus mormyrus*. Environ Biol Fish, 43(3): 255-267.

Billard R. 1983. Spermiogenesis in the rainbow trout (*Salmo gairdneri*). An ultrastructural study. Cell Tissue Res, 233(2): 265-284.

Billard R. 1986. Spermatogenesis and spermatology of some teleost fish species. Reprod Nutr Dev, 26(4): 877-920.

Billard R, Fostier A, Weil C. 1982. Endocrine control of spermatogenesis in teleost fish. Can J Fish Aquat Sci, 39(1): 65-79.

Blades-Eckelbarger P L, Youngbluth M J. 1984. The structure of oogenesis and yolk formation in *Labidocera aestiva* (Copepoda, Calanoida). J Morphol, 179(1): 33-46.

Bogovac P C, Wallace R A. 1989. Major vitelline envelope proteins in pipefish oocytes originate within the follicle and are associated with the Z3 layer. J Exp Zool, 251(1): 56-73.

Brooks S, Johnston I A. 1994. Temperature and somitogenesis in embryos of the plaice (*Pleuronectes platessa*). J Fish Biol, 45(4): 699-702.

Browder L W. 1980. Development Biology. Philadelphia: Saunders College: 194-197.

Brummett A R, Dumont J N. 1979. Initial stages of sperm penetration into the egg of *Fundulus heteroclitus*. J Exp Zool, 210(3): 417-434.

Brummett A R, Dumont J N. 1981. Cortical vesicle breakdown in fertilized eggs of *Fundulus heteroclitus*. J Exp Zool, 216(1): 63-79.

Brummett A R, Dumont J N, Richter C S. 1985. Later stages of sperm penetration and second polar body and blastodisc formation in the egg of *Fundulus heteroclitus*. J Exp Zool, 234(3): 423-439.

Brusle-Sicard S, Debas L, Fourcault B, et al. 1992. Ultrastructural study of sex inversion in a protogynous hermaphrodite, *Epinephelus microdon* (Teleostei, Serranidae). Reprod Nutr Dev, 32(4): 303-406.

Brusle-Sicard S, Fourcault F. 1997. Recognition of sex-inversing protandric *Sparus aurata*: ultrastructural aspects. J Fish Biol, 50(5): 1094-1103.

Callard G V, Cnick J A, Pudney J. 1980. Estrogen synthesis in Leydig cells: structural functional correlations in necturus testis. Biol Reprod, 23(2): 461-479.

Carla M S, Joyce W H. 1979. The comparative ultrastructure of the egg membrane and associated pore structure in the starry flounder, *Platichthys stellatus* (Pallas), and pink salmon, *Oncorhynchus gorbuscha* (Walbaum). Cell Tissue Res, 202(3): 347-356.

Chan D K O, Bern H A. 1976. The caudal neurosecretory system: a critical evaluation of the two hormone hypothesis. Cell Tissue Res, 174(3): 339-354.

Cherr G N, Clark W H J. 1982. Fine structure of the envelope and micropyles in the eggs of the white sturgeon, *Acipenser transmontanus* Richardson. Dev Growth Differ, 24(4): 341-352.

Cherr G N, Clark W H J. 1985. An egg envelope component induces the acrosome reaction in sturgeon sperm. J Exp Zool, 234(1): 75-85.

Chevalier G. 1976. Ultrastructural changes in the caudal neurosecretory cells of the trout *Salvelinus fontinalis* in relation to external salinity. Gen Comp Endocrinol, 29(4): 441-454.

Cinquetti R, Dramis L. 2003. Histological, histochemical, enzyme histochemical and ultrastructural investigations of the testis of *Padogobius martensi* between annual breeding seasons. J Fish Biol, 63(6): 1402-1428.

Cioni C, de Vito L, Greco A. 1998. The caudal neurosecretory system and its afferent synapses in the goldfish, *Carassius auratus* morphology, immunohistochemistry, and fine structure. J Morphol, 235(1): 59-76.

Cioni C, Francia N, Greco A. 2000. Development of the caudal neurosecretory system of the Nile tilapia *Oreochromis niloticus*: an immunohistochemical and electron microscopic study. J Morph, 243(2): 209-218.

Cioni C, Greco A, Pepe A. 1997. Nitric oxide synthase in the caudal neurosecretory system of the teleost *Oreochromis niloticus*. Neurosci Lett, 238(1-2): 57-60.

Comings D E, Okada T A. 1972. The chromatoid body in mouse spermatogenesis: evidence that it may be formed by the extrusion of nucleolar components. J Ultrastruct Res, 39(1): 15-23.

Corriero A, Desantis S. 2003. Histological investigation on the ovarian cycle of the *bluefin tuna* in the western and central mediterranean. J Fish Biol, 63(1): 108-119.

Coward K, Bromage N R, Hibbitt O, et al. 2002. Gamete physiology fertilization and egg activation in teleost fish. Rev Fish Biol Fisher, 12(1): 33-58.

Coward K, Parrington J. 2003. New insights into the mechanism of egg activation in fish. Aquat Living Resour, 16(4): 395-398.

Creton R, Jaffe L F. 1995. Role of calcium influx during the latent period in sea urchin eggs. Dev Growth Differ, 37(6): 703-709.

Droller M J, Roth T F. 1966. An electron microscopic study of yolk formation during oogenesis in *Lebistes reticulatus* Goppyi. J Cell Biol, 28(2): 209-232.

Dutcher S K, Morrissette N S, Preble A M, et al. 2002. Epsilon-tubulin is an essential component of the centriole. Mol Biol Cell, 13: 3859-3869.

Eckstein B, Cohen S, Hilge V. 1982. Steroid production in testicular tissue of the European eel. Endocrinology, 110(3): 916-919.

Enami M, Imai K. 1956. Studies in neurosecretion. VI. Neurohypophysis-like organization near the caudal extremity of the spinal core in several estuarine species of teleosts. Proc Jpn Acad, 32(3): 197-200.

Estay F, Neira R, Diaz N F, et al. 1998. Gametogenesis and sex steroid profiles in cultured coho salmon (*Oncorhynchus kisutch*, Walbaum). J Exp Zool, 280(6): 429-438.

Evans J P, Kopf G S. 1998. Molecular mechanisms of sperm-egg interactions and egg activation. Andrologia, 30(4-5): 297-307.

Fawcett D W. 1970. A comparative view of sperm ultrastructure. Biol Reprod, 2(S2): 90-127.

Fawcett D W. 1975. The mammalian spermatozoon. Dev Biol, 44(2): 394-436.

Fawcett D W, Eddy E M, Phillips D M. 1970. Observations on the fine structure and relationship of the chromatoid body in mammalian spermatogenesis. Biol Reprod, 2(1): 129-153.

Fawcett D W, Ito S. 1965. The fine structure of bat spermatozoon. Am J Anat, 116(3): 567-610.

Fishelsona L, Beckerb K. 2001. Development and aging of the liver and pancreas in the domestic carp, *Cyprinus carpio*: from embryogenesis to 15-year-old fish. Environ Biol Fish, 61(1): 85-97.

Fluck R A, Miller A L, Jaffe L F. 1991. Slow calcium waves accompany cytokinesis in medaka fish eggs. J Cell Biol, 115(5): 1259-1265.

Foskett K J, Bern H A, Machen T E. 1983. Chloride cells and the hormonal control of teleost fish osmoregulation. J Exp Biol, 106(1): 255-281.

Foskett K J, Logsdon C D, Turner T. 1981. Differentiation of the chloride extrusion mechanism during seawater adaptation of a teleost fish, the cichlid *Sarotherodon mossambicus*. J Exp Biol, 93(1): 209-224.

Fraile B, Sáez F J, Panlagua R. 1990. The cycle of follicular and interstitial cells (Leydig cells) in the testis of the marbled newt, *Triturus marmoratus* (Caudata, Salamandridae). J Morphol, 204(1): 89-101.

Fridberg G. 1962. Studies on the caudal neurosecretory system in teleosts. Acta Zool, 43(1): 1-77.

Fridberg G. 1963. Electron microscopy of the caudal neurosecretory system in *Leuciscus rutilus* and *Phoxinus phoxinus*. Acta Zool, 44(1-2): 245-267.

Fridberg G, Bern H A. 1968. The urophysis and the caudal neurosecretory system of fishes. Biol Rev, 43(2): 175-199.

Fridberg G, Bern H A, Nishioka R S. 1966. The caudal neurosecretory system of the isospondylous teleost, *Albula vulpes*, from different habitats. Gen Comp Endocrinol, 6(2): 195-212.

Friend D S, Fawcett D W. 1973. Membrane differentiation in freeze fractured mammalian sperm. J Cell Biol, 63(2): 641-664.

Gage M J G, Stockley P, Parker G A. 1998. Sperm morphometry in the *Atlantic salmon*. J Fish Biol, 53(4): 835-840.

Gan G M, Zhang Y G. 2006. Cortical reaction and solicitation mechanism in *Hemibarbus labeo* ovum. Front Biol China, 1(4): 398-406.

Gardiner D M. 1978. Fine structure of the spermatozoon of the viviparous teleost, *Cymatogaster aggregata*. J Fish Biol, 13(4): 435-438.

Garg S K, Sundararaj B. 1985. Response of the testes and seminal vesicles of the catfish, *Heteropneustes fossilis* (Bloch) to various combinations of photoperiod and temperature. Physiol Zool, 58(5): 616-627.

Gilbert S F. 1997. Developmental Biology. Sunderland: Sinauer Associates Inc: 850-855.

Gilkey J C, Jaffe L F, Ridgway E B, et al. 1978. A free calcium wave traverses the activating egg of the medaka, *Oryzias latipes*. J Cell Biol, 76(2): 448-466.

Gillot I, Ciapa B, Payan P, et al. 1991. The calcium content of cortical granules and the loss of calcium from sea urchin eggs at fertilization. Dev Biol, 146(2): 396-405.

Girard M, Rivalan P, Sinquin G. 2000. Testis and sperm morphology in two deep-water squaloid sharks, *Centroscymnus coelolepis* and *Centrophorus squamosus*. J Fish Biol, 57(6): 1575-1589.

Giulianini P G, Ferrero E A. 2000. Ultrastructural aspects of the ovarian follicle and egg envelope of the sea-grass goby *Zosterisessor ophiocephalus* (Osteichthyes, Gobiidae). Ital J Zool, 68(1): 29-37.

Grant P. 1953. Phosphate metabolism during oogenesis in *Rana temporaria*. J Exp Zool, 124(3): 513-543.

Gresik E W, Quirk J G, Hamilton J B. 1973. A fine structural and histochemical study of the Leydig cell in the testis of the teleost, *Oryzias latipes* (Cyprinidontiformes). Gen Comp Endocrinol, 20(1): 86-98.

Grier H J. 1973. Ultrastructure of the testis in the teleost, *Poecillia latiplnna*. Spermiogenesis with reference to the intercentriolar lamellated body. J Ultrastruct Res, 45(1-2): 82-92.

Grier H J. 1975. Aspects of germinal cyst and sperm development in *Poecilia Latipinna* (Teleostei: Poeciliidae). J Morphol, 146(2): 229-250.

Grier H J. 1976. Sperm development in the teleost *Oryzias latipes*. Cell Tissue Res, 168(4): 419-431.

Grier H J. 2000. Ovarian germinal epithelium and folliculogenesis in the common snook, *Centropomus undecimalis* (Teleostei: Centropomidae). J Morphol, 243(3): 265-281.

Gwo J C, Gwo H H. 1993. Spermatogenesis in the black porgy, *Acanthopagrus schlegeli* (Teleostei: Perciformes: Sparidae). Mol Reprod Dev, 36(1): 75-83.

Gwo J C, Kuo M C, Chiu J Y, et al. 2004. Ultrastructure of *Pagrus major* and *Rhabdosargus sarba* spermatozoa (Perciformes: Sparidae: Sparinae). Tissue Cell, 36(2): 141-147.

Hamazaki T, Luchi I, Yamagami K. 1985. A spawning female-specific substance reactive to anti-chorion (egg envelope) glycoprotein antibody in the teleost, *Oryzias latipes*. J Exp Zool, 235(2): 269-279.

Hart N H. 1990. Fertilization in teleost fishes: mechanisms of sperm-egg interactions. Int Rev Cytol, 121(1): 1-66.

Hart N H, Donovan M. 1983. Fine structure of the chorion and site of sperm entry in the egg of *Brachydanio*. J Exp Zool, 227(1): 277-296.

Hart N H, Yu S F. 1980. Cortical granule exocytosis and cell surface reorganization in eggs of *Brachydanio*. J Exp Zool, 213(1): 137-159.

Hastie L C, Young M R. 2003. Timing of spawning and glochidial release in Scottish freshwater pearl mussel (*Margaritifera margaritifera*) populations. Freshwater Biol, 48(12): 2107-2117.

Hoyank D J, Liley N R. 2000. Fertilization dynamics in *Sockeye salmon* and a comparison of sperm from alternative male phenotypes. J Fish Biol, 58(5): 1286-1300.

Huang J D, Lee M F, Chang C F. 2002. The morphology of gonadal tissue and male germ cells in the protandrous black porgy, *Acanthopagrus schlegeli*. Zool Stud, 41(2): 216-227.

Hubbard J W. 1894. The yolk nucleus in *Cymatogaster aggregatus* Gibbons. Proc Am Philos Soc, 33(144): 74-83.

Hubbard P C, McCrohan C R, Banks J R. 1996. Electrophysiological characterization of cells of the caudal neurosecretory system in the teleost, *Platichthys flesus*. Comp Biochem Physiol, 115(4): 293-301.

Igarashi T. 1968. Ecological studies on a marine ovoviviparous teleost, *Sebastes taczanowskii* (Steindachner). I. Seasonal changes of the testis. Bull Fac Fish Hokkaido Univ, 19(1): 19-26.

Iuchi I, Ha C R, Sugiyama H, et al. 1996. Analysis of chorion hardening of eggs of rainbow trout, *Oncorhynchus mykiss*. Dev Growth Differ, 38(3): 299-306.

Iwamatsu T, Ohta T. 1981. Scanning electron microscopic observation on sperm penetration in teleostean fish. J Exp Zool, 218(2): 261-277.

Iwamatsu T, Onitake K, Matsuyama K, et al. 1997. Effect of micropylar morphology and size on rapid sperm entry into the eggs of medaka. Zool Sci, 14(4): 626-628.

Iwamatsu T, Onitake K, Yoshimoto Y, et al. 1991. Time sequence of early events in fertilization in the medaka egg. Dev Growth Differ, 33(5): 479-490.

Iwamatsu T, Yoshimoto Y, Hiramoto Y. 1988. Mechanism Ca^{2+} release in medaka eggs microinjected with inositol 1,4,5-triphosphate and Ca^{2+}. Dev Biol, 129(1): 191-197.

Janna H, Yamamoto T S. 1984. Local variation of the cell surface in chum salmon sperm as revealed by their agglutination reaction. J Exp Zool, 230(3): 449-463.

Jennane A, Thiry M, Diouri M, et al. 2000. Fate of the nucleolar vacuole during resumption of the cell cycle in pea cotyledonary buds. Protoplasma, 210(3-4): 172-178.

Karl J, Capel B. 1998. Sertoli cells of the mouse testis originate from the coelomic epithelium. Dev Biol, 203(2): 323-333.

Kawamura K, Ueda T, Hosoya K. 1999. Spermatozoa in triploids of the rosy bitterling *Rhodeus ocellatus ocellatus*. J Fish Biol, 55(2): 420-432.

Kevin J, Craig M. 1997. Ultrastructure of the ovary and oogenesis in the methane-seep mollusc *Bathynerita naticoidea* (Gastropoda: Neritidae) from the Louisiana slope. Invertebr Biol, 116(4): 299-312.

Kim K H, Lee J I. 2003. Ultrastructure of spermatozoa of the slender catfish, *Pseudobagrus brevicorpus* (Teleostei, Bagridae) with phylogenetic considerations. J Kor Fish Soc, 36(5): 480-485.

Kita S, Yoshioka M, Kashwagi M, et al. 2001. Comparative external morphology of cetacean spermatozoa. Fisheries Sci, 67(3): 482-492.

Kobayashi W, Yamamoto T S. 1981. Fine structure of the micropylar apparatus of the chum salmon egg, with a discussion of the mechanism for blocking polyspermy. J Exp Zool, 217(2): 265-275.

Kobayashi W. Yamamoto T S. 1984. Fine structure of the micropylar cell and its change during oocyte maturation in the chum salmon *Oncirhynchrs keta*. J Morphol, 184(3): 263-276.

Kobayashi W, Yamamoto T S. 1987. Light and electron microscopic observation of sperm entry in the chum salmon egg. J Exp Zool, 243(2): 311-322.

Kovac V. 2000. Early development of *Zingel streber*. J Fish Biol, 57(6): 1381-1403.

Kriebel R M. 1980. The caudal neurosecretory system of *Poecilia sphenops* (Poeciliidae). J Morphol, 165(2): 157-165.

Kudo S. 1976. Ultrastructural observations on the discharge of two kinds of granules in the fertilized eggs of *Cyprinus carpio* and *Carassius auratus*. Dev Growth Differ, 18(2): 167-176.

Kudo S. 1980. Sperm penetration and the formation of a fertilization cone in the common carp egg. Dev Growth Differ, 22(3): 403-414.

Kudo S. 1982. Ultrastructure and ultracytochemistry of fertilization envelope formation in the carp egg. Dev Growth Differ, 24(4): 327-339.

Kudo S, Linhart O, Billard R. 1994. Ultrastructural studies of sperm penetration in the egg of the European catfish, *Sillurus glanis*. Aquat Living Resour, 7(2): 93-98.

Kudo S, Sato A. 1985. Fertilization cone of carp eggs as revealed by scanning electron microscopy. Dev Growth Differ, 27(2): 121-128.

Kuo R C, Baxter G T, Thompson S H, et al. 2000. NO is necessary and sufficient for egg activation at fertilization. Nature, 406(6796): 633-636.

Kyozuka K, Deguchi R, Mohri T, et al. 1998. Injection of sperm extract mimics spatiotemporal dynamics of Ca^{2+} responses and progression of meiosis at fertilization of ascidian oocytes. Development, 125(20): 4099-4105.

Laale H W. 1980. The perivitelline space and egg envelopes of bony fishes: a review. Copeia, 198(2): 210-226.

Lahnsteiner F, Berger B, Weismann T, et al. 1995. Fine structure and motility of spermatozoa and composition of the seminal plasma in the perch. J Fish Biol, 47(3): 492-508.

Lahnsteiner F, Berger B, Weismann T, et al. 1997. Sperm structure and motility of the freshwater teleost *Cottus gobio*. J Fish Biol, 50(3): 564-574.

Lawrence Y, Whitaker M, Swann K. 1997. Sperm-egg fusion is the prelude to the initial Ca^{2+} increase at fertilization in the mouse. Development, 124(1): 223-241.

Lederis K, Bern H A. 1974. Recent functional studies on the caudal neurosecretory system of teleost fishes. *In*: Knowles F, Vollrath L. Neurosecretion—The Final Neuroendocrine Pathway. New York: Springer: 94-103.

Lee K W, Webb S E, Miller A L. 1999. A wave of free cytosolic calcium traverses zebrafish eggs on activation. Dev Biol, 214(1): 168-180.

Lehri G K. 1968. Cyclical changes in the ovary of the catfish *Clarias batrachus* (Linn.). Acta Anat, 69(1): 105-124.

Levitan D R. 1996. Effects of gamete traits on fertilization in the sea and the evolution of sexual dimorphism. Nature, 382: 153-155.

Linhart O, Kudo S. 1997. Surface ultrastructure of paddlefish eggs before and after fertilization. J Fish Biol, 51(3): 573-582.

Liu K M, Hung K Y, Chen C T. 2001. Reproductive biology of the big eye *Priacanthus macracanthus* in the north-eastern waters off Taiwan. Fish Sci, 67(6): 1008-1014.

Longo F J. 1983. Nucleoprotein changes during male pronuclear development as determined by the ammoniacal silver reaction. Gamete Res, 7(4): 351-365.

Lou Y H, Takahashi H. 1989. Spermatogenesis in the nile tilapia *Oreochromis niloticus* with notes on a unique pattern of nuclear chromatin condensation. J Morphol, 200(3): 321-330.

Macchia P E. 2000. Recent advances in understanding the molecular basis of primary congenital hypothyroidism. Mol Med Today, 6(1): 36-42.

Maddock D M, Burton M P M. 1999. Gross and histological observations of ovarian development and related condition changes in American plaice. J Fish Biol, 53(5): 928-944.

Mattei X. 1991. Spermatozoon ultrastructure and its systematic implication in fishes. Can J Zool, 69(12): 3038-3055.

Mazabraud A, Wegnez M, Denis H. 1975. Biochemical research on oogenesis. RNA accumulation in the oocytes of teleosts. Dev Biol, 44(2): 326-332.

McCulloch D H, Chambers E L. 1992. Fusion of membranes during fertilization: increases of sea urchin egg's membrane capacitance and membrane conductance at the site of contact with the sperm. J Gen Physiol, 99(2): 137-175.

Mcmaster D, Lederis K. 1983. Isolation and amino acid sequence of two urotensin II peptides from *Catostomus commersoni* urophyses. Peptides, 4(3): 367-373.

Merrett N R, Barnes S H. 1996. Preliminary survey of egg envelope morphology in the Macrouridae and the possible implications of its ornamentation. J Fish Biol, 48(1): 101-119.

Miller K E, Kriebel R M. 1986. Cytology of brain stem neurons projecting to the caudal neurosecretory complex: an HRP-electron microscopic study. Brain Res Bull, 16(2): 183-188.

Minniti F, Minniti G. 1995. Immunocytochemical and ultrastructural changes in the caudal neurosecretory system of a seawater fish *Boops boops* L (Teleostei: Sparidae) in relation to the osmotic stress. Eur J Morphol, 33(5): 473-483.

Miyazaki S, Shirakawa H, Nakada K, et al. 1993. Essential role of the inositol 1,4,5-triphosphate/Ca^{2+} release channel in Ca^{2+} waves and Ca^{2+} oscillations at fertilization of mammalian eggs. Dev Biol, 158: 62-78.

Morrison C M, Miyake T, Wright Jr J R. 2001. Histological study of the development of the embryo and early larva of *Oreochromis niloticus* (Pisces: Cichlidae). J Morphol, 247(2): 172-195.

Munoz M, Casadevall M, Bonet S. 2002. The ovarian morphology of *Scorpaena notata* shows a specialized mode of oviparity. J Fish Biol, 61(4): 877-887.

Murata K, Yamamoto K. 1997. Intrahepatic expression of genes encoding choriogenins: precursor proteins of the egg envelope of fish, the medaka, *Oryzias lapites*. Fish Physiol Biochem, 17(1-6): 135-142.

Nacario J F. 2003. The effect of thyroxine on the larvae and fry of *Sarotherodon niloticus* L. (*Tilapia nilotica*). Aquaculture, 34(1-2): 73-83.

Nagahama Y, Kagawa H, Young G. 1982. Cellular sources of sex steroids in teleost gonads. Can J Fish Aquat Sci, 39(1): 56-64.

Nakamura M. 1982. Gonadal sex differentiation in white-spotted char, *Salvelinus leucomaenis*. Jpn J Ichthyol, 28(4): 431-436.

Nakano E. 1956. Changes in the egg membrane of the fish egg during fertilization. Embryologia, 3(1): 89-103.

Nawax G. 1970. Observations on the seminal vesicles of the Nile catfish, *Clarias lazera*. Ann Mag Nat Hist, 13(2): 444-448.

Nayyar S K, Sundaraj B. 1970. Seasonal reproductive activity in the testes and seminal vesicles of the catfish, *Heteropneustes fossilis* (Blotch). J Morphol, 130(2): 207-225.

Nicholls T J, Graham G P. 1972. The ultrastructure of lobule boundary cells and Leydig cell homologs in the testis of a cichlid fish. *Cichlasoma nigrofasciatum*. Gen Comp Endocrinol, 19(1): 133-146.

Niwa K. 1993. Effectiveness of *in vitro* maturation and *in vitro* fertilization techniques in pigs. J Reprod Fertil Suppl, 48(1): 49-59.

Northcutt R G, Brändle K. 1995. Development of branchiomeric and lateral line nerves in the axolotl. J Comp Neurol, 355(3): 427-454.

Oda S, Igarashi Y, Manaka K, et al. 1998. Sperm-activating proteins obtained from the herring eggs are homologous to trypsin inhibitors and synthesized in follicle cells. Dev Biol, 204(1): 55-63.

Ohta H, Takano K. 1982. Ultrastructure of micropylar cells in the pre-ovulatory follicles of Pacific herring, *Clupea pallasi* Valenciennes. Bull Fac Fish Hokkaido Univ, 33(2): 57-64.

Ohta T. 1985. Electron microscopic observations on sperm entry into eggs of the bitterling during cross-fertilization. J Exp Zool, 233(2): 291-230.

Ohta T, Iwamatsu M, Tanaka Y, et al. 1990. Cortical alveolus breakdown in the eggs of the freshwater teleost *Rhodeus ocellatus ocellatus*. Anat Rec, 227(4): 486-496.

Ohta T, Iwamatsu T. 1983. Electron microscopic observations on sperm entry into eggs of the rose bitterling, *Rhodeus ocellatus*. J Exp Zool, 227(1): 109-119.

Ohta T, Nashirozawa C. 1996. Sperm penetration and transformation of sperm entry site in eggs of the freshwater teleost *Rhodeus ocellatus*. J Morphol, 229(2): 191-200.

Oota Y. 1963. Fine structure of the caudal neurosecretory system of the carp, *Cyprinus carpio*. J Fac Sci Univ Tokyo, 4(10): 129-141.

Oppen-Berntsen D O, Helvik J V, Walther B T. 1990. The major structural proteins of cod (*Gadus morhua*) eggshells and protein crosslinking during teleost egg hardening. Dev Biol, 137(2): 258-265.

Parrington J, Coward K. 2002. Use of emerging genomic and proteomic technologies in fish physiology. Aquat Living Resour, 15(2): 193-196.

Poerier G R, Nicholson N. 1982. Fine structure of the testicular spermatozoa from the channel catfish, *Ictalurus punctatus*. J Ultra Res, 80(1): 104-110.

Psenicka M, Rodina M, Nebesarova J, et al. 2006. Ultrastructure of spermatozoa of tench *Tinca tinca* observed by means of scanning and transmission electron microscopy. Theriogenology, 66(5): 1355-1363.

Quagio-Grassiotto I, Guimarães A C D. 2003. Follicular epithelium, theca and egg envelope formation in *Serrasalmus spilopleura* (Teleostei, Characiformes, Characidae). Acta Zool, 84(2): 121-129.

Quagio-Grassiotto I, Oliveira C, Gosztoyi A E, et al. 2001. The ultrastructure of spermiogenesis and spermatozoa in *Diplomystes mesembrinus*. J Fish Biol, 58(6): 1623-1632.

Resink J W, van den Hurk R, Voorthuis P K, et al. 1987. Quantitative enzyme histochemistry of steroid and glucuronide synthesis in testes and seminal vesicle, and its correlation to plasma gonadotropin level in *Clarias gariepinus*. Aquaculture, 63(1-4): 97-114.

Richard I S. 1974. Caudal neurosecretory system: possible role in pheromone production. J Exp Zool, 187(3): 405-408.

Rideout R M, Trippel E A. Litvak M K. 2004. Relationship between sperm density, spermatocrit, sperm motility and spawning date in wild and cultured haddock. J Fish Biol, 65(2): 319-332.

Rieh R. 1980. Ultracytochemical localization of Na^+, K^+-activated ATPase in the oocyte of *Heterandria formosa* Agassiz, 1853

(Pisces, Poeciliidae). Reprod Nutr Dev, 20(1A): 191-196.

Rizzo E, Sato Y, Barreto B P, et al. 2002. Adhesiveness and surface patterns of eggs in neotropical freshwater teleosts. J Fish Biol, 61(3): 615-632.

Robertis E. 1962. Ultrastructure and function in some neurosecretory systems. Mem Soc Endocrinol, 12: 3-17.

Roberts S B, Jackson L F, King W K, et al. 1999. Annual reproductive cycle of the common snook: endocrine correlates of maturation. T Am Fish Soc, 128(3): 426-445.

Rosenblum P M, Pudney J, Callard I P. 1987. Gonadal morphology, enzyme histochemistry and plasma steroid levels during the annual reproductive cycle of male and female brown bullhead catfish, *Ictalurus nebulosus* Lesueur. J Fish Biol, 31(3): 325-342.

Sado T, Kimura S. 2002. Developmental morphology of the cyprinid fish, *Candidia barbatus*. Ichthyol Res, 49(4): 350-354.

Sado T, Kimura S. 2005. Developmental morphology of the cyprinid fish *Chela dadiburjori*. Ichthyol Res, 52(1): 20-26.

Sado T, Tachibana Y, Kimura S. 2005. Developmental morphology of the cottid fish *Pseudoblennius marmoratus*. Ichthyol Res, 52(3): 292-296.

Schreibman M P, Bwekowiz E J, van den Hurk R. 1982. Histology and histochemistry of the testis and ovary of the platfish, *Xiphophorus maculates*, from birth to sexual maturity. Cell Tissue Res, 224(1): 81-87.

Silveira H P, Azevedo C. 1990. Fine structure of the spermatogenesis of *Blennius pholis* (Pisces, Blenniidae). J Submicrosc Cytol Pathol, 22(1): 103-108.

Sircar A K. 1969. The seminal vesicle of catfish, *Clarias batrachus* (Linnaeus) and *Heteropneustes fossilis* (Bloch). Proc Zool Soc, 19(1): 47-55.

Söderström K O, Parrinen M. 1976. Transport of material between the nucleus, the chromatoid body and the Golgi complex in the early spermatids of the rat. Cell Tissue Res, 168(3): 335-342.

Stricker S A. 1996. Repetitive calcium waves induced by fertilization in the nemertean worm *Cerebratulus lacteus*. Dev Biol, 176(2): 243-263.

Stricker S A. 1997. Intracellular injections of a soluble sperm factor trigger calcium oscillations and meiotic maturation in unfertilized oocytes of a marine worm. Dev Biol, 186(2): 185-201.

Stricker S A. 1999. Comparative biology of calcium signaling during fertilization and egg activation in animals. Dev Biol, 211(2): 157-176.

Takano K, Ohta H. 1982. Ultrastructure of micropylar cells in the ovarian follicles of the pond smelt, *Hypomesus transpacificus nipponensis*. Bull Fac Fish Hokkaido Univ, 33(2): 65-78.

Tesoriero J V. 1977. Formation of the chorion (zona pellucida) in the teleost, *Oryzias latipes*. I. Morphology of early oogenesis. J Ultrastruct Res, 59(3): 282-291.

Tetsuya S, Seishi K. 2005. Developmental morphology of the cyprinid fish *Chela dadiburjori*. Ichthyol Res, 52(1): 20-26.

Thiry M, Poncin P. 2005. Morphological changes of the nucleolus during oogenesis in oviparous teleost, *Barbus barbus* (L.). J Struct Biol, 152(1): 1-13.

Todd P R. 1976. Ultrastructure of the spermatozoa and spermiogenesis in Zealand freshwater eels (*Anguilli dae*). Cell Tissue Res, 171(2): 221-232.

Tomkiewicz J, Tybjerg L, Jespersen A. 2003. Micro-and macroscopic characteristics to stage gonadal maturation of female *Baltic cod*. J Fish Biol, 62(2): 253-275.

Toshimori K, Yasuzumi F. 1979. Tight junctions between ovarian follicle cell in the teleost (*Plecoglossus altivelis*). J Ultrastruct Res, 67(1): 73-78.

Toyoda F, Yamamoto K, Ito Y, et al. 2003. Involvement of arginine vasotocin in reproductive events in the male newt *Cynops pyrrhogaster*. Horm Behav, 44(4): 346-353.

van der Molen S, Matallanas J. 2004. Reproductive biology of female Antarctic spiny plunderfish *Harpagifer spinosus* (Notothenioidei: Harpagiferidae), from Îles Crozet. Antarct Sci, 16(2): 99-105.

van Deurs B, Lastein U. 1973. Ultrastructure of the spermatozoa of the teleost *Pantodon buchholzi* Peters, with particular reference to the midpiece. J Ultrastruct Res, 42(5-6): 517-533.

Vladic T, Jarvi T. 1997. Sperm motility and fertilization time span in Atlantic salmon and brown trout-the effect of water temperature. J Fish Biol, 50(5): 1088-1093.

Winter M J, Ashworth A, Bond H, et al. 2000. The caudal neurosecretory system: control and function of a novel neuroendocrine system in fish. Biochem Cell Biol, 78(3): 193-203.

Wolenski J, Hart N H. 1987. Scanning electron microscope studies of sperm incorporation into the zebrafish (*Brachydanio*) egg. J Exp Zool, 243(2): 259-273.

Worums J P. 1976. Annual fish oogenesis. I. Differentiation of the mature oocyte and formation of the primary envelope. Dev Biol, 50(2): 338-354.

Wu C C, Su W C, Kawasaki T. 2001. Reproductive biology of the dolphin fish *Corphaena hippurus* on the east coast of Taiwan. Fisheries Sci, 67(5): 784-793.

Yagi K, Bern H A. 1965. Electrophysiologic analysis of the response of the caudal neurosecretory system of the *Tilapia mossambica* to osmotic manipulations. Gen Comp Endocrinol, 5(5): 509-526.

Yamamoto K, Qcta I. 1967. An electron microscope study of the formation of yolk globule in the oocyte of zebrafish, *Brachydanio rerio*. Bull Fac Hokkaido Univ, 17(4): 165-174.

Yamamoto S, Kubota S, Yoshimoto Y, et al. 2001. Injection of a sperm extract triggers egg activation in the newt *Cynops pyrrhogaster*. Dev Biol, 230(1): 89-99.

Yoakim E G. 1976. Studies on the seminal vesicles on the Nile catfish, *Schilbe mystus*. Bull Fac Sci Assiut Univ, 5(1): 107-118.

Zirkin B R. 1975. The ultrastructure of nuclear differentiation during spermatogenesis in the salmon. J Ultrastruct Rec, 50(2): 174-184.

图版

第1章 卵子的发生与形成

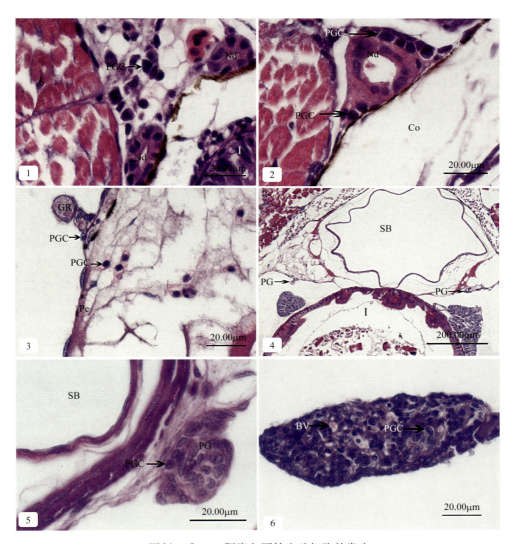

图版 1-Ⅰ-A 胭脂鱼原始生殖细胞的发生
Plate 1-Ⅰ-A Germination of primordial germ cell in *Myxocyprinus asiaticus*

1. 5日龄仔鱼过体中部横切面，示原始生殖细胞；2. 15日龄仔鱼过体中部横切面，示原始生殖细胞；3. 21日龄仔鱼过生殖嵴横切面，示生殖嵴、原始生殖细胞；4. 25日龄仔鱼过原始性腺横切面，示原始性腺；5. 40日龄稚鱼过原始性腺横切面，示原始生殖细胞；6. 80日龄稚鱼过原始性腺横切面，示血管、原始生殖细胞

BV: 血管；Co: 体腔；GR: 生殖嵴；I: 小肠；Nd: 肾管；Pe: 腹膜；PG: 原始性腺；PGC: 原始生殖细胞；S: 体节；SB: 鳔

1. Cross section on the middle part of the 5-day larva, showing primordial germ cell; 2. Cross section on the middle part of the 15-day larva, showing primordial germ cell; 3. Cross section on the genital ridge of the 21-day larva, showing genital ridge and primordial germ cell; 4. Cross section on the primary gonad of the 25-day larva, showing primary gonad; 5. Cross section on the primary gonad of the 40-day juvenile, showing primordial germ cell; 6. Cross section on the primary gonad of the 80-day juvenile, showing blood vessel and primordial germ cell

BV: blood vessel; Co: coelom; GR: genital ridge; I: small intestine; Nd: nephridium; Pe: peritoneum; PG: primary gonad; PGC: primordial germ cell; S: somite; SB: swim bladder

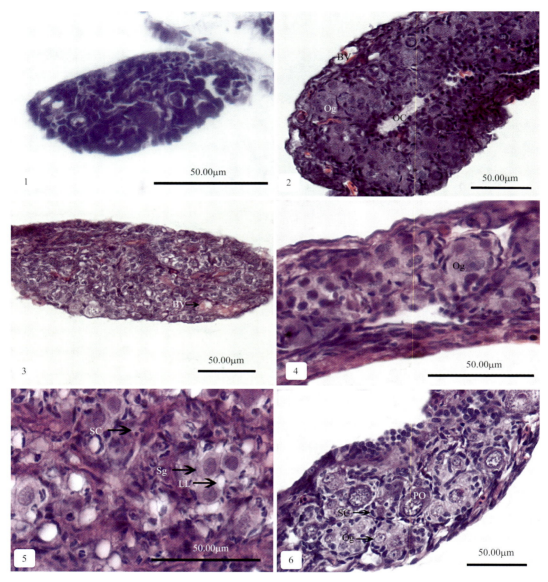

图版 1-Ⅰ-B　胭脂鱼原始生殖细胞的发生

Plate 1-Ⅰ-B　Germination of primordial germ cell in *Myxocyprinus asiaticus*

1. 110 日龄幼鱼过原始性腺横切面；2. 180 日龄幼鱼性腺横切面，示卵原细胞、卵巢腔；3. 180 日龄幼鱼性腺横切面，示血管；4. 200 日龄幼鱼性腺横切面，示卵原细胞；5. 200 日龄幼鱼性腺横切面，示精原细胞、小叶腔；6. 250 日龄幼鱼性腺横切面，示卵原细胞、初级卵母细胞

BV：血管；LL：小叶腔；OC：卵巢腔；Og：卵原细胞；PO：初级卵母细胞；SC：体细胞；Sg：精原细胞

1. Cross section on the primary gonad of the 110-day young; 2. Cross section on the gonad of the 180-day young, showing oogonium and ovarian cavity; 3. Cross section on the gonad of the 180-day young, showing blood vessel; 4. Cross section on the gonad of the 200-day young, showing oogonium; 5. Cross section on the gonad of the 200-day young, showing spermatogonium and lobule lumen; 6. Cross section on the gonad of the 250-day young, showing oogonium and primary oocyte

BV: blood vessel; LL: lobule lumen; OC: ovarian cavity; Og: oogonium; PO: primary oocyte; SC: somatic cell; Sg: spermatogonium

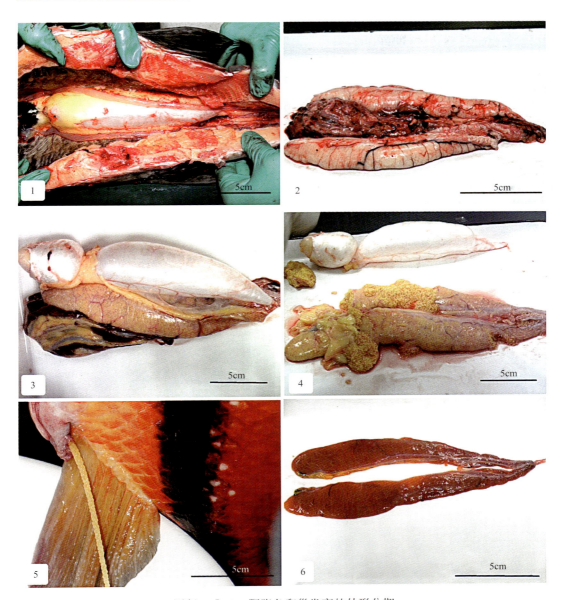

图版 1- I -C 胭脂鱼卵巢发育的外形分期

Plate 1- I -C Morphological phases of ovary development in *Myxocyprinus asiaticus*

1. II 期卵巢；2. III 期卵巢；3, 4. IV 期卵巢, 示成型的卵粒；5. 成熟的卵粒；6. VI 期卵巢

1. Ovary of stage II ; 2. Ovary of stage III ; 3, 4. Ovary of stage IV, showing shaped eggs; 5. Mature eggs; 6. Ovary of stage VI

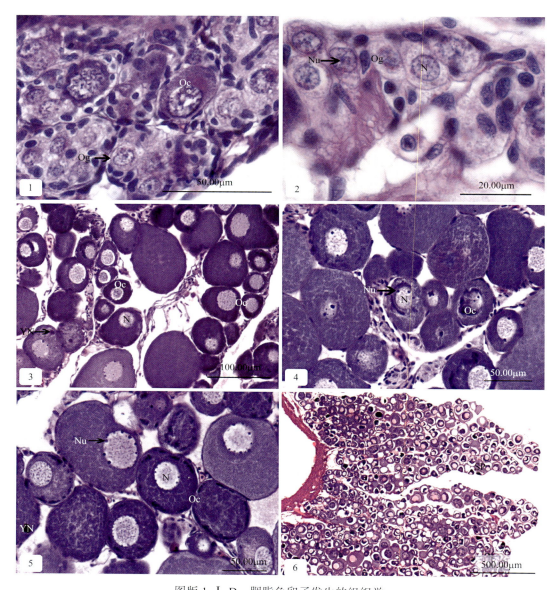

图版 1- I -D 胭脂鱼卵子发生的组织学
Plate 1- I -D Histology of oogenesis in the *Myxocyprinus asiaticus*

1. 卵原细胞和初级卵母细胞；2. 卵原细胞，示中央大核仁；3～5. II时相早期卵母细胞，示核仁、卵黄核及胞质中的深色团块状结构；6. II时相中期卵母细胞，示产卵板

N：细胞核；Nu：核仁；Oc：卵母细胞；Og：卵原细胞；SP：产卵板；YN：卵黄核

1. Oogonium and primary oocyte; 2. Oogonium, showing the central big nucleolus; 3-5. Oocyte in early period of phase II, showing nucleolus, yolk nucleus, and dark-colored structures organized as clumps in the cytoplasm; 6. Oocyte in the middle of phase II, showing spawning plate

N: nucleus; Nu: nucleolus; Oc: oocyte; Og: oogonium; SP: spawning plate; YN: yolk nucleus

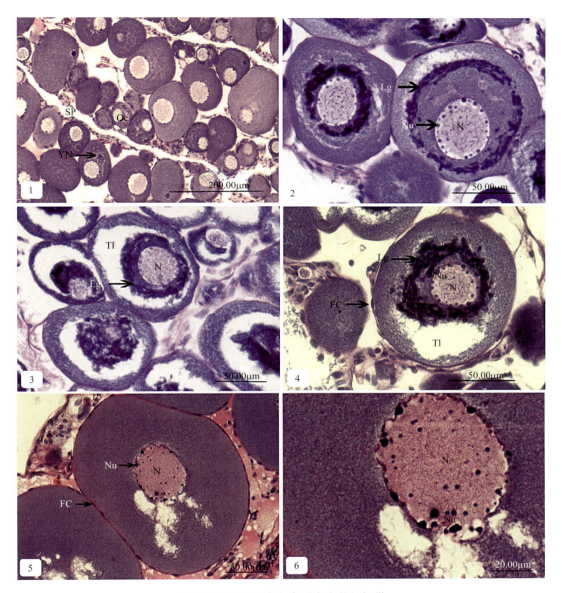

图版 1-Ⅰ-E 胭脂鱼卵子发生的组织学

Plate 1-Ⅰ-E Histology of oogenesis in the *Myxocyprinus asiaticus*

1～4. Ⅱ时相中期卵母细胞，示产卵板、卵黄核、生长环、透明层、核仁、滤泡细胞；5, 6. Ⅱ时相晚期卵母细胞，示细胞核、核仁、核膜、滤泡细胞

FC：滤泡细胞；Lg：生长环；N：细胞核；Nu：核仁；Oc：卵母细胞；SP：产卵板；Tl：透明层；YN：卵黄核

1-4. Oocyte in the middle of phase Ⅱ, showing spawning plate, yolk nucleus, loop of growth, transparent layer, nucleolus, and follicle cell; 5, 6. Oocyte in the late of phase Ⅱ, showing nucleus, nucleolus, nuclear membrane and follicle cell

FC: follicle cell; Lg: loop of growth; N: nucleus; Nu: nucleolus; Oc: oocyte; SP: spawning plate; Tl: transparent layer; YN: yolk nucleus

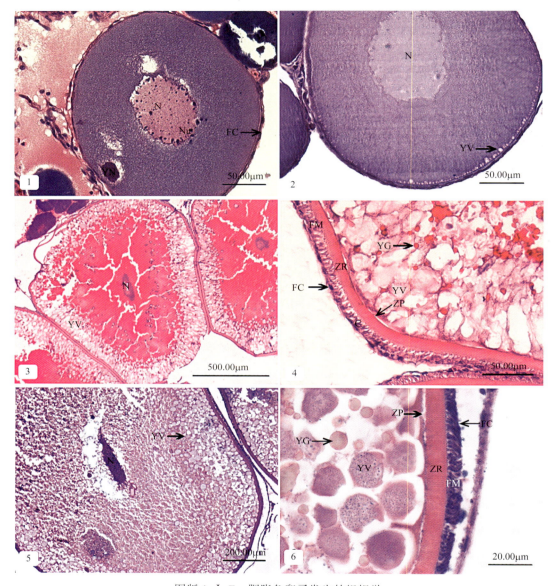

图版 1-Ⅰ-F　胭脂鱼卵子发生的组织学
Plate 1-Ⅰ-F　Histology of oogenesis in the *Myxocyprinus asiaticus*

1. Ⅱ时相晚期卵母细胞，示卵黄核；2. Ⅲ时相早期卵母细胞，示卵黄泡；3, 4. Ⅲ时相中期卵母细胞，示细胞核、放射带、滤泡膜、卵黄泡、卵黄颗粒、滤泡细胞；5, 6. Ⅲ时相晚期卵母细胞，示细胞核、卵黄泡、卵黄颗粒、透明带、放射带、滤泡膜

C：绒毛膜；FC：滤泡细胞；FM：滤泡膜；N：细胞核；Nu：核仁；YG：卵黄颗粒；YN：卵黄核；YV：卵黄泡；ZP：透明带；ZR：放射带

1. Oocyte in the late of phase Ⅱ, showing yolk nucleus; 2. Oocyte in the early of phase Ⅲ, showing yolk vesicle; 3, 4. Oocyte in the middle of phase Ⅲ, showing nucleus, zona radiata, follicular membrane, yolk vesicle, yolk granule, follicle cell; 5, 6. Oocyte in the late of phase Ⅲ, showing nucleus, yolk vesicle, yolk granule, zona pellucida, zona radiata, follicular membrane

C: chorion; FC: follicle cell; FM: follicular membrane; N: nucleus; Nu: nucleolus; YG: yolk granule; YN: yolk nucleus; YV: yolk vesicle; ZP: zona pellucida; ZR: zona radiata

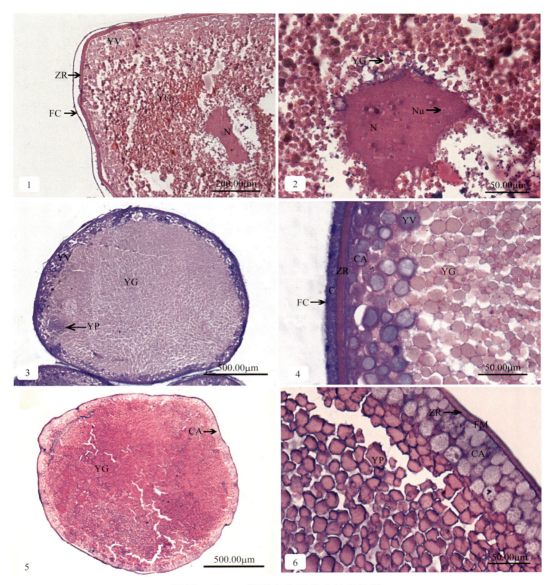

图版 1- Ⅰ -G　胭脂鱼卵子发生的组织学
Plate 1- Ⅰ -G　Histology of oogenesis in the *Myxocyprinus asiaticus*

1，2. Ⅳ时相早期卵母细胞，示细胞核、核仁、卵黄颗粒；3. Ⅳ时相中期卵母细胞，示放射带、卵黄颗粒；4. Ⅳ时相晚期卵母细胞，示放射带、绒毛膜、卵黄泡、皮层泡、卵黄小板；5，6. Ⅴ时相卵母细胞，示放射带、皮层泡、卵黄小板

C：绒毛膜；CA：皮层泡；FC：滤泡细胞；FM：滤泡膜；N：细胞核；Nu：核仁；YG：卵黄颗粒；YP：卵黄小板；YV：卵黄泡；ZR：放射带

1, 2. Oocyte in the early of phase Ⅳ, showing nucleus, nucleolus and yolk granule; 3. Oocyte in the middle of phase Ⅳ, showing zona radiata and yolk granule; 4. Oocyte in the late of phase Ⅳ, showing zona radiata, chorion, yolk vesicle, cortical alveolus and yolk plate; 5, 6. Oocyte in phase Ⅴ, showing zona radiata, cortical alveolus and yolk plate

C: chorion; CA: cortical alveolus; FC: follicle cell; FM: follicular membrane; N: nucleus; Nu: nucleolus; YG: yolk granule; YP: yolk plate; YV: yolk vesicle; ZR: zona radiata

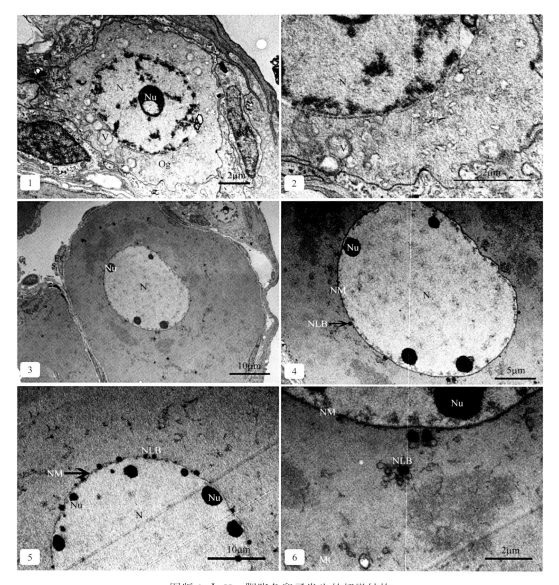

图版 1-Ⅰ-H　胭脂鱼卵子发生的超微结构

Plate 1-Ⅰ-H　Ultrastructure of oogenesis in the *Myxocyprinus asiaticus*

1，2. 卵原细胞，示细胞核、核仁、囊泡、线粒体及支持细胞；3～6. 卵黄发生前期卵母细胞，示细胞核、核仁、核膜、核仁样体及滤泡细胞

FC：滤泡细胞；Mt：线粒体；N：细胞核；NLB：核仁样体；NM：核膜；Nu：核仁；Og：卵原细胞；SC：支持细胞；V：囊泡

1, 2. Oogonium, showing nucleus, nucleolus, vesicle, mitochondrion and Sertoli cell; 3-6. Oocyte in the pre-vitellogenesis, showing nucleus, nucleolus, nuclear membrane, nucleolus-like body and follicle cell

FC: follicle cell; Mt: mitochondrion; N: nucleus; NLB: nucleolus-like body; NM: nuclear membrane; Nu: nucleolus; Og: oogonium; SC: Sertoli cell; V: vesicle

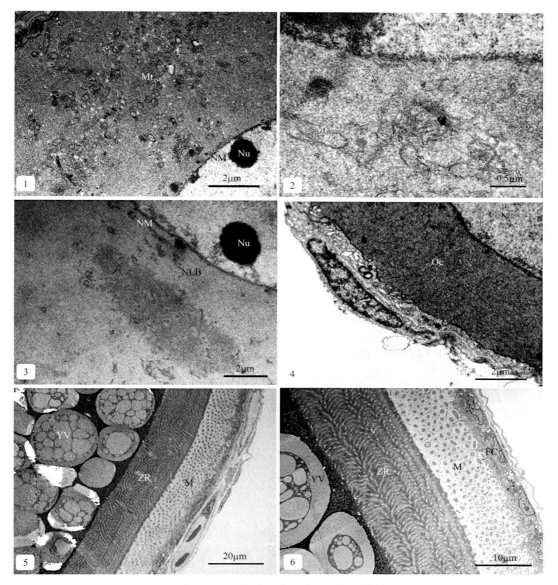

图版 1- Ⅰ -I 胭脂鱼卵子发生的超微结构

Plate 1- Ⅰ -I Ultrastructure of oogenesis in the *Myxocyprinus asiaticus*

1~4. 卵黄发生前期卵母细胞，示线粒体、线粒体云、胞质的云状团块及滤泡细胞；5，6. 卵黄发生早期卵母细胞，示放射带、微绒毛、滤泡细胞及卵黄泡

FC：滤泡细胞；M：微绒毛；Mt：线粒体；N：细胞核；NLB：核仁样体；NM：核膜；Nu：核仁；Oc：卵母细胞；YV：卵黄泡；ZR：放射带

1-4. Oocyte in the pre-vitellogenesis, showing mitochondrion, mitochondria cloud, cloud mass in the cytoplasm and follicle cell; 5, 6. Oocyte in the early-vitellogenesis, showing zona radiata, microvilli, follicle cell and yolk vesicle

FC: follicle cell; M: microvilli; Mt: mitochondrion; N: nucleus; NLB: nucleolus-like body; NM: nuclear membrane; Nu: nucleolus; Oc: oocyte; YV: yolk vesicle; ZR: zona radiata

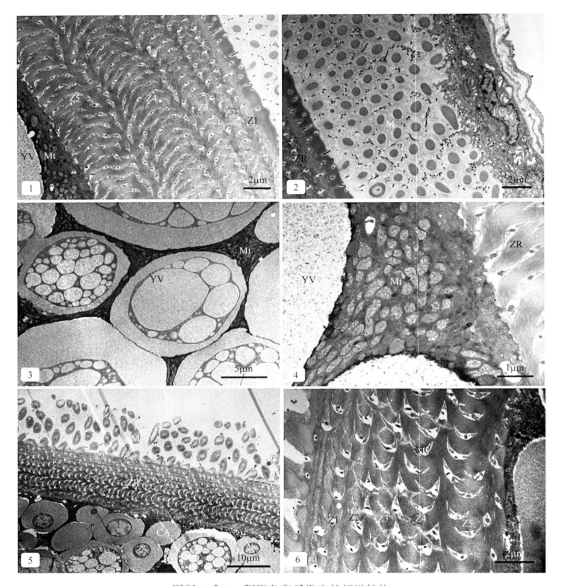

图版 1- I -J　胭脂鱼卵子发生的超微结构

Plate 1- I -J　Ultrastructure of oogenesis in the *Myxocyprinus asiaticus*

1~4. 卵黄发生早期卵母细胞，示放射带、微绒毛孔道、微绒毛、滤泡细胞、卵黄泡及线粒体；5、6. 卵黄发生晚期卵母细胞，示放射带、微绒毛、皮层泡、卵黄泡及微绒毛孔道

CA：皮层泡；FC：滤泡细胞；M：微绒毛；MC：微绒毛孔道；Mt：线粒体；YV：卵黄泡；Z1：放射带Ⅱ；Z2：放射带Ⅲ；Z3：放射带Ⅳ；Z4：放射带Ⅴ；Z5：放射带Ⅵ；ZR：放射带

1-4. Oocyte in the early-vitellogenesis, showing zona radiata, microvillar channel, microvilli, follicle cell, yolk vesicle and mitochondrion; 5, 6. Oocyte in the late stage of vitellogenesis, showing zona radiata, microvilli, cortical alveolus, yolk vesicle and microvillar channel

CA: cortical alveolus; FC: follicle cell; M: microvilli; MC: microvillar channel; Mt: mitochondrion; YV: yolk vesicle; Z1: zona radiata Ⅱ; Z2: zona radiata Ⅲ; Z3: zona radiata Ⅳ; Z4: zona radiata Ⅴ; Z5: zona radiata Ⅵ; ZR: zona radiata

图版 1-Ⅰ-K　胭脂鱼卵子发生的超微结构
Plate 1-Ⅰ-K　Ultrastructure of oogenesis in the *Myxocyprinus asiaticus*

1~3. 卵黄发生晚期卵母细胞，示内质网、线粒体、卵黄颗粒；4~6. 成熟期卵母细胞，示放射带、卵黄颗粒、卵黄小板
CA：皮层泡；ER：内质网；MC：微绒毛孔道；Mt：线粒体；YG：卵黄颗粒；YP：卵黄小板；YV：卵黄泡；Z3：放射带Ⅳ；Z4：放射带Ⅴ；Z5：放射带Ⅵ

1-3. Oocyte in the late stage of vitellogenesis, showing endoplasmic reticulum, mitochondrion and yolk granule; 4-6. Oocyte in stage Ⅴ, showing zona radiate, yolk granule and yolk plate
CA: cortical alveolus; ER: endoplasmic reticulum; MC: microvillar channel; Mt: mitochondrion; YG: yolk granule; YP: yolk plate; YV: yolk vesicle; Z3: zona radiata Ⅳ; Z4: zona radiata Ⅴ; Z5: zona radiata Ⅵ

图版 1-Ⅱ 南方鲇卵子发生的组织学
Plate 1-Ⅱ Histology of oogenesis in the *Silurus meridionalis*

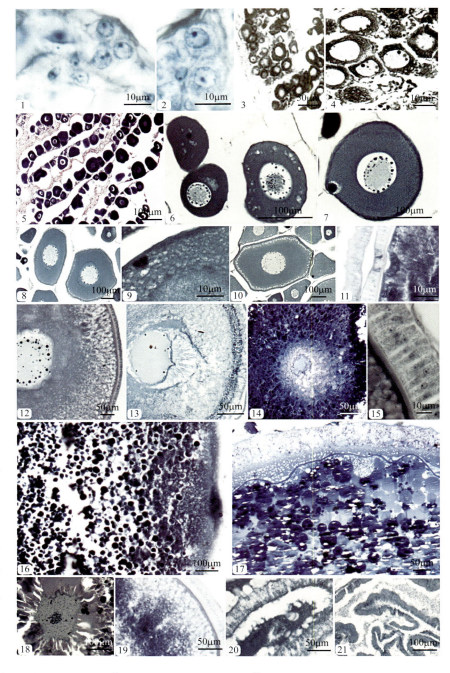

1. Ⅰ期卵巢，示卵原细胞；2. 卵原细胞的放大；3. Ⅱ期卵巢，示Ⅱ时相早期卵母细胞；4. 图3的放大；5. Ⅱ期卵巢，示Ⅱ时相卵母细胞在产卵板上的排列情况；6. Ⅱ时相中期卵母细胞；7. Ⅱ时相晚期卵母细胞，示卵黄核；8. Ⅲ期卵巢，示Ⅲ时相早期卵母细胞及核；9. Ⅲ时相早期卵母细胞中存在的卵黄核放大图；10. Ⅲ时相中期卵母细胞；11. Ⅲ时相中期卵母细胞，示形成中的精孔细胞和放射带；12. Ⅲ时相晚期卵母细胞；13. Ⅳ期卵巢，示Ⅳ时相早期卵母细胞；14. Ⅳ时相中期卵母细胞核及卵黄颗粒；15. Ⅳ时相末期卵母细胞，示滤泡细胞、放射带和卵黄泡；16. Ⅴ时相卵母细胞；17. 退化中的卵母细胞，示增生的滤泡细胞和卵黄颗粒；18. Ⅳ时相中期卵母细胞；19. Ⅳ时相末期卵母细胞；20，21. Ⅵ期卵巢切片

1. Ovary at the stage Ⅰ, showing oogonium; 2. The enlargement of oogonium; 3. Ovary at the stage Ⅱ, showing oocyte of early phase Ⅱ; 4. The enlargement of figure 3; 5. Ovary at the stage Ⅱ, showing the arrangement of oocytes of phase Ⅱ in spawning plate; 6. Oocyte in the middle of phase Ⅱ; 7. Oocyte of late phase Ⅱ, showing yolk nucleus; 8. Ovary at the stage Ⅲ, showing oocyte and its nucleus of early phase Ⅲ; 9. The enlargement of yolk nucleus existed in the oocyte of early phase Ⅲ; 10. Oocyte in the middle of phase Ⅲ; 11. Oocyte in the middle of phase Ⅲ, showing the growing micropylar cell and zona radiata; 12. Oocyte of the late phase Ⅲ; 13. Ovary at the stage Ⅳ, showing oocyte of early phase Ⅳ; 14. The nucleus and yolk granule of oocyte in the middle of phase Ⅳ; 15. Oocyte of late phase Ⅳ, showing follicle cell, zona radiata and yolk vesicle; 16. Oocyte at phase Ⅴ; 17. The degenerating oocyte, showing increased follicle cell and yolk granule; 18. Oocyte in the middle of phase Ⅳ; 19. Oocyte of late phase Ⅳ; 20, 21. Section of ovary at stage Ⅵ

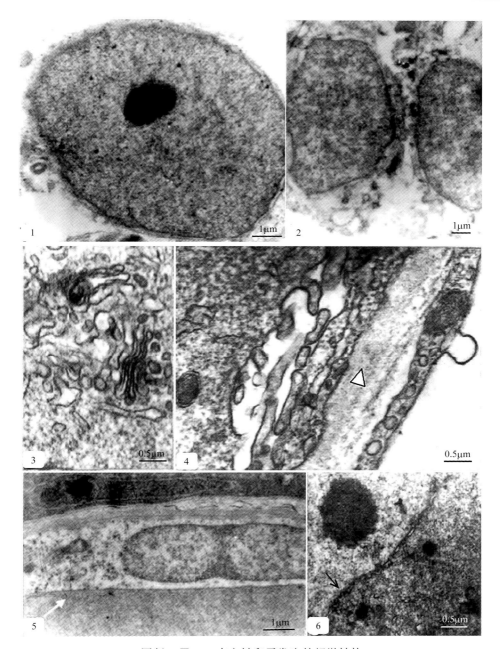

图版 1-Ⅲ-A 南方鲇卵子发生的超微结构

Plate 1-Ⅲ-A Ultrastructure of oogenesis in the *Silurus meridionalis*

1. 卵原细胞，示中央大核仁；2. 示极性分布的胞质中细胞器种类、数目少；3. 示发达的高尔基体的运输小泡和分泌小泡；4. 示放射带（△）；5. 示从滤泡细胞来的运输泡（←）进入卵母细胞；6. 示波曲的核膜（←），从核孔处外排的核仁物质及其膜性结构沉积

1. Oogonium, showing the central big nucleolus; 2. Showing the polar distributed cytoplasm with few kinds and little number of organelles; 3. Showing developed transport vesicle and secretory vesicle of Golgi body; 4. Showing the zona radiata (△); 5. Showing the vesicle (←) transport from the follicle cell to oocyte; 6. Showing curved nuclear membrane (←), nucleolar material and its deposition of some membrane-like structures drained out from nuclear pore

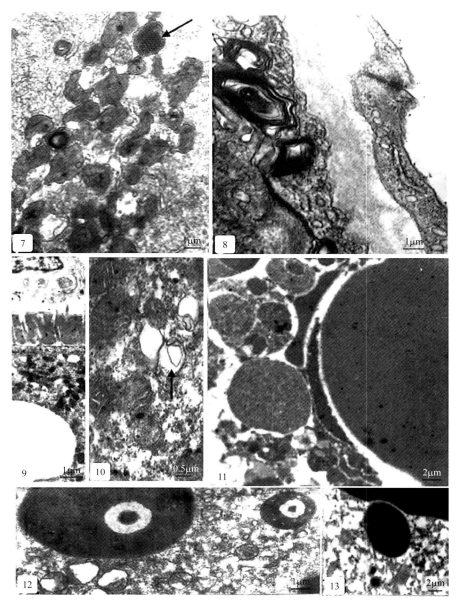

图版 1-Ⅲ-B 南方鲇卵子发生的超微结构
Plate 1-Ⅲ-B Ultrastructure of oogenesis in the *Silurus meridionalis*

7. 卵黄发生前卵母细胞晚期阶段，示线粒体云及带晶体结构的退化线粒体形成卵黄小板（←）；8. 卵黄发生前卵母细胞晚期阶段，示致密核心小泡和放射带；9. 卵黄合成期，示退化线粒体沉积卵黄物质的两种形态；10. 卵黄合成期，示皮层泡和胞饮泡（←）；11. 卵黄合成期，卵黄物质在线粒体、高尔基体、内质网或直接在细胞质中沉积形成卵黄小板；12. 卵黄合成后期，线粒体及泡状结构中沉积卵黄物质；13. 成熟卵子，大小卵黄小板相互黏合形成更大的卵黄小板
7. Late stage oocyte in the pre-vitellogenesis, showing mitochondrial cloud and yolk plate (←) formed by degenerated mitochondria, with the crystal structure; 8. Late stage oocyte in the pre-vitellogenesis, showing pyknotic small vesicle in the central of nuclear and zona radiata; 9. Vitellogenesis stage, showing two different types of yolk substance deposition by degenerated mitochondrion; 10. Vitellogenesis, showing cortical alveolus and pinocytosis vesicle (←); 11. Vitellogenesis stage, showing yolk substance deposited in the mitochondrion, Golgi body, endoplasmic reticulum or directly in the cytoplasm to form the yolk plate; 12. Late stage of vitellogenesis, yolk substance deposited in mitochondria and vesicle structures; 13. Mature egg, yolk plates with different size adhered together to form a larger yolk plate

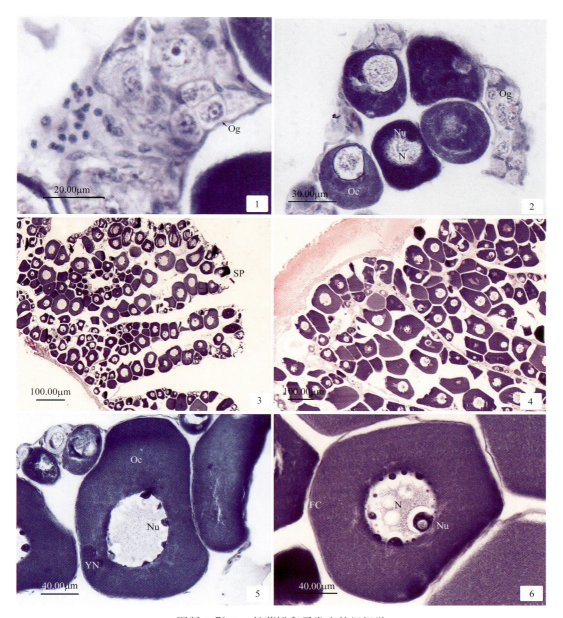

图版 1-Ⅳ-A 长薄鳅卵子发生的组织学
Plate 1-Ⅳ-A Histology of oogenesis in the *Leptobotia elongata*
1. 卵原细胞；2. Ⅱ时相早期卵母细胞；3. 卵巢壁和生殖上皮；4. 产卵板；5. 卵黄核；6. 核仁泡状结构
FC：滤泡细胞；N：细胞核；Nu：核仁；Oc：卵母细胞；Og：卵原细胞；SP：产卵板；YN：卵黄核
1. Oogonium; 2. Oocyte in the early of phase Ⅱ; 3. Ovarian wall and germinal epithelium; 4. Spawning plate; 5. Yolk nucleus; 6. The vesicles structure of nucleolus
FC: follicle cell; N: nucleus; Nu: nucleolus; Oc: oocyte; Og: oogonium; SP: spawning plate; YN: yolk nucleus

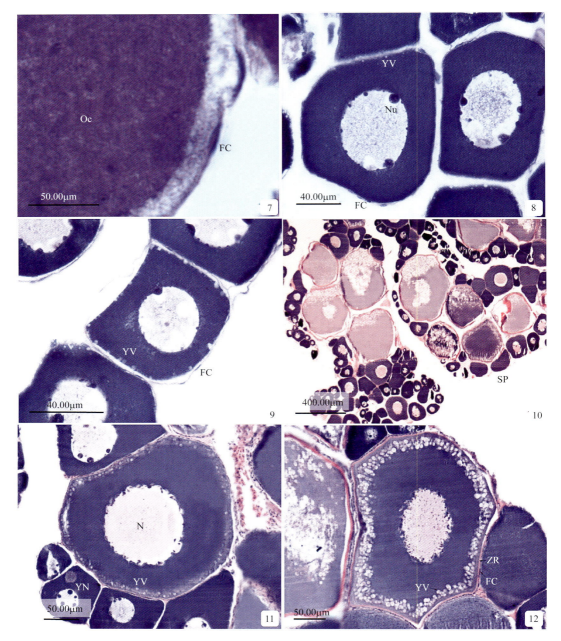

图版 1-Ⅳ-B 长薄鳅卵子发生的组织学

Plate 1-Ⅳ-B Histology of oogenesis in the *Leptobotia elongata*

7. 滤泡细胞；8. Ⅱ时相晚期卵母细胞的卵黄泡；9. 滤泡细胞；10. Ⅲ时相卵母细胞；11. Ⅲ时相早期卵母细胞；12. Ⅲ时相中期卵母细胞

FC：滤泡细胞；N：细胞核；Nu：核仁；Oc：卵母细胞；SP：产卵板；YN：卵黄核；YV：卵黄泡；ZR：放射带

7. Follicle cell; 8. Yolk vesicle of oocyte in late period of phase Ⅱ; 9. Follicle cell; 10. Oocyte in phase Ⅲ; 11. Oocyte in the early of phase Ⅲ; 12. Oocyte in the middle of phase Ⅲ

FC: follicle cell; N: nucleus; Nu: nucleolus; Oc: oocyte; SP: spawning plate; YN: yolk nucleus; YV: yolk vesicle; ZR: zona radiata

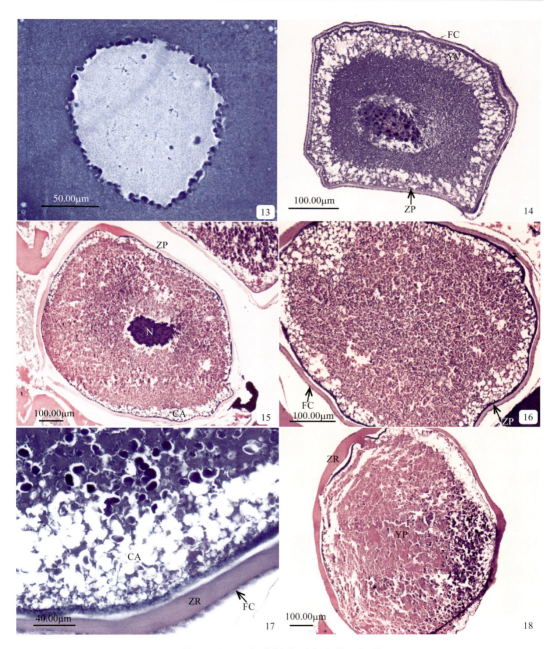

图版 1-Ⅳ-C 长薄鳅卵子发生的组织学
Plate 1-Ⅳ-C Histology of oogenesis in the *Leptobotia elongata*

13. Ⅲ时相晚期卵母细胞的核仁及核膜；14. Ⅲ时相晚期卵母细胞；15. Ⅳ时相卵母细胞；16. Ⅳ时相卵母细胞；17. Ⅳ时相卵母细胞的皮层泡；18. Ⅴ时相卵母细胞
CA：皮层泡；FC：滤泡细胞；N：细胞核；YG：卵黄颗粒；YP：卵黄小板；YV：卵黄泡；ZP：透明带；ZR：放射带
13. Nucleolus and nuclear membrane of oocyte in the late of phase Ⅲ; 14. Oocyte in the late of phase Ⅲ; 15. Oocyte in phase Ⅳ; 16. Oocyte in the phase Ⅳ; 17. Cortical alveolus of oocyte in the phase Ⅳ; 18. Oocyte in the phase Ⅴ
CA: cortical alveolus; FC: follicle cell; N: nucleus; YG: yolk granule; YP: yolk plate; YV: yolk vesicle; ZP: zona pellucida; ZR: zona radiata

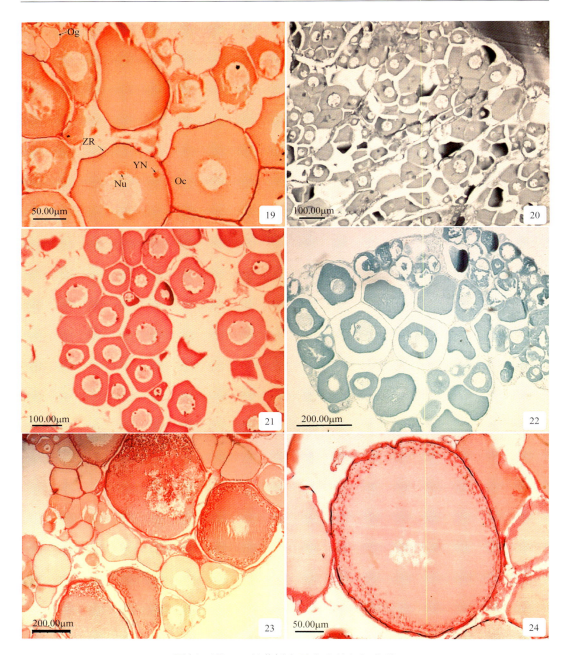

图版 1-Ⅳ-D 长薄鳅卵子发生的组织化学

Plate 1-Ⅳ-D Histochemistry of oogenesis in the *Leptobotia elongata*

19. Ⅱ时相卵母细胞，PAS 反应；20. Ⅱ时相卵母细胞，溴-苏丹黑染色；21. Ⅱ时相卵母细胞，茚三酮-Schiff 反应；22. Ⅱ时相卵母细胞，甲基绿-派洛宁染色；23. Ⅲ时相卵母细胞，PAS 反应；24. Ⅲ时相卵母细胞，PAS 反应
Nu：核仁；Oc：卵母细胞；Og：卵原细胞；YN：卵黄核；ZR：放射带

19. Oocyte in the phase Ⅱ, PAS reaction; 20. Oocyte in the phase Ⅱ, bromine-sudan black staining; 21. Oocyte in the phase Ⅱ, ninhydrin-Schiff reaction; 22. Oocyte in the phase Ⅱ, methyl green-pyronin staining; 23. Oocyte in the phase Ⅲ, PAS reaction; 24. Oocyte in the phase Ⅲ, PAS reaction
Nu: nucleolus; Oc: Oocyte; Og: oogonium; YN: yolk nucleus; ZR: zona radiata

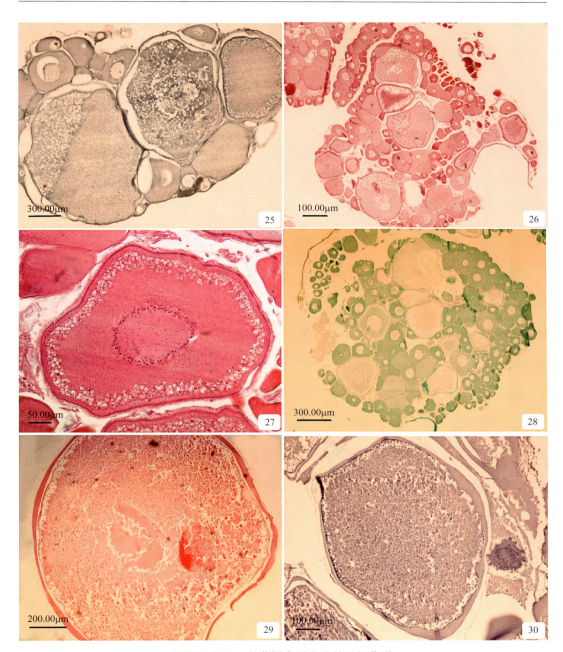

图版 1-Ⅳ-E 长薄鳅卵子发生的组织化学
Plate 1-Ⅳ-E Histochemistry of oogenesis in the *Leptobotia elongata*

25. Ⅲ时相卵母细胞，溴-苏丹黑染色；26. Ⅲ时相卵母细胞，茚三酮-Schiff反应；27. Ⅲ时相卵母细胞，茚三酮-Schiff反应；28. Ⅲ时相卵母细胞，甲基绿-派洛宁染色；29. Ⅳ时相卵母细胞，PAS反应；30. Ⅳ时相卵母细胞，溴-苏丹黑染色

25. Oocyte in the phase Ⅲ, bromine-sudan black staining; 26. Oocyte in the phase Ⅲ, ninhydrin-Schiff reaction; 27. Oocyte in the phase Ⅲ, ninhydrin-Schiff reaction; 28. Oocyte in the phase Ⅲ, methyl green-pyronin staining; 29. Oocyte in the phase Ⅳ, PAS reaction; 30. Oocyte in the phase Ⅳ, bromine-sudan black staining

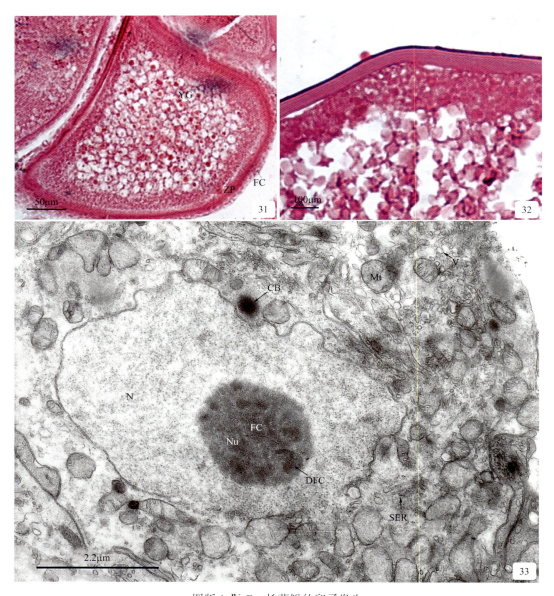

图版 1-Ⅳ-F 长薄鳅的卵子发生

Plate 1-Ⅳ-F Oogenesis in the *Leptobotia elongata*

31. Ⅳ时相卵母细胞，茚三酮-Schiff反应；32. Ⅴ时相卵母细胞，PAS反应；33. 卵原细胞，透射电子显微镜（TEM）
CB：拟染色体；DFC：致密纤维组分；FC：纤维中心；Mt：线粒体；N：细胞核；Nu：核仁；SER：滑面内质网；YG：卵黄颗粒；V：囊泡；ZP：透明带

31. Oocyte in the phase Ⅳ, ninhydrin-Schiff reaction; 32. Oocyte in the phase Ⅴ, PAS reaction; 33. Oogonium, transmission electron microscope (TEM)
CB: chromatoid body; DFC: dense fibrillar component; FC: fibrillar center; Mt: mitochondrion; N: nucleus; Nu: nucleolus; SER: smooth endoplasmic reticulum; YG: yolk granule; V: vesicle; ZP: zona pellucida

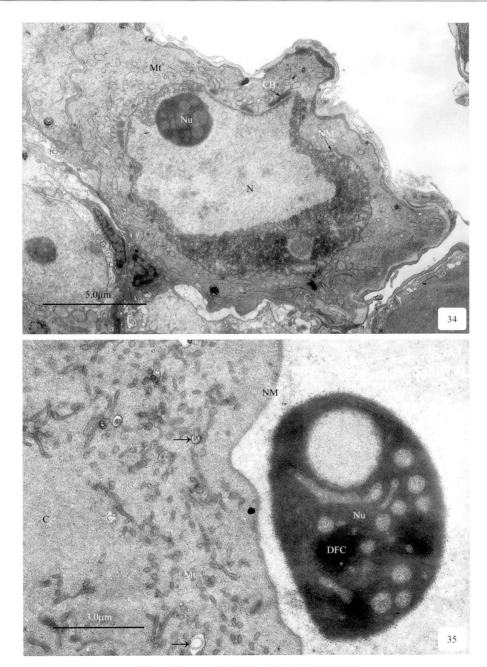

图版 1-Ⅳ-G　长薄鳅卵子发生的超微结构

Plate 1-Ⅳ-G　Ultrastructure of oogenesis in the *Leptobotia elongata*

34. 卵黄合成前期卵母细胞；35. 卵母细胞线粒体和核仁

C：细胞质；CB：拟染色体；DFC：致密纤维组分；Mt：线粒体；N：细胞核；NM：核膜；Nu：核仁；→：同心膜样线粒体

34. Oocyte in the pre-vitellogenesis; 35. Mitochondrion and nucleolus of oocyte

C: cytoplasm; CB: chromatoid body; DFC: dense fibrillar component; Mt: mitochondrion; N: nucleus; NM: nuclear membrane; Nu: nucleolus; → : mitochondrion with concentric membrane

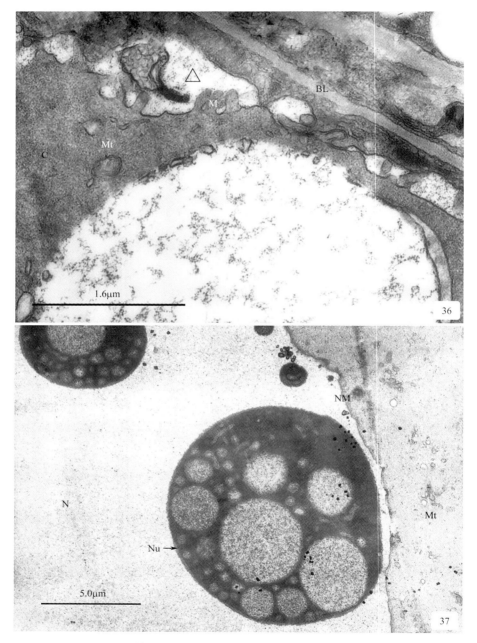

图版 1-Ⅳ-H　长薄鳅卵子发生的超微结构
Plate 1-Ⅳ-H　Ultrastructure of oogenesis in the *Leptobotia elongata*

36. 卵母细胞微绒毛；37. 核仁
BL：基层；C：细胞质；M：微绒毛；Mt：线粒体；N：细胞核；NM：核膜；Nu：核仁；△：絮状电子物质
36. Microvilli of oocyte; 37. Nucleolus
BL: base layer; C: cytoplasm; M: microvilli; Mt: mitochondrion; N: nucleus; NM: nuclear membrane; Nu: nucleolus; △: flocculation-like electron substance

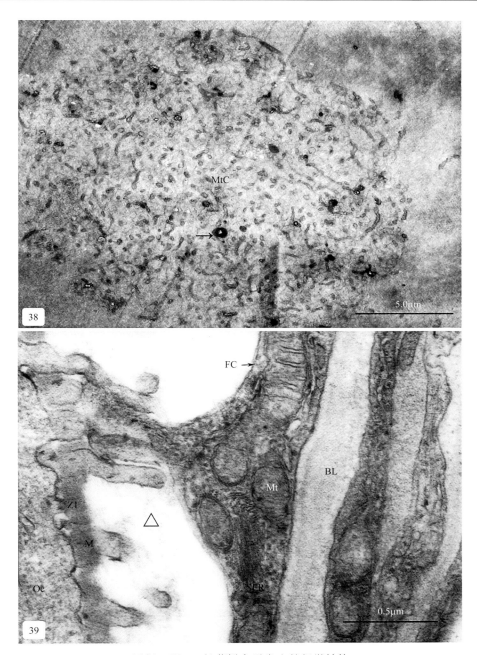

图版 1-Ⅳ-I 长薄鳅卵子发生的超微结构
Plate 1-Ⅳ-I Ultrastructure of oogenesis in the *Leptobotia elongata*

38. 线粒体云；39. 滤泡细胞
BL：基层；FC：滤泡细胞；M：微绒毛；Mt：线粒体；MtC：线粒体云；Oc：卵母细胞；SER：滑面内质网；Z1：放射带Ⅱ；→：空泡状线粒体；△：絮状电子物质
38. Mitochondria cloud; 39. Follicle cell
BL: base layer; FC: follicle cell; M: microvilli; Mt: mitochondrion; MtC: mitochondria cloud; Oc: oocyte; SER: smooth endoplasmic reticulum; Z1: zona radiata Ⅱ; →: vacuole-like mitochondrion; △: flocculation-like electron substance

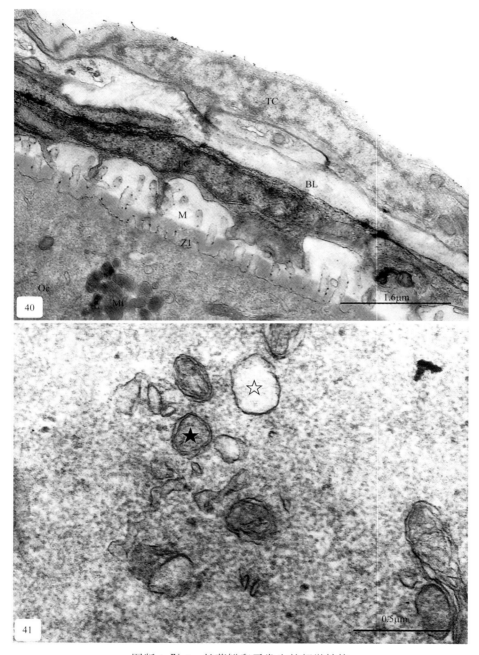

图版 1-Ⅳ-J 长薄鳅卵子发生的超微结构
Plate 1-Ⅳ-J Ultrastructure of oogenesis in the *Leptobotia elongata*

40. 滤泡细胞和放射带Ⅱ；41. 线粒体
BL：基层；FC：滤泡细胞；M：微绒毛；Mt：线粒体；Oc：卵母细胞；TC：鞘膜细胞；Z1：放射带Ⅱ；☆：空泡状线粒体；★：同心膜样线粒体
40. Follicle cell and zona radiata Ⅱ；41. Mitochondrion
BL: base layer; FC: follicle cell; M: microvilli; Mt: mitochondrion; Oc: oocyte; TC: theca cell; Z1: zona radiata Ⅱ; ☆: vacuole-like mitochondrion; ★: mitochondrion with concentric membrane

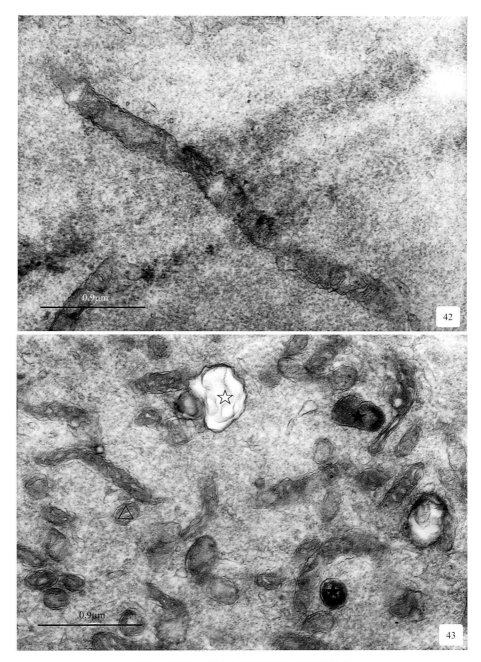

图版 1-Ⅳ-K 长薄鳅卵子发生的超微结构
Plate 1-Ⅳ-K Ultrastructure of oogenesis in the *Leptobotia elongata*

42. 典型功能型线粒体；43. 线粒体
☆：空泡状线粒体；△：同心膜样线粒体；★：沉积卵黄物质的线粒体
42. Typical functional mitochondrion; 43. Mitochondrion
☆: vacuole-like mitochondrion; △: mitochondrion with concentric membrane; ★: mitochondrion with deposited yolk substance

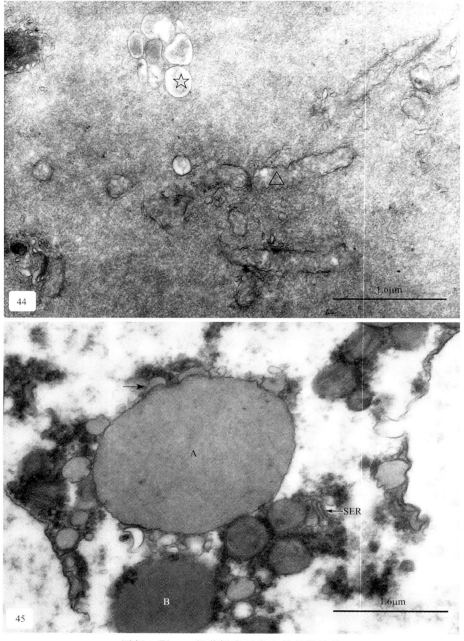

图版 1-Ⅳ-L　长薄鳅卵子发生的超微结构

Plate 1-Ⅳ-L　Ultrastructure of oogenesis in the *Leptobotia elongata*

44. 线粒体；45. 卵黄小板

A：带有膜的卵黄小板；B：没有膜的卵黄小板；SER：滑面内质网；☆：沉积卵黄物质的线粒体；△：嵴正在消失的线粒体；→：卵黄泡

44. Mitochondrion; 45. Yolk plate

A: yolk plate with membrane; B: yolk plate without membrane; SER: smooth endoplasmic reticulum; ☆ : mitochondrion with deposited yolk substance; △ : mitochondrion with disappearing crista; → : yolk vesicle

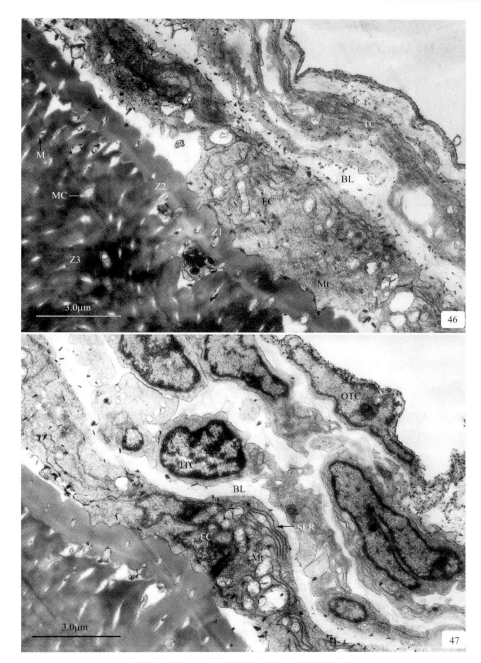

图版 1-Ⅳ-M 长薄鳅卵子发生的超微结构
Plate 1-Ⅳ-M Ultrastructure of oogenesis in the *Leptobotia elongata*

46. 放射带及滤泡细胞；47. 滤泡细胞
BL：基层；FC：滤泡细胞；M：微绒毛；MC：微绒毛孔道；Mt：线粒体；ITC：内层滤泡细胞；OTC：外层鞘膜细胞；SER：滑面内质网；TC：鞘膜细胞；Z1：放射带Ⅱ；Z2：放射带Ⅲ；Z3：放射带Ⅳ
46. Zona radiata and follicle cell; 47. Follicle cell
BL: base layer; FC: follicle cell; M: microvillus; MC: microvillar channel; Mt: mitochondrion; ITC: inner follicle cell; OTC: outer theca cell; SER: smooth endoplasmic reticulum; TC: theca cell; Z1: zona radiata Ⅱ; Z2: zona radiata Ⅲ; Z3: zona radiata Ⅳ

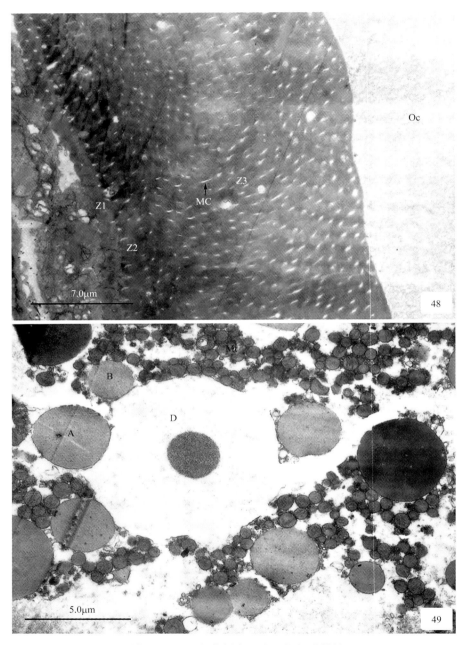

图版 1-Ⅳ-N 长薄鳅卵子发生的超微结构
Plate 1-Ⅳ-N Ultrastructure of oogenesis in the *Leptobotia elongata*

48. 放射带；49. 卵黄小板
A：Ⅰ型卵黄小板；B：Ⅱ型卵黄小板；D：Ⅳ型卵黄小板；MC：微绒毛孔道；Mt：线粒体；Oc：卵母细胞；Z1：放射带Ⅱ；Z2：放射带Ⅲ；Z3：放射带Ⅳ
48. Zona radiata; 49. Yolk plate
A: type Ⅰ yolk plate; B: type Ⅱ yolk plate; D: type Ⅳ yolk plate; MC: microvillar channel; Mt: mitochondrion; Oc: oocyte; Z1: zona radiata Ⅱ; Z2: zona radiata Ⅲ; Z3: zona radiata Ⅳ

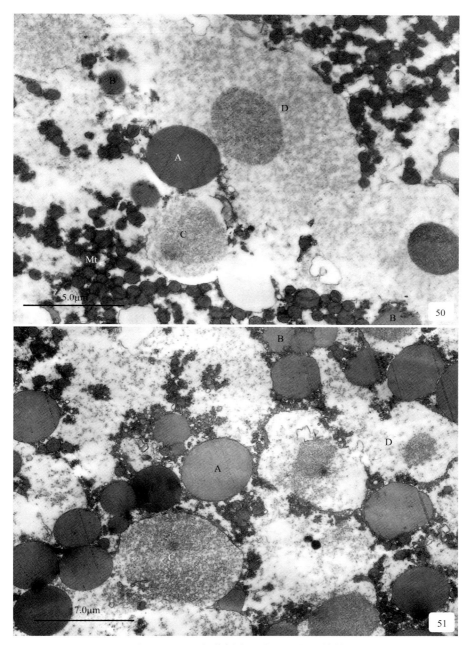

图版 1-Ⅳ-O 长薄鳅卵子发生的超微结构
Plate 1-Ⅳ-O Ultrastructure of oogenesis in the *Leptobotia elongata*

50. 卵黄小板；51. 卵黄小板
A：Ⅰ型卵黄小板；B：Ⅱ型卵黄小板；C：Ⅲ型卵黄小板；D：Ⅳ型卵黄小板；Mt：线粒体
50. Yolk plate; 51. Yolk plate
A: type Ⅰ yolk plate; B: type Ⅱ yolk plate; C: type Ⅲ yolk plate; D: type Ⅳ yolk plate; Mt: mitochondrion

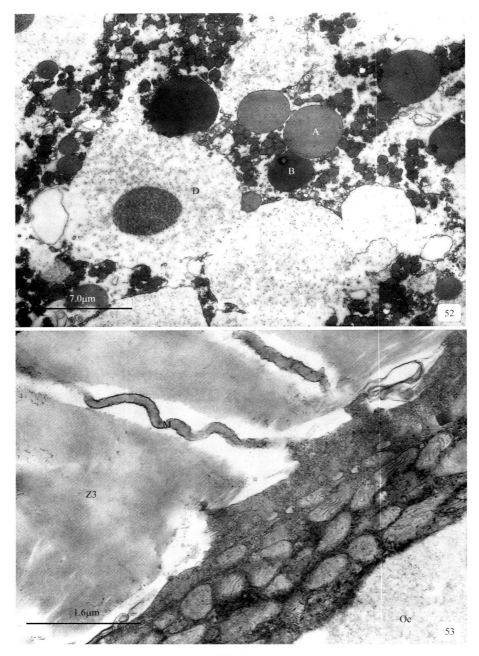

图版 1-Ⅳ-P 长薄鳅卵子发生的超微结构
Plate 1-Ⅳ-P Ultrastructure of oogenesis in the *Leptobotia elongata*
52. 卵黄小板；53. 正解体的微绒毛
A：Ⅰ型卵黄小板；B：Ⅱ型卵黄小板；D：Ⅳ型卵黄小板；M：卵母细胞微绒毛；Oc：卵母细胞；Z3：放射带Ⅳ
52. Yolk plate; 53. Degradating microvilli
A: type Ⅰ yolk plate; B: type Ⅱ yolk plate; D: type Ⅳ yolk plate; M: microvilli of oocyte; Oc: oocyte; Z3: zona radiata Ⅳ

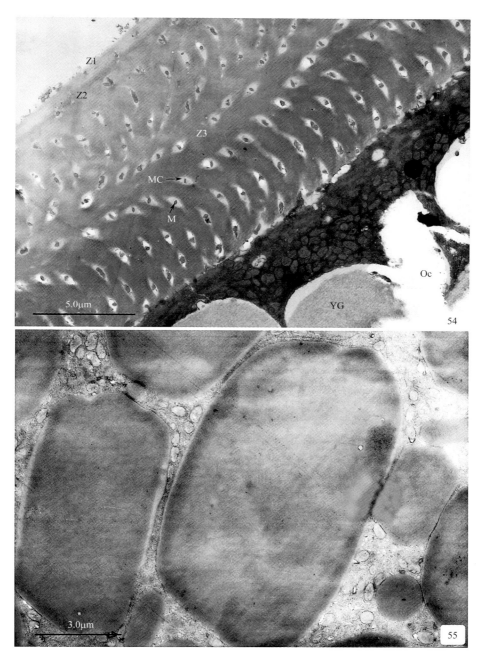

图版 1-Ⅳ-Q 长薄鳅卵子发生的超微结构
Plate 1-Ⅳ-Q Ultrastructure of oogenesis in the *Leptobotia elongata*

54. 放射带；55. 卵黄小板
M：微绒毛；MC：微绒毛孔道；Oc：卵母细胞；YG：卵黄颗粒；Z1：放射带Ⅱ；Z2：放射带Ⅲ；Z3：放射带Ⅳ
54. Zona radiata; 55. Yolk plate
M: microvilli; MC: microvillar channel; Oc: oocyte; YG: yolk granule; Z1: zona radiata Ⅱ; Z2: zona radiata Ⅲ; Z3: zona radiata Ⅳ

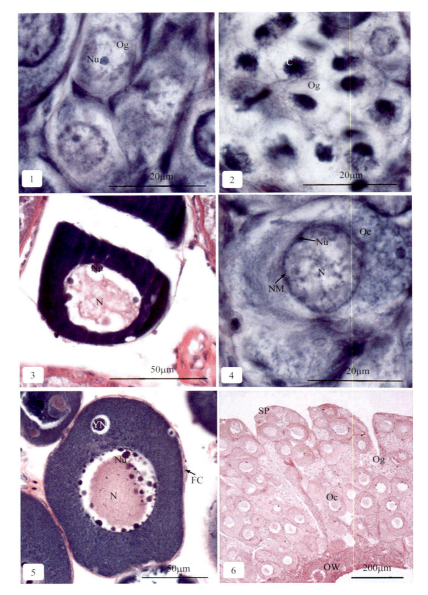

图版 1-Ⅴ-A　厚颌鲂卵子发生的组织学

Plate 1-Ⅴ-A　Histology of oogenesis in the *Megalobrama pellegrini*

1. 卵原细胞，示中央大核仁；2. 正在进行有丝分裂的卵原细胞，示染色质；3. Ⅲ期卵巢中的卵原细胞，示核仁；4. 初级卵母细胞，示念珠状核仁；5. 单层滤泡细胞时相早期的卵母细胞，示滤泡细胞、卵黄核和核仁；6. 产卵板，示卵巢壁、产卵板上的卵原细胞和初级卵母细胞

C：染色质；FC：滤泡细胞；N：细胞核；NM：核膜；Nu：核仁；Oc：卵母细胞；Og：卵原细胞；OW：卵巢壁；SP：产卵板；YN：卵黄核

1. Oogonium, showing the central big nucleolus; 2. Oogonium under mitosis, showing chromatin; 3. Oogonium in the ovary of stage Ⅲ, showing nucleolus; 4. Primary oocyte, showing moniliform nucleolus; 5. Oocyte in the early monolayer follicle cell phase, showing follicle cell, yolk nucleus and nucleolus; 6. Spawning plate, showing ovarian wall, oogonium and primary oocyte on the spawning plate

C: chromatin; FC: follicle cell; N: nucleus; NM: nuclear membrane; Nu: nucleolus; Oc: oocyte; Og: oogonium; OW: ovarian wall; SP: spawning plate; YN: yolk nucleolus

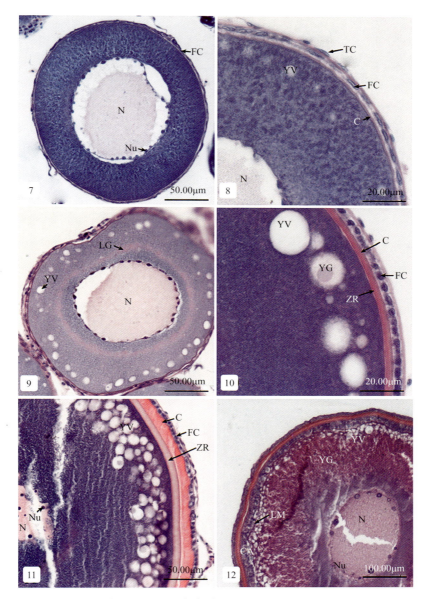

图版 1-Ⅴ-B 厚颌鲂卵子发生的组织学

Plate 1-Ⅴ-B Histology of oogenesis in the *Megalobrama pellegrini*

7. 单层滤泡细胞时相中期卵母细胞；8. 单层滤泡细胞时相晚期卵母细胞，示卵黄泡；9. 卵黄泡出现时相早期卵母细胞，示卵黄泡和生长环；10. 卵黄泡出现时相中期卵母细胞，示卵黄泡、放射带和绒毛膜；11. 卵黄泡出现时相晚期卵母细胞，示卵黄泡及放射带；12. 卵黄充满时相早期卵母细胞，示卵黄颗粒、卵黄泡、皮层泡及膜状环

C：绒毛膜；CA：皮层泡；FC：滤泡细胞；LG：生长环；LM：膜状环；N：细胞核；Nu：核仁；TC：鞘膜细胞；YG：卵黄颗粒；YV：卵黄泡；ZR：放射带

7. Oocyte in the middle monolayer follicle cell phase; 8. Oocyte in the late monolayer follicle cell phase, showing yolk vesicle; 9. Oocyte in the early yolk vesicle appearance phase, showing yolk vesicle and loop of growth; 10. Oocyte in the middle yolk vesicle appearance phase, showing yolk vesicle, zona radiata and chorion; 11. Oocyte in the late yolk vesicle appearance phase, showing yolk vesicle and zona radiata; 12. Oocyte in the early yolk fulfilled phase, showing yolk granule, yolk vesicle, cortical alveolus and membrane like loop

C: chorion; CA: cortical alveolus; FC: follicle cell; LG: loop of growth; LM: membrane like loop; N: nucleus; Nu: nucleolus; TC: theca cell; YG: yolk granule; YV: yolk vesicle; ZR: zona radiata

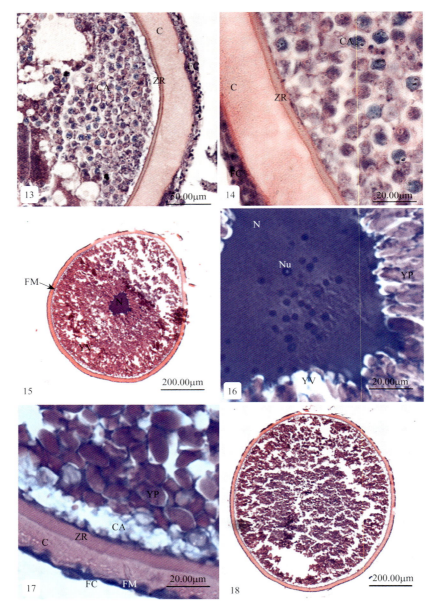

图版 1-Ⅴ-C 厚颌鲂卵子发生的组织学

Plate 1-Ⅴ-C Histology of oogenesis in the *Megalobrama pellegrini*

13，14. 卵黄充满时相中期卵母细胞，示滤泡细胞、绒毛膜、放射带、皮层泡和卵黄颗粒；15～17. 卵黄充满时相晚期卵母细胞，示核仁、卵黄小板、皮层泡、放射带、绒毛膜和滤泡细胞；18. 成熟时相卵母细胞

C：绒毛膜；CA：皮层泡；FC：滤泡细胞；FM：滤泡膜；N：细胞核；Nu：核仁；YP：卵黄小板；YV：卵黄泡；ZR：放射带

13, 14. Oocyte in the middle yolk fulfilled phase, showing follicle cell, chorion, zona radiata, cortical alveolus and yolk granule; 15-17. Oocyte in the late yolk fulfilled phase, showing nucleus, yolk plate, cortical alveolus, zona radiata, chorion and follicle cell; 18. Oocyte in the mature phase

C: chorion; CA: cortical alveolus; FC: follicle cell; FM: follicular membrane; N: nucleus; Nu: nucleolus; YP: yolk plate; YV: yolk vesicle; ZR: zona radiata

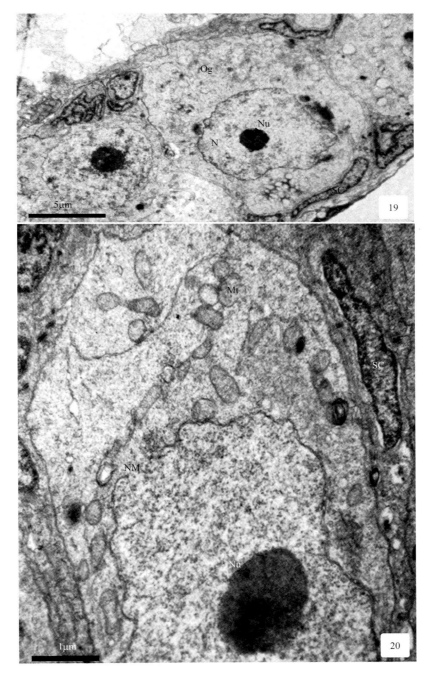

图版 1-Ⅴ-D 厚颌鲂卵子发生的超微结构
Plate 1-Ⅴ-D Ultrastructure of oogenesis in the *Megalobrama pellegrini*

19，20. 卵原细胞
Mt：线粒体；N：细胞核；NM：核膜；Nu：核仁；Og：卵原细胞；SC：支持细胞
19, 20. Oogonium
Mt: mitochondrion; N: nucleus; NM: nuclear membrane; Nu: nucleolus; Og: oogonium; SC: Sertoli cell

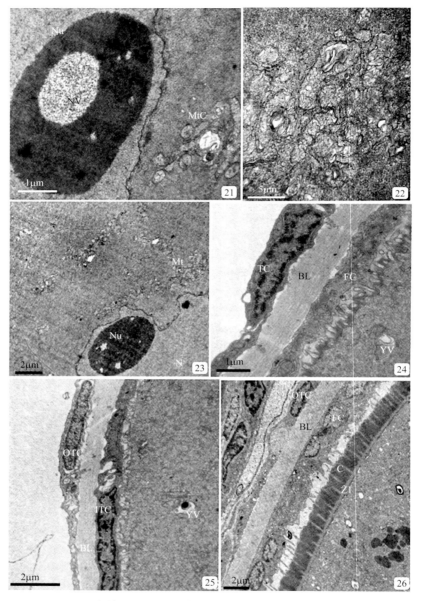

图版 1-Ⅴ-E 厚颌鲂卵子发生的超微结构

Plate 1-Ⅴ-E Ultrastructure of oogenesis in the *Megalobrama pellegrini*

21. 卵黄发生前期卵母细胞的核仁及线粒体云；22. 卵黄发生前期卵母细胞的线粒体；23. 卵黄发生早期卵母细胞线粒体向胞质外缘扩展；24. 卵黄发生早期卵母细胞与滤泡细胞形成指状突起；25. 卵黄发生早期卵母细胞，示滤泡细胞的分化；26. 卵黄发生早期的卵母细胞，示绒毛膜和放射带Ⅰ

BL：基层；C：绒毛膜；FC：滤泡细胞；ITC：内层鞘膜细胞；Mt：线粒体；MtC：线粒体云；N：细胞核；Nu：核仁；NV：核仁空泡结构；OTC：外层鞘膜细胞；TC：鞘膜细胞；YV：卵黄泡；Z1：放射带Ⅱ

21. Nucleolus and mitochondria cloud of oocyte in the pre-vitellogenesis stage; 22. Mitochondrion of the oocyte in the pre-vitellogenesis stage; 23. In the early vitellogenesis stage, mitochondria are expanding to the periphery of cytoplasm; 24. Oocyte in the early vitellogenesis stage and digitation formed by follicle cell; 25. Oocyte in the early vitellogenesis stage, showing differentiation of follicle cell; 26. Oocyte in the early vitellogenesis stage, showing chorion and zona radiata Ⅰ

BL: base layer; C: chorion; FC: follicle cell; ITC: inner theca cell; Mt: mitochondrion; MtC: mitochondria cloud; N: nucleus; Nu: nucleolus; NV: vacuolated structure in the nucleolus; OTC: outer thecal cell; TC: thecal cell; YV: yolk vesicle; Z1: zona radiata Ⅱ

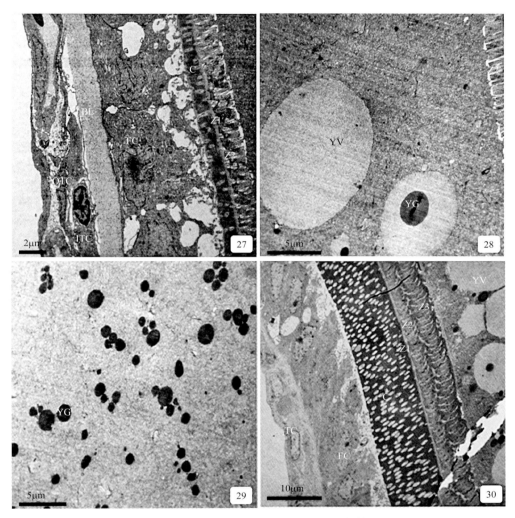

图版 1-Ⅴ-F 厚颌鲂卵子发生的超微结构

Plate 1-Ⅴ-F Ultrastructure of oogenesis in the *Megalobrama pellegrini*

27. 卵黄发生早期卵母细胞，示绒毛膜和放射带；28. 卵黄发生早期的卵母细胞，示放射带Ⅱ、卵黄泡及卵黄泡内积累的卵黄颗粒；29. 卵黄发生早期，示胞质内积累的卵黄颗粒；30. 卵黄发生晚期的卵母细胞，示滤泡细胞、卵膜及卵黄泡

BL：基层；C：绒毛膜；FC：滤泡细胞；ITC：内层鞘膜细胞；OTC：外层鞘膜细胞；TC：鞘膜细胞；YG：卵黄颗粒；YV：卵黄泡；Z1：放射带Ⅱ；Z2：放射带Ⅲ；Z3：放射带Ⅳ

27. Oocyte in the early vitellogenesis stage, showing chorion and zona radiata; 28. Oocyte in the early vitellogenesis stage, showing zona radiata Ⅱ, yolk vesicle and its inside yolk granule; 29. Oocyte in the early vitellogenesis stage, showing the deposited yolk granule in the cytoplasm; 30. Oocyte in the late vitellogenesis stage, showing follicle cell, egg envelope and yolk vesicle

BL: base layer; C: chorion; FC: follicle cell; ITC: inner theca cell; OTC: outer theca cell; TC: theca cell; YG: yolk granules; YV: yolk vesicle; Z1: zona radiata Ⅱ; Z2: zona radiata Ⅲ; Z3: zona radiata Ⅳ

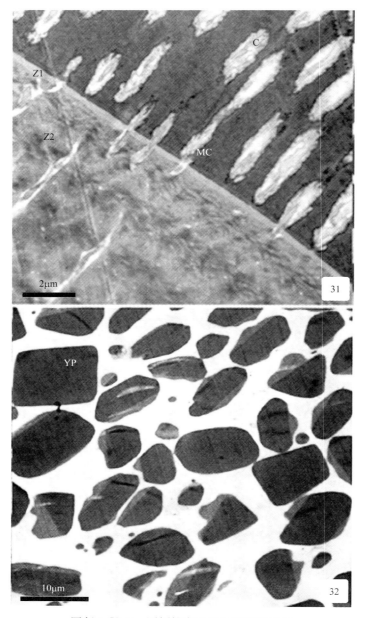

图版 1-Ⅴ-G　厚颌鲂卵子发生的超微结构

Plate 1-Ⅴ-G　Ultrastructure of oogenesis in the *Megalobrama pellegrini*

31. 绒毛膜和放射带上的微绒毛及其孔道；32. 卵黄发生晚期卵母细胞的卵黄小板

C：绒毛膜；MC：微绒毛孔道；YP：卵黄小板；Z1：放射带Ⅱ；Z2：放射带Ⅲ

31. Chorion, microvilli and its channel in the zona radiata; 32. Yolk plate of the oocyte in the late vitellogenesis stage

C: chorion; MC: microvillar channel; YP: yolk channel; Z1: zona radiata Ⅱ; Z2: zona radiata Ⅲ

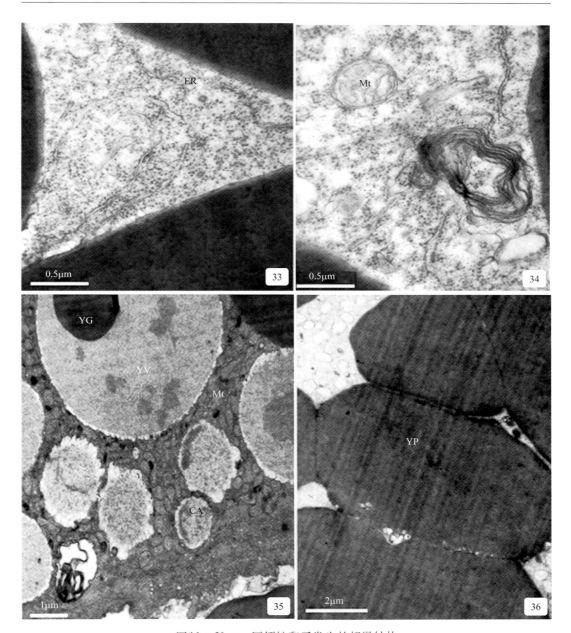

图版 1-Ⅴ-H　厚颌鲂卵子发生的超微结构
Plate 1-Ⅴ-H　Ultrastructure of oogenesis in the *Megalobrama pellegrini*

33, 34. 参与卵黄形成的内质网和线粒体等细胞器；35, 36. 接近成熟期的卵母细胞，分别显示皮层泡、融合中的卵黄小板
CA：皮层泡；ER：内质网；Mt：线粒体；YG：卵黄物质；YP：卵黄小板；YV：卵黄泡
33, 34. Endoplasmic reticulum, mitochondrion and other organelles that involved in the yolk plate formation; 35, 36. Oocyte that is nearly mature, showing the cortical alveolus and fusioning yolk plate respectively
CA: cortical alveolus; ER: endoplasmic reticulum; Mt: mitochondrion; YG: yolk granule; YP: yolk plate; YV: yolk vesicle

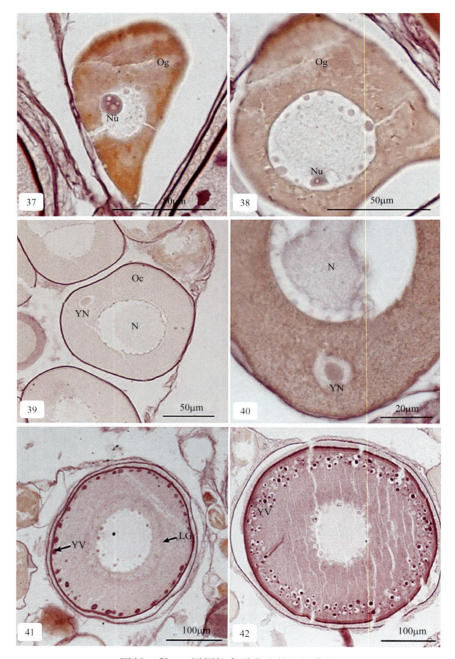

图版 1-Ⅴ-Ⅰ 厚颌鲂卵子发生的组织化学
Plate 1-Ⅴ-Ⅰ Histochemistry of oogenesis in the *Megalobrama pellegrini*

37～42. PAS 染色
37，38. 卵原细胞；39，40. 单层滤泡细胞时相卵母细胞；41，42. 卵黄泡出现时相卵母细胞
LG：生长环；N：细胞核；Nu：核仁；Oc：卵母细胞；Og：卵原细胞；YN：卵黄核；YV：卵黄泡

37-42. PAS staining

37, 38. Oogonium; 39, 40. Oocyte in the monolayer follicle cell phase; 41, 42. Oocyte in the yolk vesicle appearance phase
LG: loop of growth; N: nucleus; Nu: nucleolus; Oc: oocyte; Og: oogonium; YN: yolk nucleolus; YV: yolk vesicle

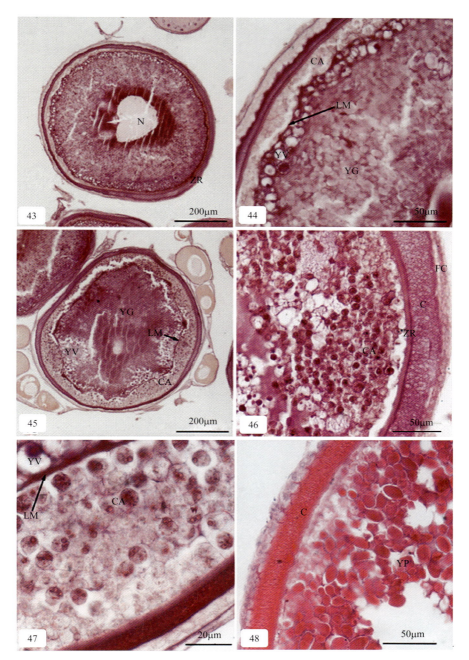

图版 1-Ⅴ-J 厚颌鲂卵子发生的组织化学
Plate 1-Ⅴ-J Histochemistry of oogenesis in the *Megalobrama pellegrini*

43~47. 卵黄充满时相卵母细胞；48. 成熟时相卵母细胞
C：绒毛膜；CA：皮层泡；FC：滤泡细胞；LM：膜状环；N：细胞核；YG：卵黄颗粒；YP：卵黄小板；YV：卵黄泡；ZR：放射带

43-47. Oocyte in the yolk fulfilled stage; 48. Oocyte in the mature phase
C: chorion; CA: cortical alveolus; FC: follicle cell; LM: membrane like loop; N: nucleus; YG: yolk granule; YP: yolk plate; YV: yolk vesicle; ZR: zona radiata

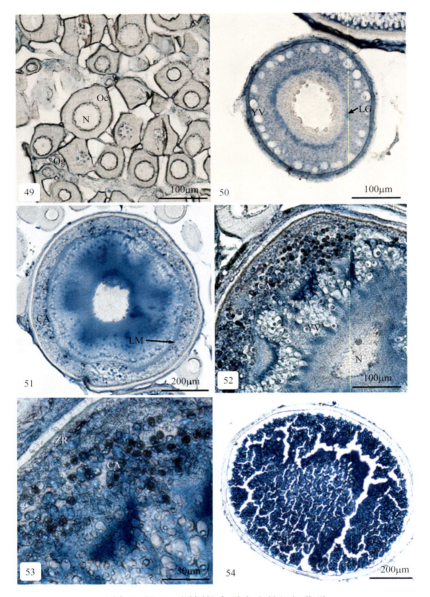

图版 1-Ⅴ-K 厚颌鲂卵子发生的组织化学

Plate 1-Ⅴ-K Histochemistry of oogenesis in the *Megalobrama pellegrini*

49~54. 卵母细胞的 SBB 染色

49. 卵原细胞和单层滤泡细胞时相卵母细胞；50. 卵黄泡出现时相卵母细胞；51~53. 卵黄充满时相卵母细胞；54. 成熟时相卵母细胞

CA：皮层泡；LG：生长环；LM：膜状环；N：细胞核；Oc：卵母细胞；Og：卵原细胞；YP：卵黄小板；YV：卵黄泡；ZR：放射带

49-54. Sudan black B staining of oocytes

49. Oogonium and oocyte in the monolayer follicle cell phase; 50. Oocyte in the yolk vesicle appearance phase; 51-53. Oocyte in the yolk fulfilled phase; 54. Oocyte in the mature phase

CA: cortical alveolus; LG: loop of growth; LM: membrane like loop; N: nucleus; Oc: oocyte; Og: oogonium; YP: yolk plate; YV: yolk vesicle; ZR: zona radiata

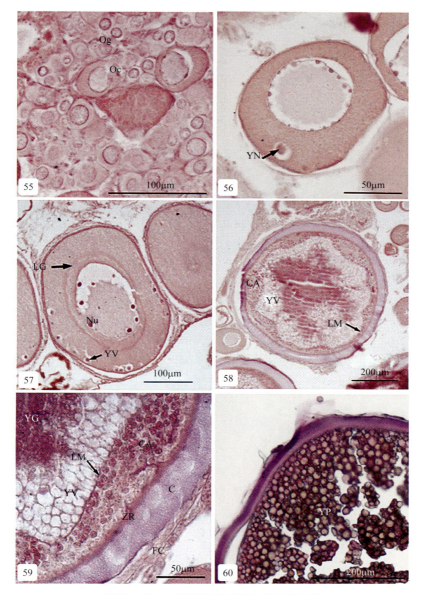

图版 1-Ⅴ-L 厚颌鲂卵子发生的组织化学
Plate 1-Ⅴ-L Histochemistry of oogenesis in the *Megalobrama pellegrini*

55～60. 卵母细胞 PAS 染色
55. 卵原细胞；56. 单层滤泡细胞时相卵母细胞；57. 卵黄泡出现时相卵母细胞；58，59. 卵黄充满时相卵母细胞；
60. 成熟时相卵母细胞
C：绒毛膜；CA：皮层泡；FC：滤泡细胞；LG：生长环；LM：膜状环；Nu：核仁；Oc：卵母细胞；Og：卵原细胞；
YG：卵黄颗粒；YN：卵黄核；YP：卵黄小板；YV：卵黄泡；ZR：放射带

55-60. PAS staining of oocyte
55. Oogonium; 56. Oocyte in the monolayer follicle cell phase; 57. Oocyte in the yolk vesicle appearance phase;
58, 59. Oocyte in the yolk fulfilled phase; 60. Oocyte in the mature phase
C: chorion; CA: cortical alveolus; FC: follicle cell; LG: loop of growth; LM: membrane like loop; Nu: nucleolus; Oc: oocyte;
Og: oogonium; YG: yolk granule; YN: yolk nucleus; YP: yolk plate; YV: yolk vesicle; ZR: zona radiata

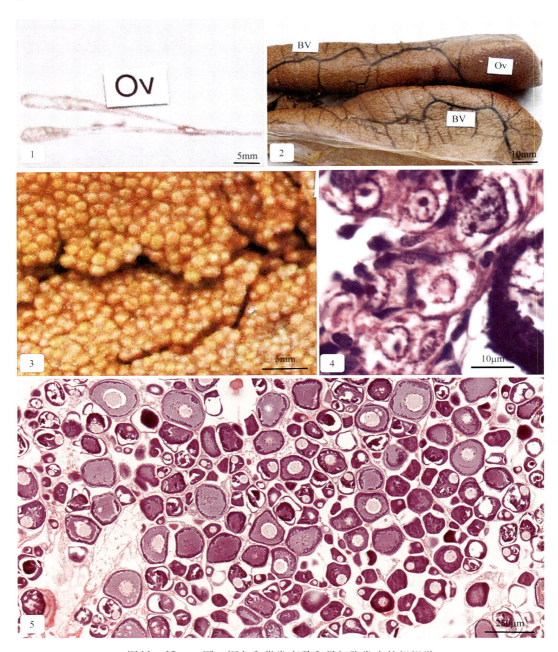

图版 1-Ⅵ-A　圆口铜鱼卵巢发育及卵母细胞发生的组织学
Plate 1-Ⅵ-A　Histology of ovary and oocyte in developmental stages of the *Coreius guichenoti*

1. Ⅱ期卵巢（Ov）；2. Ⅲ期卵巢（Ov）及血管（BV）；3. Ⅳ期卵巢；4. 示卵原细胞，HE 染色；5. 第Ⅱ时相早期和中期卵母细胞，HE 染色
1. Ovary (Ov) at the stage Ⅱ; 2. Ovary at the stage Ⅲ (Ov) and blood vessel (BV); 3. Ovary at the stage Ⅳ; 4. Showing oogonium, HE staining; 5. Oocyte at the early and middle of phase Ⅱ, HE staining

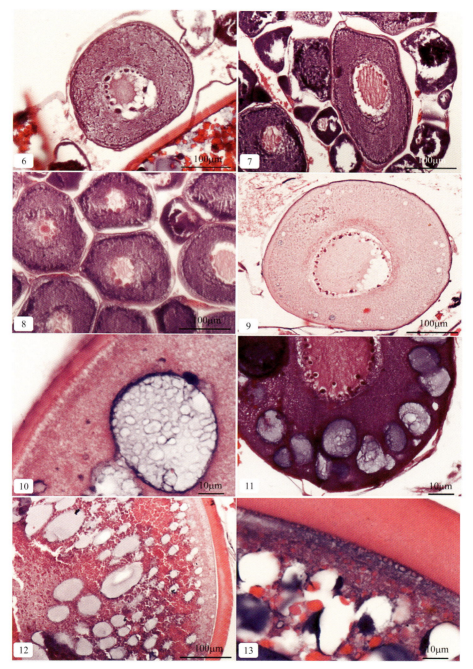

图版 1-Ⅵ-B 圆口铜鱼卵母细胞发生的组织学

Plate 1-Ⅵ-B Histology of oocyte in developmental stages of the *Coreius guichenoti*

6. Ⅱ时相中期，HE 染色；7. Ⅱ时相中期，HE 染色；8. Ⅱ时相晚期，HE 染色；9. Ⅲ时相早期，HE 染色；
10. Ⅲ时相中期，HE 染色；11. Ⅲ时相中期，HE 染色；12. Ⅲ时相晚期，HE 染色；13. Ⅳ时相早期，HE 染色
6. In the middle of phase Ⅱ, HE staining; 7. In the middle of phase Ⅱ, HE staining; 8. In the late of phase Ⅱ, HE staining; 9. In the early of phase Ⅲ, HE staining; 10. In the middle of phase Ⅲ, HE staining; 11. In the middle of phase Ⅲ, HE staining; 12. In the late of phase Ⅲ, HE staining; 13. In the early of phase Ⅳ, HE staining

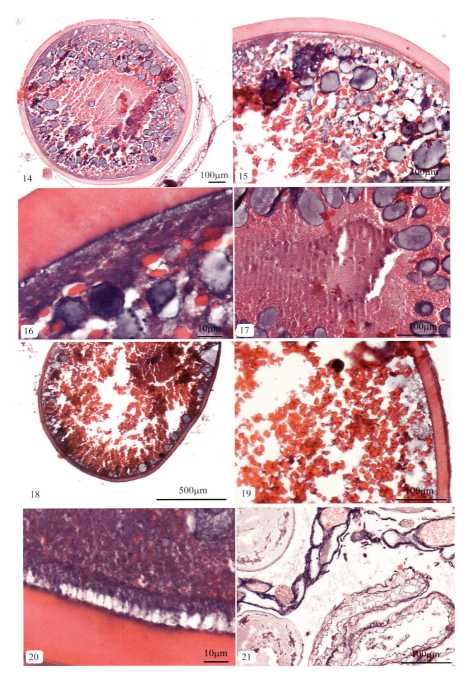

图版 1-Ⅵ-C 圆口铜鱼卵母细胞发生的组织学
Plate 1-Ⅵ-C Histology of oocyte in developmental stages of the *Coreius guichenoti*

14. Ⅳ时相中期，HE 染色；15. Ⅳ时相中期，HE 染色；16. Ⅳ时相中期，HE 染色；17. Ⅳ时相中期，HE 染色；18~20. Ⅳ时相晚期，HE 染色；21. 产卵后卵巢，示空滤泡，HE 染色

14. In the middle of phase Ⅳ, HE staining; 15. In the middle of phase Ⅳ, HE staining; 16. In the middle of phase Ⅳ, HE staining; 17. In the middle of phase Ⅳ, HE staining; 18-20. In the late of phase Ⅳ, HE staining; 21. The ovary after spawning, showing empty follicle, HE staining

图 版 ·181·

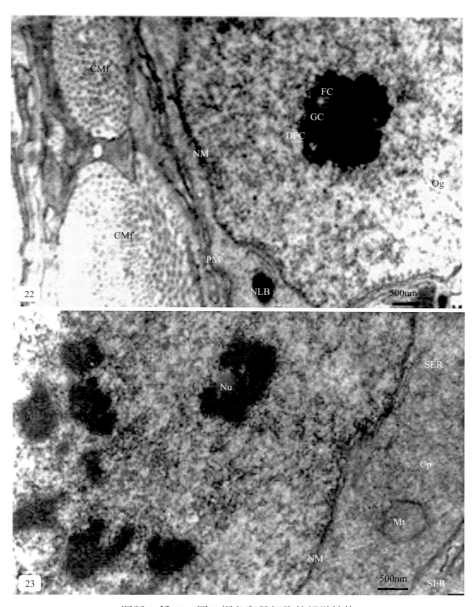

图版 1-Ⅵ-D 圆口铜鱼卵母细胞的超微结构
Plate 1-Ⅵ-D Ultrastructure of oocyte in the *Coreius guichenoti*
22. 第Ⅰ时相卵原细胞，示核仁的组成成分；23. 第Ⅰ时相卵原细胞
CMf：胶原微纤维；Cp：细胞质；DFC：致密纤维组分；FC：纤维中心；GC：颗粒组分；Mt：线粒体；NLB：核仁样体；NM：核膜；Nu：核仁；Og：卵原细胞；PM：细胞膜；SER：滑面内质网
22. Oogonium in the phase Ⅰ, showing nucleolar component; 23. Oogonium in the phase Ⅰ
CMf: collagenous microfiber; Cp: cytoplasm; DFC: dense fibrillar component; FC: fibrillar center; GC: granular component; Mt: mitochondrion; NLB: nucleus-like body; NM: nuclear membrane; Nu: nucleolus; Og: oogonium; PM: plasm membrane; SER: smooth endoplasmic reticulum

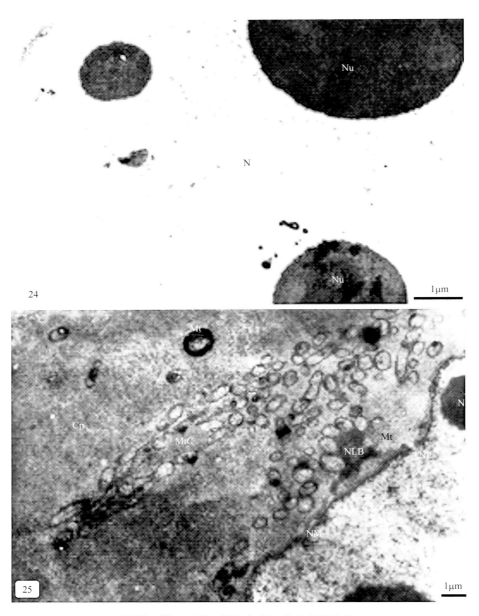

图版 1-Ⅵ-E 圆口铜鱼卵母细胞的超微结构
Plate 1-Ⅵ-E Ultrastructure of oocyte in the *Coreius guichenoti*

24. 第Ⅱ时相早期卵母细胞，示核仁；25. 第Ⅱ时相早期卵母细胞
Cp：细胞质；Mt：线粒体；MtC：线粒体云；N：细胞核；NLB：核仁样体；NM：核膜；NP：核孔；Nu：核仁
24. Oocyte in the early of phase Ⅱ, showing nucleolus; 25. Oocyte in the early of phase Ⅱ
Cp: cytoplasm; Mt: mitochondrion; MtC: mitochondria cloud; N: nucleus; NLB: nucleus-like body; NM: nuclear membrane; NP: nuclear pore; Nu: nucleolus

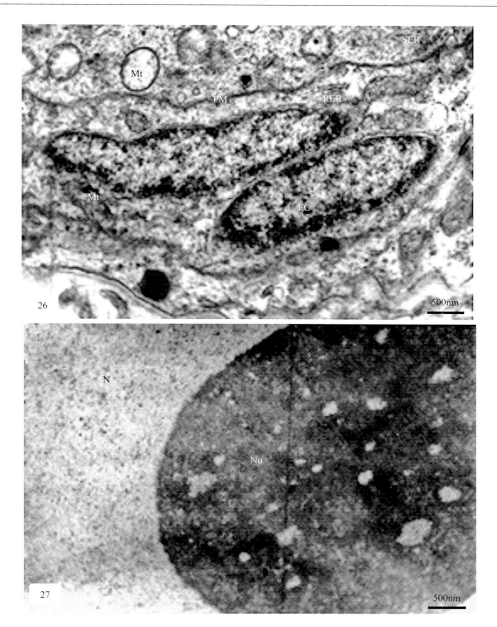

图版 1-Ⅵ-F 圆口铜鱼卵母细胞的超微结构
Plate 1-Ⅵ-F Ultrastructure of oocyte in the *Coreius guichenoti*

26. 第Ⅱ时相早期卵母细胞；27. 第Ⅱ时相中期卵母细胞
FC：滤泡细胞；Mt：线粒体；N：细胞核；Nu：大核仁；PM：质膜；RER：粗面内质网；SER：滑面内质网
26. Oocyte in the early of phase Ⅱ; 27. Oocyte in the middle of phase Ⅱ
FC: follicle cell; Mt: mitochondrion; N: nucleus; Nu: big nucleolus; PM: plasma membrane; RER: rough endoplasmic reticulum; SER: smooth endoplasmic reticulum

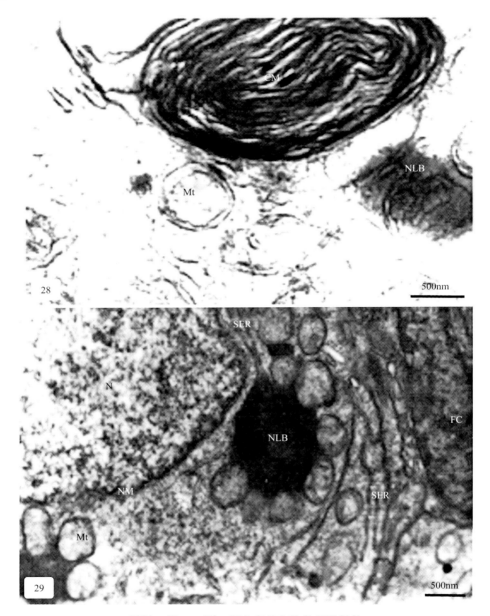

图版 1-Ⅵ-G 圆口铜鱼卵母细胞的超微结构
Plate 1-Ⅵ-G Ultrastructure of oocyte in the *Coreius guichenoti*

28. 第Ⅱ时相中期卵母细胞；29. 第Ⅱ时相中期卵母细胞
CM：同心膜；FC：滤泡细胞；Mt：线粒体；N：细胞核；NLB：核仁样体；NM：核膜；SER：滑面内质网
28. Oocyte in the middle of phase Ⅱ; 29. Oocyte in the middle of phase Ⅱ
CM: concentric membrane; FC: follicle cell; Mt: mitochondrion; N: nucleus; NLB: nucleus-like body; NM: nuclear membrane; SER: endoplasmic reticulum

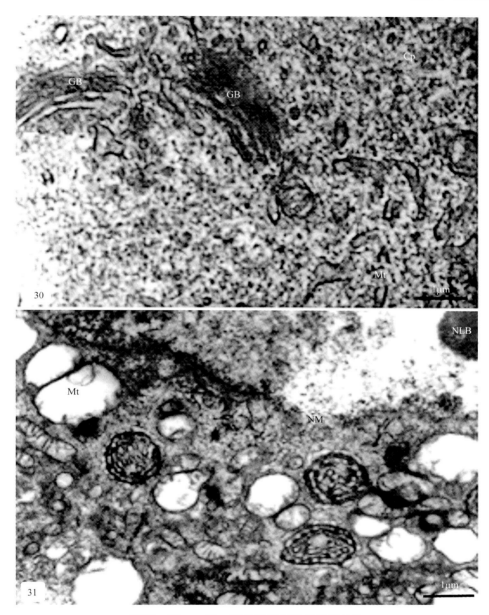

图版 1-Ⅵ-H 圆口铜鱼卵母细胞的超微结构
Plate 1-Ⅵ-H Ultrastructure of oocyte in the *Coreius guichenoti*

30. 第Ⅱ时相中期卵母细胞；31. 第Ⅱ时相中期卵母细胞
Cp：细胞质；GB：高尔基体；Mt：线粒体；NLB：核仁样体；NM：核膜；Nu：核仁
30. Oocyte in the middle of phase Ⅱ; 31. Oocyte in the middle of phase Ⅱ
Cp: cytoplasm; GB: Golgi body; Mt: mitochondrion; NLB: nucleus-like body; NM: nuclear membrane; Nu: nucleolus

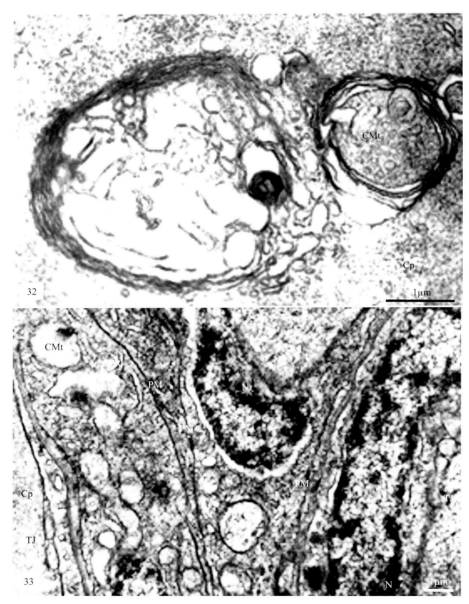

图版 1-Ⅵ-I 圆口铜鱼卵母细胞的超微结构
Plate 1-Ⅵ-I Ultrastructure of oocyte in the *Coreius guichenoti*

32. 第Ⅱ时相晚期；33. 第Ⅱ时相晚期
CMt：同心圆线粒体；Cp：细胞质；N：滤泡细胞的细胞核；PM：质膜；SER：滑面内质网；TJ：紧密连接
32. In the late of phase Ⅱ; 33. In the late of phase Ⅱ
CMt: concentric mitochondrion; Cp: cytoplasm; N: nucleus of follicle cell; PM: plasma membrane; SER: smooth endoplasmic reticulum; TJ: tight junction

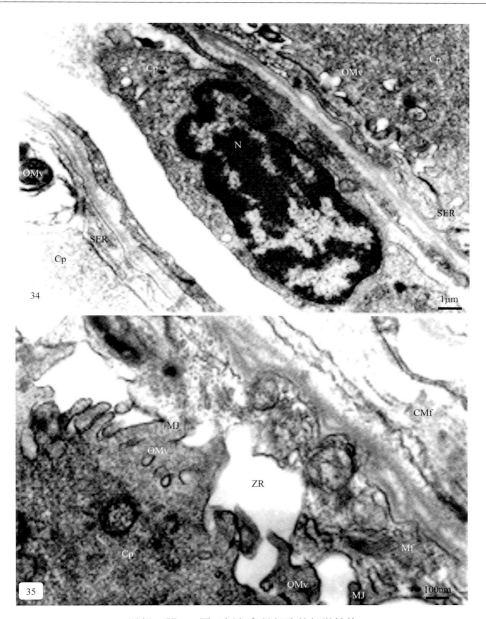

图版 1-Ⅵ-J　圆口铜鱼卵母细胞的超微结构

Plate 1-Ⅵ-J　Ultrastructure of oocyte in the *Coreius guichenoti*

34. 第Ⅲ时相早期；35. 第Ⅲ时相中期

CM：同心膜；CMf：胶原微纤维；Cp：细胞质；MJ：镶嵌连接；Mf：滤泡细胞的微丝；Mt：线粒体；N：滤泡细胞的细胞核；OMv：卵母细胞的微绒毛；SER：滑面内质网；ZR：放射带

34. In the early of phase Ⅲ; 35. In the middle of phase Ⅲ

CM: concentric membrane; CMf: collagenous microfiber; Cp: cytoplasm; MJ: mosaic junction; Mf: microfilament of follicle cell; Mt: mitochondrion; N: nucleus of follicle cell; OMv: microvilli of oocyte; SER: smooth endoplasmic reticulum; ZR: zona radiata

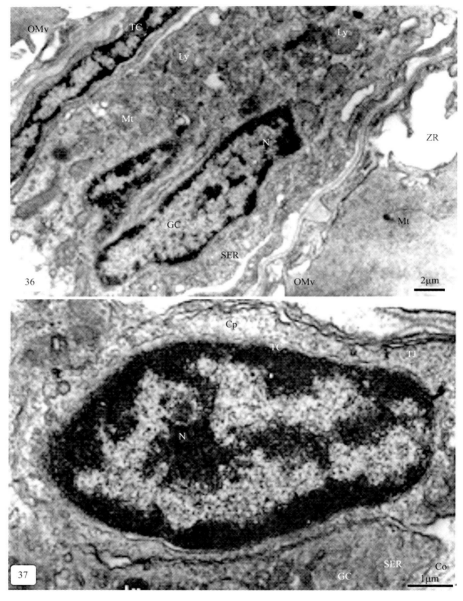

图版 1-Ⅵ-K　圆口铜鱼卵母细胞的超微结构
Plate 1-Ⅵ-K　Ultrastructure of oocyte in the *Coreius guichenoti*

36. 第Ⅲ时相中期；37. 第Ⅲ时相晚期
Co：胶原纤维；Cp：细胞质；GC：颗粒细胞；Ly：溶酶体；Mt：线粒体；N：细胞核；OMv：卵母细胞微绒毛；SER：滑面内质网；TC：鞘膜细胞；TJ：紧密连接；ZR：放射带
36. In the middle of phase Ⅲ; 37. In the late of phase Ⅲ
Co: collagenous fiber; Cp: cytoplasm; GC: granule cell; Ly: lysosome; Mt: mitochondrion; N: nucleus; OMv: microvilli of oocyte; SER: smooth endoplasmic reticulum; TC: thecal cell; TJ: tight junction; ZR: zona radiata

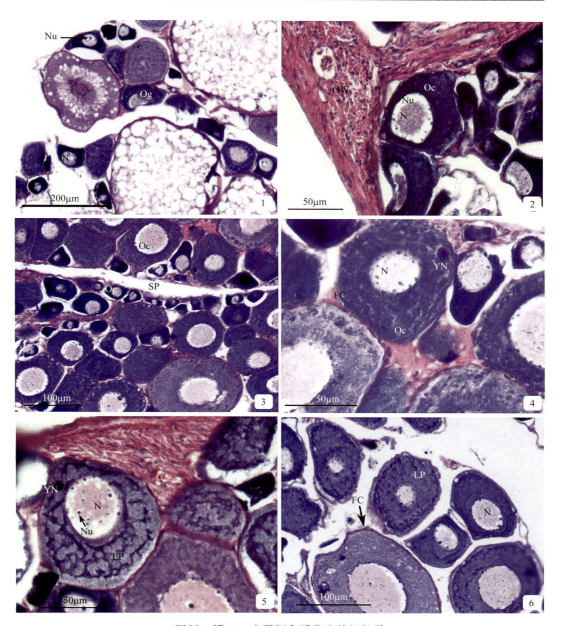

图版 1-Ⅶ-A 大眼鳜卵子发生的组织学
Plate 1-Ⅶ-A Histology of oogenesis in *Siniperca kneri*

1. 卵原细胞；2. Ⅱ时相早期卵母细胞；3. Ⅱ时相中期卵母细胞，示产卵板；4～6. Ⅱ时相晚期卵母细胞，示卵黄核、滤泡细胞和生长环

FC：滤泡细胞；LP：生长环；N：细胞核；Nu：核仁；Oc：卵母细胞；Og：卵原细胞；OW：卵巢壁；SP：产卵板；YN：卵黄核

1. Oogonium; 2. Oocyte in the early of phase Ⅱ; 3. Oocyte in the middle of phase Ⅱ, showing spawning plate; 4-6. Oocyte in the late of phase Ⅱ, showing yolk nucleus, follicle cell and loop of growth

FC: follicle cell; LP: loop of growth; N: nucleus; Nu: nucleolus; Oc: oocyte; Og: oogonium; OW: ovarian wall; SP: spawning plate; YN: yolk nucleus

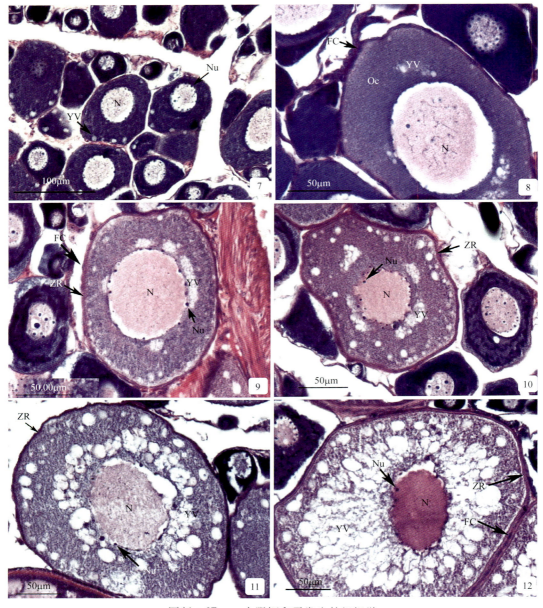

图版 1-Ⅶ-B　大眼鳜卵子发生的组织学
Plate 1-Ⅶ-B　Histology of oogenesis in *Siniperca kneri*

7. Ⅱ时相晚期卵母细胞，示卵黄泡；8，9. Ⅲ时相早期卵母细胞，示卵黄泡、滤泡细胞及放射带；10. Ⅲ时相中期卵母细胞，示卵黄泡及放射带；11. Ⅲ时相晚期卵母细胞，示卵黄泡及放射带；12. Ⅳ时相早期卵母细胞，示卵黄泡、滤泡细胞及放射带

FC：滤泡细胞；N：细胞核；Nu：核仁；Oc：卵母细胞；YV：卵黄泡；ZR：放射带

7. Oocyte in the late of phase Ⅱ, showing yolk vesicle; 8, 9. Oocyte in the early of phase Ⅲ, showing yolk vesicle, follicle cell and zona radiata; 10. Oocyte in the middle of phase Ⅲ, showing yolk vesicle and zona radiata; 11. Oocyte in the late of phase Ⅲ, showing yolk vesicle and zona radiata; 12. Oocyte in the early of phase Ⅳ, showing yolk vesicle, follicle cell and zona radiata

FC: follicle cell; N: nucleus; Nu: nucleolus; Oc: oocyte; YV: yolk vesicle; ZR: zona radiata

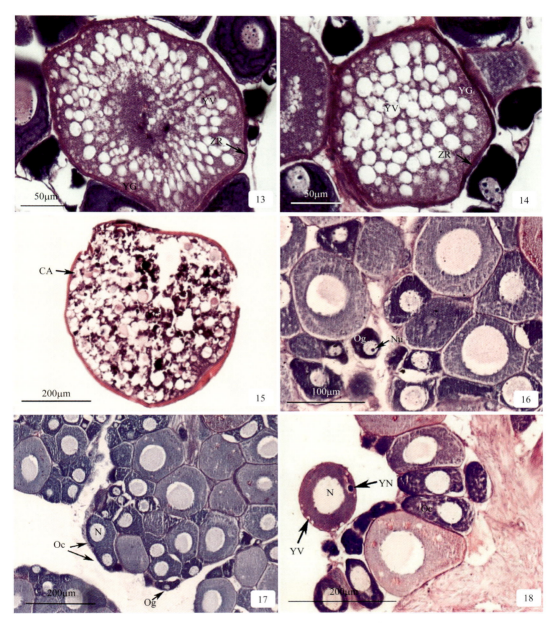

图版 1-Ⅶ-C 大眼鳜卵子发生的组织学
Plate 1-Ⅶ-C Histology of oogenesis in *Siniperca kneri*

13. Ⅳ时相中期卵母细胞，示卵黄泡、卵黄颗粒及放射带；14. Ⅳ时相晚期卵母细胞，示卵黄泡、卵黄颗粒及放射带；15. Ⅴ时相卵母细胞，示卵黄颗粒及皮层小泡；16. 卵原细胞（PAS反应），示核和核仁；17，18. Ⅱ时相卵母细胞，示卵母细胞、卵黄泡及卵黄核
CA：皮层小泡；N：细胞核；Nu：核仁；Oc：卵母细胞；Og：卵原细胞；YG：卵黄颗粒；YN：卵黄核；YV：卵黄泡；ZR：放射带

13. Oocyte in the middle of phase Ⅳ, showing yolk vesicle, yolk granule and zona radiata; 14. Oocyte in the late of phase Ⅳ, showing yolk vesicle, yolk granule and zona radiata; 15. Oocyte in phase Ⅴ, showing yolk granule and cortical alveolus; 16. Oogonium (PAS reaction), showing nucleus and nucleolus; 17, 18. Oocyte in the period of phase Ⅱ, showing oocyte, yolk vesicle and yolk nucleus
CA: cortical alveolus; N: nucleus; Nu: nucleolus; Oc: oocyte; Og: oogonium; YG: yolk granule; YN: yolk nucleus; YV: yolk vesicle; ZR: zona radiata

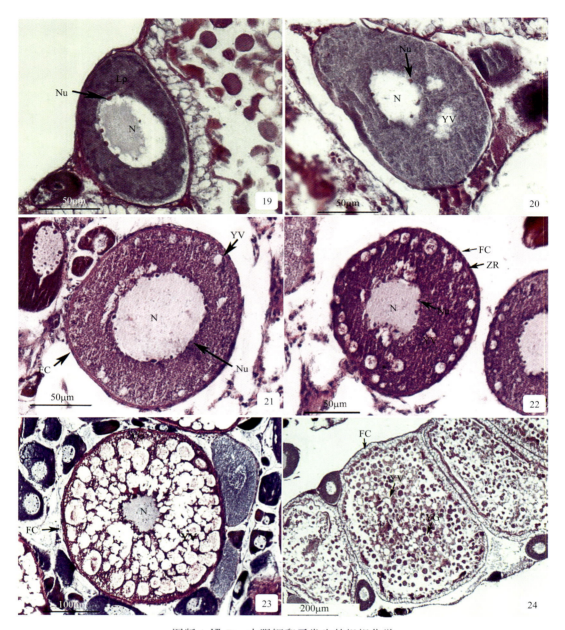

图版 1-Ⅶ-D　大眼鳜卵子发生的组织化学

Plate 1-Ⅶ-D　Histochemistry of oogenesis in *Siniperca kneri*

19. Ⅱ时相晚期卵母细胞（PAS 反应），示生长环及核仁；20～22. Ⅲ时相卵母细胞（PAS 反应），示卵黄泡、滤泡细胞及放射带；23，24. Ⅳ时相卵母细胞（PAS 反应），示卵黄泡、卵黄颗粒及滤泡细胞

FC：滤泡细胞；Lp：生长环；N：细胞核；Nu：核仁；YG：卵黄颗粒；YV：卵黄泡；ZR：放射带

19. Oocyte in the late period of phase Ⅱ (PAS reaction), showing loop of growth and nucleolus; 20-22. Oocyte in the period of phase Ⅲ (PAS reaction), showing yolk vesicle, follicle cell and zona radiata; 23, 24. Oocyte in the period of phase Ⅳ (PAS reaction), showing yolk vesicle, yolk granule and follicle cell

FC: follicle cell; Lp: loop of growth; N: nucleus; Nu: nucleolus; YG: yolk granule; YV: yolk vesicle; ZR: zona radiata

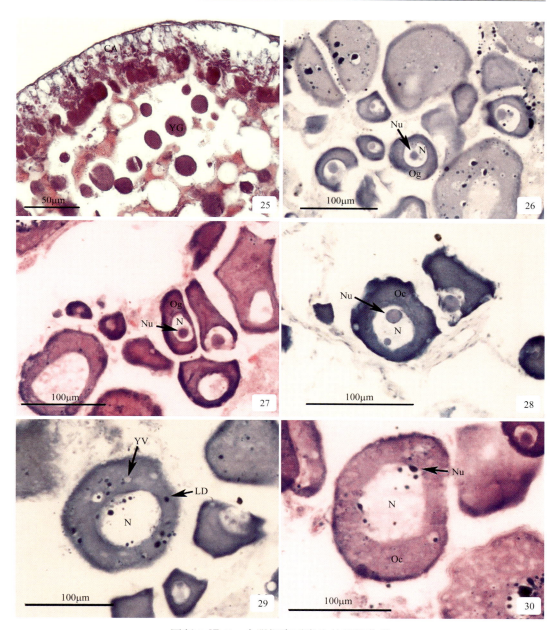

图版 1-Ⅶ-E　大眼鳜卵子发生的组织化学

Plate 1-Ⅶ-E　Histochemistry of oogenesis in *Siniperca kneri*

25. Ⅴ时相卵母细胞（PAS 反应），示卵黄颗粒和皮层小泡；26，27. 卵原细胞（苏丹黑 B 染色），示卵原细胞和卵母细胞；28～30. Ⅱ时相卵母细胞（苏丹黑 B 染色），示卵母细胞、卵黄泡和脂滴

CA：皮层小泡；LD：脂滴；N：细胞核；Nu：核仁；Oc：卵母细胞；Og：卵原细胞；YG：卵黄颗粒；YV：卵黄泡

25. Oocyte in the period of phase Ⅴ (PAS reaction), showing yolk vesicle and cortical alveolus; 26, 27. Oogonium (sudan black B staining), showing oogonium and oocyte; 28-30. Oocyte in the period of phase Ⅱ (sudan black B staining), showing oocyte, yolk vesicle and lipid droplet

CA: cortical alveolus; LD: lipid droplet; N: nucleus; Nu: nucleolus; Oc: oocyte; Og: oogonium; YG: yolk granule; YV: yolk vesicle

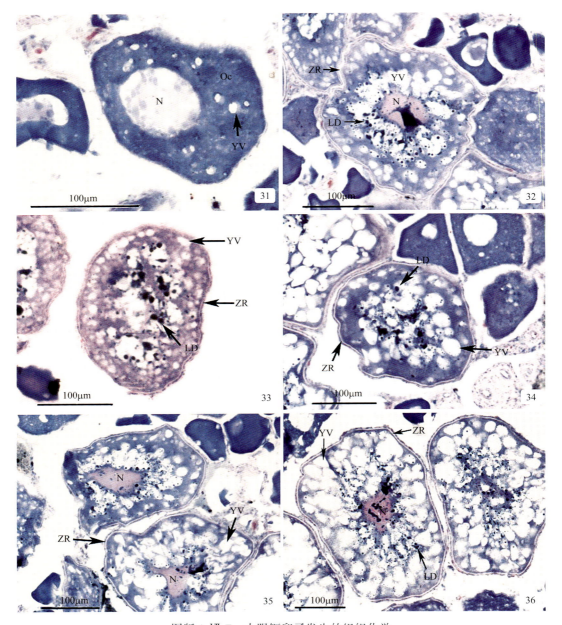

图版 1-Ⅶ-F 大眼鳜卵子发生的组织化学

Plate 1-Ⅶ-F Histochemistry of oogenesis in *Siniperca kneri*

31～34. Ⅲ时相卵母细胞（苏丹黑B染色），示卵母细胞、卵黄泡和放射带；35，36. Ⅳ时相卵母细胞（苏丹黑B染色），示卵黄泡、脂滴和放射带

LD：脂滴；N：细胞核；Oc：卵母细胞；YV：卵黄泡；ZR：放射带

31-34. Oocyte in the period of phase Ⅲ (sudan black B staining), showing oocyte, yolk vesicle and zona radiata; 35, 36. Oocyte in the period of phase Ⅳ (sudan black B staining), showing yolk vesicle, lipid droplet and zona radiata

LD: lipid droplet; N: nucleus; Oc: oocyte; YV: yolk vesicle; ZR: zona radiata

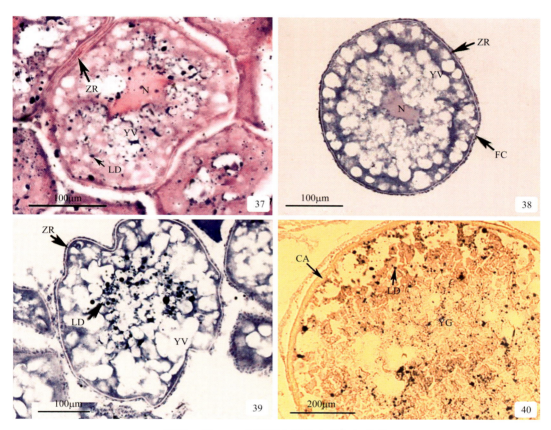

图版 1-Ⅶ-G　大眼鳜卵子发生的组织化学
Plate 1-Ⅶ-G　Histochemistry of oogenesis in *Siniperca kneri*

37～39. Ⅳ时相卵母细胞（苏丹黑 B 染色），示卵黄泡、脂滴、滤泡细胞和放射带；40. Ⅴ时相卵母细胞（苏丹黑 B 染色），示卵黄颗粒、脂滴和皮层小泡
CA：皮层小泡；FC：滤泡细胞；LD：脂滴；N：细胞核；YG：卵黄颗粒；YV：卵黄泡；ZR：放射带
37-39. Oocyte in the period of phase Ⅳ (sudan black B staining), showing yolk vesicle, lipid droplet, follicle cell and zona radiata; 40. Oocyte in period of phase Ⅴ (sudan black B staining), showing yolk granule, lipid droplet and cortical alveolus
CA: cortical alveolus; FC: follicle cell; LD: lipid droplet; N: nucleus; YG: yolk granule; YV: yolk vesicle; ZR: zona radiata

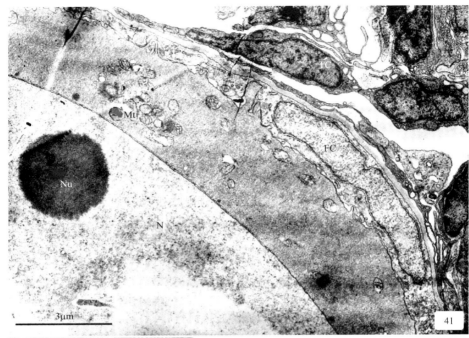

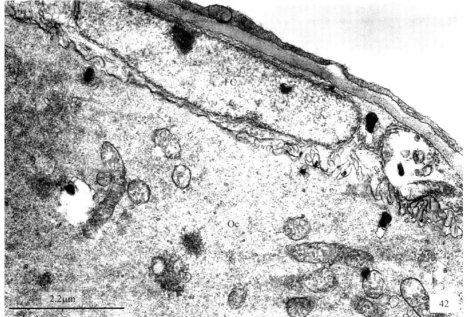

图版 1-Ⅶ-H 大眼鳜卵子发生的超微结构
Plate 1-Ⅶ-H Ultrastructure of oogenesis in *Siniperca kneri*

41，42. 卵黄发生前期卵母细胞、示滤泡细胞、鞘膜细胞、线粒体及鞘膜层

FC：滤泡细胞；Mt：线粒体；N：细胞核；Nu：核仁；Oc：卵母细胞；TC：鞘膜细胞

41, 42. Oocyte in the pre-vitellogenesis stage, showing follicle cell, theca cell, mitochondrion and theca layer

FC: follicle cell; Mt: mitochondrion; N: nucleus; Nu: nucleolus; Oc: Oocyte; TC: theca cell

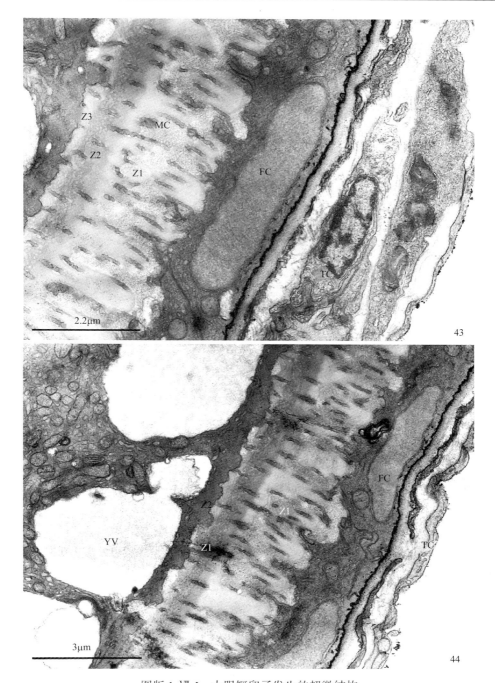

图版 1-Ⅶ-I 大眼鳜卵子发生的超微结构

Plate 1-Ⅶ-I Ultrastructure of oogenesis in *Siniperca kneri*

43，44．卵黄发生早期卵母细胞，示放射带、鞘膜细胞、卵黄泡及鞘膜细胞

FC：滤泡细胞；MC：微绒毛孔道；TC：鞘膜细胞；YV：卵黄泡；Z1：放射带Ⅱ；Z2：放射带Ⅲ；Z3：放射带Ⅳ

43, 44. Oocyte in the early-vitellogenesis, showing zona radiata, theca cell, yolk vesicle and theca cell

FC: follicle cell; MC: microvillar channel; TC: theca cell; YV: yolk vesicle; Z1: zona radiata Ⅱ; Z2: zona radiata Ⅲ; Z3: zona radiata Ⅳ

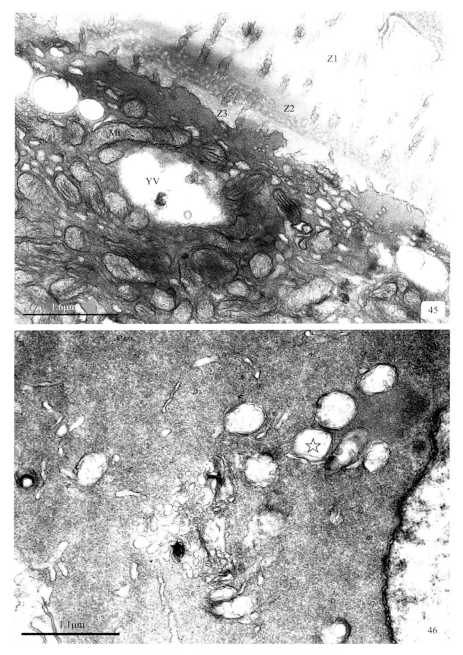

图版 1-Ⅶ-J 大眼鳜卵子发生的超微结构
Plate 1-Ⅶ-J Ultrastructure of oogenesis in *Siniperca kneri*

45, 46. 卵黄发生早期卵母细胞，示卵黄泡、鞘膜细胞及空泡状线粒体
Mt：线粒体；YV：卵黄泡；Z1：放射带Ⅱ；Z2：放射带Ⅲ；Z3：放射带Ⅳ；☆：空泡状线粒体；★：同心膜样线粒体
45, 46. Oocyte in the early-vitellogenesis stage, showing yolk vesicle, theca cell and vacuolated mitochondrion
Mt: mitochondrion; YV: yolk vesicle; Z1: zona radiata Ⅱ; Z2: zona radiata Ⅲ; Z3: zona radiata Ⅳ; ☆: vacuolated mitochondrion; ★: mitochondrion with concentric membrane

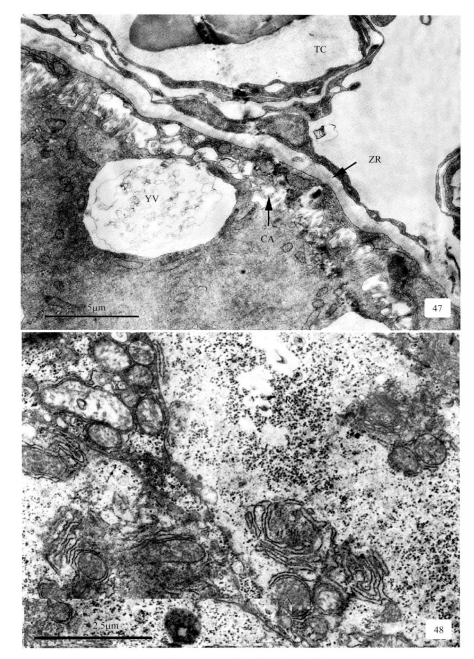

图版 1-Ⅶ-K　大眼鳜卵子发生的超微结构
Plate 1-Ⅶ-K　Ultrastructure of oogenesis in *Siniperca kneri*

47. 卵黄发生早期卵母细胞，示卵黄泡、放射带和皮层小泡；48. 卵黄发生晚期卵母细胞，示卵黄颗粒
CA：皮层小泡；Mt：线粒体；R：核糖体；TC：鞘膜细胞；YG：卵黄颗粒；YV：卵黄泡；ZR：放射带
47. Oocyte in the early-vitellogenesis stage, showing yolk vesicle, zona radiata and cortical alveolus. 48. Oocyte in the late-vitellogenesis stage, showing yolk granule
CA: cortical alveolus; Mt: mitochondrion; R: ribosome; TC: theca cell; YG: yolk granule; YV: yolk vesicle; ZR: zona radiata

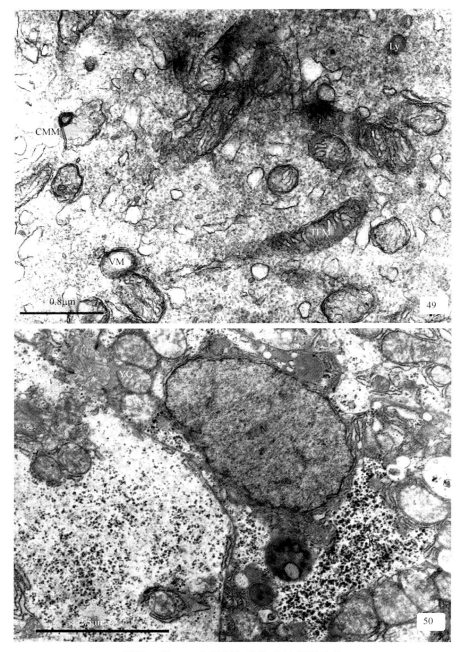

图版 1-Ⅶ-L 大眼鳜卵子发生的超微结构
Plate 1-Ⅶ-L Ultrastructure of oogenesis in *Siniperca kneri*

49，50. 卵黄发生晚期卵母细胞，示典型功能型线粒体及卵黄颗粒
CMM：同心膜样线粒体；Ly：溶酶体；N：细胞核；R：核糖体；TFM：典型功能型线粒体；VM：空泡状线粒体；YG：卵黄颗粒

49, 50. Oocyte in the late-vitellogenesis stage, showing typical functional mitochondrion and yolk granule
CMM: mitochondrion with concentric membrane; Ly: lysosome; N: nucleus; R: ribosome; TFM: typical functional mitochondrion; VM: vacuolated mitochondrion; YG: yolk granule

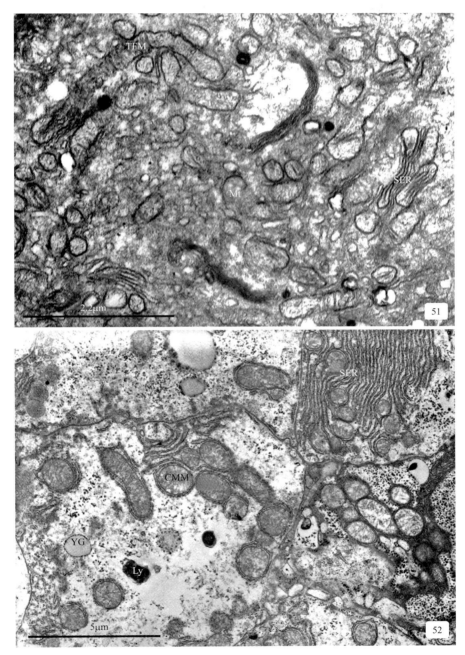

图版 1-Ⅶ-M 大眼鳜卵子发生的超微结构
Plate 1-Ⅶ-M Ultrastructure of oogenesis in *Siniperca kneri*

51，52. 卵黄发生晚期卵母细胞，示典型功能型线粒体、滑面内质网及卵黄颗粒
CMM：同心膜样线粒体；Ly：溶酶体；Mt：线粒体；SER：滑面内质网；TFM：典型功能型线粒体；YG：卵黄颗粒
51, 52. Oocyte in the late-vitellogenesis stage, showing typical functional mitochondrion, smooth endoplasmic reticulum and yolk granule
CMM: mitochondrion with concentric membrane; Ly: lysosome; Mt: mitochondrion; SER: smooth endoplasmic reticulum; TFM: typical functional mitochondrion; YG: yolk granule

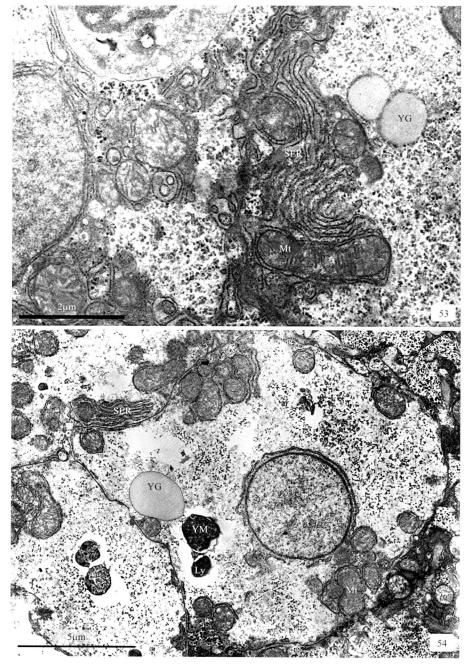

图版 1-Ⅶ-N 大眼鳜卵子发生的超微结构
Plate 1-Ⅶ-N Ultrastructure of oogenesis in *Siniperca kneri*

53, 54. 卵黄发生晚期卵母细胞,示卵黄颗粒、核糖体及滑面内质网
Ly: 溶酶体; Mt: 线粒体; R: 核糖体; SER: 滑面内质网; YG: 卵黄颗粒; YM: 沉积卵黄物质的线粒体
53, 54. Oocyte in the late-vitellogenesis, showing yolk granule, ribosome and smooth endoplasmic reticulum
Ly: lysosome; Mt: mitochondrion; R: ribosome; SER: smooth endoplasmic reticulum; YG: yolk granule; YM: mitochondrion with deposited yolk substance

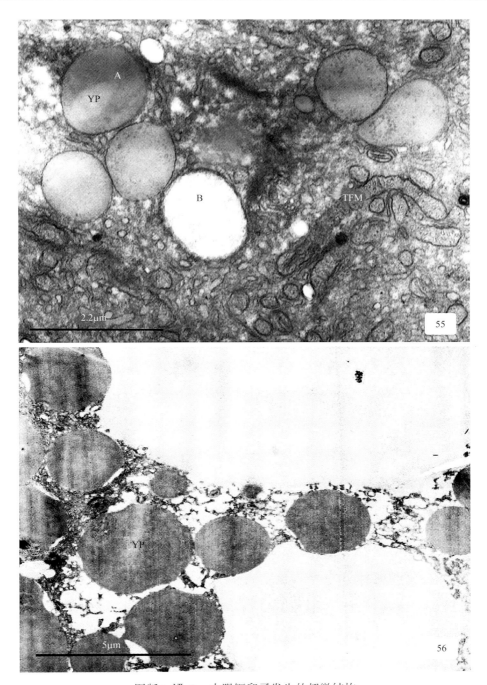

图版 1-Ⅶ-O 大眼鳜卵子发生的超微结构
Plate 1-Ⅶ-O Ultrastructure of oogenesis in *Siniperca kneri*

55，56. 成熟期卵母细胞，示卵黄小板
A：带有膜的卵黄小板；B：没有膜的卵黄小板；TFM：典型功能型线粒体；YP：卵黄小板
55, 56. Oocyte in stage V, showing yolk plate
A: yolk plate with membrane; B: yolk plate without membrane; TFM: typical functional mitochondrion; YP: yolk plate

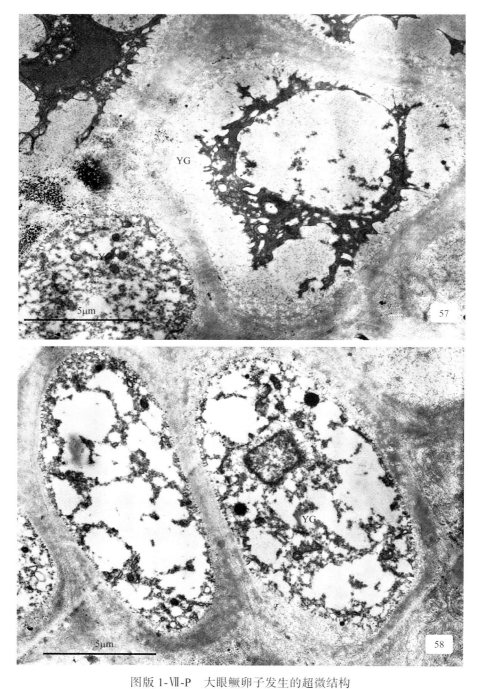

图版 1-Ⅶ-P 大眼鳜卵子发生的超微结构

Plate 1-Ⅶ-P Ultrastructure of oogenesis in *Siniperca kneri*

57, 58. 成熟期卵母细胞，示卵黄颗粒
YG：卵黄颗粒
57, 58. Oocyte in stage V, showing yolk granule
YG: yolk granule

第 2 章 精子的发生与形成

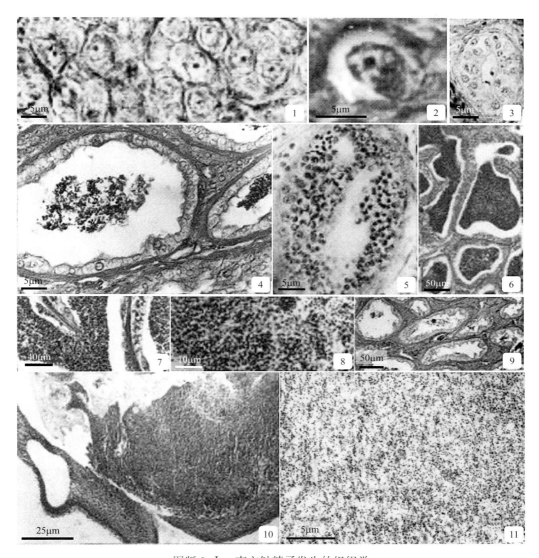

图版 2-Ⅰ 南方鲇精子发生的组织学
Plate 2-Ⅰ Histology of spermatogenesis in *Silurus meridionalis*

1. Ⅰ期精巢，示精原细胞；2. 精原细胞的放大；3. Ⅱ期精巢，示初级精母细胞及壶腹腔；4. 产后恢复至Ⅱ期的精巢，示初级精母细胞及退化的精子；5. Ⅲ期精巢，示次级精母细胞；6. 产后发育至Ⅲ期精巢，示次级精母细胞及壶腹腔中存在的精子；7. Ⅳ期精巢的组织学特征；8. Ⅳ期精巢放大，示精子细胞；9. Ⅵ期精巢的组织学特征；10. Ⅴ期精巢，示精囊中充满成熟的精子；11. 成熟精子

1. Testis at the stage Ⅰ, showing spermatogonium; 2. Enlargement of spermatogonium; 3. Testis at the stage Ⅱ, showing primary spermatocyte and lumen of ampulla; 4. The recovered testis after spawning, at the stage Ⅱ, showing primary spermatocyte and degenerated sperm; 5. Testis at the stage Ⅲ, showing secondary spermatocyte; 6. The recovered testis after spawning, at the stage Ⅲ, showing secondary spermatocyte and sperm lying inside the lumen of ampulla; 7. The histological characteristics of testis at the stage Ⅳ; 8. The enlargement of testis at the stage Ⅳ, showing spermatid; 9. The histological characteristics of testis at the stage Ⅵ; 10. Testis at the stage Ⅴ, showing seminal vesicle that is filled with mature sperm; 11. showing mature sperm

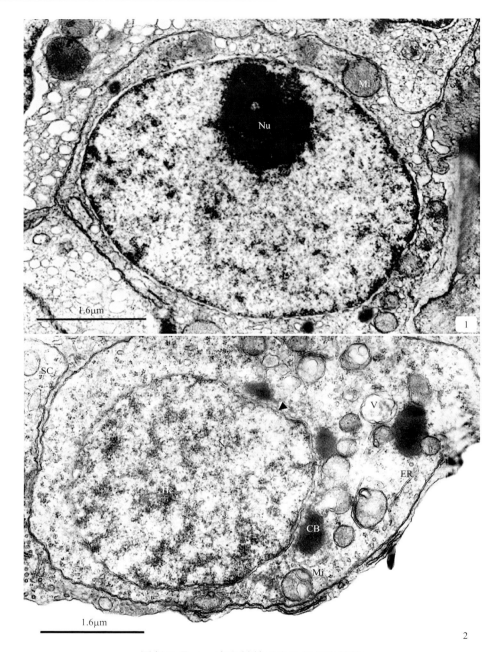

图版 2-Ⅱ-A 南方鲇精子发生的超微结构
Plate 2-Ⅱ-A Ultrastructure of spermatogenesis in *Silurus meridionalis*
1. 初级精原细胞及其细胞器；2. 次级精原细胞及其细胞器
CB：拟染色体；ER：内质网；Hc：异染色质；Mi：线粒体；N：核；Nu：核仁；SC：次级精原细胞；V：囊泡；▲：核被膜
1. Primary spermatogonium and its organelles; 2. Secondary spermatogonium and its organelles
CB: chromatoid body; ER: endoplasmic reticulum; Hc: heterochromatin; Mi: mitochondrion; N: nucleus; Nu: nucleolus; SC: secondary spermatogonium; V: vesicle; ▲ : nuclear envelope

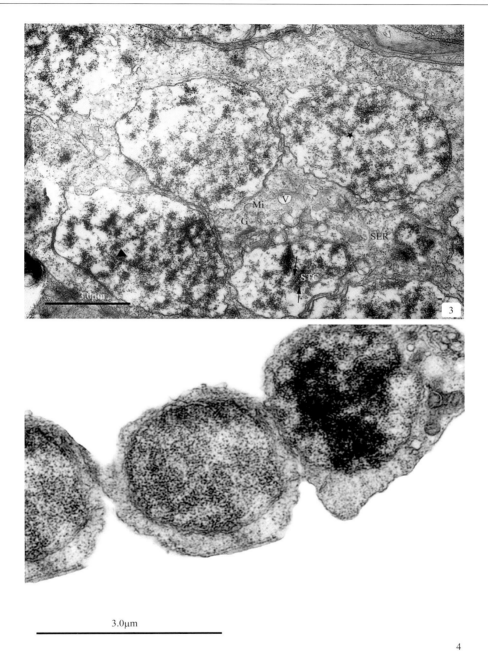

图版 2-Ⅱ-B 南方鲇精子发生的超微结构

Plate2-Ⅱ-B Ultrastructure of spermatogenesis in *Silurus meridionalis*

3. 初级精母细胞；4. 次级精母细胞

G：高尔基体；Mi：线粒体；SER：滑面内质网；STC：联会复合体；V：囊泡；▲：联会复合体形成；★：联会复合体解体

3. Primary spermatocyte; 4. Secondary spermatocyte

G: Golgi body; Mi: mitochondrion; SER: smooth endoplasmic reticulum; STC: synaptonemal complex; V: vesicle; ▲: formation of the STC; ★: disintegration of the STC

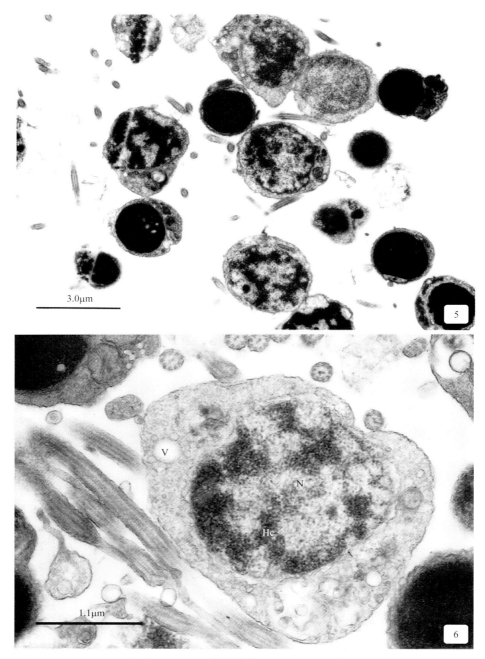

图版 2-Ⅱ-C 南方鲇精子发生的超微结构
Plate 2-Ⅱ-C Ultrastructure of spermatogenesis in *Silurus meridionalis*

5. 各期精子细胞；6. 早期精子细胞及其细胞器
N：核；Hc：异染色质；V：囊泡
5. Spermatid at various stages; 6. The early stage of spermatid and its organelles
N: nucleus; Hc: heterochromatin; V: vesicle

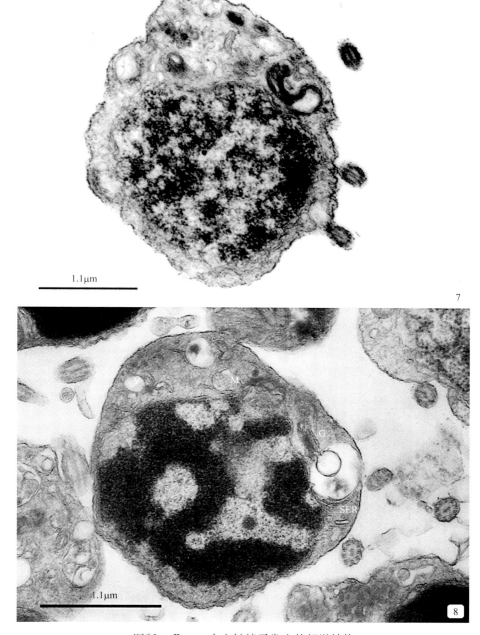

图版 2-Ⅱ-D　南方鲇精子发生的超微结构
Plate 2-Ⅱ-D　Ultrastructure of spermatogenesis in *Silurus meridionalis*

7. 早期精子细胞，示细胞器偏移；8. 精子细胞中染色质浓缩
G：高尔基体；M：线粒体；SER：滑面内质网；V：囊泡
7. Spermatid at the early stage of spermatogenesis, showing deflection of some organelles; 8. The condensed chromatin in the spermatid
G: Golgi body; M: mitochondrion; SER: smooth endoplasmic reticulum; V: vesicle

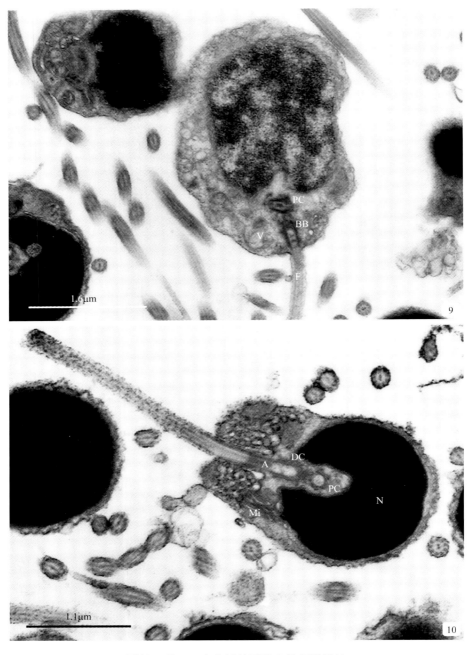

图版 2-Ⅱ-E　南方鲇精子发生的超微结构
Plate 2-Ⅱ-E　Ultrastructure of spermatogenesis in *Silurus meridionalis*

9. 中期精子细胞的植入窝；10. 晚期精子细胞及其细胞器
A：轴丝；BB：基体；DC：远侧中心粒；F：鞭毛；Mi：线粒体；N：核；PC：近侧中心粒；V：囊泡
9. Implantation fossa of metaphase sperm cell; 10. Spermatid during the late period and its organelles
A: axoneme; BB: basal body; DC: distal centriole; F: flagellum; Mi: mitochondrion; N: nucleus; PC: proximal centriole; V: vesicle

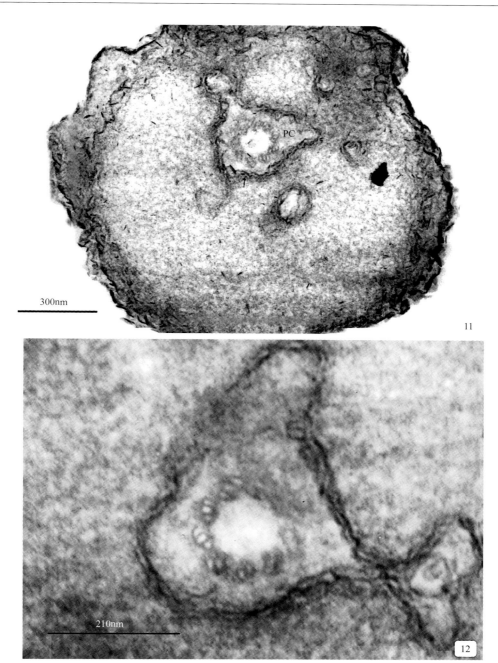

图版 2-Ⅱ-F 南方鲇精子发生的超微结构
Plate 2-Ⅱ-F Ultrastructure of spermatogenesis in *Silurus meridionalis*

11. 中心粒复合体；12. 近侧中心粒
PC：近侧中心粒；→：核膜
11. The centriolar complex; 12. The proximal centriole
PC: proximal centriole; →: Nuclear membrane

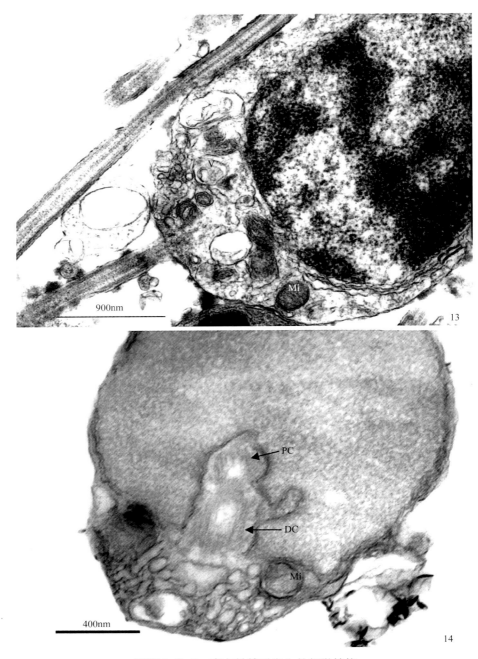

图版 2-Ⅱ-G 南方鲇精子发生的超微结构
Plate 2-Ⅱ-G Ultrastructure of spermatogenesis in *Silurus meridionalis*

13. 晚期精子细胞；14. 中心粒复合体
DC：远侧中心粒；Mi：线粒体；PC：近侧中心粒；V：囊泡
13. Spermatid during the late period; 14. Centriolar complex
DC: distal centriole; Mi: mitochondrion; PC: proximal centriole; V: vesicle

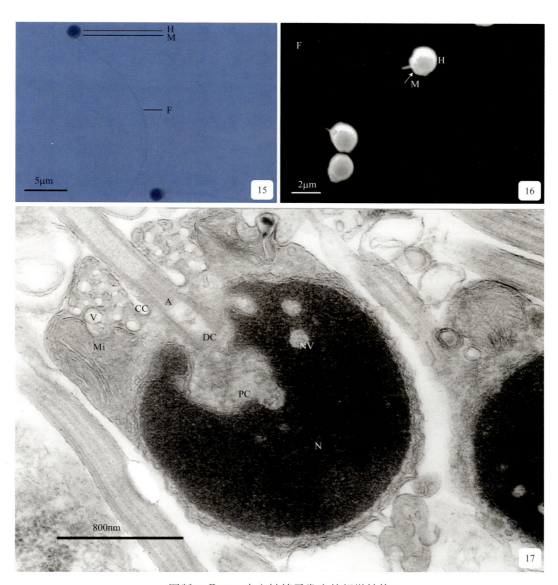

图版 2-Ⅱ-H　南方鲇精子发生的超微结构

Plate 2-Ⅱ-H　Ultrastructure of spermatogenesis in *Silurus meridionalis*

15. 成熟精子；16. 精子扫描电镜图；17. 精子纵切

A：轴丝；CC：细胞质沟；DC：远侧中心粒；F：尾部；H：头部；M：中段；Mi：线粒体；N：核；NV：核泡；PC：近侧中心粒；V：囊泡

15. Mature sperm ; 16. Sperm under the scanning electron microscope; 17. Longitudinal section of the sperm

A: axoneme; CC: cytoplasm channel; DC: distal centriole; F: flagellum; H: head; M: middle piece; Mi: mitochondrion; N: nucleus; NV: nuclear vesicle; PC: proximal centriole; V: vesicle

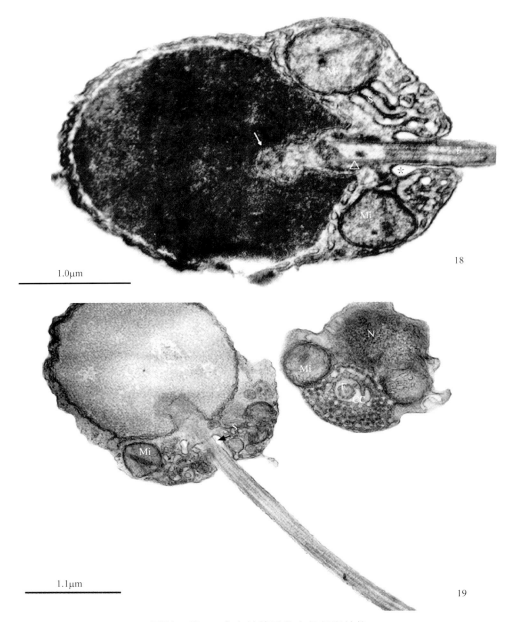

图版 2-Ⅱ-I 南方鲇精子发生的超微结构

Plate 2-Ⅱ-I Ultrastructure of spermatogenesis in *Silurus meridionalis*

18. 精子纵切；19. 精子纵切及过中段横切

CC：细胞质沟；F：鞭毛；Mi：线粒体；N：核；S：袖套；V：囊泡；→：近侧中心粒（图18）；△：远侧中心粒；＊：细胞质沟（图18）；→：细胞质沟（图19）

18. Longitudinal section of the sperm; 19. Longitudinal section of the sperm and cross section at the middle piece

CC: cytoplasm channel; F: flagellum; Mi: mitochondrion; N: nucleus; S: sleeve; V: vesicle; →: proximal centriole (fig. 18); △: distal centriole; ＊: cytoplasm channel (fig. 18); →: cytoplasm channel (fig. 19)

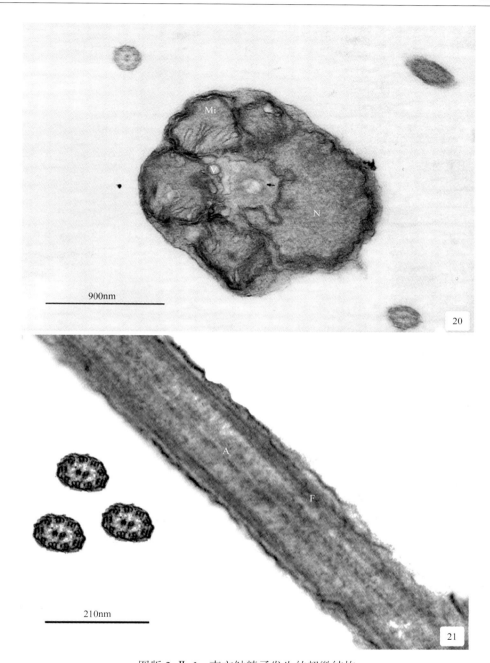

图版 2-Ⅱ-J 南方鲇精子发生的超微结构
Plate 2-Ⅱ-J Ultrastructure of spermatogenesis in *Silurus meridionalis*

20. 精子中段横切，21. 精子尾部横切及纵切，示外周二联管和轴丝
A：轴丝；F：鞭毛；Mi：线粒体；N：核；V：囊泡；→：轴丝（图20）
20. Cross section of the sperm middle piece; 21. Cross and longitudinal section of the sperm tail, showing the outer doublet microtubules and axoneme
A: axoneme; F: flagellum; Mi: mitochondrion; N: nucleus; V: vesicle; → : axoneme (fig. 20)

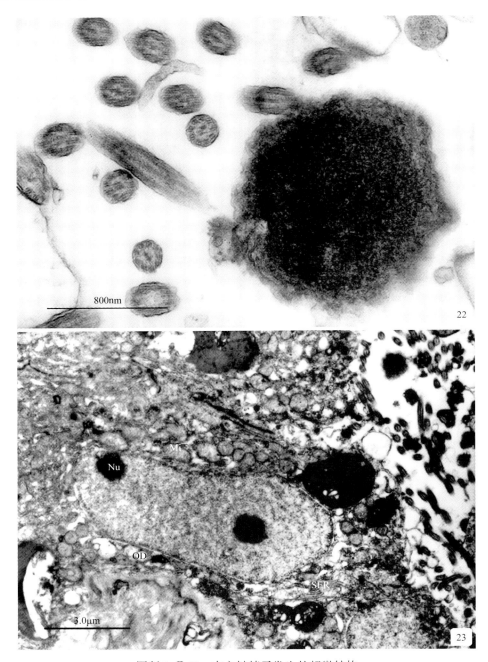

图版 2-Ⅱ-K 南方鲇精子发生的超微结构
Plate 2-Ⅱ-K Ultrastructure of spermatogenesis in *Silurus meridionalis*
22. 精子头部及退化尾部；23. 支持细胞及其细胞器
Mi：线粒体；Nu：核仁；OD：油滴；SER：滑面内质网
22. Head and degenerated tail of sperm; 23. The Sertoli cell and its organelles
Mi: mitochondrion; Nu: nucleolus; OD: oil droplet; SER: smooth endoplasmic reticulum

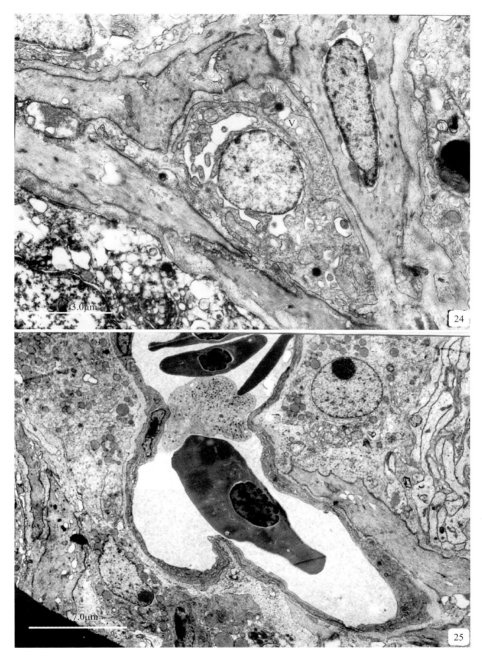

图版 2-Ⅱ-L 南方鲇精子发生的超微结构
Plate 2-Ⅱ-L Ultrastructure of spermatogenesis in *Silurus meridionalis*

24. 支持细胞及成纤维细胞；25. 血睾屏障
F：成纤维细胞；Mi：线粒体；N：核；V：囊泡
24. The Sertoli cell (SE) and fibroblast; 25. The blood-testis barrier
F: fibroblast; Mi: mitochondrion; N: nucleus; V: vesicle

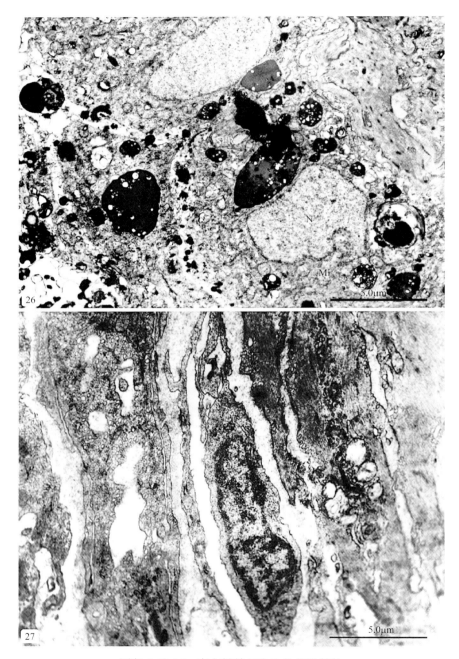

图版 2-Ⅱ-M 南方鲇精子发生的超微结构
Plate 2-Ⅱ-M Ultrastructure of spermatogenesis in *Silurus meridionalis*
26. 间质细胞；27. 边界细胞
Mi：线粒体；N：核；SER：滑面内质网
26. The Leydig cell; 27. The boundary cell
Mi: mitochondrion; N: nucleus; SER: smooth endoplasmic reticulum

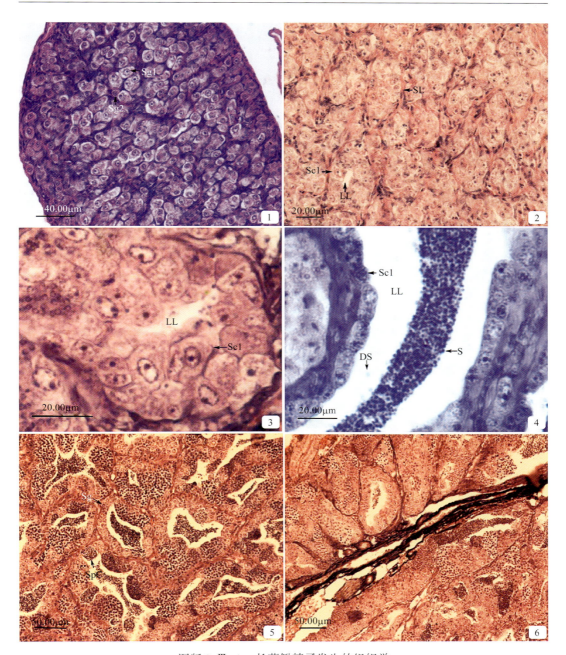

图版 2-Ⅲ-A　长薄鳅精子发生的组织学
Plate 2-Ⅲ-A　Histology of spermatogenesis in *Leptobotia elongata*

1. Ⅰ期精巢；2. Ⅱ期精巢；3. Ⅱ期精巢的精小叶；4. 退化到Ⅱ期的精小叶；5. Ⅲ期精巢；6. Ⅲ期精巢
DS：败育的精子；LL：小叶腔；S：精子；Sc1：初级精母细胞；Sg：次级精母细胞；Sg1：初级精原细胞；Sg2：次级精原细胞；SL：精小叶；SpC：精小囊

1. Testis in phase Ⅰ; 2. Testis in phase Ⅱ; 3. Seminiferous lobule of testis in phase Ⅱ; 4. Seminiferous lobule which had degenerated to phase Ⅱ; 5. Testis in phase Ⅲ; 6. Testis in phase Ⅲ
DS: degenerated sperm; LL: lobule lumen; S: sperm; Sc1: primary spermatocyte; Sg: secondary spermatocyte; Sg1: primary spermatogonium; Sg2: secondary spermatogonium; SL: seminiferous lobule; SpC: spermatogenic cyst

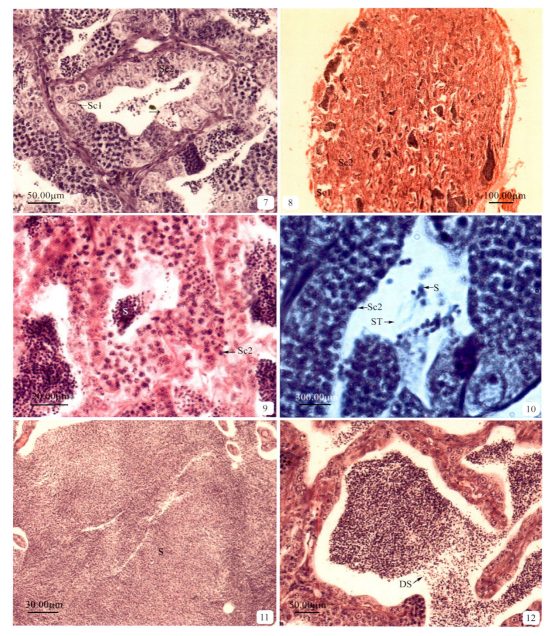

图版 2-Ⅲ-B　长薄鳅精子发生的组织学
Plate 2-Ⅲ-B　Histology of spermatogenesis in *Leptobotia elongata*

7. 精小叶；8. Ⅳ期精巢；9. Ⅳ期精巢的精小叶；10. 成熟精子；11. 大量成熟精子；12. 正退化精巢的精小叶
DS：正退化精子；S：成熟精子；Sc1：初级精母细胞；Sc2：次级精母细胞；ST：精子尾部；→：正在释放精子的精小囊

7. Seminiferous lobule; 8. Testis in phase Ⅳ; 9. Seminiferous lobule of testis in phase Ⅳ; 10. Mature sperm; 11. A mass of mature sperms; 12. Seminiferous lobule of testis which is degenerating
DS: degenerating sperm; S: mature sperm; Sc1: primary spermatocyte; Sc2: secondary spermatocyte; ST: tail of sperm; →: spermatogenic cyst that is releasing sperms

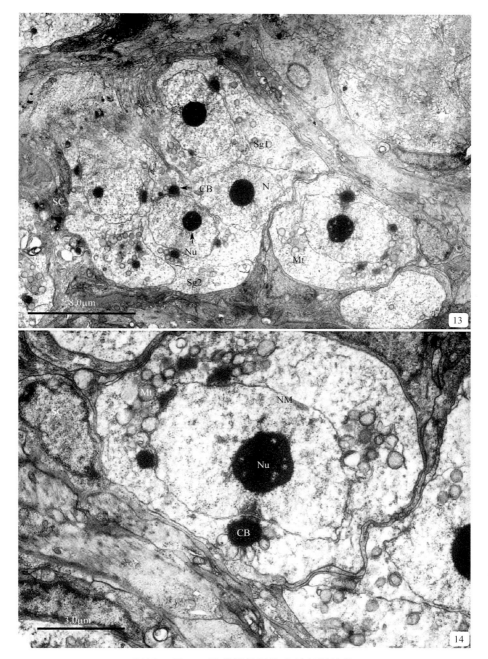

图版 2-Ⅲ-C 长薄鳅精子发生的超微结构

Plate 2-Ⅲ-C Ultrastructure of spermatogenesis in *Leptobotia elongata*

13. 精小囊；14. 初级精原细胞

CB：拟染色体；Mt：线粒体；N：细胞核；NM：核膜；Nu：核仁；SC：支持细胞；Sg1：初级精原细胞；Sg2：次级精原细胞

13. Spermatogenic cyst; 14. Primary spermatogonium

CB: chromatoid body; Mt: mitochondrion; N: nucleus; NM: nuclear membrane; Nu: nucleolus; SC: Sertoli cell; Sc1: primary spermatogonium; Sc2: secondary spermatogonium

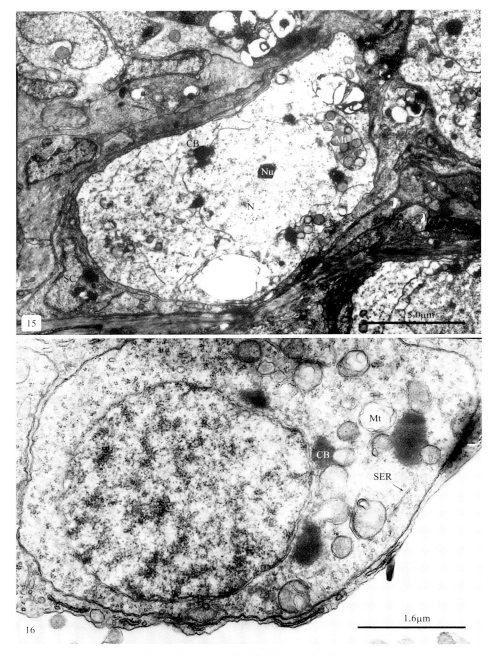

图版 2-Ⅲ-D 长薄鳅精子发生的超微结构
Plate 2-Ⅲ-D Ultrastructure of spermatogenesis in *Leptobotia elongata*

15. 次级精原细胞；16. 初级精母细胞
CB：拟染色体；Mt：线粒体；N：细胞核；Nu：核仁；SC：支持细胞；SER：滑面内质网
15. Secondary spermatogonium; 16. Primary spermatocyte
CB: chromatoid body; Mt: mitochondrion; N: nucleus; Nu: nucleolus; SC: Sertoli cell; SER: smooth endoplasmic reticulum

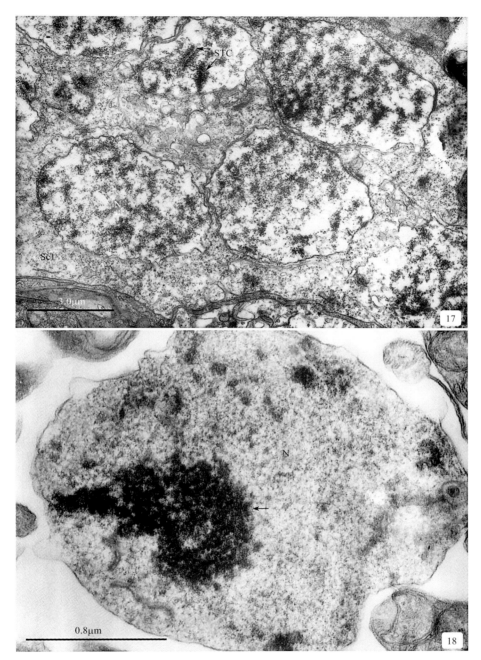

图版 2-Ⅲ-E 长薄鳅精子发生的超微结构
Plate 2-Ⅲ-E Ultrastructure of spermatogenesis in *Leptobotia elongata*

17. 初级精母细胞；18. 次级精母细胞
Mt：线粒体；N：细胞核；Sc1：初级精母细胞；STC：联会复合体；→：浓缩的染色质
17. Primary spermatocyte; 18. Secondary spermatocyte
Mt: mitochondrion; N: nucleus; Sc1: primary spermatocyte; STC: synaptonemal complex; → : concentrated chromatin

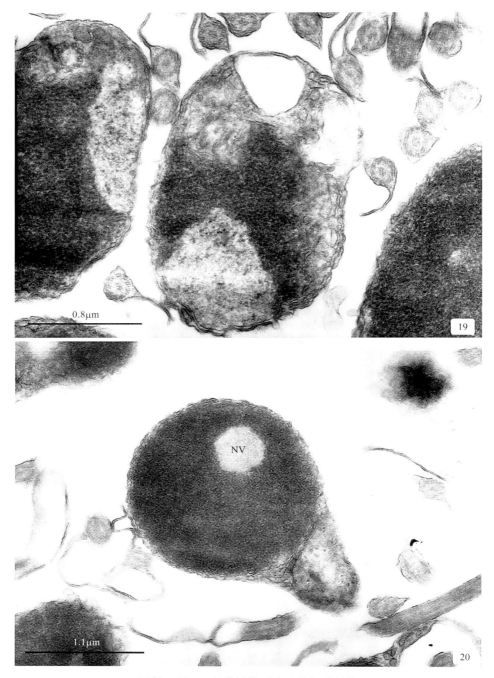

图版 2-Ⅲ-F　长薄鳅精子发生的超微结构

Plate 2-Ⅲ-F　Ultrastructure of spermatogenesis in *Leptobotia elongata*

19. 精子细胞染色质的浓缩，细胞器与细胞核分离；20. 精子细胞的核泡

NV：核泡

19. Spermatid, showing concentrated chromatin, separated organelles and nucleus; 20. Nuclear vacuole of spermatid

NV: nuclear vacuole

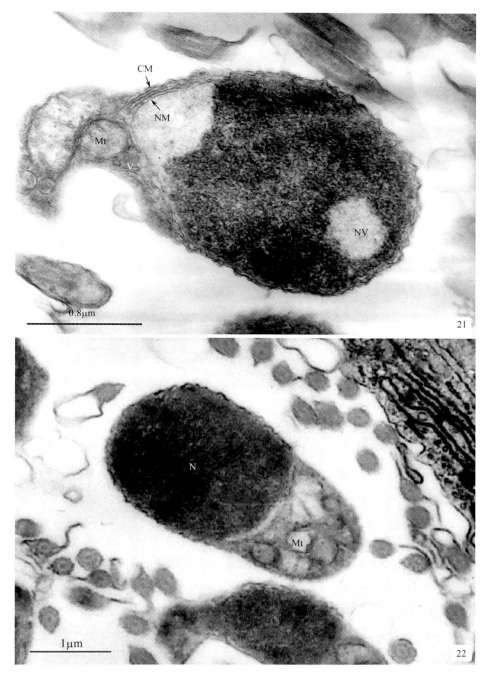

图版 2-Ⅲ-G 长薄鳅精子发生的超微结构
Plate 2-Ⅲ-G Ultrastructure of spermatogenesis in *Leptobotia elongata*
21. 精子细胞，细胞器与细胞核分离；22. 精子细胞头部和中段
CM：质膜；Mt：线粒体；N：细胞核；NM：核膜；NV：核泡；V：囊泡
21. Spermatid, with separated organelles and nucleus; 22. Head and middle piece of spermatid
CM: cell membrane; Mt: mitochondrion; N: nucleus; NM: nuclear membrane; NV: nuclear vacuole; V: vesicle

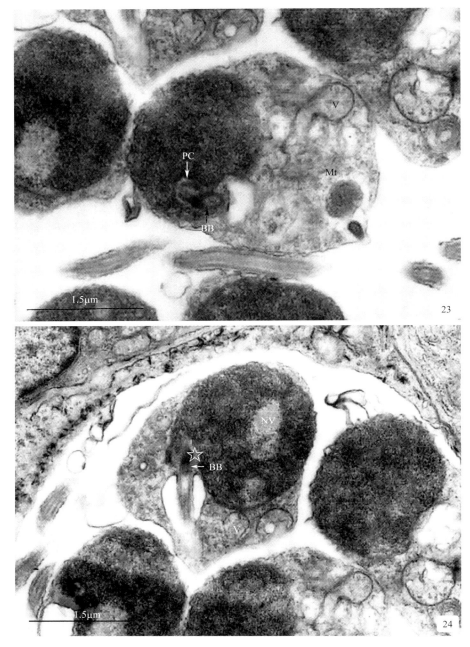

图版 2-Ⅲ-H 长薄鳅精子发生的超微结构
Plate 2-Ⅲ-H Ultrastructure of spermatogenesis in *Leptobotia elongata*
23. 精子细胞近侧中心粒和远侧中心粒;24. 精子细胞的袖套
BB:基体;Mt:线粒体;NV:核泡;PC:近侧中心粒;V:囊泡;☆:袖套腔
23. The proximal centriole and distal centriole of the spermatid; 24. Sleeve of spermatid
BB: basal body; Mt: mitochondrion; NV: nuclear vacuole; PC: proximal centriole; V: vesicle; ☆ : sleeve cavity

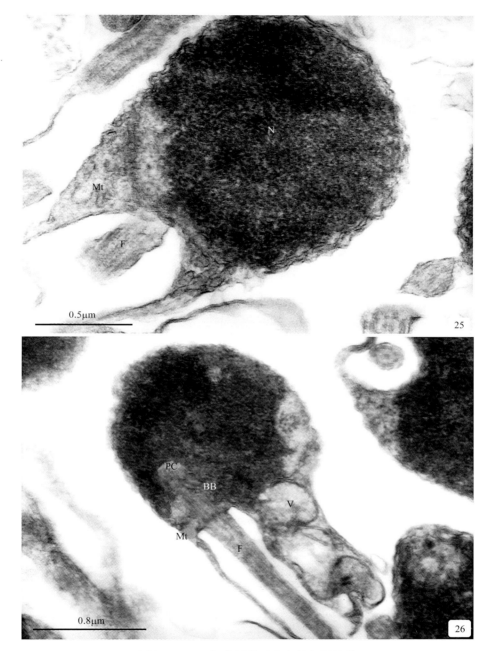

图版 2-Ⅲ-I 长薄鳅精子发生的超微结构

Plate 2-Ⅲ-I Ultrastructure of spermatogenesis in *Leptobotia elongata*

25. 成熟精子头部；26. 成熟精子
BB：基体；F：鞭毛；Mt：线粒体；N：细胞核；PC：近侧中心粒；V：囊泡
25. Head of mature sperm; 26. Mature sperm
BB: basal body; F: flagellum; Mt: mitochondrion; N: nucleus; PC: proximal centriole; V: vesicle

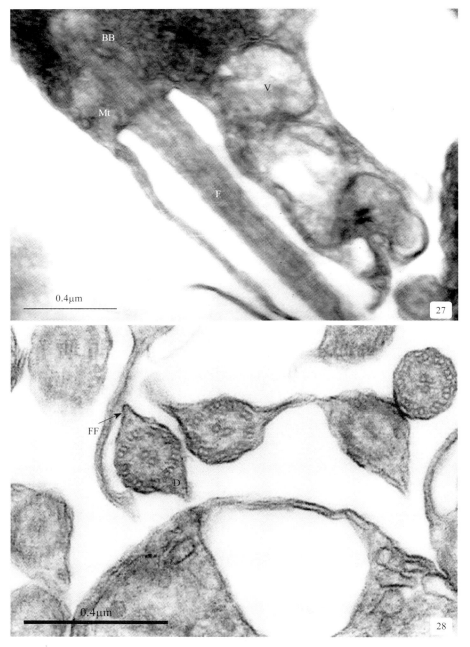

图版 2-Ⅲ-J 长薄鳅精子发生的超微结构

Plate 2-Ⅲ-J Ultrastructure of spermatogenesis in *Leptobotia elongata*

27. 成熟精子尾部; 28. "9+3" 微管结构
BB: 基体; D: 二联管; F: 轴丝; FF: 侧鳍; Mt: 线粒体; V: 囊泡
27. Tail of mature sperm; 28. "9+3" microtubule structure
BB: basal body; D: doublet microtubules; F: axoneme; FF: flanking fin; Mt: mitochondrion; V: vesicle

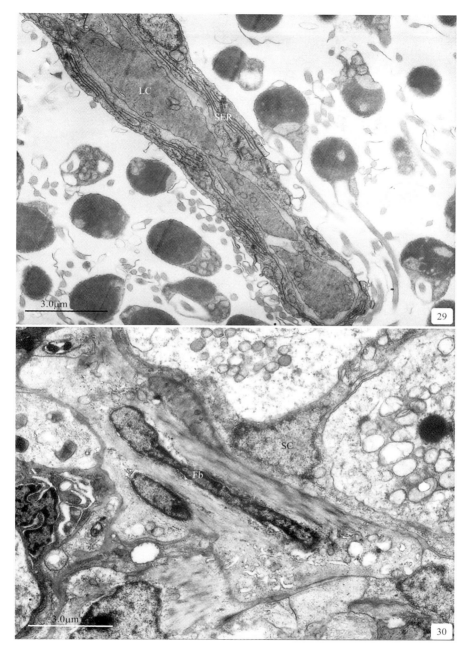

图版 2-Ⅲ-K 长薄鳅精子发生的超微结构
Plate 2-Ⅲ-K Ultrastructure of spermatogenesis in *Leptobotia elongata*

29. Leydig 细胞；30. 成纤维细胞和支持细胞
Fb：成纤维细胞；LC：Leydig 细胞；SC：支持细胞；SER：滑面内质网
29. Leydig cell; 30. Fibroblast and Sertoli cell
Fb: fibroblast; LC: Leydig cell; SC: Sertoli cell; SER: smooth endoplasmic reticulum

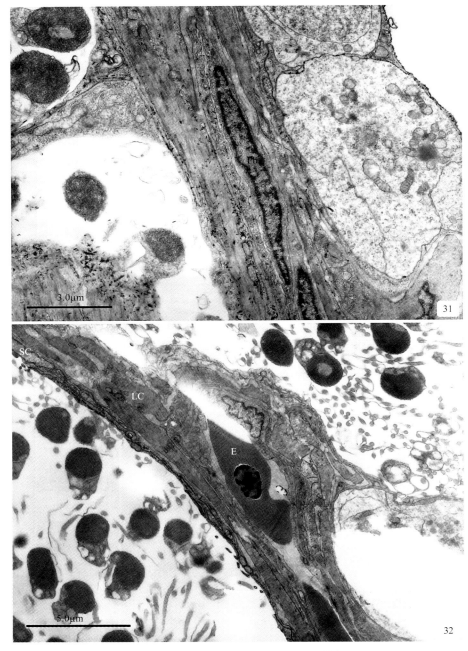

图版 2-Ⅲ-L 长薄鳅精子发生的超微结构
Plate 2-Ⅲ-L Ultrastructure of spermatogenesis in *Leptobotia elongata*

31. 成纤维细胞；32. 红细胞
Fb：成纤维细胞；E：红细胞；LC：Leydig 细胞；SC：支持细胞
31. Fibroblast; 32. Erythrocyte
Fb: fibroblast; E: erythrocyte; LC: Leydig cell; SC: Sertoli cell

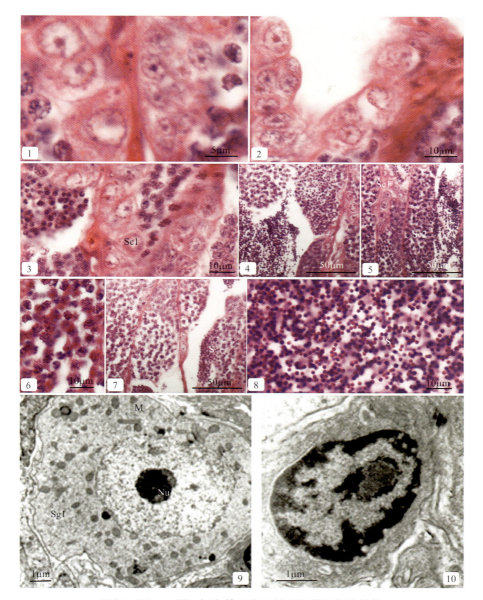

图版 2-Ⅳ-A　圆口铜鱼精子发生的组织学和超微结构

Plate 2-Ⅳ-A　Histology and ultrastructure of spermatogenesis in the *Coreius guichenoti*

1. 初级精原细胞，示核仁；2. 次级精原细胞和初级精母细胞，示小叶腔出现；3. 初级精母细胞，示小叶腔出现；4. 次级精母细胞和精子细胞；5. 生精囊中充满大量精子细胞；6. 小叶腔中出现精子；7. 成熟精子；8. 成熟精子；9. 初级精原细胞，示核仁；10. 间质细胞

M：线粒体；Nu：核仁；S：成熟精子；Sc1：初级精母细胞；Sc2：次级精母细胞；Sg1：初级精原细胞

1. The primary spermatogonium, showing nucleolus; 2. The secondary spermatogonium and the primary spermatocyte, showing the appearance of the lobule lumen; 3. The primary spermatocyte, showing the appearance of the lobule lumen; 4. The secondary spermatocyte and spermatid; 5. The spermatogenic vesicle, with lots of spermatids in; 6. Appearance of sperm in lobule lumen; 7. Mature sperm; 8. Mature sperm; 9. The primary spermatogonium, showing nucleolus; 10. Leydig cell

M: mitochondrion; Nu: nucleolus; S: mature sperm; Sc1: primary spermatocyte; Sc2: secondary spermatocyte; Sg1: primary spermatogonium

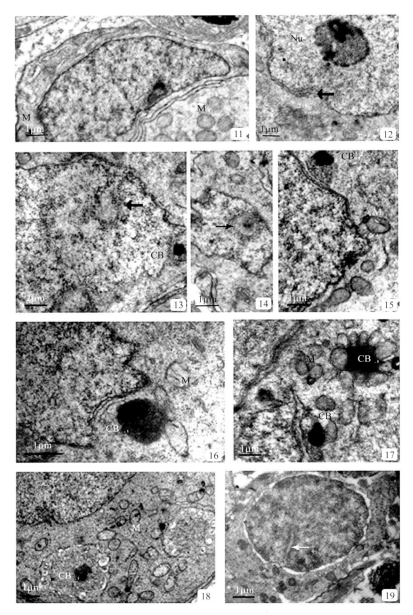

图版 2-Ⅳ-B 圆口铜鱼精子发生的超微结构

Plate 2-Ⅳ-B Ultrastructure of spermatogenesis in the *Coreius guichenoti*

11. 支持细胞和线粒体（M）；12. 初级精原细胞核仁（Nu）和核膜部分出现环孔结构（←）；13. 环泡（←）进一步向内形成凹陷状，示拟染色体（CB）；14. 环泡凹窝内出现松散聚集物（→）；15. 拟染色质前体（CB）与核膜关系密切，相对应的核膜外有线粒体（M）聚集；16. 拟染色质前体（CB）位于核膜外形成染色质体，有线粒体（M）聚集；17. 线粒体（M）与拟染色质体（CB）相连，呈花瓣状；18. 线粒体（M）和拟染色质体（CB）；19. 初级精母细胞，示联会复合体（←）

11. Sertoli cell and mitochondrion (M); 12. Annular pore structure (←) in the nuclear membrane of the primary spermatogonium; 13. The ring vesicle (←) and hollowness formed by the further inwards, showing chromatoid body (CB); 14. Loose aggregate appeared in the hollowness (→); 15. The relationship between the pre-chromatoid body (CB) and nuclear membrane is close, and there are mitochondria (M) aggregated in the out layer of corresponding nuclear membrane; 16. The pre-chromatoid body (CB) transformed into chromatin body in the out of nuclear membrane, and there are mitochondrion (M) aggregated; 17. Mitochondrion (M) and chromatoid body (CB) are correlated with each other, in a petal like pattern; 18. Mitochondrion (M) and chromatoid body (CB); 19. The primary spermatocyte, showing the synaptonemal complex (←)

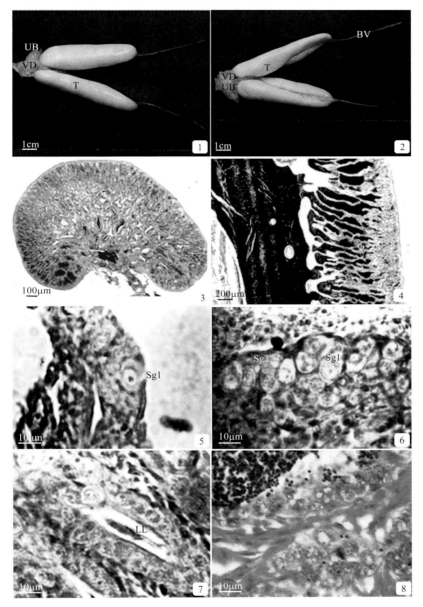

图版 2-Ⅴ-A 大眼鳜精子发生的组织学

Plate 2-Ⅴ-A Histology of spermatogenesis in the *Siniperca kneri*

1. 精巢背面观；2. 精巢腹面观；3. 6月精巢整体观，示精巢发育的梯状分布；4. 辐射状精巢（纵切）；5. Ⅰ期精巢，示初级精原细胞；6. 初级精原细胞和次级精原细胞；7. Ⅱ期精巢，示小叶腔和初级精母细胞；8. Ⅲ期精巢，示次级精母细胞

BV：血管；LL：小叶腔；Sg1：初级精原细胞；Sg2：次级精原细胞；T：精巢；UB：膀胱；VD：输精管

1. The dorsal view of testis; 2. The ventral view of testis; 3. The general view of testis in June, showing the ladder-shaped development of testis; 4. The longitudinal section of the testis, showing the form of radiation; 5. Testis in stage Ⅰ, showing the primary spermatogonium; 6. The primary spermatogonium and secondary spermatogonium; 7. Testis in stage Ⅱ, showing the lobule lumen and primary spermatocyte; 8. Testis in stage Ⅲ, showing the secondary spermatocyte

BV: blood vessel; LL: lobule lumen; Sg1: primary spermatogonium; Sg2: secondary spermatogonium; T: testis; UB: urinary bladder; VD: vas deferens

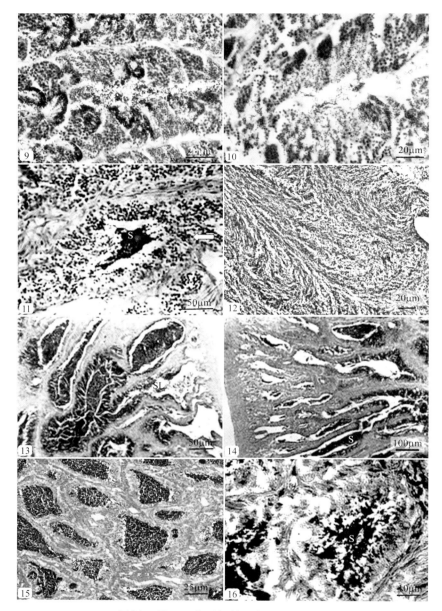

图版 2-Ⅴ-B 大眼鳜精子发生的组织学

Plate 2-Ⅴ-B Histology of spermatogenesis in the *Siniperca kneri*

9. 精子细胞期；10. Ⅳ期精巢，示精子开始出现；11. 示精子细胞（→）和腔中精子（S）；12. Ⅴ期精巢，示完全成熟的精子；13. Ⅴ期精巢，示精小叶（SL）相互联通；14. Ⅴ期精巢，示精巢正在排出成熟精子（S）；15. Ⅵ期精巢；16. 9月精巢外围小叶腔内的精子（S）

9. The spermatid stage; 10. Testis of stage Ⅳ, showing the appearance of sperm; 11. Showing the spermatid (→) and the sperm (S) in the lobule lumen; 12. Testis of stage Ⅴ, showing the mature sperm; 13. Testis of stage Ⅴ, showing the linked seminiferous lobule (SL); 14. Testis of stage Ⅴ, showing the progress expulsion of mature sperms (S); 15. Testis of stage Ⅵ; 16. The sperm (S) in the lobule lumen at the periphery of the testis in September

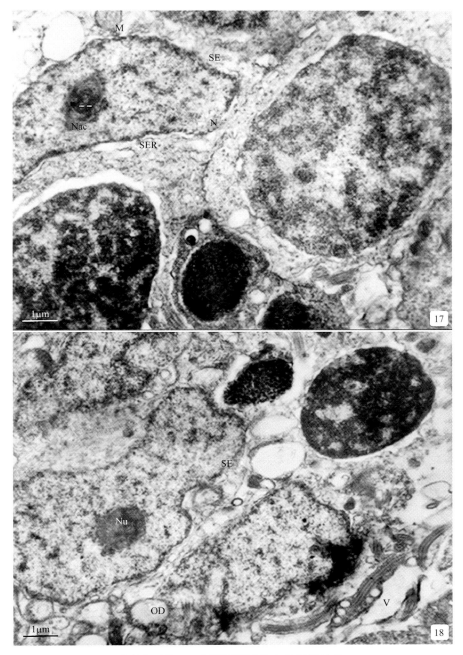

图版 2-V-C 大眼鳜精子发生的超微结构
Plate 2-V-C Ultrastructure of spermatogenesis in the *Siniperca kneri*

17. 支持细胞（SE）; 18. 支持细胞（SE）
M：线粒体；N：细胞核；Nac：核仁相随染色体；Nu：核仁；OD：油滴；SER：滑面内质网；V：囊泡；VM：含有电子致密物质的囊泡

17. Sertoli cell (SE); 18. Sertoli cell (SE)
M: mitochondrion; N: nucleus; Nac: nucleolus associated chromatin; Nu: nucleolus; OD: oil droplet; SER: smooth endoplasmic reticulum; V: vesicle; VM: vesicle containing electron-dense materials

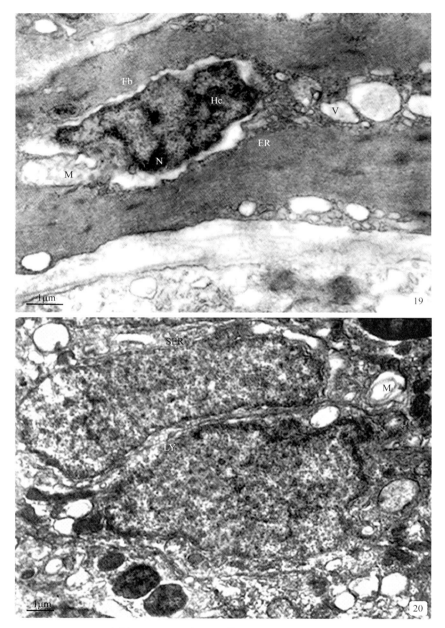

图版 2-Ⅴ-D 大眼鳜精子发生的超微结构
Plate 2-Ⅴ-D Ultrastructure of spermatogenesis in the *Siniperca kneri*
19. 成纤维细胞（Fb）；20. 成群分布的间质细胞（LY）
ER：内质网；Hc：异染色质；M：线粒体；N：细胞核；SER：滑面内质网；V：囊泡
19. Fibroblast (Fb); 20. The clusters of Leydig cells (LY)
ER: endoplasmic reticulum; Hc: heterochromatin; M: mitochondrion; N: nucleus; SER: smooth endoplasmic reticulum; V: vesicle

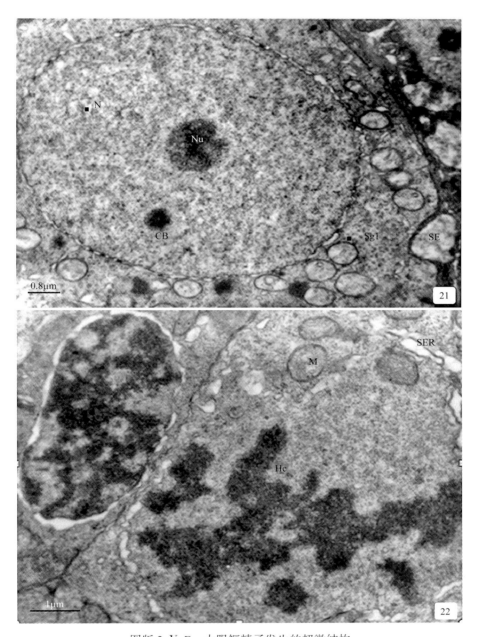

图版 2-Ⅴ-E 大眼鳜精子发生的超微结构
Plate 2-Ⅴ-E Ultrastructure of spermatogenesis in the *Siniperca kneri*

21. 初级精原细胞（Sg1）；22. 初级精母细胞，示异染色质（Hc）的出现
CB：拟染色体；M：线粒体；N：细胞核；Nu：核仁；SE：支持细胞；SER：滑面内质网
21. Primary spermatogonium (Sg1); 22. Primary spermatocyte, showing the appearance of the heterochromatin (Hc)
CB: chromatoid body; M: mitochondrion; N: nucleus; Nu: nucleolus; SE: Sertoli cell; SER: smooth endoplasmic reticulum

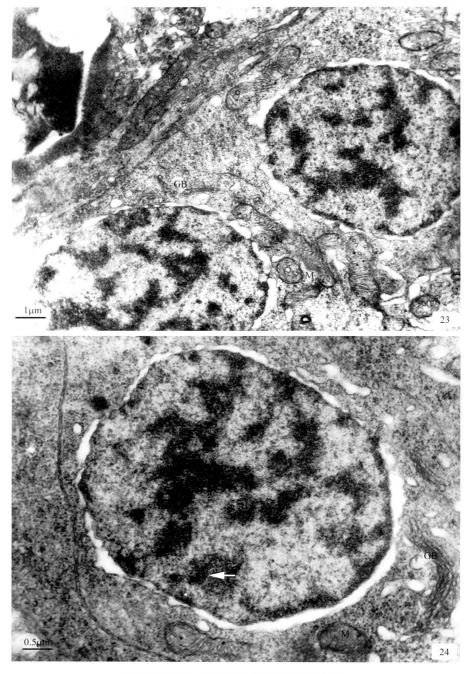

图版 2-V-F 大眼鳜精子发生的超微结构
Plate 2-V-F Ultrastructure of spermatogenesis in the *Siniperca kneri*
23. 初级精母细胞；24. 偶线期初级精母细胞
M：线粒体；GB：高尔基体；→：示联会复合体（STC）正在形成
23. Primary spermatocyte; 24. Primary spermatocyte at the zygotene stage
M: mitochondrion; GB: Golgi body; → : indicating the synaptonemal complex (STC) is forming

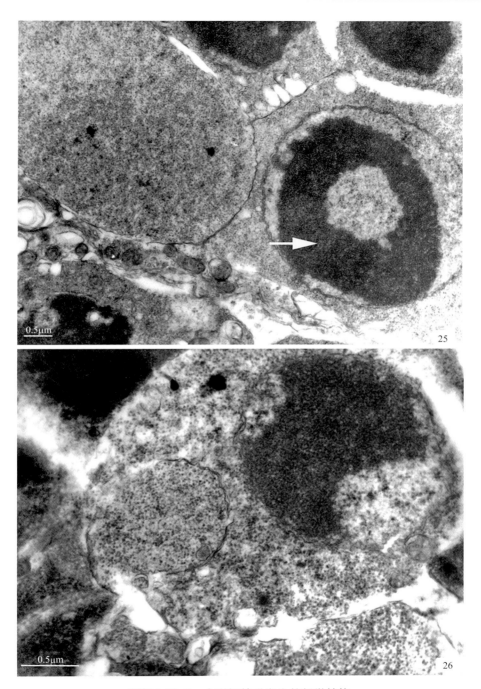

图版 2-Ⅴ-G 大眼鳜精子发生的超微结构

Plate 2-Ⅴ-G Ultrastructure of spermatogenesis in the *Siniperca kneri*

25. 次级精母细胞，"→"示环状浓缩染色体；26. 进行分裂的次级精母细胞

25. Secondary spermatocyte, "→" showing circular condensed chromosome; 26. Secondary spermatocytes undergoing division

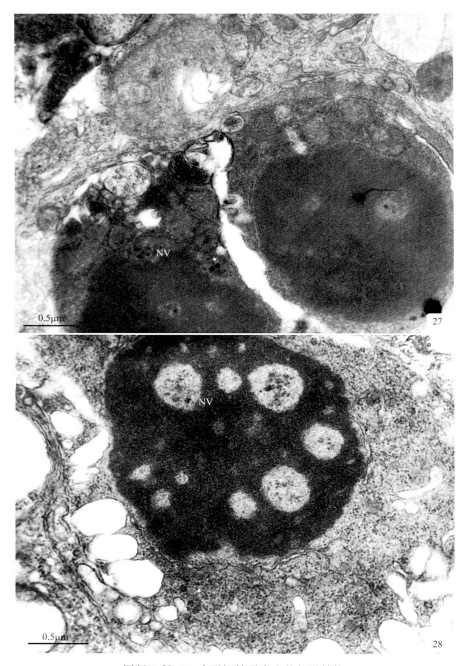

图版 2-Ⅴ-H 大眼鳜精子发生的超微结构
Plate 2-Ⅴ-H Ultrastructure of spermatogenesis in the *Siniperca kneri*
27. 两个精子细胞，示细胞器向一侧聚集；28. 示刚形成的精子细胞，核中有很多核泡出现
NV：核泡
27. Two spermatids, showing the organelles moving towards one side; 28. Showing the just formed spermatid, there are many nuclear vacuoles in the nucleus
NV: nuclear vacuole

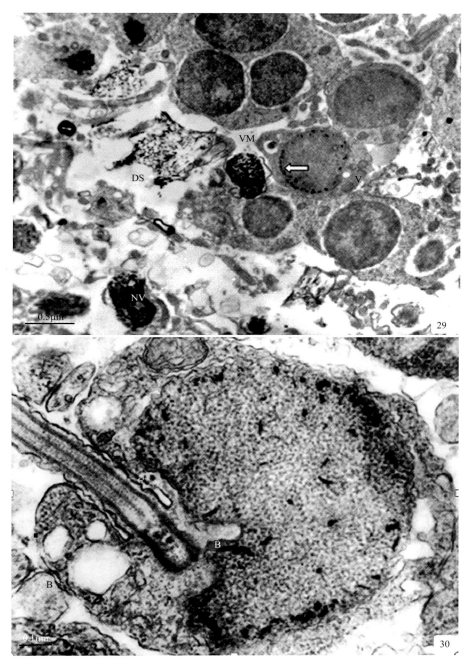

图版 2-Ⅴ-I 大眼鳜精子发生的超微结构

Plate 2-Ⅴ-I Ultrastructure of spermatogenesis in the *Siniperca kneri*

29. 形成过程中的精子；30. 精子细胞纵切
B：基体；DS：退化精子；NV：核泡；V：囊泡；VM：含有电子致密物质的囊泡；→：外围核质浓缩呈小条状
29. Sperm in the process of formation; 30. A longitudinal section of the spermatid
B: basal body; DS: degenerated sperm; NV: nuclear vacuole; V: vesicle; VM: vesicle containing electron-dense materials;
→ : condensed chromatin as a strip in the out sphere of the nucleus

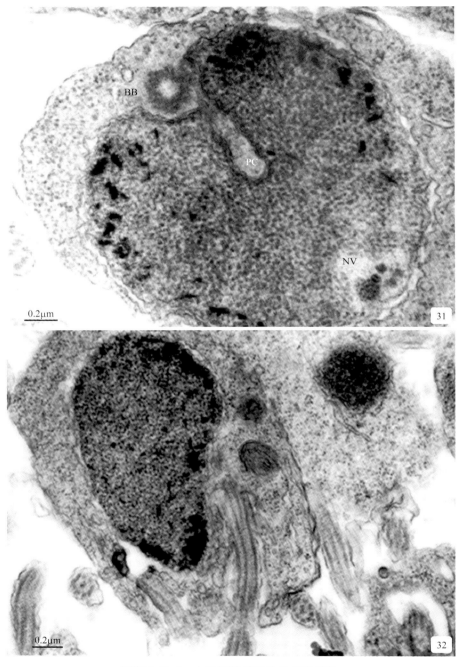

图版 2-Ⅴ-J 大眼鳜精子发生的超微结构
Plate 2-Ⅴ-J Ultrastructure of spermatogenesis in the *Siniperca kneri*
31. 精子细胞头部横切；32. 精子细胞头部矢状切面
BB：基体；NV：核泡；PC：示植入窝中的近侧中心粒
31. A cross section of the spermatid head; 32. A sagittal section of the spermatid head
BB: basal body; NV: nuclear vacuole; PC: showing the proximal centriole at the implantation fossa

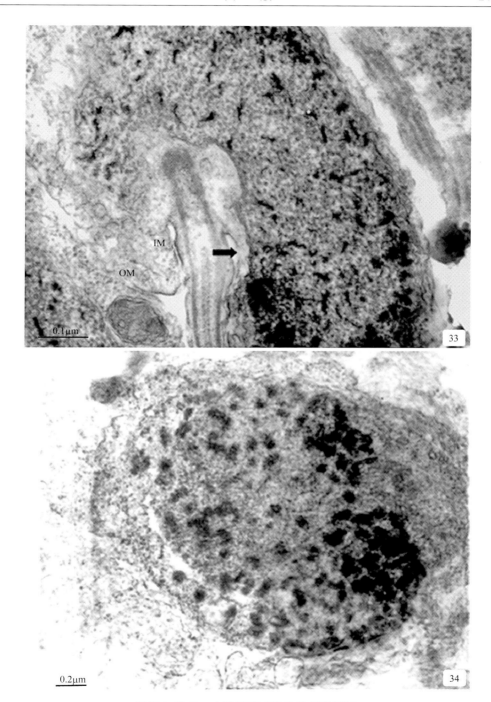

图版 2-Ⅴ-K　大眼鳜精子发生的超微结构
Plate 2-Ⅴ-K　Ultrastructure of spermatogenesis in the *Siniperca kneri*

33. 精子细胞头部纵切；34. 精子形成中期，示染色质进一步收缩
IM：袖套内膜；OM：袖套外膜；→：袖套腔
33. A longitudinal section of the spermatid head; 34. The middle stage of spermatogenesis, showing further condensing chromatin
IM: inner membrane of the sleeve; OM: outer membrane of the sleeve; → : sleeve cavity

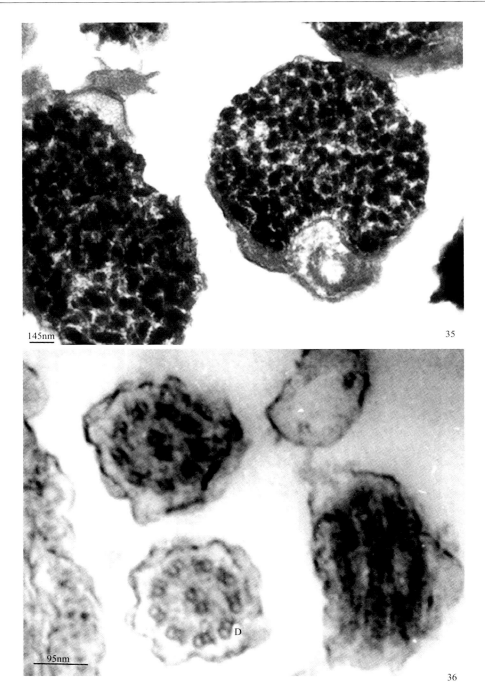

图版 2-Ⅴ-L 大眼鳜精子发生的超微结构
Plate 2-Ⅴ-L Ultrastructure of spermatogenesis in the *Siniperca kneri*

35. 成熟精子；36. 精子尾部远核端横切，示轴丝的外周二联管（D）
35. The mature sperm; 36. Cross section of the distal-nucleus end of the sperm tail, showing the outer doublet microtubules (D) of the axoneme

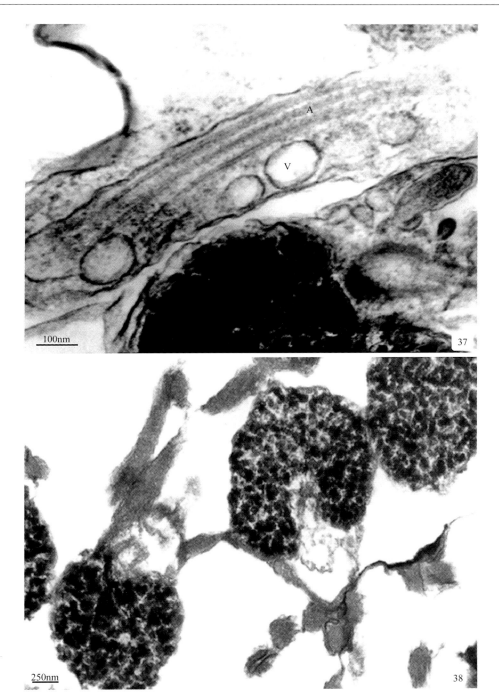

图版 2-Ⅴ-M 大眼鳜精子发生的超微结构
Plate 2-Ⅴ-M Ultrastructure of spermatogenesis in the *Siniperca kneri*
37. 精子尾部纵切，示轴丝（A）核外方的囊泡（V）；38. 示精子头部
37. Longitudinal section of the tail of sperm, showing the vesicle (V) outside the nucleus of the axoneme (A); 38. Showing the head of the sperm

图版 2-Ⅵ 厚颌鲂精子的显微及超微结构
Plant 2-Ⅵ Microstructure and ultrastructure of sperm in the *Megalobrama pellegrini*

1. 精子显微结构（W-G染色），示头部和尾部；2. 精子超微结构，示头部、中段和部分尾部；3. 精子头部及中段纵切；4. 头部内的囊泡及中段内的线粒体；5. 精子横切面，示中心粒复合体；6. 中心粒复合体，示近侧中心粒、中心粒间体及远侧中心粒；7. 鞭毛的"9+2"微管结构；8. 鞭毛外侧的侧鳍；9. 鞭毛的纵切面，示轴丝和细胞质；10. 鞭毛的纵切面，示鞭毛形态

A：轴丝；BB：基体；CA：中央微管；CC：中心粒复合体；F：鞭毛；H：精子头部；IB：中心粒间体；IF：植入窝；FF：侧鳍；LP：细胞质突；M：细胞质；Md：精子的中段；Mt：线粒体；N：细胞核；NM：核膜；NV：核泡；PA：外周微管；PC：近侧中心粒；PM：质膜；V：囊泡

1. Microscopic structure of the sperm (Wright-Giemsa staining), showing the head and tail; 2. The ultrastructure of sperm, showing head, middle piece, and parts of the tail; 3. Longitudinal section of head and middle piece of the sperm; 4. Vesicle in the head and mitochondrion in the middle piece; 5. Cross section of the sperm, showing the centriolar complex; 6. Centriolar complex, showing the proximal centriole, intermediary centriole, and distal centriole; 7. "9+2" microtubule structure of flagellum; 8. Outer flanking fin of the flagellum; 9. Longitudinal section of the flagellum, showing the axoneme and cytoplasm; 10. Longitudinal section of the flagellum, showing its morphology

A: axoneme; BB: basal body; CA: central axoneme; CC: centriolar complex; F: flagellum; FF: flanking fin; H: head of the sperm; LP: cytoplasmic process; IB: intermediary centriole; IF: implantation fossa; M: cytoplasm; Md: middle piece of the sperm; Mt: mitochondrion; N: nucleus; NM: nuclear membrane; NV: nuclear vesicle; PA: peripheral axoneme; PC: proximal centriole; PM: plasma membrane; V: vesicle

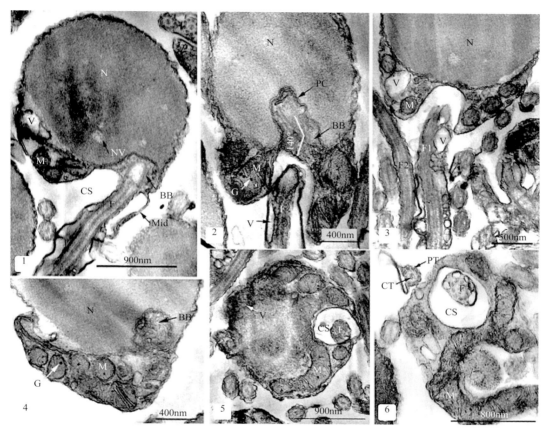

图版 2-Ⅶ 岩原鲤精子的超微结构
Plate 2-Ⅶ Ultrastructure of sperm in the *Procypris rabaudi*

1. 精子矢状切面，示基体；2. 精子额状切面，示中心粒复合体；3. 精子额状切面，示尾部近核端和远核端部分；4. 精子横切面，示基体三联管结构；5. 袖套横切面，示囊泡；6. 袖套及尾部横切面，示"C"形线粒体及"9+2"结构

BB：基体；CT：中央微管；CS：袖套腔；F：鞭毛；F1：尾部近核端部分；F2：尾部远核端部分；G：线粒体内电子致密颗粒；M：线粒体；Mid：中段；N：细胞核；NV：核泡；PC：近侧中心粒；PT：外联微管；V：囊泡

1. A sagittal section of the sperm, showing the basal body; 2. A frontal section of the sperm, showing the centriolar complex; 3. A frontal section of the sperm, showing the tail of proximal and distal-nuclear parts; 4. A cross section of the sperm, showing the triple-microtubule structure in the basal body; 5. A cross section of the sleeve, showing the vesicle; 6. A cross section of the sleeve and the tail, showing the C-shaped mitochondrion and "9+2" structure

BB: basal body; CT: central microtubule; CS: sleeve cavity; F: flagellum; F1: the proximal-nuclear part of tail; F2: the distal-nuclear part of tail; G: electron-dense granule in the mitochondrion; M: mitochondrion; Mid: middle piece; N: nucleus; NV: nuclear vacuole; PC: proximal centriole; PT: peripheral microtubule; V: vesicle

第4章 受精生物学

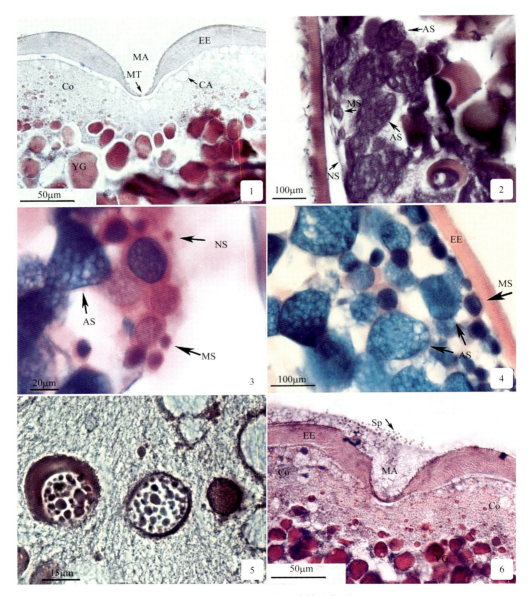

图版 4-Ⅰ-A 胭脂鱼受精生物学
Plate 4-Ⅰ-A The fertilization biology of *Myxocyprinus asiaticus*
1. 精孔器结构；2. 皮层小泡的4种类型；3. 皮层小泡内含物；4. 含酸性糖皮层小泡的两种类型；5. Ⅳ型小泡的转化形态；6. 受精后 1s
AS：酸性糖；CA：皮层小泡；Co：皮层；EE：卵膜；MA：精孔器；MT：精孔管；MS：混合性糖；NS：中性糖；Sp：精子；YG：卵黄颗粒
1. The structure of micropylar apparatus; 2. The four types of cortical alveolus; 3. Inclusions of the cortical alveolus; 4. The two types of the cortical alveolus which contains acidic sugar; 5. The transformation form of Ⅳ cortical alveolus; 6. 1s after fertilization
As: acidic sugar; CA: cortical alveolus; Co: cortical; EE: egg envelope; MA: micropylar apparatus; MT: micropylar tube; Ms: mixed sugar; Ns: neutral sugar; Sp: sperm; YG: yolk granule

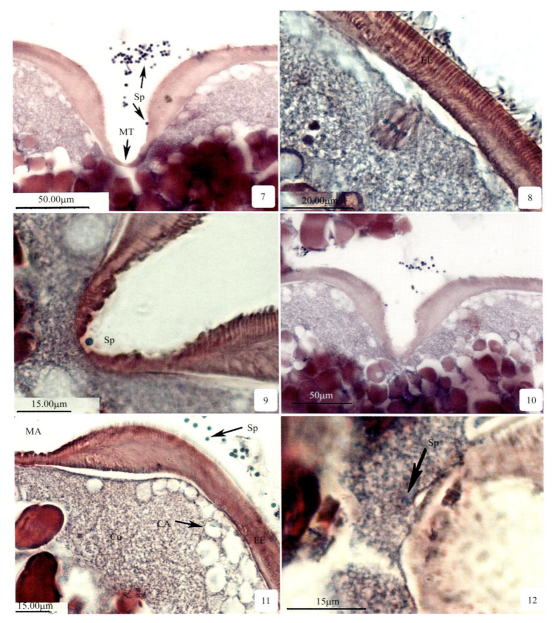

图版 4-Ⅰ-B 胭脂鱼受精生物学

Plate 4-Ⅰ-B The fertilization biology of *Myxocyprinus asiaticus*

7. 受精后 1s，精子进入精孔器；8. 卵子处于第二次减数分裂中期；9. 受精后 3s，精子通过精孔管；10. 受精后 3s，精孔器附近聚集大量精子；11. 动物极的皮层小泡；12. 受精后 5s，精子进入皮层区

CA：皮层小泡；Co：皮层；EE：卵膜；MA：精孔器；MT：精孔管；Sp：精子

7. 1s after fertilization, the sperm has entered into the micropylar apparatus; 8. Metaphase of the second meiosis; 9. 3s after fertilization, the sperm is passing across the micropylar tube; 10. 3s after fertilization, abundant sperms have congregated near the micropylar apparatus; 11. The cortical alveolus in the animal pole; 12. 5s after fertilization, the sperm has entered into the cortical area

CA: cortical alveolus; Co: cortical; EE: egg envelope; MA: micropylar apparatus; MT: micropylar tube; Sp: sperm

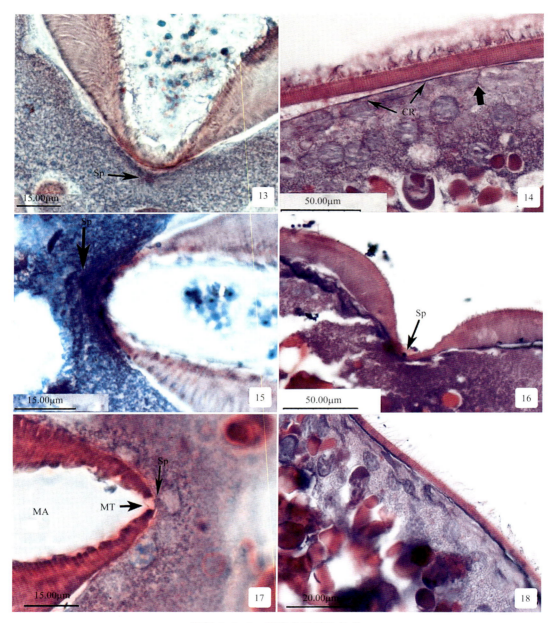

图版 4-Ⅰ-C 胭脂鱼受精生物学

Plate 4-Ⅰ-C The fertilization biology of *Myxocyprinus asiaticus*

13. 受精后 10s, 精子发出微弱星光; 14. 受精后 10s, Ⅰ型皮层小泡释放; 15. 受精后 20s, 示精子星光; 16. 精子通过精孔管; 17. 受精后 30s, 第二粒精子入卵; 18. 外移的皮层小泡

CR: 皮层反应; MA: 精孔器; MT: 精孔管; Sp: 精子

13. 10s after fertilization, the sperm emits weak sperm-aster; 14. 10s after fertilization, showing type I cortical alveolus released; 15. 20s after fertilization, showing sperm-aster; 16. The sperm is passing across the micropylar tube; 17. 30s after fertilization, the second sperm has entered into the ovum; 18. Outside moved cortical alveolus

CR: cortical reaction; MA: micropylar apparatus; MT: micropylar tube; Sp: sperm

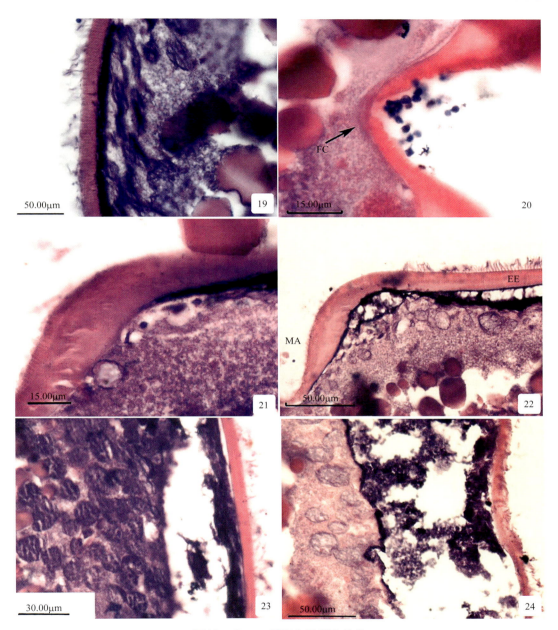

图版 4-Ⅰ-D 胭脂鱼受精生物学

Plate 4-Ⅰ-D The fertilization biology of *Myxocyprinus asiaticus*

19. 受精后 35s，皮层小泡融合；20. 受精锥；21. 受精后 40s，动物极皮层反应；22. 受精后 80s，精孔器附近形成卵周隙；23. 受精后 100s，皮层反应间歇；24. 受精后 3min，卵膜膨胀

EE：卵膜；FC：受精锥；MA：精孔器

19. 35s after fertilization, integration of cortical alveolus; 20. Fertilization cone; 21. 40s after fertilization, cortical reaction near animal pole; 22. 80s after fertilization, perivitelline space formed near the micropylar apparatus; 23. 100s after fertilization, intermission of cortical reaction; 24. 3min after fertilization, expanding of egg envelope

EE: egg envelope; FC: fertilization cone; MA: micropylar apparatus

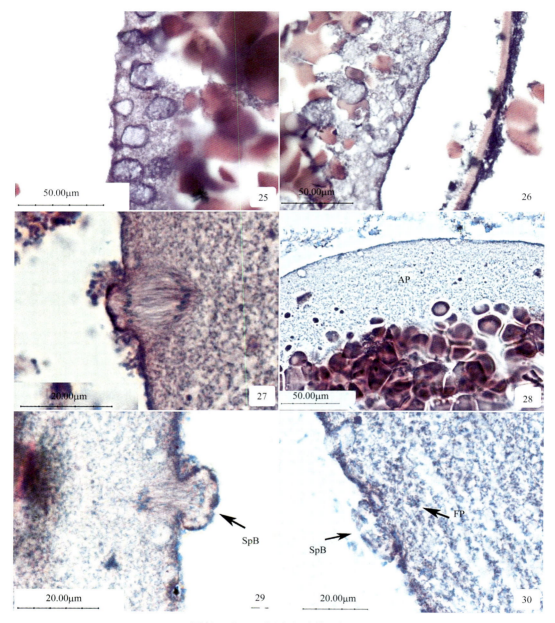

图版 4-Ⅰ-E　胭脂鱼受精生物学

Plate 4-Ⅰ-E　The fertilization biology of *Myxocyprinus asiaticus*

25. 受精后 6min，皮层反应接近尾声；26. 受精后 10min，质膜修复；27. 受精后 15min，第二次减数分裂后期；
28. 动物极加厚；29. 受精后 20min，第二次减数分裂末期；30. 受精后 25min，排出第二极体

AP：动物极；FP：雌原核；SpB：第二极体

25. 6min after fertilization, the epilogue of cortical reaction; 26. 10min after fertilization, restoration of the plasma membrane; 27. 15min after fertilization, anaphase of the second meiosis; 28. Thickening animal pole; 29. 20min after fertilization, telophase of the second meiosis; 30. 25min after fertilization, discharge of the second polar body

AP: animal pole; FP: female pronucleus; SpB: second polar body

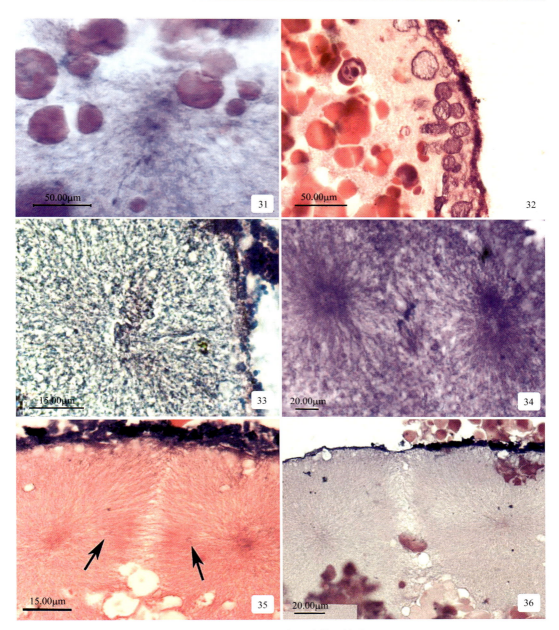

图版 4-Ⅰ-F　胭脂鱼受精生物学
Plate 4-Ⅰ-F　The fertilization biology of *Myxocyprinus asiaticus*

31. 受精后 40min，雌雄原核靠近；32. 受精后 60min，动物极出现皮层小泡；33. 受精后 90min，雌雄原核结合；34. 受精后 140min，第一次有丝分裂中期；35. 受精后 160min，第一次有丝分裂后期；36. 受精后 180min，第一次有丝分裂末期

31. 40min after fertilization, getting together of the female and male pronucleus; 32. 60min after fertilization, appearance of cortical alveolus in the animal pole; 33. 90min after fertilization, the combination of female and male pronucleus; 34. 140min after fertilization, metaphase of the first mitosis; 35. 160min after fertilization, anaphase of the first mitosis; 36. 180min after fertilization, telophase of the first mitosis

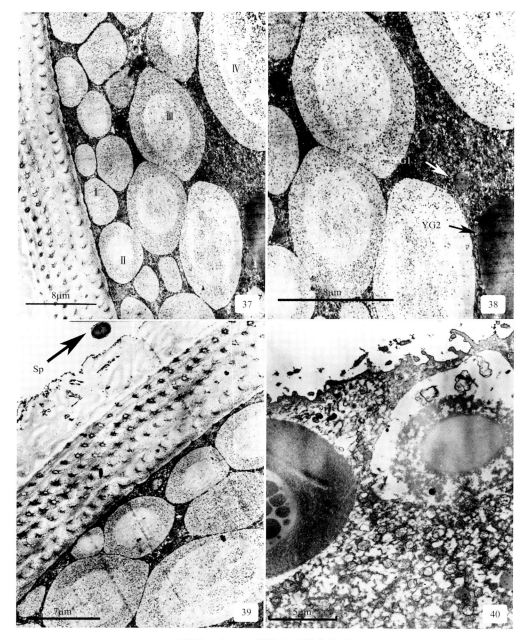

图版 4-Ⅰ-G 胭脂鱼受精生物学
Plate 4-Ⅰ-G The fertilization biology of *Myxocyprinus asiaticus*

37. Ⅰ、Ⅱ、Ⅲ、Ⅳ型皮层小泡；38. Ⅰ型和Ⅱ型卵黄颗粒；39. 受精后 1s；40. 受精后 10s，外层皮层小泡开始释放
Sp：精子；YG1：Ⅰ型卵黄颗粒；YG2：Ⅱ型卵黄颗粒

37. Ⅰ, Ⅱ, Ⅲ, Ⅳ type of cortical alveolus; 38. Ⅰ and Ⅱ type of yolk granule; 39. 1s after fertilization; 40. 10s after fertilization, outside cortical alveoli are starting to release
Sp: sperm; YG1: Ⅰ type of yolk granule; YG2: Ⅱ type of yolk granule

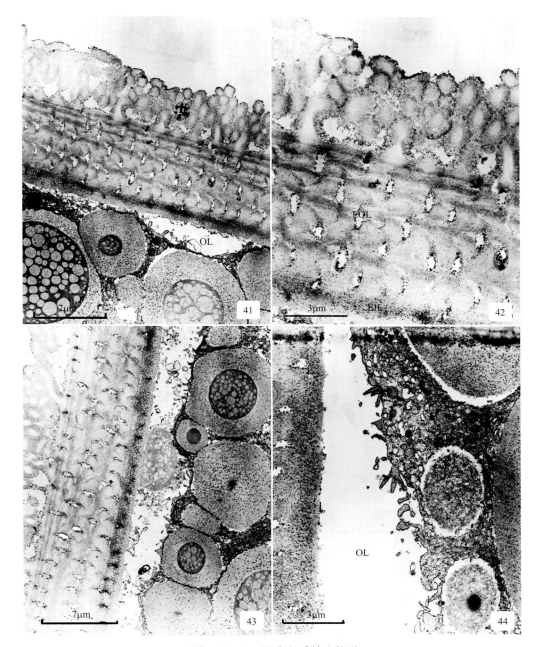

图版 4-Ⅰ-H 胭脂鱼受精生物学
Plate 4-Ⅰ-H The fertilization biology of *Myxocyprinus asiaticus*

41. 受精后 20s，皮层反应处于发展状态；42. 受精后 20s，卵膜结构；43. 受精后 40s，皮层小泡释放；44. 皮层反应加剧，卵周隙明显
EIL：卵膜层内层；EOL：卵膜层外层；OL：卵周隙
41. 20s after fertilization, the development of cortical reaction; 42. 20s after fertilization, the structure of egg envelope; 43. 40s after fertilization, release of cortical alveoli; 44. Aggravation of cortical reaction, showing apparent perivitelline space
EIL: inner layer of egg envelope; EOL: outer layer of egg envelope; OL: perivitelline space

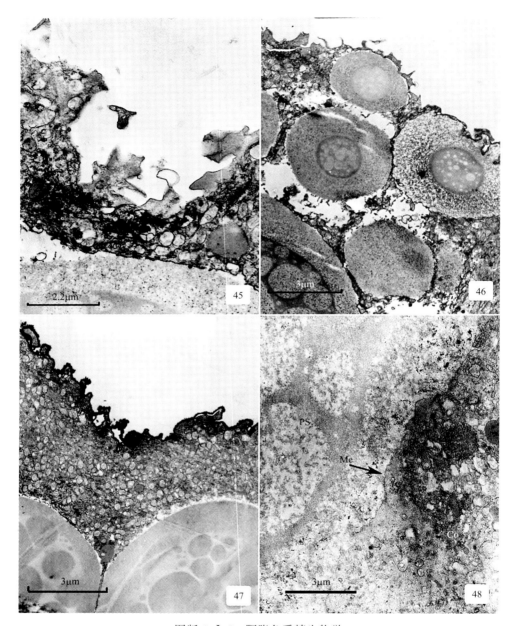

图版 4-Ⅰ-I　胭脂鱼受精生物学
Plate 4-Ⅰ-I　The fertilization biology of *Myxocyprinus asiaticus*

45. 释放内含物后的皮层小泡；46. 受精后 120s，突出于质膜的皮层小泡与质膜融合；47. 受精后 240s，质膜修复；48. 受精后 15min，修复后的质膜表面平滑
Co：皮层；Me：质膜；PS：卵周隙
45. Cortical alveoli after releasing their inclusions; 46. 120s after fertilization, cortical alveoli extruded out the plasma membrane, and fused with the plasma membrane; 47. 240s after fertilization, the restoration of plasma membrane; 48. 15min after fertilization, the plasma membrane is smooth after restoration
Co: cortical; Me: plasma membrane; PS: perivitelline space

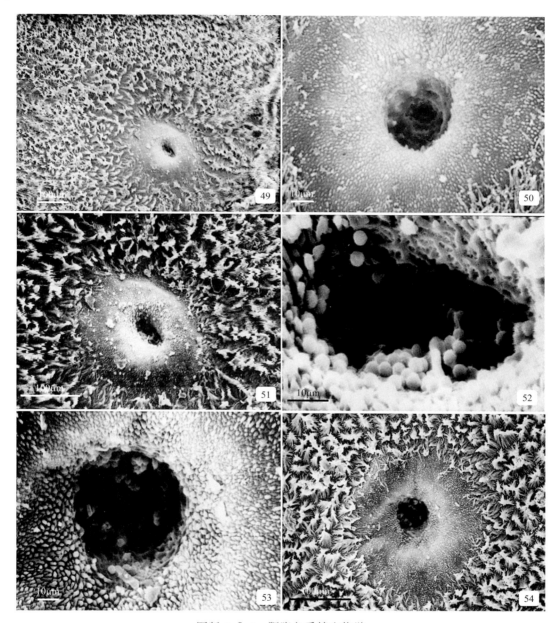

图版 4-Ⅰ-J 胭脂鱼受精生物学
Plate 4-Ⅰ-J The fertilization biology of *Myxocyprinus asiaticus*

49. 卵子表面；50. 精孔器；51. 受精后 3s，大量精子聚集在精孔器周围；52. 受精后 3s，精孔器内有大量精子；53. 受精后 10s，后续精子进入精孔器；54. 受精后 40s，示精孔器

49. The surface of ovum; 50. Micropylar apparatus; 51. 3s after fertilization, abundant sperms congregated near the micropylar apparatus; 52. 3s after fertilization, there are a lot of sperm in the micropylar apparatus; 53. 10s after fertilization, succedent sperms entered into the micropylar apparatus; 54. 40s after fertilization, showing micropylar apparatus

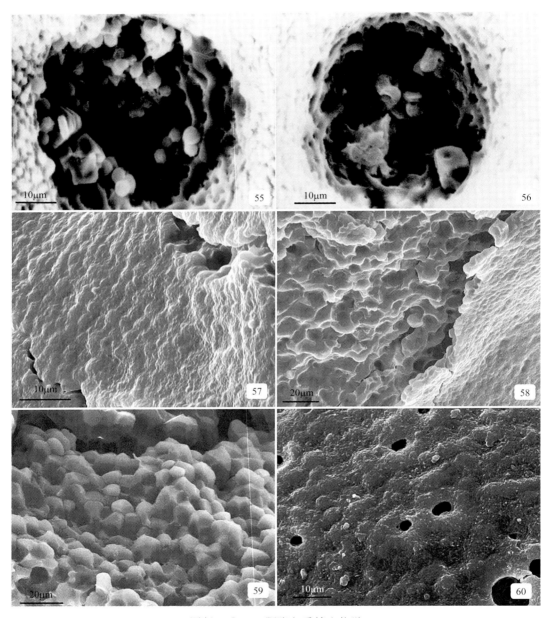

图版 4-Ⅰ-K 胭脂鱼受精生物学

Plate 4-Ⅰ-K The fertilization biology of *Myxocyprinus asiaticus*

55. 受精后 40s，精子开始凝集；56. 受精后 180s，精孔器内的精子解体；57. 质膜表面；58. 皮层区；59. 卵黄颗粒；60. 释放后的皮层小泡

55. 40s after fertilization, sperms begin to aggregate; 56. 180s after fertilization, disintegration of sperms in the micropylar apparatus; 57. The surface of plasma membrane; 58. Cortical area; 59. Yolk granule; 60. The cortical alveoli after releasement

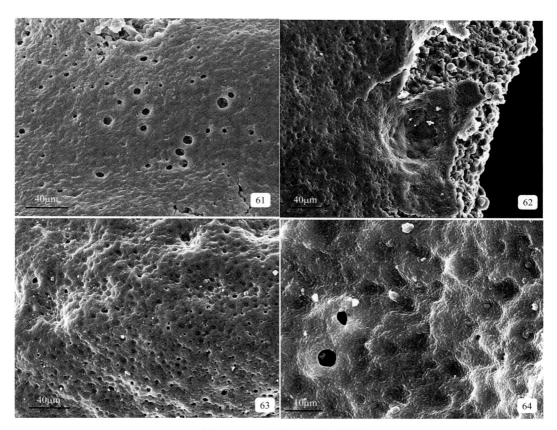

图版 4-Ⅰ-L　胭脂鱼受精生物学

Plate 4-Ⅰ-L　The fertilization biology of *Myxocyprinus asiaticus*

61. 受精后 40s，质膜表面；62. 精孔器；63. 受精后 80s，卵质膜表面；64. 受精后 80s，质膜修复

61. 40s after fertilization, the surface of plasma membrane; 62. Micropylar apparatus; 63. 80s after fertilization, the surface of plasma membrane in ovum; 64. 80s after fertilization, the restoration of plasma membrane

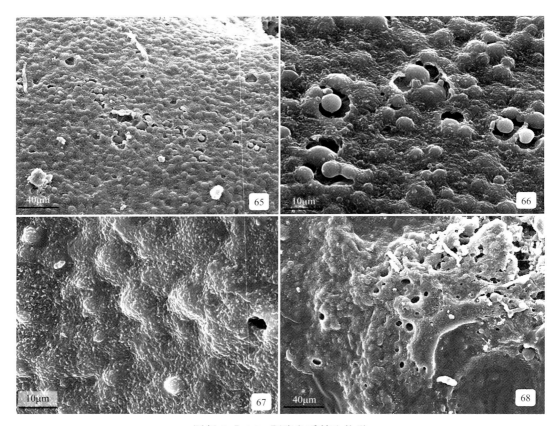

图版 4-Ⅰ-M　胭脂鱼受精生物学
Plate 4-Ⅰ-M　The fertilization biology of *Myxocyprinus asiaticus*

65. 受精后 120s, 皮层小泡与质膜融合; 66. 皮层小泡融合方式; 67. 受精后 240s, 质膜表面; 68. 动物极精孔器附近
65. 120s after fertilization, fusion of cortical alveolus and plasma membrane; 66. The mode of the cortical alveoli fusion; 67. 240s after fertilization, the surface of plasma membrane; 68. The part near the micropylar apparatus in animal pole

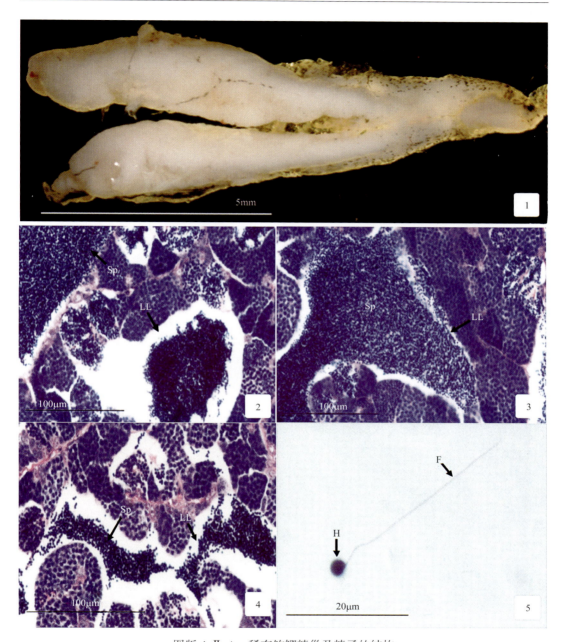

图版 4-Ⅱ-A 稀有鮈鲫精巢及精子的结构
Plate 4-Ⅱ-A The structure of testis and sperms in *Gobiocypris rarus*

1. 成熟精巢；2. 成熟精巢前段组织切片，示小叶腔；3. 成熟精巢中段组织切片；4. 成熟精巢后段组织切片；5. 成熟精子，示头部、尾部
F：鞭毛；H：成熟精子头部；LL：小叶腔；Sp：精子
1. The mature testis; 2. The anterior part section of mature testis, showing lobule lumen; 3. The central part section of mature testis; 4. The posterior part section of mature testis; 5. The mature sperm, showing head and tail
F: flagellum; H: head of mature sperm; LL: lobule lumen; Sp: sperm

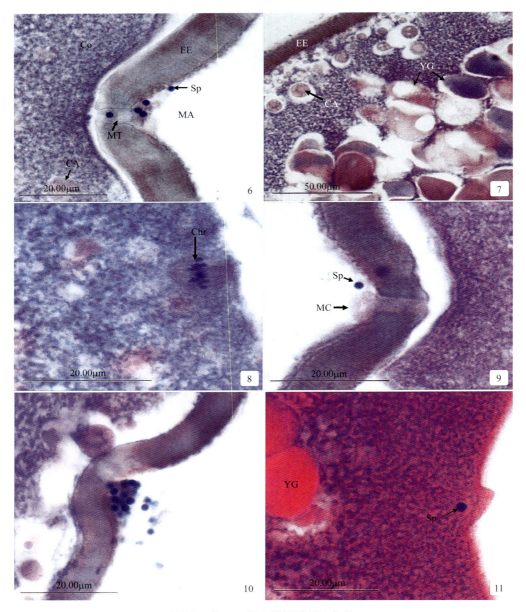

图版 4-Ⅱ-B　稀有鮈鲫受精生物学
Plate 4-Ⅱ-B　The fertilization biology of *Gobiocypris rarus*

6. 受精后 3s，精孔器结构（示精子进入精孔管）；7. 皮层小泡及卵黄颗粒；8. 第二次减数分裂中期；9. 受精后 0s，精孔器，示精孔细胞；10. 受精后 5s，精孔器有精子聚集；11. 受精后 10s，精子进入皮层
CA：皮层小泡；Chr：染色体；Co：皮层；EE：卵膜；MA：精孔器；MC：精孔细胞；MT：精孔管；Sp：精子；YG：卵黄颗粒
6. 3s after fertilization, the structure of micropylar apparatus (showing the sperm is entering into the micropylar tube); 7. Cortical alveoli and yolk granule; 8. Metaphase of the second meiosis; 9. 0s after fertilization, micropylar apparatus, showing the micropylar cell; 10. 5s after fertilization, congregation of sperms at micropylar apparatus; 11. 10s after fertilization, the sperm has entered into the cortex
CA: cortical alveolus; Chr: chromosome; Co: cortex; EE: egg envelope; MA: micropylar apparatus; MC: micropylar cell; MT: micropylar tube; Sp: sperm; YG: yolk granule

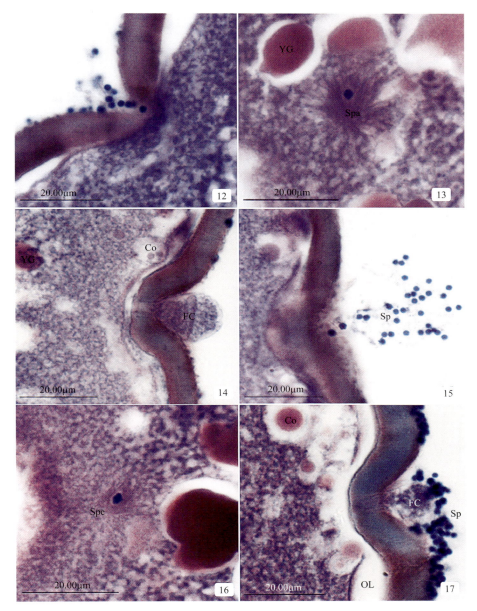

图版 4-Ⅱ-C 稀有鮈鲫受精生物学

Plate 4-Ⅱ-C The fertilization biology of *Gobiocypris rarus*

12. 受精后 10s，大量精子进入精孔管；13. 受精后 25s，精子星光显现；14. 受精后 30s，受精锥形成；15. 受精后 30s，大量精子在前庭聚集；16. 受精后 45s，精子星光扩张；17. 受精后 60s，皮层反应扩张，形成卵周隙

Co：皮层；FC：受精锥；OL：卵周隙；Sp：精子；Spa：精子星光显现；Spe：精子星光扩张；YG：卵黄颗粒

12. 10s after fertilization, numerous sperms have entered into the micropylar tube; 13. 25s after fertilization, appearance of sperm-aster; 14. 30s after fertilization, formation of a fertilization cone; 15. 30s after fertilization, numerous sperms congregated at vestibule; 16. 45s after fertilization, expanding of sperm-aster; 17. 60s after fertilization, expanding of cortical reaction and formation of a perivitelline space

Co: cortical; FC: fertilization cone; OL: perivitelline space; Sp: sperm; Spa: appearance of sperm-aster; Spe: expanding of sperm-aster; YG: yolk granule

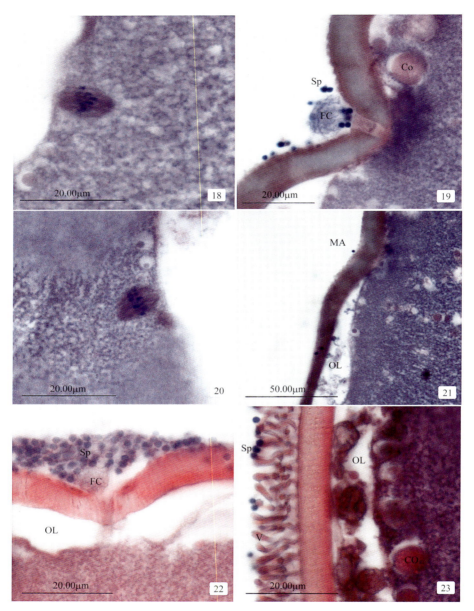

图版 4-Ⅱ-D 稀有鮈鲫受精生物学

Plate 4-Ⅱ-D The fertilization biology of *Gobiocypris rarus*

18. 受精后 60s, 染色体向两极移动; 19. 受精后 80s, 受精锥开始解体; 20. 受精后 80s, 染色体继续向两极移动; 21. 受精后 80s, 精孔器附近形成卵周隙; 22. 受精后 120s, 受精锥几乎完全解体, 精子在前庭聚集; 23. 受精后 120s, 卵膜膨胀

Co: 皮层; FC: 受精锥; MA: 精孔器; OL: 卵周隙; Sp: 精子; V: 微绒毛

18. 60s after fertilization, chromosomes moved toward the poles; 19. 80s after fertilization, the fertilization cone is beginning to decompose; 20. 80s after fertilization, the chromosomes continue moving toward the poles; 21. 80s after fertilization, formation of perivitelline space near the micropylar apparatus; 22. 120s after fertilization, the fertilization cone is almost completely decomposed, sperm accumulation in the vestibule; 23. 120s after fertilization, swell of egg envelope

Co: cortex; FC: fertilization cone; MA: micropylar apparatus; OL: perivitelline space; Sp: sperm; V: microvillus

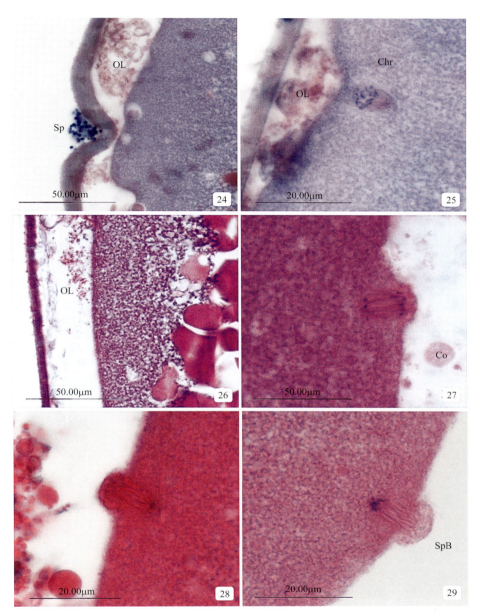

图版 4-Ⅱ-E 稀有鮈鲫受精生物学

Plate 4-Ⅱ-E The fertilization biology of *Gobiocypris rarus*

24. 受精后150s，受精锥解体；25. 受精后150s，卵子处于第二次减数分裂后期；26. 受精后270s，质膜修复；27. 受精后5min，第二极体开始外排；28. 受精后8min，第二极体继续外排；29. 受精后10min，卵子处于第二次减数分裂末期

Chr：染色体；Co：皮层；OL：卵周隙；Sp：精子；SpB：第二极体

24. 150s after fertilization, the fertilization cone has been disintegrated; 25. 150s after fertilization, the egg is at the anaphase of the second meiosis; 26. 270s after fertilization, restoration of the plasma membrane; 27. 5min after fertilization, the begin to out expelling of the second polar body; 28. 8min after fertilization, the second polar body stars to be excited; 29. 10min after fertilization, the egg is at the telophase of the second meiosis

Chr: chromosome; Co: cortex; OL: perivitelline space; Sp: sperm; SpB: second polar body

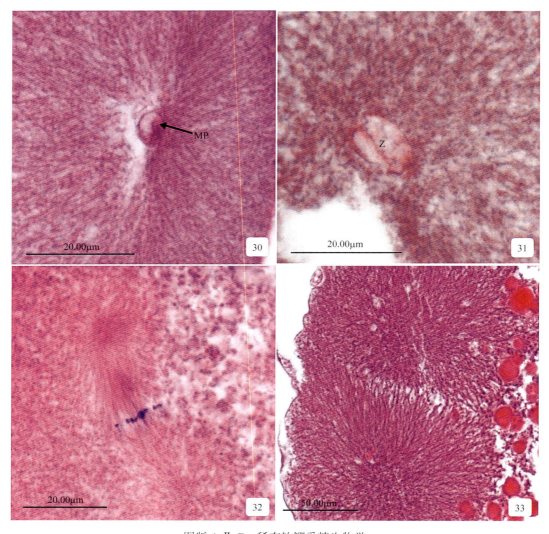

图版 4-Ⅱ-F 稀有鮈鲫受精生物学
Plate 4-Ⅱ-F The fertilization biology of *Gobiocypris rarus*

30. 受精后 20min，雄原核形成；31. 受精后 30min，雌雄原核结合；32. 受精后 45min，第一次有丝分裂中期；33. 受精后 80min，第一次有丝分裂后期
MP：雄原核；Z：合子
30. 20min after fertilization, formation of the male pronucleus; 31. 30min after fertilization, the combination of female and male pronucleus; 32. 45min after fertilization, metaphase of the first mitosis; 33. 80min after fertilization, anaphase of the first mitosis
MP: male pronucleus; Z: zygote

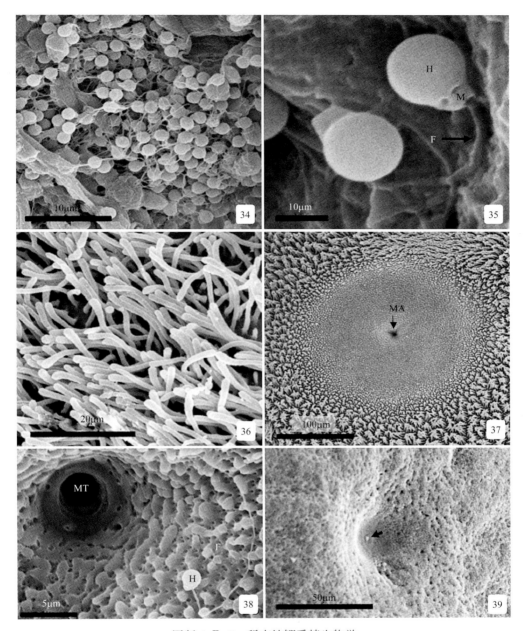

图版 4-Ⅱ-G 稀有鮈鲫受精生物学

Plate 4-Ⅱ-G The fertilization biology of *Gobiocypris rarus*

34. 精子充满整个小叶腔；35. 成熟精子结构，示头部、中段和尾部；36. 卵膜表面绒毛；37. 卵膜表面精孔器区域；38. 受精后 0s，精子进入前庭；39. 未受精卵质膜表面的精子入卵位点（箭头）

F：鞭毛；H：头部；M：中段；MA：精孔器；MT：精孔管

34. The lobular cavity is full of sperms; 35. The structure of the mature sperm, showing the head, middle piece and tail; 36. Villus on the surface of egg envelope; 37. The micropylar apparatus area on the surface of egg envelope; 38. 0s after fertilization, sperm has entered into the vestibule; 39. The site for sperm penetration on the plasma membrane surface of unfertilized egg (arrow)

F: flagellum; H: head; M: middle piece; MA: micropylar apparatus; MT: micropylar tube

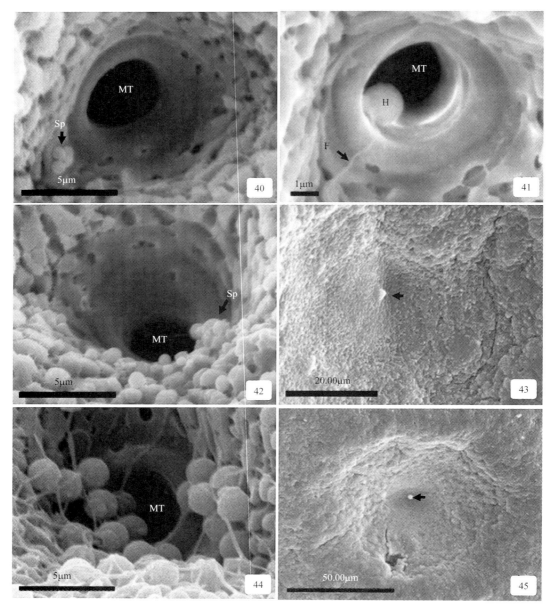

图版 4-Ⅱ-H 稀有鮈鲫受精生物学

Plate 4-Ⅱ-H The fertilization biology of *Gobiocypris rarus*

40. 受精后 1s, 6 个精子到达精孔管外口; 41. 受精后 3s, 一个精子进入精孔管; 42. 受精后 5s, 大量精子进入前庭; 43. 受精后 5s, 质膜表面的精子入卵位点(箭头); 44. 受精后 10s, 大量精子进入精孔管; 45. 受精后 10s, 质膜表面的精子入卵位点(箭头)

F: 鞭毛; H: 头部; MT: 精孔管; Sp: 精子

40. 1s after fertilization, six sperms arrived at the external of micropylar tube; 41. 3s after fertilization, one sperm entered into the micropylar tube; 42. 5s after fertilization, a large number of sperms entered into the vestibule; 43. 5s after fertilization, the site for sperm penetration on the plasma membrane surface (arrow); 44. 10s after fertilization, numerous sperms entered into the micropylar tube; 45. 10s after fertilization, the site for sperm penetration on the plasma membrane surface (arrow)

F: flagellum; H: head; MT: micropylar tube; Sp: sperm

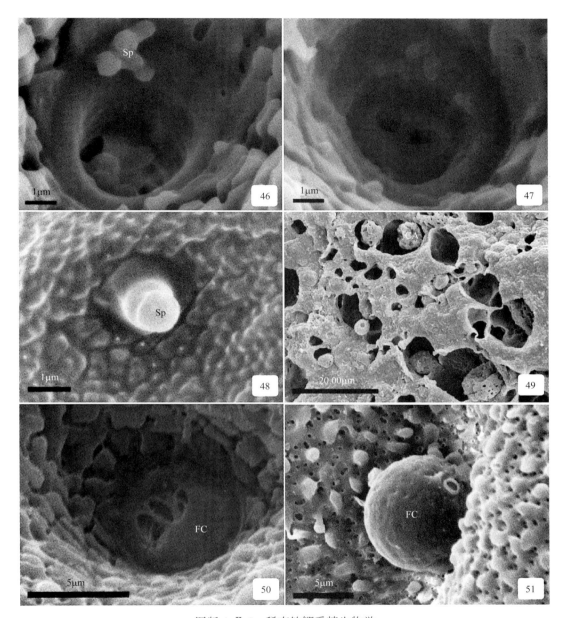

图版 4-Ⅱ-Ⅰ 稀有鮈鲫受精生物学
Plate 4-Ⅱ-Ⅰ The fertilization biology of *Gobiocypris rarus*

46. 受精后 10s，精子堵塞精孔管；47. 受精后 20s，精孔管内形成受精锥；48. 受精后 20s，精子与精子入卵位点接触；49. 受精后 20s，皮层小泡释放；50. 受精后 40s，受精锥逐渐向外膨胀；51. 受精后 60s，受精锥的形态
CA：皮层小泡；FC：受精锥；Sp：精子
46. 10s after fertilization, micropylar tube is plugged up by sperms; 47. 20s after fertilization, formation of a fertilization cone in the micropylar tube; 48. 20s after fertilization, contact of the sperm and the sperm penetration site on the egg plasma membrane; 49. 20s after fertilization, releasement of cortical alveoli; 50. 40s after fertilization, outward expanding of the fertilization cone; 51. 60s after fertilization, the morphology of fertilization cone
CA: cortical alveolus; FC: fertilization cone; Sp: sperm

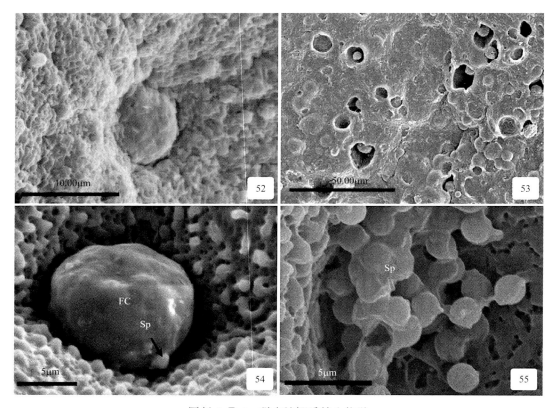

图版 4-Ⅱ-J 稀有鮈鲫受精生物学

Plate 4-Ⅱ-J The fertilization biology of *Gobiocypris rarus*

52. 受精后 80s，质膜表面的受精锥；53. 受精后 80s，质膜修复；54. 受精后 90s，受精锥吸附的精子开始解体；55. 受精后 180s，精子解体

FC：受精锥；Sp：精子

52. 80s after fertilization, fertilization cone on the surface of plasma membrance; 53. 80s after fertilization, restoration of the plasma membrance; 54. 90s after fertilization, the sperms absorbed in the fertilization cone start to disintegrate; 55. 180s after fertilization, disintegration of sperms

FC: fertilization cone; Sp: sperm

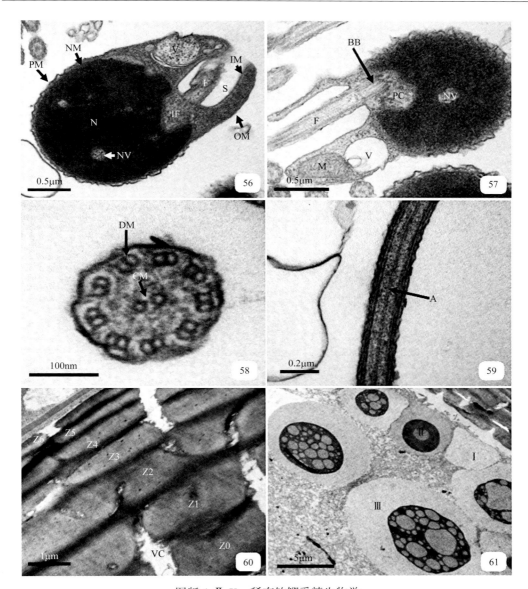

图版 4-Ⅱ-K 稀有鮈鲫受精生物学

Plate 4-Ⅱ-K The fertilization biology of *Gobiocypris rarus*

56. 成熟精子纵切；57. 成熟精子纵切，示中心粒复合体；58. 鞭毛横切，示轴丝的"9+2"结构；59. 鞭毛纵切；60. 卵膜的结构，示放射带；61. 皮层小泡的3种类型

A：轴丝；BB：基体；CM：中央微管；DM：二联管；F：鞭毛；IF：植入窝；IM：袖套内膜；M：线粒体；N：细胞核；NM：核膜；NV：核空泡；OM：袖套外膜；PC：近侧中心粒；PM：精子质膜；S：袖套腔；V：囊泡；VC：绒毛孔道；Z0～Z6：放射带Ⅰ～Ⅶ

56. A longitudinal section of a mature sperm; 57. A longitudinal section of a mature sperm, showing centriolar complex; 58. A transverse section of a flagellum, showing a "9+2" pattern of an axoneme; 59. A longitudinal section of a flagellum; 60. the structure of egg envelope, showing zona radiata; 61. The three types of cortical alveoli

A: axoneme; BB: basal body; CM: central microtubule; DM: doublet microtubules; F: flagellum; IF: implantation fossa; IM: inner membrane of the sleeve; M: mitochondrion; N: nucleus; NM: nuclear membrane; NV: nuclear vacuole; OM: outer membrane of the sleeve; PC: proximal centriole; PM: plasma membrane of the sperm; S: sleeve cavity; V: vesicle; VC: villus channel; Z0-Z6: zona radiata Ⅰ-Ⅶ

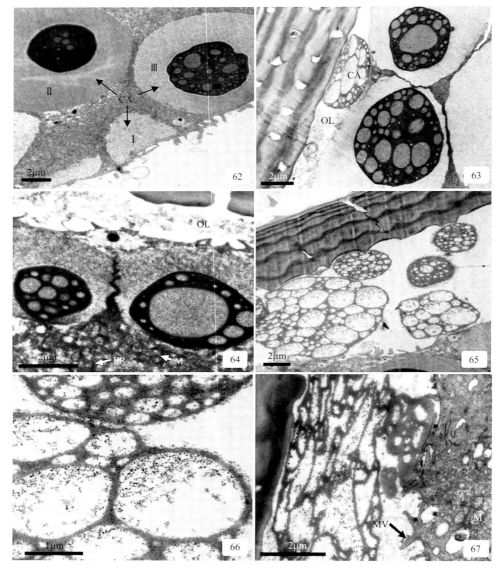

图版 4-Ⅱ-L 稀有鮈鲫受精生物学

Plate 4-Ⅱ-L The fertilization biology of *Gobiocypris rarus*

62. 受精后 10s, Ⅰ 型小泡开始外排; 63. 受精后 20s, 皮层小泡释放, 卵周隙形成; 64. 受精后 40s, 皮层反应进入发展期; 65. 受精后 50s, 大量皮层小泡释放, 皮层反应进入高潮期; 66. 卵周隙中的皮层小泡形态; 67. 受精后 70s, 质膜修复, 表面相对平滑, 具微绒毛

CA: 皮层小泡; ER: 内质网; M: 线粒体; MV: 微绒毛; OL: 卵周隙

62. 10s after fertilization, the type I cortical alveolus begins to release; 63. 20s after fertilization, cortical alveolus begins to release and there forms a perivitelline space; 64. 40s after fertilization, the cortical reaction enters the stage of development; 65. 50s after fertilization, numerous cortical alveoli release and cortical reaction comes into climactic period; 66. The morphology of the cortical alveolus in the perivitelline space; 67. 70s after fertilization, restoration of the plasma membrane and its surface is comparative smooth, with microvilli

CA: cortical alveolus; ER: endoplasmic reticulum; M: mitochondrion; MV: microvilli; OL: perivitelline space

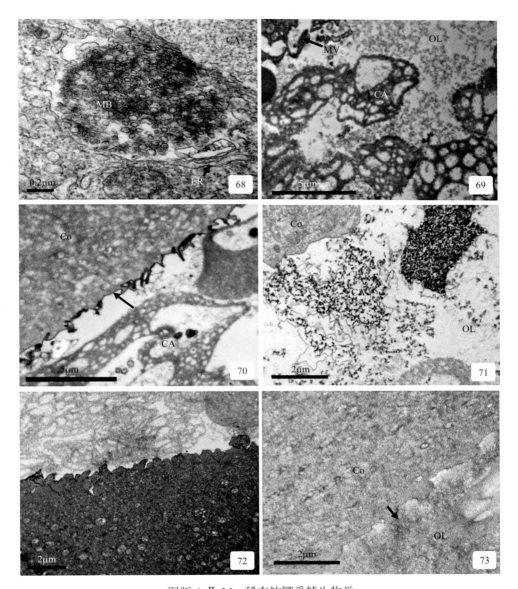

图版 4-Ⅱ-M　稀有鮈鲫受精生物学
Plate 4-Ⅱ-M　The fertilization biology of *Gobiocypris rarus*

68. 受精后 100s，皮层中含大量细胞器，示线粒体和内质网；69. 受精后 180s，卵周隙中的皮层小泡内含物开始解体；70. 受精后 240s，质膜修复（箭头）；71. 受精后 10min，卵周隙中的皮层小泡内含物；72. 受精后 30min，质膜形态；73. 受精后 50min，质膜表面平滑（箭头），卵周隙充满胶状物

CA：皮层小泡；Co：皮层；ER：内质网；MB：多泡体；MV：微绒毛；OL：卵周隙

68. 100s after fertilization, there are a lot of organelles in the cortex, showing mitochondrion and endoplasmic reticulum; 69. 180s after fertilization, the inclusions of cortical alveolus in the perivitelline space begin to be decomposed; 70. 240s after fertilization, restoration of the plasma membrane (arrow); 71. 10min after fertilization, the inclusions of cortical alveolus in the perivitelline space; 72. 30min after fertilization, the morphology of plasma membrane; 73. 50min after fertilization, the surface of plasma membrane is smooth (arrow) and the perivitelline space is filled with jell-like materials

CA: cortical alveolus; Co: cortex; ER: endoplasmic reticulum; MB: multivesicular body; MV: microvilli; OL: perivitelline space

图版 4-Ⅲ-A 唇䱵精子早期入卵观察

Plate 4-Ⅲ-A Observation on the early stage of sperm penetrate into ovum of *Hemibarbus labeo*

1. 成熟卵精孔器外观；2. 成熟卵精孔器外径；3. 成熟卵精孔器内径；4. 受精后 0s，精孔器内无精子；5. 受精后 1s，精孔器出现精子（S）；6. 受精后 5s，精子（S）已经进入卵子内，形成受精锥（FC）；7. 受精后 10s，精子在精孔器前庭集结，尚没有形成受精塞；8. 受精后 20s，精孔器内形成受精塞（FP），精子（S）继续进入，精子尾部（TS）互相缠绕；9. 受精后 30s，受精塞和吸附的精子向精孔器外移动；10. 受精后 50s，受精塞和吸附的精子堵塞精孔器；11. 受精后 60s，受精塞（FP）吸附的精子（S）开始解体；12. 受精后 60s，还有精子进入精孔器附近的质膜；13，14. 受精后 80s，精孔管（MT）没有封闭，精孔器附近的精子（S）明显出现了活动能力的差异；14. 图 13 的放大；15. 受精后 100s，受精塞吸附的精子解体

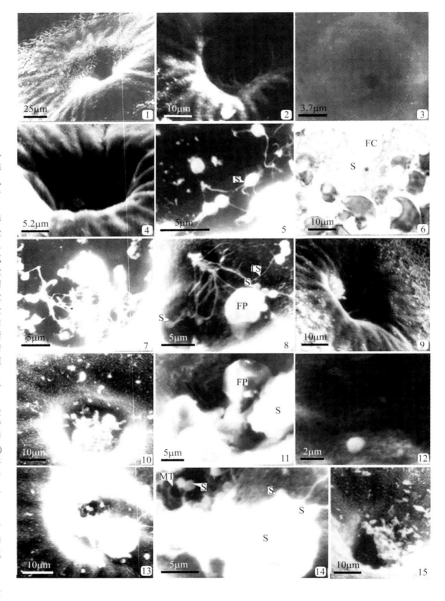

1. Appearance of micropylar apparatus in mature ovum; 2. External diameter of micropylar apparatus in mature ovum; 3. Interior diameter of micropylar apparatus in mature ovum; 4. 0s after fertilization, no sperm in micropylar apparatus; 5. 1s after fertilization, sperm (S) appeared in micropylar apparatus; 6. 5s after fertilization, sperm (S) has entered into ovum, and the fertilization cone (FC) has been formed; 7. 10s after fertilization, sperms aggregated in vestibule of micropylar apparatus, and the fertilization plug was not formed yet; 8. 20s after fertilization, fertilization plug (FP) formed in micropylar apparatus, sperms (S) continued moving into the micropylar apparatus, and tails of sperms (TS) twisted with each other; 9. 30s after fertilization, the fertilization plug and the absorbed sperms were moved outwards; 10. 50s after fertilization, micropylar apparatus was plugged up by fertilization plug and absorbed sperms; 11. 60s after fertilization, the fertilization plug (FP) absorbed sperms (S) became degenerated; 12. 60s after fertilization, other sperms arrived at plasma membrane near micropylar apparatus; 13, 14. 80s after fertilization, the micropylar tube (MT) was not plugged up yet, and different sperms (S) near micropylar apparatus showed different mobility; 14. Amplification of Fig. 13; 15. 100s after fertilization, sperms absorbed by fertilization plug were decomposed

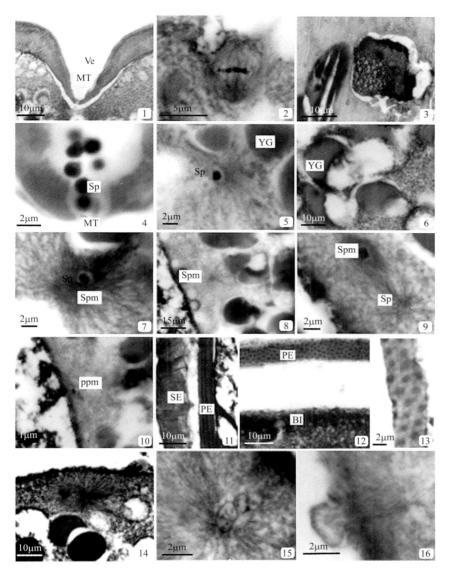

图版 4-Ⅲ-B 唇䱻受精细胞学
Plate 4-Ⅲ-B Cytology on fertilization of the *Hemibarbus labeo*

1. 成熟卵精孔器，示精孔管（MT）和前庭（Ve）；2. 示第二次减数分裂中期染色体；3. 卵黄内的嗜碱性区；4. 受精后 3s，有精子（Sp）通过精孔管（MT）；5. 受精后 5s，精子（Sp）进入细胞质，YG 为卵黄颗粒；6. 受精后 30s，Ⅰ型卵黄颗粒（YG）降解；7. 受精后 35s，入卵的精子（Sp）形成精子星光（Spm）；8. 受精后 180s，显示精子星光（Spm）位置；9. 受精后 5min，有多精入卵的现象，但是入卵的多余精子（Sp）不形成精子星光（Spm）；10. 图 9 标本中另一粒入卵的多余精子（ppm）；11. 成熟卵的初级卵膜（PE）和次级卵膜（SE）；12. 受精后 8min，受精膜（BI）外举，PE 是初级卵膜；13. 受精后 120s，受精膜完全外举；14. 受精后 8min，示精子和精子星光；15. 受精后 10min，雄原核形成；16. 受精后 15min，染色体处于第二次减数分裂后期

1. Micropylar apparatus of mature ovum, showing micropylar tube (MT) and vestibule (Ve); 2. Showing chromosome of metaphase in the second meiosis; 3. Showing basophilia area of yolk; 4. 3s after fertilization, sperm (Sp) was passing across the micropylar tube (MT); 5. 5s after fertilization, sperm (Sp) has entered into cytoplasm, YG indicates yolk granule; 6. 30s after fertilization, type I yolk granule (YG) was decomposed; 7. 35s after fertilization, the sperm (Sp) which entered into the ovum formed sperm-aster (Spm); 8. 180s after fertilization, showing the location of sperm-aster (Spm); 9. 5min after fertilization, showing the polyspermy, but redundant sperms (Sp) couldn't form sperm-aster (Spm); 10. In the same specimen of Fig. 9, showing another sperm (ppm) which had entered into the ovum; 11. Primary (PE) and secondary (SE) envelope of mature ovum; 12. 8min after fertilization, fertilization membrane (BI) was outwards expanded, PE indicates primary envelope; 13. 120min after fertilization, fertilization membrane was completely outwards expanded; 14. 8min after fertilization, showing sperm and sperm-aster; 15. 10min after fertilization, the male pronucleus was formed; 16. 15min after fertilization, chromosome of anaphase in the second meiosis

图版 4-Ⅲ-C
唇䱻受精细胞学:
Plate 4-Ⅲ-C Cytology on fertilization of the *Hemibarbus labeo*

17. 受精后20min，雄原核移至两个中心体之间；18. 受精后35min，雌原核（FP）形成，向雄原核（MP）移；19. 受精后45min，雌雄原核结合；20. 受精后55min，胚盘底部出现许多多泡体；21. 受精后70min，第一次有丝分裂中期；22. 受精后80min，第一次有丝分裂后期；23. 图22放大；24. 受精后120min，第一次有丝分裂末期；25. 成熟卵卵黄颗粒内部的泡状体；26. 线粒体（M）和卵黄颗粒（YG）；27. 成熟卵初级卵膜，示弹性亚膜（SeE）、辐射管（RT）、放射带Ⅰ（Z0）、放射带Ⅱ（Z1）和放射带Ⅲ（Z2）；28. 图27放射管（RT）和弹性亚膜（SeE）放大；29. 受精后80s，初级卵膜内弹性亚膜（Z0，Z1，Z2）的角度增加；30. 受精后110s，初级卵膜内弹性亚膜（Z1，Z2）拉直；31. 受精后240s，初级卵膜内弹性亚膜（Z0，Z1，Z2）拉斜

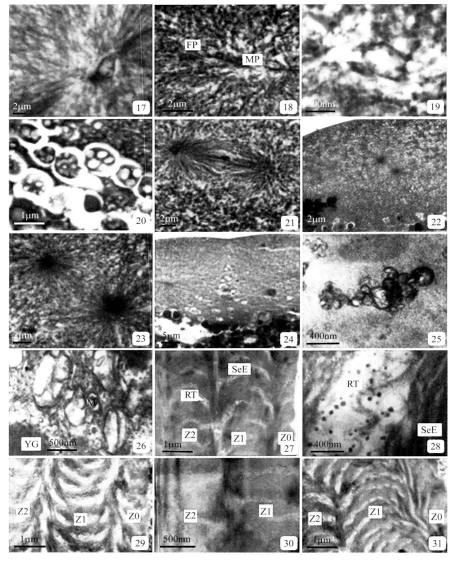

17. 20min after fertilization, the male pronucleus moved in the central between two centrosomes; 18. 35min after fertilization, the female pronucleus (FP) formed, and moved towards the male pronucleus (MP); 19. 45min after fertilization, the female pronucleus and the male pronucleus combined; 20. 55min after fertilization, many multivesicular bodies appeared under the blastodisc; 21. 70min after fertilization, metaphase of the first mitosis; 22. 80min after fertilization, anaphase of the first mitosis; 23. Magnification of Fig. 22; 24. 120min after fertilization, telophase of the first mitosis; 25. Vesicular bodies in the yolk granule of mature ovum; 26. Mitochondrion(M) and yolk granule (YG); 27. Primary envelope of a mature ovum, showing elastic sub-envelope (SeE), radiata tube (RT), zona radiata Ⅰ (Z0), zona radiata Ⅱ (Z1) and zona radiata Ⅲ (Z2); 28. Magnification of radiata tube (RT) and elastic sub-envelope (SeE) in fig. 27; 29. 80s after fertilization, the angle of elastic sub-envelope (Z0, Z1, Z2) in the primary egg envelope was increased; 30. 110s after fertilization, the elastic sub-envelope (Z1, Z2) in the primary egg envelope was straightened; 31. 240s after fertilization, elastic sub-envelope (Z0, Z1, Z2) in the primary egg envelope was obliqued

图 版

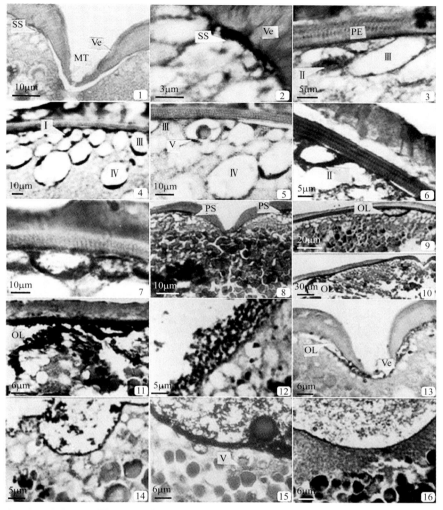

图版 4-Ⅲ-D 唇䱻受精的皮层反应及其引发机制

Plate 4-Ⅲ-D The cortical reaction and its initiation mechanism in *Hemibarbus labeo*

1. 示成熟卵精孔器前庭（Ve）处的引发斑（SS），而且精孔管（MT）附近无皮层小泡；2. 图1放大，示引发斑（SS）和精孔器前庭（Ve）；3. 成熟卵皮层区，示初级卵膜（PE）、次级卵膜、Ⅱ型皮层小泡（Ⅱ）、Ⅲ型皮层小泡（Ⅲ）；4. 示Ⅰ型皮层小泡（Ⅰ）、Ⅲ型皮层小泡和Ⅳ型皮层小泡（Ⅳ）；5. 示Ⅳ型皮层小泡（Ⅳ）和Ⅴ型皮层小泡（Ⅴ）；6. 受精后35s，Ⅱ型皮层小泡（Ⅱ）在动物极低纬度区破裂；7. 受精后40s，Ⅱ型皮层小泡附近的皮层小泡破裂；8. 受精后35s，精孔器前庭附近开始发生皮层反应，形成了紫色斑点（PS）；9. 受精后40s，动物极低纬度区形成卵周隙（OL）；10. 受精后55s，皮层反应扩张，示精孔器和卵周隙（OL）；11. 图10放大，示卵周隙（OL）；12. 受精后80s，动物极低纬度区皮层反应高潮期第一阶段完成；13. 受精后120s，精孔器（Ve）附近形成卵周隙（OL）；14. 受精后180s，动物极低纬度区皮层反应高潮期第二阶段开始；15. 受精后5min，非精孔器区域皮层反应高潮期结束，示残留的Ⅴ型皮层小泡（Ⅴ）；16. 受精后5min，精孔器区域皮层反应完成

1. Micropylar apparatus of mature ovum, showing solicitation speckle (SS) near vestibule (Ve), and no cortical alveolus was near micropylar tube (MT); 2. Magnification of Fig.1, showing solicitation speckle (SS) and vestibule (Ve) of micropylar apparatus; 3. Cortical area of mature ovum, showing primary egg envelope (PE), secondary egg envelope and type Ⅱ, type Ⅲ cortical alveolus; 4. Showing type Ⅰ, type Ⅲ and type Ⅳ cortical alveolus; 5. Showing type Ⅳ and type Ⅴ cortical alveolus; 6. 35s after fertilization, the type Ⅱ cortical alveolus was breakdown near low latitude of animal pole; 7. 40s after fertilization, the cortical alveolus near the type Ⅱ was breakdown; 8. 35s after fertilization, the cortical reaction began near the vestibule of micropylar apparatus and purple speckle (PS) formed; 9. 40s after fertilization, perivitelline space (OL) formed near the low latitude of animal pole; 10. 55s after fertilization, cortical reaction expanded, showing micropylar apparatus and perivitelline space (OL); 11. Magnification of Fig. 10, showing perivitelline space (OL); 12. 80s after fertilization, the first stage of climactic period of cortical reaction was finished at low latitude of animal pole; 13. 120s after fertilization, perivitelline space (OL) formed near the micropylar apparatus (Ve); 14. 180s after fertilization, the second stage of climactic period of cortical reaction initiated at low latitude of animal pole; 15. 5min after fertilization, the climactic period of cortical reaction in the non-micropylar apparatus area was finished, showing the residual type Ⅴ cortical alveolus; 16. 5min after fertilization, the cortical reaction near micropylar apparatus was finished

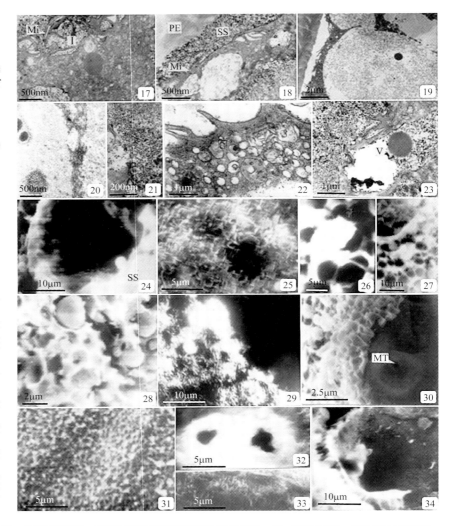

图版 4-Ⅲ-E 唇䱻受精的皮层反应及其引发机制
Plate 4-Ⅲ-E The cortical reaction of fertilization and its initiation mechanism in *Hemibarbus labeo*

17. 示Ⅰ型皮层小泡（Ⅰ）和微绒毛（Mi）；18. 示初级卵膜（PE）、引发斑（SS）和微绒毛（Mi）；19. 受精后10s，外侧皮层小泡融合；20. 受精后40s，内侧皮层小泡融合；21. 受精后40s，外侧皮层小泡破裂；22. 受精后110s，动物极低纬度区皮层反应高潮期第一阶段完成；23. 受精后240s，残留的Ⅴ型皮层小泡（Ⅴ）；24. 在成熟卵内，可见引发斑（SS），精孔器下的细胞质中没发现皮层小泡；25. 成熟卵的细胞质膜外被浓密的微绒毛；26. 成熟卵，质膜下具大量皮层小泡；27. 成熟卵，质膜内表面附着大量皮层小泡；28. 受精后40s，皮层反应已经发生；29. 受精后60s，皮层反应扩张，已发生皮层反应的区域质膜不具微绒毛；30. 受精后100s，发生皮层反应的区域，初级卵膜内表面吸附有皮层小泡释放物，示精孔管（MT）；31. 受精后100s，精孔器附近发生了皮层反应，但其内表面没有皮层小泡释放物吸附；32. 受精后240s，皮层反应衰退期，残留的皮层小泡突破新质膜，其附近新质膜表面微绒毛稀疏；33. 受精后240s，修复完好的质膜表面微绒毛较浓密；34. 受精后240s，精孔器下的质膜表面开始出现微绒毛

17. Showing type I cortical alveolus and microvilli (Mi); 18. Showing primary egg envelope (PE), solicitation speckle (SS) and microvilli (Mi); 19. 10s after fertilization, the fusion of outer cortical alveoli; 20. 40s after fertilization, the fusion of inner cortical alveoli; 21. 40s after fertilization, the rupture of outer cortical alveoli; 22. 110s after fertilization, the first stage of climactic period of cortical reaction finished at the low latitude of animal pole; 23. 240s after fertilization, the residual type V cortical alveolus; 24. Solicitation speckle (SS) appeared in the mature ovum, there was no cortical alveolus in cytoplasm beneath the micropylar apparatus; 25. The outside of the plasma membrane of a mature ovum was attached by dense microvilli; 26. Mature ovum, there were abundant cortical alveoli below plasma membrane; 27. Mature ovum, there were abundant cortical alveoli below the inner surface of plasma membrane; 28. 40s after fertilization, cortical reaction has started already; 29. 60s after fertilization, cortical reaction expanded, and there was no microvilli on the plasma membrane where cortical reaction has started; 30. 100s after fertilization, in the area of cortical reaction, there were some release contents of cortical alveoli adsorbed in the inner surface of primary egg envelope, showing micropylar tube (MT); 31. 100s after fertilization, cortical reaction started near the micropylar apparatus, but there wasn't any cortical alveoli release content adsorbed in the inner surface; 32. 240s after fertilization, the degenerating stage of the cortical reaction, and the residual cortical alveolus penetrated the new plasma membrane, and the microvilli on the surface of nearby new plasma membrane was sparse; 33. 240s after fertilization, the microvilli on the surface of restored plasma membrane was dense; 34. 240s after fertilization, microvilli started to appear on the surface of plasma membrane below the micropylar apparatus

第 5 章　胚胎与器官发育

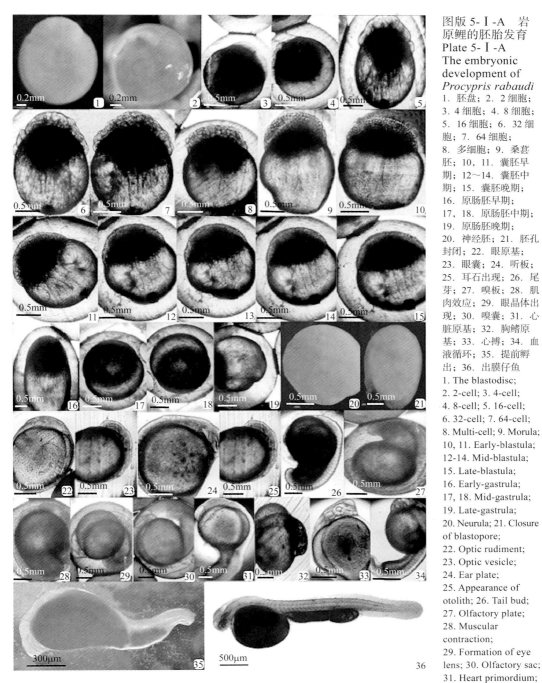

图版 5-Ⅰ-A　岩原鲤的胚胎发育
Plate 5-Ⅰ-A The embryonic development of *Procypris rabaudi*
1. 胚盘；2. 2 细胞；3. 4 细胞；4. 8 细胞；5. 16 细胞；6. 32 细胞；7. 64 细胞；8. 多细胞；9. 桑葚胚；10, 11. 囊胚早期；12～14. 囊胚中期；15. 囊胚晚期；16. 原肠胚早期；17, 18. 原肠胚中期；19. 原肠胚晚期；20. 神经胚；21. 胚孔封闭；22. 眼原基；23. 眼囊；24. 听板；25. 耳石出现；26. 尾芽；27. 嗅板；28. 肌肉效应；29. 眼晶体出现；30. 嗅囊；31. 心脏原基；32. 胸鳍原基；33. 心搏；34. 血液循环；35. 提前孵出；36. 出膜仔鱼

1. The blastodisc; 2. 2-cell; 3. 4-cell; 4. 8-cell; 5. 16-cell; 6. 32-cell; 7. 64-cell; 8. Multi-cell; 9. Morula; 10, 11. Early-blastula; 12-14. Mid-blastula; 15. Late-blastula; 16. Early-gastrula; 17, 18. Mid-gastrula; 19. Late-gastrula; 20. Neurula; 21. Closure of blastopore; 22. Optic rudiment; 23. Optic vesicle; 24. Ear plate; 25. Appearance of otolith; 26. Tail bud; 27. Olfactory plate; 28. Muscular contraction; 29. Formation of eye lens; 30. Olfactory sac; 31. Heart primordium; 32. Pectoral fin primordium; 33. Heart pulsation; 34. Blood circulation; 35. Hatching ahead of time; 36. Larva after hatching

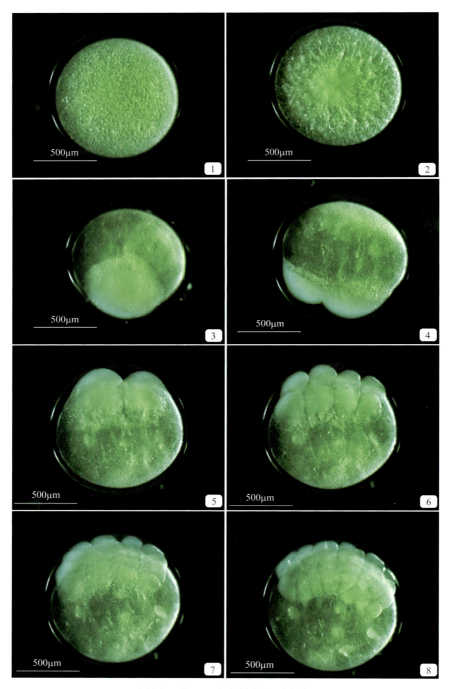

图版 5-Ⅱ-A　南方鲇的胚胎发育

Plate 5-Ⅱ-A　The embryonic development of *Silurus meridionalis*

1. 成熟未受精卵；2. 受精卵，示胚盘；3. 胚盘隆起；4. 2细胞期；5. 4细胞期；6. 8细胞期；7. 16细胞期；8. 32细胞期

1. Unfertilized mature egg; 2. Fertilized egg, showing blastodisc; 3. Tuberositas of blastodisc; 4. 2-cell period; 5. 4-cell; period 6. 8-cell period; 7. 16-cell period; 8. 32-cell period

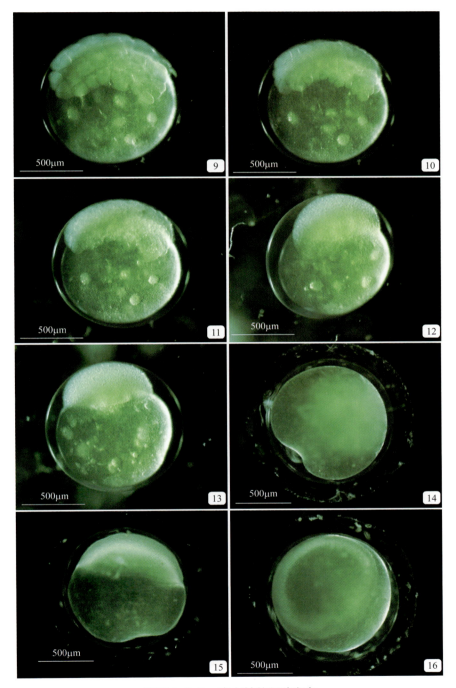

图版 5-Ⅱ-B 南方鲇的胚胎发育

Plate 5-Ⅱ-B The embryonic development of *Silurus meridionalis*

9. 64细胞期；10. 多细胞期；11. 囊胚早期；12. 囊胚中期；13. 囊胚晚期；14，15. 囊胚期卵黄的波状滚动；16. 原肠胚早期

9. 64-cell period; 10. Multi-cell period; 11. Early-blastula period; 12. Mid-blastula period; 13. Late-blastula period; 14-15. The wave-like yolk movement of blastula embryo; 16. Early-gastrula period

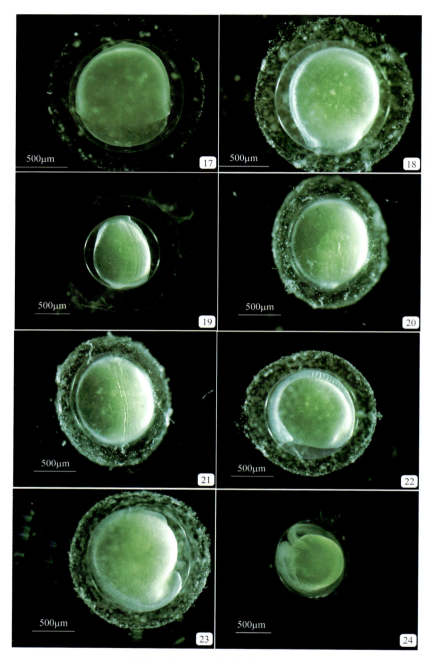

图版 5-Ⅱ-C　南方鲇的胚胎发育
Plate 5-Ⅱ-C　The embryonic development of *Silurus meridionalis*

17. 原肠胚中期；18. 原肠胚晚期；19. 胚孔封闭期；20. 神经胚期，示神经板；21. 神经胚期，示神经沟；22. 神经胚期，示神经管和肌节；23. 器官分化期，示尾芽形成并开始游离；24. 器官分化期，示尾扭动、鳃板和胸鳍原基形成
17. Mid-gastrula period; 18. Late-gastrula period; 19. Closure of blastopore period; 20. Neurula period, showing the neural plate; 21. Neurula period, showing the neural groove; 22. Neurula period, showing neural tube and sarcomere; 23. Organogenesis period, showing the formation of tail bud, and starting to be detached; 24. Organogenesis period, showing tail twisting, gill plate and formation of pectoral fin primordium

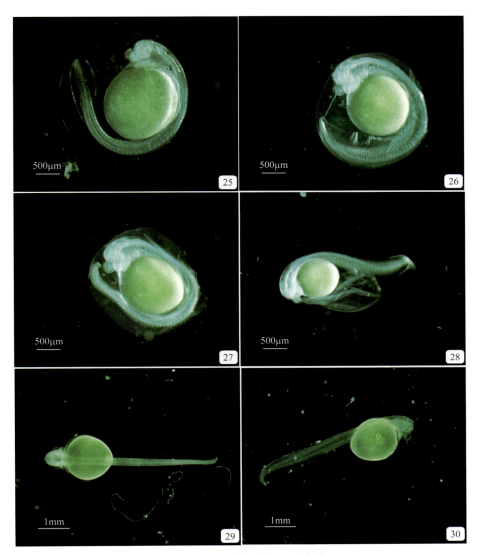

图版 5-Ⅱ-D 南方鲇的胚胎发育

Plate 5-Ⅱ-D The embryonic development of *Silurus meridionalis*

25. 器官分化期，示耳石明显，血液开始循环；26. 出膜前期，示卵膜变软；27. 出膜期，示胚体扭动，卵膜塌陷；28. 出膜期，示仔鱼从卵膜内孵出；29. 出膜后的仔鱼背面观；30. 出膜后仔鱼腹面观

25. Organogenesis period, showing the obvious otolith and appearance of blood circulation; 26. Pre-hatching period, showing the softened egg envelope; 27. Hatching period, showing the twisting of embryo, and the collapse of egg envelope; 28. Hatching period, showing the hatches of larva from the egg envelope; 29. Dorsal view of the newly hatched larva; 30. Ventral view of the newly hatched larva

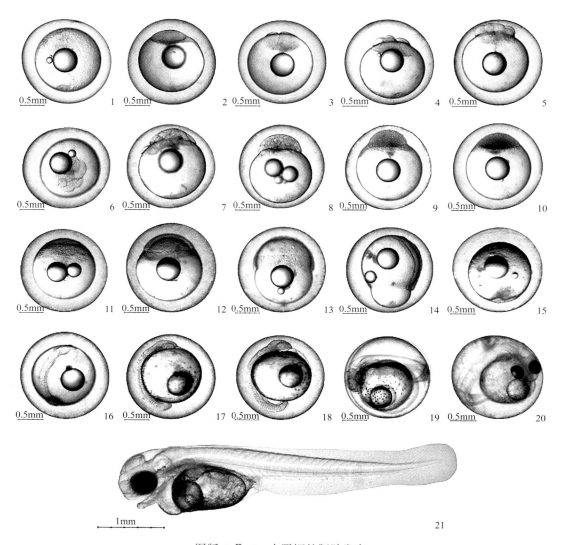

图版 5-Ⅱ-E 大眼鳜的胚胎发育

Plate 5-Ⅱ-E The embryonic development of *Siniperca kneri*

1. 受精卵；2. 胚盘；3. 2细胞；4. 4细胞；5. 8细胞；6. 16细胞；7. 64细胞；8. 多细胞；9. 囊胚早期；10. 囊胚中期；11. 囊胚晚期；12. 原肠胚早期；13. 原肠胚中期；14. 原肠胚晚期；15. 胚孔封闭期；16. 肌节出现期；17. 尾芽期；18. 肌肉效应期；19. 血液循环期；20. 胸鳍原基出现期；21. 初孵仔鱼

1. Fertilized egg; 2. Blastodisc; 3. 2-cell; 4. 4-cell; 5. 8-cell; 6. 16-cell; 7. 64-cell; 8. Multi-cell embryo; 9. Early-blastula period; 10. Mid-blastula period; 11. Late-blastula embryo; 12. Early-gastrula embryo; 13. Mid-gastrula embryo; 14. Late-gastrula embryo; 15. Closure of blastopore; 16. Appearance of sarcomere; 17. Tail bud; 18. Muscular contraction; 19. Blood circulation; 20. Appearance of Pectoral fin primordium; 21. Newly hatched larva

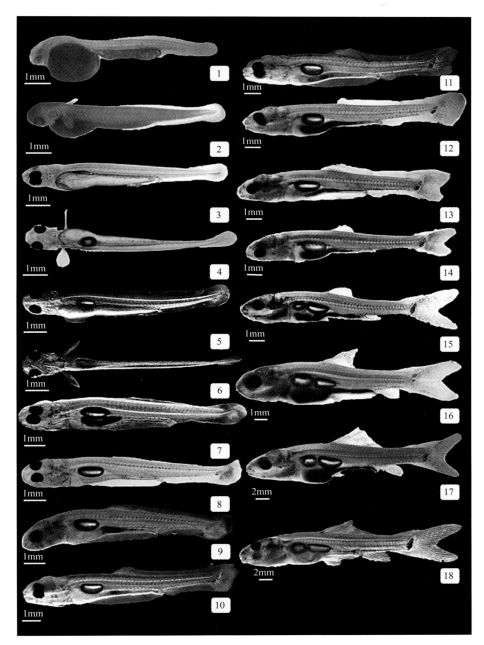

图版 5-Ⅲ-A 岩原鲤的胚后发育

Plate 5-Ⅲ-A Post-embryonic development of *Procypris rabaudi*

1. 初孵仔鱼；2. 孵出 2d；3. 孵出 3d；4. 孵出 4d；5. 孵出 5d；6. 孵出 6d；7. 孵出 8d；8. 孵出 9d；9. 孵出 10d；10. 孵出 11d；11. 孵出 12d；12. 孵出 13d；13. 孵出 14d；14. 孵出 15d；15. 孵出 16d；16. 孵出 18d；17. 孵出 20d；18. 孵出 21d

1. Newly hatched larva; 2. 2d after hatching; 3. 3d after hatching; 4. 4d after hatching; 5. 5d after hatching; 6. 6d after hatching; 7. 8d after hatching; 8. 9d after hatching; 9. 10d after hatching; 10. 11d after hatching; 11. 12d after hatching; 12. 13d after hatching; 13. 14d after hatching; 14. 15d after hatching; 15. 16d after hatching; 16. 18d after hatching; 17. 20d after hatching; 18. 21d after hatching

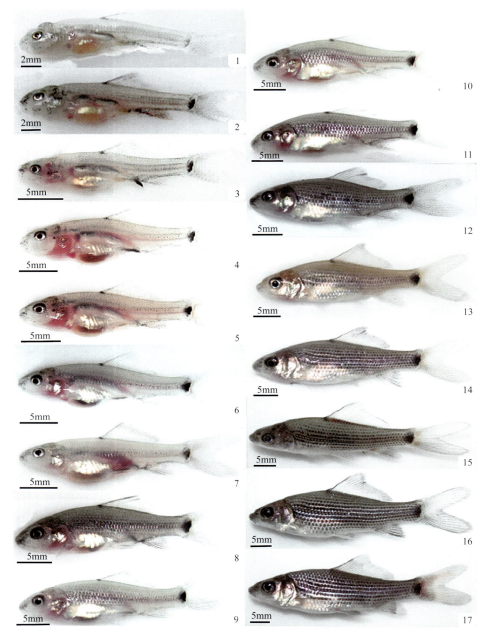

图版 5-Ⅲ-B 岩原鲤的胚后发育

Plate 5-Ⅲ-B Post-embryonic development of *Procypris rabaudi*

1. 孵出 22d；2. 孵出 26d；3. 孵出 27d；4. 孵出 32d；5. 孵出 34d；6. 孵出 38d；7. 孵出 40d；8. 孵出 41d；9. 孵出 45d；10. 孵出 46d；11. 孵出 47d；12. 孵出 50d；13. 孵出 57d；14. 孵出 71d；15. 孵出 74d；16. 孵出 79d；17. 孵出 82d

1. 22d after hatching; 2. 26d after hatching; 3. 27d after hatching; 4. 32d after hatching; 5. 34d after hatching; 6. 38d after hatching; 7. 40d after hatching; 8. 41d after hatching; 9. 45d after hatching; 10. 46d after hatching; 11. 47d after hatching; 12. 50d after hatching; 13. 57d after hatching; 14. 71d after hatching; 15. 74d after hatching; 16. 79d after hatching; 17. 82d after hatching

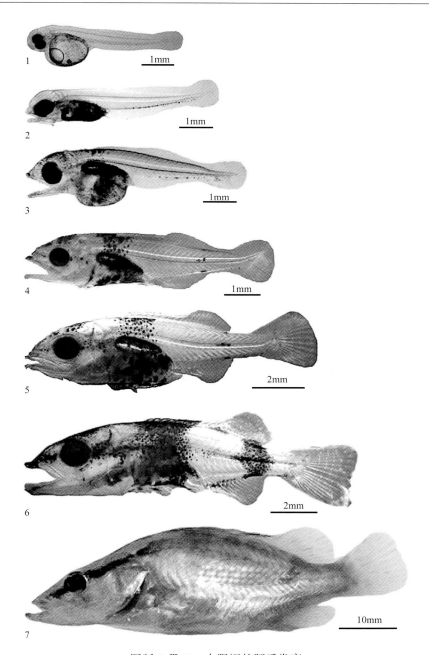

图版 5-Ⅲ-C 大眼鳜的胚后发育

Plate 5-Ⅲ-C Post-embryonic development of *Siniperca kneri*

1. 初孵仔鱼；2. 孵出 3d；3. 孵出 9d；4. 孵出 14d；5. 孵出 20d；6. 孵出 28d；7. 孵出 47d
1. Newly hatched larva; 2. 3d after hatching; 3. 9d after hatching; 4. 14d after hatching; 5. 20d after hatching; 6. 28d after hatching; 7. 47d after hatching

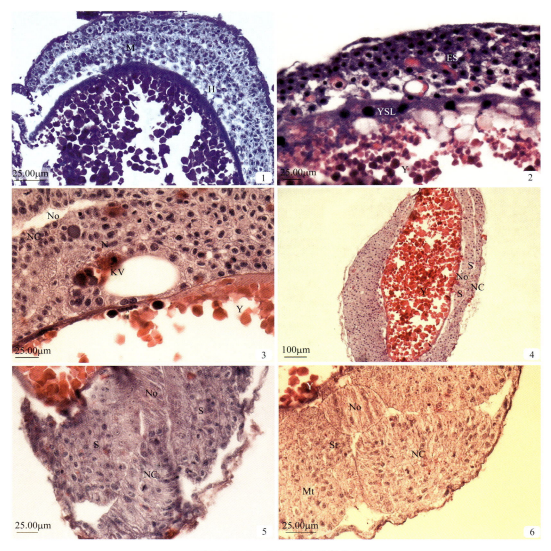

图版 5-Ⅳ-A 岩原鲤的器官发生
Plate 5-Ⅳ-A Organogenesis of *Procypris rabaudi*

1. 胚体前端纵切，示外胚层（E）、中胚层（M）、内胚层（H）；2. 胚体，示胚盾（ES）、卵黄合胞体层（YSL）、卵黄囊（Y）；3. 尾泡（KV）出现在尾芽底部，示卵黄合胞体层及伸长的核（N）、卵黄囊（Y）、脊索细胞（No）、开始空泡化的神经索（NC）；4. 体节（S）出现，示神经索（NC）、脊索（No）和卵黄囊（Y）；5. 胚体斜切，示体节（S）、神经索（NC）、脊索（No）；6. 体中段横切，示生肌节（Mt）、神经索（NC）、脊索（No）、体节（St）、卵黄囊（Y）

1. Vertical section of the anterior end of embryo, showing ectoderm (E), mesoderm (M) and endoderm (H); 2. Embryo, showing embryo shield (ES), yolk syncytial layer (YSL), yolk sac (Y); 3. Appearance of Kupffer's vesicle (KV), which is beneath the tail bud, showing the yolk syncytial layer, elongate nucleus (N), yolk sac (Y), notochord cells (No) and nerve cord (NC) with beginning of vacuolization; 4. Appearance of somite (S), showing nerve cord (NC), notochord (No) and yolk sac (Y); 5. Oblique section of embryo, showing somite (S), nerve cord (NC), notochord (No); 6. Transverse section of the middle of embryo, showing myotome (Mt), nerve cord (NC), notochord (No), somite (St) and yolk sac (Y)

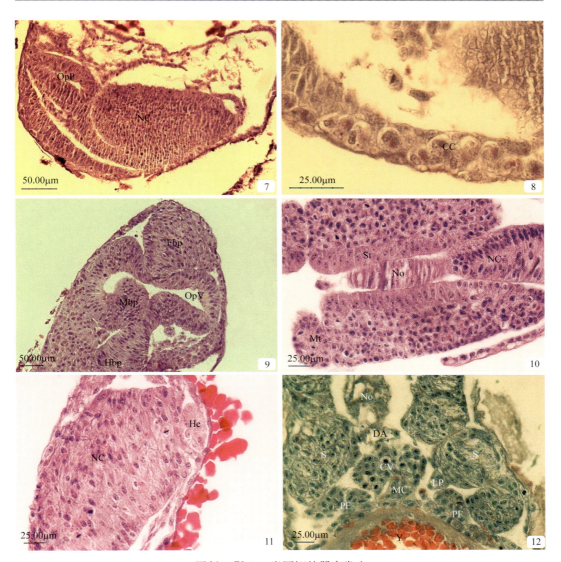

图版 5-Ⅳ-B　岩原鲤的器官发生

Plate 5-Ⅳ-B　Organogenesis of *Procypris rabaudi*

7. 头部纵切面，示头前端的神经索（NC）延长形成脑原基和眼原基（OpP）；8. 头部斜切面，示表皮层、泌氯细胞（CC）；9. 头部纵切面，示前脑原基（Fbp）、中脑原基（Mbp）、后脑原基（Hbp）、视泡（OpV）；10. 体中段横切，示神经索（NC）、脊索（No）、生骨节（St）、生肌节（Mt）；11. 头部斜切面，示心脏原基（He）、神经索（NC）；12. 体前段横切，示前肾褶（PF）、中胚层索（MC）、背主动脉（DA）、中央静脉（CV）、脊索（No）、体节（S）、卵黄囊（Y）、侧板中胚层（LP）

7. Vertical section of the head, showing formation of a brain primordium and an optic primordium (OpP) by the extended nerve cord (NC) in the anterior end of head; 8. Oblique section of the head, showing epidermis, chloride cells (CC); 9. Vertical section of the head, showing forebrain primordium (Fbp), mesencephalon primordium (Mbp), hindbrain primordium (Hbp) and optic vesicle (OpV); 10. Transverse section of the middle segment of embryo, showing nerve cord (NC), notochord (No), sclerotome (St), myotome (Mt); 11. Oblique section of the head, showing the heart primordium (He), nerve cord (NC); 12. Transverse section of the anterior segment of embryo, showing pronephric fold (PF), mesoblast cord (MC), dorsal aorta (DA), center vein (CV), notochord (No), somite (S), yolk sac (Y), lateral plate mesoderm (LP)

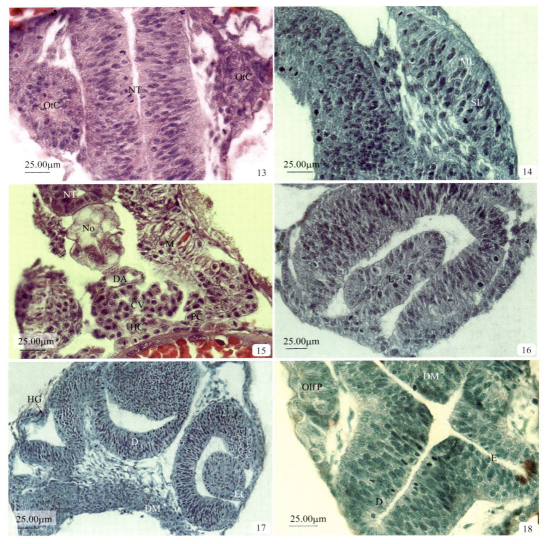

图版 5-Ⅳ-C   岩原鲤的器官发生

Plate 5-Ⅳ-C   Organogenesis of *Procypris rabaudi*

13. 头后部纵切面, 示神经管（NT）、耳囊（OtC）; 14. 嗅板原基, 示黏液层（ML）、感觉层（SL）; 15. 体前段横切, 示神经管（NT）、前肾房（PC）、脊索（No）、中胚层索（M）、背主动脉（DA）、中央静脉（CV）、头肾囊（HC）; 16. 眼纵切面, 示视杯、晶状体原基（L）; 17. 示出现在头部的孵化腺（HG）、间脑（D）、中脑（DM）和眼（EC）; 18. 头前部矢状切面, 示间脑（D）、中脑（DM）、嗅囊（OlfP）和眼囊（E）

13. Vertical section of the posterior part of the head, showing neural tube (NT), otic capsule (OtC); 14. Olfactory plate primordium, showing mucus layer (ML), sense layer (SL); 15. Transverse section of the anterior segment of embryo, showing neural tube (NT), pronephric chamber (PC), notochord (No), mesoblast cord (M), dorsal aorta (DA), center vein (CV), head renal capsule (HC); 16. Vertical section of eye, showing optic cup, lens primordium (L); 17. Showing hatching gland (HG) presented in the head, diencephalon (D), mesencephalon (DM) and eye (EC); 18. Sagittal section of the anterior part of the head, showing diencephalon (D), mesencephalon (DM), olfactory capsule (OlfP) and eye capsule (E)

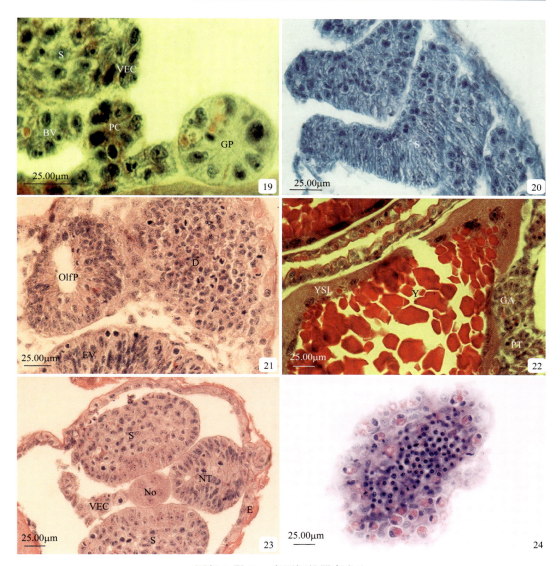

图版 5-Ⅳ-D　岩原鲤的器官发生
Plate 5-Ⅳ-D　Organogenesis of *Procypris rabaudi*

19. 体前段横切，示前肾房（PC）、体节（S）、血管（BV）、血管内皮细胞（VEC）、肠原基（GP）；20. V 型体节（S）；21. 嗅囊（OlfP）、间脑（D）、眼囊（EV）；22. 前肾小管出现，示前肾小管（PT）、肠原基（GA）、卵黄合胞体层（YSL）、卵黄囊（Y）；23. 脊索横切面，示脊索（No）、肌节（S）、神经管（NT）、血管内皮细胞（VEC）、表皮层（E）；24. 孵化腺运动到整个胚体的表面

19. Cross section of the anterior segment of embryo, showing pronephric chamber (PC), somite (S), blood vessel (BV), vascular endothelial cell (VEC), gut primordium (GP); 20. Somite of V type (S); 21. Olfactory capsule (OlfP), diencephalon (D), eye capsule (EV); 22. Appearance of pronephric tubule, showing the pronephric tubule (PT), gut anlage (GA), yolk syncytial layer (YSL), yolk sac (Y); 23. Transverse section of notochord, showing notochord (No), somite (S), neural tube (NT), vascular endothelial cell (VEC), epidermis (E); 24. Hatching gland moved to the surface of entire embryo

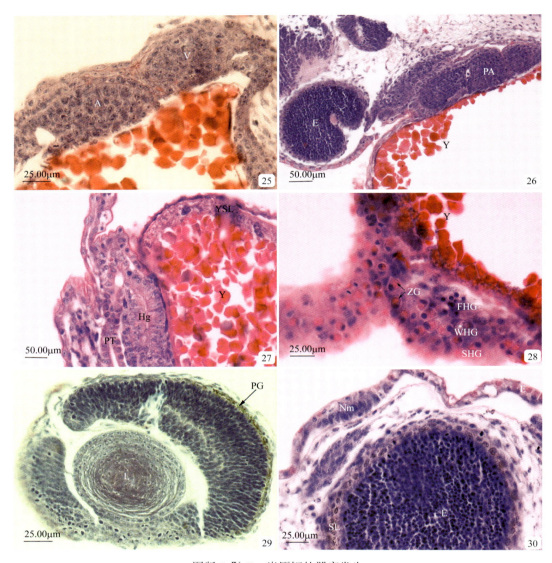

图版 5-Ⅳ-E 岩原鲤的器官发生
Plate 5-Ⅳ-E Organogenesis of *Procypris rabaudi*

25. 管状心脏，示心房（A）、心室（V）；26. 体前段纵切，示咽囊（PA）、眼（E）、卵黄囊（Y）；27. 不断向前延伸的后肠，示后肠（Hg）、前肾小管（PT）、卵黄合胞体层（YSL）、卵黄囊（Y）；28. 孵化腺，示酶原颗粒（ZG）、形成中的孵化腺（FHG）、分泌中的孵化腺（SHG）、凋亡中的孵化腺（WHG）、卵黄囊（Y）；29. 眼色素层出现、示色素颗粒（PG）、晶状体（L）；30. 示出现在头腹面的神经丘（Nm）及眼球（E）和巩膜（SL）

25. Heart shaped as a tube, showing ventricle (A), atrium (V); 26. Vertical section of the anterior segment of embryo, showing pharynx sac (PA), eye (E) and yolk sac (Y); 27. The hindgut which was contiguously expanded to the anterior part, showing hindgut (Hg), pronephric tubule (PT), yolk syncytial layer (YSL), yolk sac (Y); 28. Hatching gland, showing zymogen granule (ZG), forming hatching gland (FHG), secreting hatching gland (SHG), withering hatching gland (WHG), yolk sac(Y); 29. Eye pigment layer was present, showing pigment granule (PG), lens (L); 30. Showing neuromast (Nm) presented on the ventral surface of the head, eye (E) and sclera (SL)

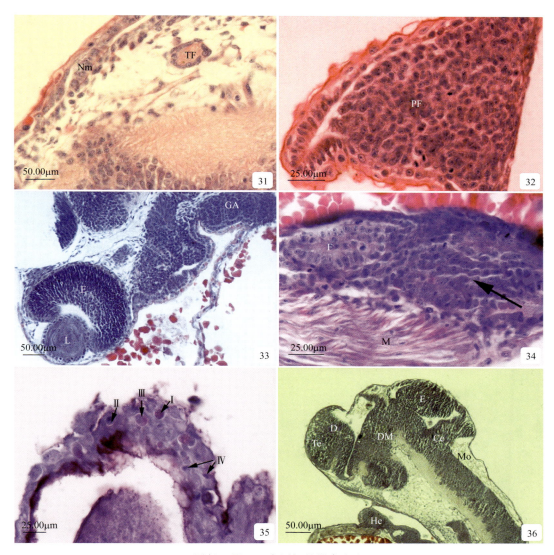

图版 5-Ⅳ-F 岩原鲤的器官发生

Plate 5-Ⅳ-F Organogenesis of *Procypris rabaudi*

31. 甲状腺出现，示甲状腺滤泡（TF）、神经丘（Nm）；32. 胸鳍（PF）出现；33. 咽囊（GA）、眼（E）和晶状体（L）；34. 示前肠膨大，横断面（F）、纵切面（←）、平滑肌（M）；35. 胚体表面的黏液细胞，示Ⅰ、Ⅱ、Ⅲ、Ⅳ型细胞；36. 头部矢状切面，示端脑（Te）、间脑（D）、中脑（DM）、小脑（Ce）、延脑（Mo）、眼（E）和心脏原基（He）

31. Appearance of thyroid gland, showing thyroid follicle (TF), neuromast (Nm); 32. Appearance of pectoral fin (PF); 33. Pharyngeal arches (GA), eye(E) and lens (L); 34. The foregut enlargment, the cross section (←), the longitudinal section (F) and smooth muscle (M); 35. Mucus cell on the surface of embryo, showing type Ⅰ-Ⅳ mucus cells; 36. Sagittal section of the head, showing the telencephalon (Te), diencephalon (D), mesencephalon (DM), the cerebellum (Ce), medulla oblongata(Mo), eye (E) and heart primordium(He)

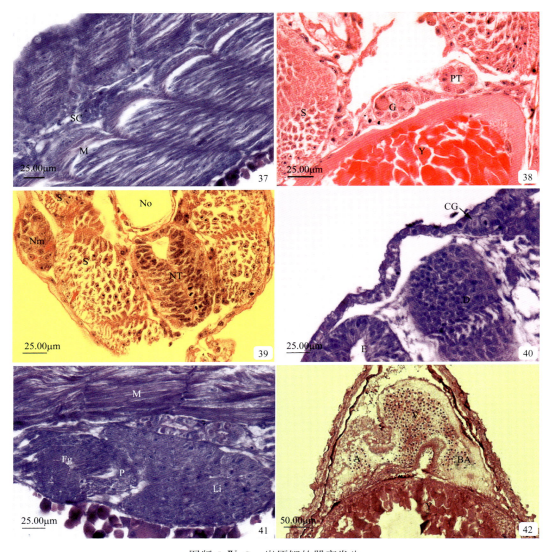

图版 5-Ⅳ-G　岩原鲤的器官发生
Plate 5-Ⅳ-G　Organogenesis of *Procypris rabaudi*

37. 横纹肌管（M）、脊椎原基（SC）；38. 体中段横切，示前肾管（PT）、体节（S）、肠（G）、卵黄囊（Y）；39. 神经丘（Nm）出现在体中段，示神经管（NT）、脊索（No）、体节（S）；40. 示出现在头前的黏液腺（CG），间脑（D），眼（E）；41. 示肝脏（Li）和胰脏（P）原基，前肠（Fg），肌肉（M）；42. "S"形心脏，示心房（V）、心室（A）、动脉球（BA）和卵黄囊（Y）

37. Striated myotube (M), spine primordium (SC); 38. Transverse section of the middle segment of embryo, showing pronephric tubule (PT), somite (S), gut (G), yolk sac (Y); 39. Appearance of neuromast (Nm) on the middle of the body, showing neural tule (NT), notochord (No), somite (S); 40. Appearance of cement glands (CG) on the anterior part of the head, diencephalon (D), eye(E); 41. Showing liver (Li) and pancreas (P) anlage, foregut (Fg), muscle (M); 42. Heart shaped like an "S", showing the ventricle (V), atrium (A), bulbous arteriosus (BA) and yolk sac (Y)

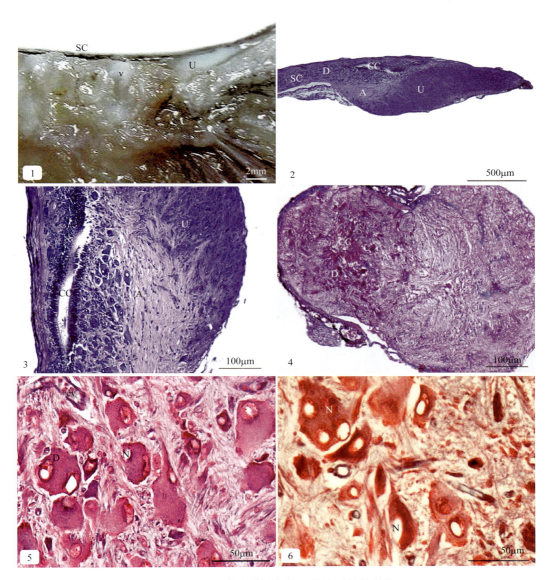

图版 5-Ⅴ-A 南方鲇尾部神经分泌系统的结构

Plate 5-Ⅴ-A The structure of caudal neurosecretory system of *Silurus meridionalis*

1. 尾部神经分泌系统分布位置；2. 1^+龄幼鱼最后一段尾部脊髓纵切（HE）；3. 6月龄幼鱼最后一段尾部脊髓纵切（HE）；4. 1^+龄横切（AZAN）；5. 成鱼繁殖前Dahlgren细胞（HE）；6. 成鱼繁殖前Dahlgren细胞内多个胞核（Mallory）

A：轴突；CC：中央管；cv：毛细血管；D：Dahlgren细胞；N：细胞核；SC：脊髓；U：尾垂体；v：椎骨

1. The localization of caudal neurosecretory system; 2. Vertical section of the last posterior spinal cord in 1^+ old young fish (HE); 3. Vertical section through the last posterior spinal cord in 6-month old young fish (HE); 4. Cross section of 1^+ old young fish (AZAN); 5. Dahlgren cell of pre-reproductive mature fish (HE); 6. Dahlgren cell with multiple nucleoli in pre-reproductive mature fish (Mallory)

A: axon; CC: central canal; cv: capillary; D: Dahlgren cell; N: nucleus; SC: spinal cord; U: urophysis; v: vertebra

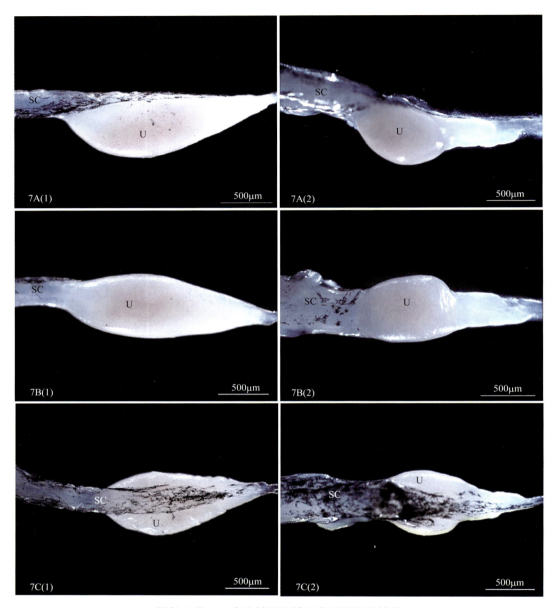

图版 5-Ⅴ-B 南方鲇尾部神经分泌系统的结构
Plate 5-Ⅴ-B The structure of caudal neurosecretory system of *Silurus meridionalis*

7. 2^+龄幼鱼两种形态的尾垂体；7A（1）．Ⅰ型尾垂体侧面观；7A（2）．Ⅱ型尾垂体侧面观；7B（1）．Ⅰ型尾垂体腹面观；7B（2）．Ⅱ型尾垂体腹面观；7C（1）．Ⅰ型尾垂体背面观；7C（2）．Ⅱ型尾垂体背面观
SC：脊髓；U：尾垂体

7. Two different shapes of urophysis in 2^+ old young; 7A (1). Lateral view of type Ⅰ urophysis; 7A (2). Lateral view of type Ⅱ urophysis; 7B (1). Ventral view of type Ⅰ urophysis; 7B(2). Ventral view of type Ⅱ urophysis; 7C(1). Dorsal view of type Ⅰ urophysis; 7C (2). Dorsal view of type Ⅱ urophysis
SC: spinal cord; U: urophysis

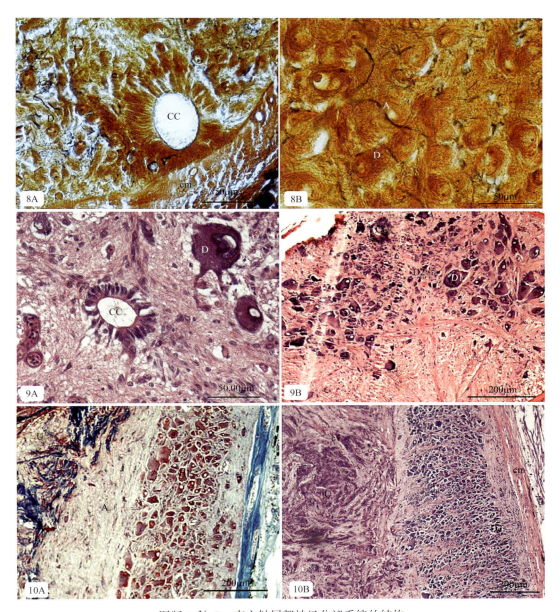

图版 5-Ⅴ-C 南方鲇尾部神经分泌系统的结构
Plate 5-Ⅴ-C The structure of caudal neurosecretory system of *Silurus meridionalis*

8A. 2^+龄幼鱼尾部脊髓横切（高尔基银染法），示室管膜细胞；8B. Dahlgren 细胞；9A. 成鱼倒数第三段脊髓 Dahlgren 细胞；9B. 倒数第二段脊髓 Dahlgren 细胞（HE）；10A. 成鱼最后一段脊髓 Dahlgren Ⅰ型细胞（AZAN）；10B. Dahlgren Ⅱ型细胞（HE）

A：轴突；CC：中央管；cm：脊膜；cv：毛细血管；D：Dahlgren 细胞；D1：Dahlgren Ⅰ型细胞；D2：Dahlgren Ⅱ型细胞；N：细胞核；U：尾垂体

8A. Cross section through the posterior spinal cord in 2^+ old young (Golgi argentum staining), showing the ependymal cell; 8B. The Dahlgren cell; 9A. Dahlgren cell of the last third spinal cord in mature fish; 9B. Dahlgren cell of the last second spinal cord (HE); 10 A. Type Ⅰ Dahlgren cell of the last spinal cord in mature fish (AZAN); 10B. Type Ⅱ Dahlgren cell (HE)

A: axon; CC: central canal; cm: spinal cord membrane; cv: capillary vessel; D: Dahlgren cell; D1: type Ⅰ Dahlgren cell; D2: type Ⅱ Dahlgren cell; N: nucleolus; U: urophysis

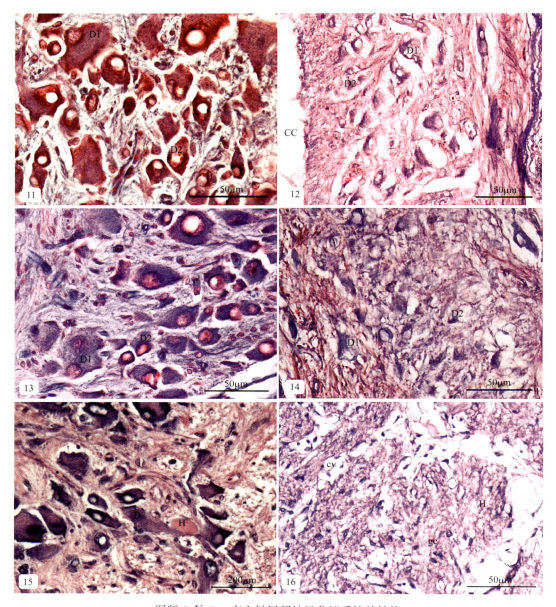

图版 5-Ⅴ-D 南方鲇尾部神经分泌系统的结构
Plate 5-Ⅴ-D The structure of caudal neurosecretory system of *Silurus meridionalis*

11. 繁殖前 Dahlgren 细胞（Mallory）；12. 繁殖后 Dahlgren 细胞（Mallory）；13. 繁殖前 Dahlgren 细胞（AZAN）；14. 繁殖后 Dahlgren 细胞（AZAN）；15. 繁殖前 Herring 体（AZAN）；16. 繁殖后 Herring 体（HE）
CC：中央管；cv：毛细血管；D：Dahlgren 细胞；D1：Dahlgren Ⅰ型细胞；D2：Dahlgren Ⅱ型细胞；H：Herring 体；gc：神经胶质细胞

11. Dahlgren cell in pre-reproduction (Mallory); 12. Dahlgren cell in post-reproduction (Mallory); 13. Dahlgren cell in pre-reproduction (AZAN); 14. Dahlgren cell in post-reproduction (AZAN); 15. Herring body in pre-reproduction (AZAN); 16. Herring body in post-reproduction (HE)
CC: central canal; cv: capillary vessel; D: Dahlgren cell; D1: type Ⅰ Dahlgren cell; D2: type Ⅱ Dahlgren cell; H: herring body; gc: glial cell

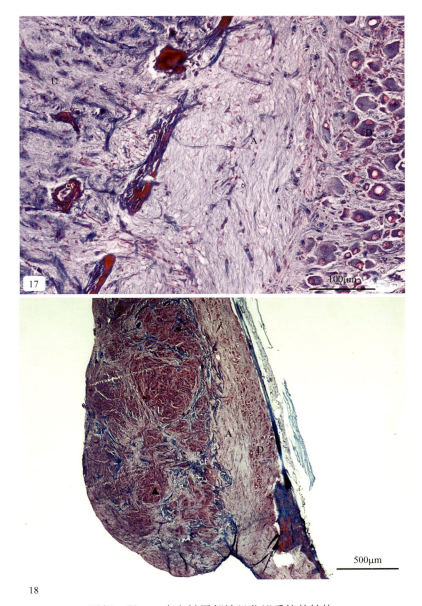

图版 5-V-E 南方鲇尾部神经分泌系统的结构

Plate 5-V-E The structure of caudal neurosecretory system of *Silurus meridionalis*

17. 成鱼尾部神经分泌系统内轴突（AZAN）；18. 成鱼尾垂体纵切，示尾垂体内皮质和髓质（AZAN）

A：轴突；cf：胶原纤维；cv：毛细血管；D：Dahlgren 细胞；U：尾垂体；▲：皮质；*：髓质

17. The axon of caudal neurosecretory system in mature fish (AZAN); 18. Vertical section through urophysis of mature fish, showing the cortex and medulla in urophysis (AZAN)

A: axon; cf: collagenous fiber; cv: capillary vessel; D: Dahlgren cell; U: urophysis; ▲: cortex; *: medulla

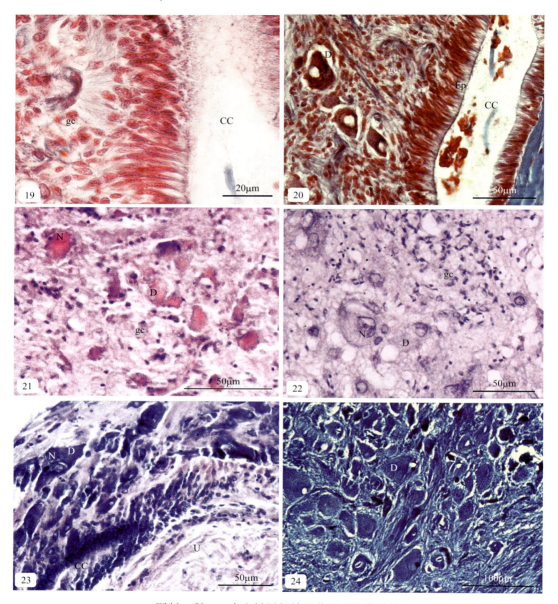

图版 5-Ⅴ-F 南方鲇尾部神经分泌系统的结构
Plate 5-Ⅴ-F The structure of caudal neurosecretory system of *Silurus meridionalis*

19. 成鱼最后一段脊髓纵切，示神经胶质细胞从室管膜细胞分离（Mallory）；20. 成鱼室管膜细胞与神经胶质细胞（Mallory）；21. 茚三酮-Schiff反应（3$^+$龄个体，春季）；22. 茚三酮-Schiff反应（成鱼，繁殖前）；23. 茚三酮-Schiff反应（成鱼，繁殖后）；24. 汞-溴酚蓝反应（2$^+$龄个体，春季）
CC：中央管；D：Dahlgren细胞；Ep：室管膜细胞；gc：神经胶质细胞；N：细胞核；U：尾垂体

19. Vertical section through the last spinal cord in mature fish, showing the glial cell detached from ependyma cell (Mallory); 20. Ependyma cell and glial cell in mature fish (Mallory); 21. Ninhydrin-Schiff reaction (3^+ old individual, spring); 22. Ninhydrin-Schiff reaction (mature fish, pre-reproduction); 23. Ninhydrin-Schiff reaction (mature, post-reproduction); 24. Mercury-bromophenol blue reaction (2^+ old individual, spring)
CC: central canal; D: Dahlgren cell; Ep: ependyma cell; gc: glial cell; N: nucleus; U: urophysis

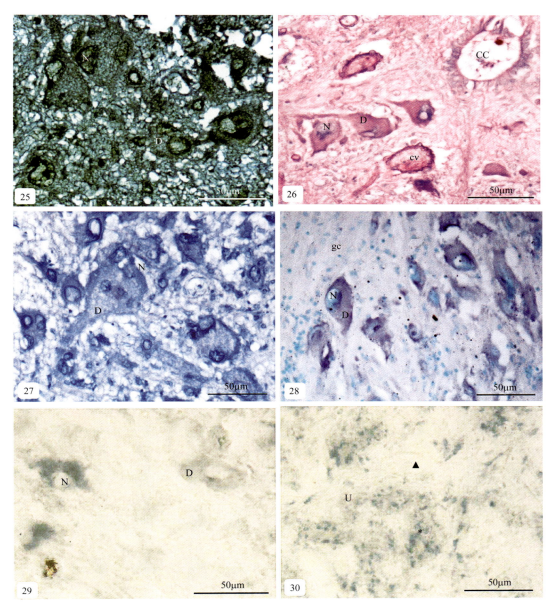

图版 5-Ⅴ-G 南方鲇尾部神经分泌系统的结构
Plate 5-Ⅴ-G The structure of caudal neurosecretory system of *Silurus meridionalis*

25. 汞-溴酚蓝反应（成鱼，繁殖前）；26. PAS 反应（2^+龄个体，春季）；27. PAS 反应（成鱼，繁殖前）；28. 甲基绿-派洛宁染色（3^+龄个体，春季）；29. 溴-苏丹黑反应，示神经细胞胞体（成鱼，繁殖前）；30. 溴-苏丹黑反应，示尾垂体（成鱼，繁殖前）
CC: 中央管；cv: 毛细血管；D: Dahlgren 细胞；gc: 神经胶质细胞；N: 细胞核；U: 尾垂体；▲: 皮质；*: 髓质
25. Mercury-bromophenol blue reaction (mature, pre-reproduction); 26. PAS reaction (2^+old young fish, spring); 27. PAS reaction (mature fish, pre-reproduction); 28. Methyl green-pyronin staining (3^+ old young fish, spring); 29. Bromine-sudan black reaction, showing the soma of the neuron (mature fish, pre-reproduction); 30. Bromine-sudan black reaction, showing the urophysis (mature fish, pre-reproduction)
CC: central canal; cv: capillary vessel; D: Dahlgren cell; gc: glial cell; N: nucleus; U: urophysis; ▲: cortex; *: medulla

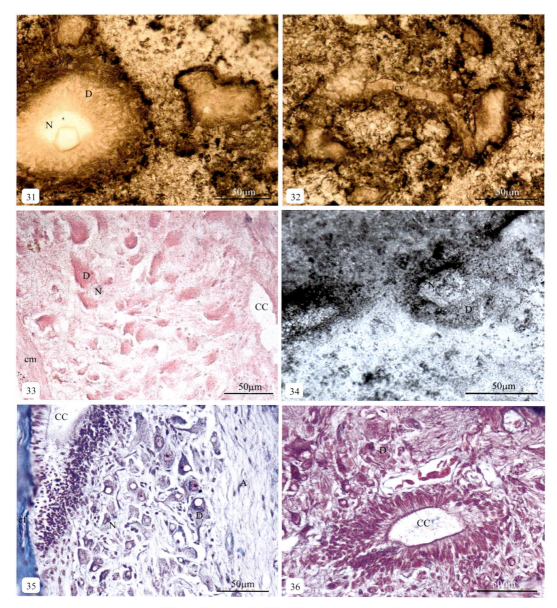

图版 5-Ⅴ-H 南方鲇尾部神经分泌系统的结构

Plate 5-Ⅴ-H The structure of caudal neurosecretory system of *Silurus meridionalis*

31. Ca^+-ATP 酶反应，示 Dahlgren 细胞胞体（成鱼，繁殖前）；32. Ca^+-ATP 酶反应，示毛细血管（成鱼，繁殖前）；33. AChE 反应（亚铁氰化铜法，成鱼性腺Ⅲ期）；34. AKP 反应（钙-钴法，成鱼性腺Ⅲ期）；35. 6月龄幼鱼尾部脊髓纵切面（Mallory）；36. 1^+龄幼鱼尾部脊髓横切面（AZAN）

A：轴突；CC：中央管；cf：胶原纤维；cm：脊膜；cv：毛细血管；D：Dahlgren 细胞；N：细胞核

31. Ca^+-ATPase reaction, showing the cell body of Dahlgren cell (mature fish, pre-reproduction); 32. Ca^+-ATPase reaction, showing the capillary vessel (mature fish, pre-reproduction); 33. AChE reaction (cupric ferrocyanide reaction, stage Ⅲ gonad of a mature fish); 34. AKP reaction (calcium-cobalt reaction, stage Ⅲ gonad in a mature fish); 35. Vertical section of tail spinal cord in 6-month old young fish (Mallory); 36. Cross section of tail spinal cord in 1^+ old young fish (AZAN)

A: axon; CC: central canal; cf: collagenous fiber; cm: spinal cord membrane; cv: capillary vessel; D: Dahlgren cell; N: nucleus

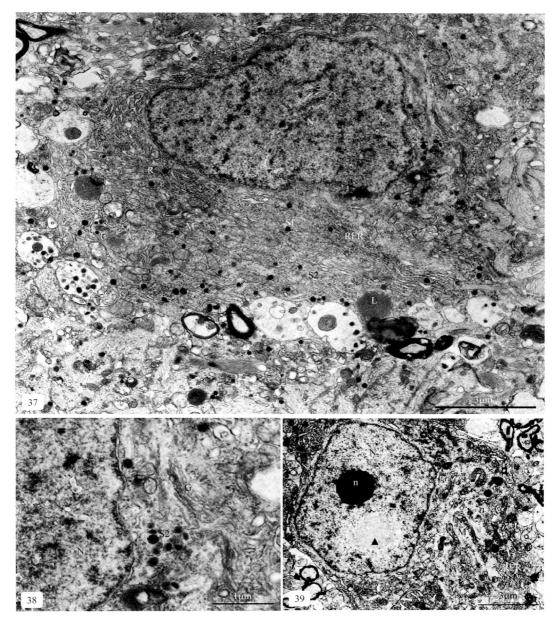

图版 5-Ⅴ-Ⅰ 南方鲇尾部神经分泌系统的结构
Plate 5-Ⅴ-Ⅰ The structure of caudal neurosecretory system of *Silurus meridionalis*

37. 神经分泌细胞和其胞器及"轴-体"突触（成鱼，性腺Ⅲ期）；38. 高尔基体及其周围Ⅱ型分泌颗粒（成鱼，性腺Ⅲ期）；39. 1^+龄幼鱼神经分泌细胞

G: 高尔基体；L: 溶酶体；M: 线粒体；N: 细胞核；n: 核仁；R: 核糖体；S1: Ⅰ型分泌颗粒；S2: Ⅱ型分泌颗粒；RER: 粗面内质网；▲: 核内电子低密度区域

37. Neurosecretory cell and its organelles and "axo-somatic" synapse (mature fish, gonad in stage Ⅲ); 38. Golgi body and its surrounding type Ⅱ secretory granule (mature fish, gonad in stage Ⅲ); 39. Neurosecretory cell in 1^+ old young fish

G: Golgi body, L: lysosome; M: mitochondrion; N: nucleus; n: nucleolus, R: ribosome; S1: type Ⅰ secretory granule; S2: type Ⅱ secretory granule; RER: rough endoplasmic reticulum; ▲: electron low-density area in nucleus

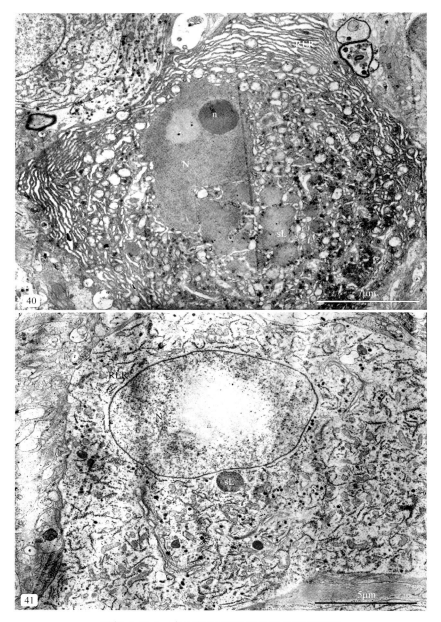

图版 5-Ⅴ-J 南方鲇尾部神经分泌系统的结构
Plate 5-Ⅴ-J The structure of caudal neurosecretory system of *Silurus meridionalis*

40. Dahlgren Ⅰ型细胞（成鱼，繁殖前）；41. Dahlgren Ⅱ型细胞（成鱼，繁殖前）
M：线粒体；N：细胞核；n：核仁；RER：粗面内质网；S：分泌颗粒；sL：次级溶酶体
40. Type Ⅰ Dahlgren cell (mature, pre-reproduction); 41. Type Ⅱ Dahlgren cell (mature, pre-reproduction)
M: mitochondrion; N: nucleus; n: nucleolus; RER: rough endoplasmic reticulum; S: secretory granule; sL: secondary lysosome

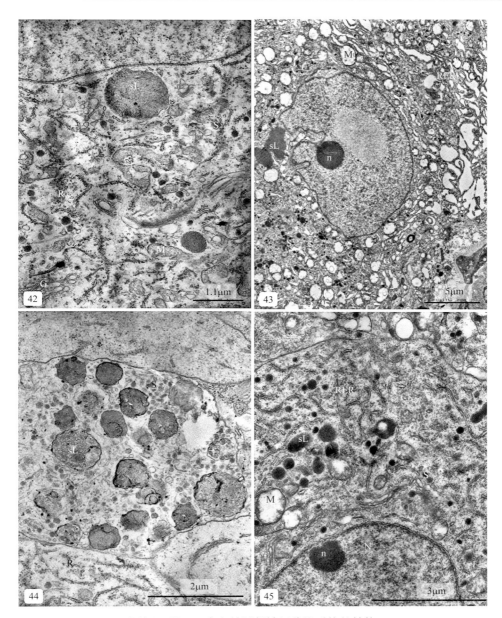

图版 5-Ⅴ-K 南方鲇尾部神经分泌系统的结构

Plate 5-Ⅴ-K The structure of caudal neurosecretory system of *Silurus meridionalis*

42. 成鱼繁殖前 Dahlgren 细胞胞体；43. 成鱼繁殖后 Dahlgren 细胞胞体；44. 成鱼繁殖前 Dahlgren 细胞内溶酶体；45. 成鱼繁殖后 Dahlgren 细胞内溶酶体

G：高尔基体；M：线粒体；N：细胞核；n：核仁；R：核糖体；RER：粗面内质网；S：分泌颗粒；sL：次级溶酶体

42. The cell body of Dahlgren cell in pre-reproductive mature fish; 43. The soma of Dahlgren cell in post-reproductive mature fish; 44. The lysosome of Dahlgren cell in pre-reproductive mature fish; 45. The lysosome of Dahlgren cell in post-reproductive mature fish

G: Golgi body; M: mitochondrion; N: nucleus; n: nucleolus; R: ribosome; RER: rough endoplasmic reticulum; S: secretory granule; sL: secondary lysosome

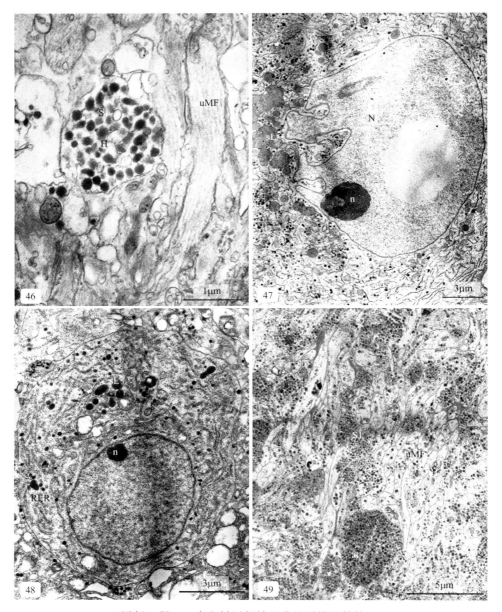

图版 5-Ⅴ-L 南方鲇尾部神经分泌系统的结构
Plate 5-Ⅴ-L The structure of caudal neurosecretory system of *Silurus meridionalis*

46. 成鱼性腺Ⅲ期时 Herring 体；47. 成鱼繁殖前神经分泌细胞核内陷；48. 成鱼繁殖后神经分泌细胞中光滑细胞核；49. 成鱼繁殖前神经分泌细胞轴突及末梢内分泌颗粒
at：轴突末梢；uMF：无髓神经纤维；H：Herring 体；N：细胞核；n：核仁；RER：粗面内质网；S：分泌颗粒；S1：Ⅰ型分泌颗粒；S2：Ⅱ型分泌颗粒；sL：次级溶酶体
46. Herring body of gonad at stage Ⅲ in mature fish; 47. The nucleus invagination of Dahlgren cell in pre-reproductive mature fish; 48. The smooth nucleus of Dahlgren cell in mature fish after reproduction; 49. The secretory granule in ends and axon of Dahlgren cell in pre-reproductive mature fish
at: axon terminal; uMF: unmyelinated nerve fiber; H: herring body; N: nucleus; n: nucleolus; RER: rough endoplasmic reticulum; S: secretory granule; S1: type Ⅰ secretory granule; S2: type Ⅱ secretory granule; sL: secondary lysosome

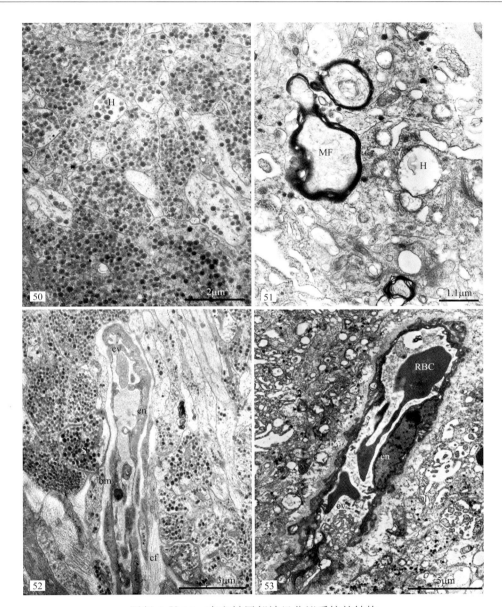

图版 5-Ⅴ-M　南方鲇尾部神经分泌系统的结构

Plate 5-Ⅴ-M　The structure of caudal neurosecretory system of *Silurus meridionalis*

50. 成鱼繁殖前 Herring 体；51. 成鱼繁殖后 Herring 体；52. 成鱼繁殖前毛细血管横切，示布满分泌颗粒的突起紧邻毛细血管；53. 成鱼繁殖后毛细血管横切，示内皮细胞多突起

bm：基膜；cf：胶原纤维；cv：毛细血管；en：内皮细胞；H：Herring 体；MF：有髓神经纤维；RBC：红细胞；S：分泌颗粒

50. Herring body in pre-reproductive mature fish; 51. Herring body in mature fish after reproduction; 52. Cross section through capillary vessel in mature fish before reproduction, showing the protuberances with full of secretory granules which are close to capillary vessel; 53. Cross section of capillary vessel in mature fish after reproduction, showing many protuberances of endothelial cell

bm: basement layer; cf: collagenous fiber; cv: capillary vessel; en: endothelial cell; H: Herring body; MF: myelinated nerve fiber; RBC: red blood cell; S: secretory granule

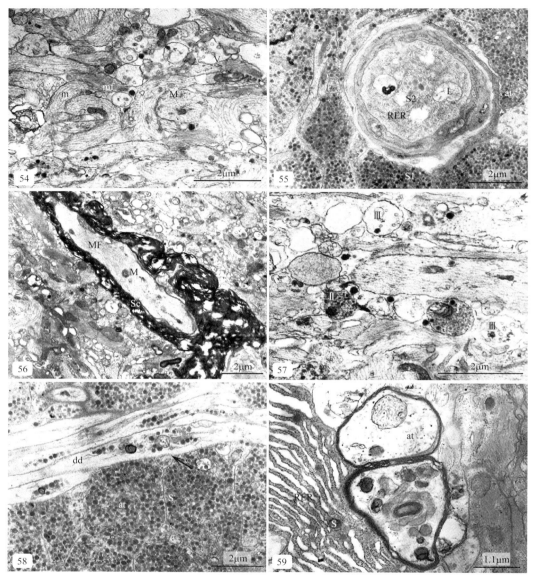

图版 5-Ⅴ-N 南方鲇尾部神经分泌系统的结构
Plate 5-Ⅴ-N The structure of caudal neurosecretory system of *Silurus meridionalis*

54. 性腺Ⅲ期时无髓神经纤维及其内含物；55. 繁殖前施万细胞横切；56. 性腺Ⅲ期时的有髓神经纤维；57. 3 种类型的神经末梢；58. 神经分泌细胞末梢形成的"轴-树"突触；59. 神经分泌细胞末梢形成的"轴-轴"突触
at: 轴突末梢；dd: 树突；L: 溶酶体；M: 线粒体；m: 微管；MF: 有髓神经纤维；mf: 微丝；RER: 粗面内质网；S: 分泌颗粒；S1: Ⅰ型分泌颗粒；S2: Ⅱ型分泌颗粒；Sc: 施万细胞；V: 透明囊泡；Ⅰ: Ⅰ型末梢；Ⅱ: Ⅱ型末梢；Ⅲ: Ⅲ型末梢；→: "轴-树"突触

54. Unmyelinated nerve fiber and its inclusions of fish with gonad in stage Ⅲ; 55. Cross section of Schwann cell in fish before reproduction; 56. Myelinated nerve fiber of fish with gonad in stage Ⅲ; 57. Three different axon terminals; 58. The "axo-dendritic" synapse formed by the terminals of neurosecretory cells; 59. The "axo-axonic" synapse formed by the terminals of neurosecretory cells
at: axon terminal; dd: dendrite; L: lysosome; M: mitochondrion; m: microtubule; MF: myelinated nerve fiber; mf: microfilament; RER: rough endoplasmic reticulum; S: secretory granule; S1: type Ⅰ secretory granule; S2: type Ⅱ secretory granule; Sc: Schwann cell; V: transparent vesicle; Ⅰ: type Ⅰ terminal; Ⅱ: type Ⅱ terminal; Ⅲ: type Ⅲ terminal; →: "axo-dendritic" synapse

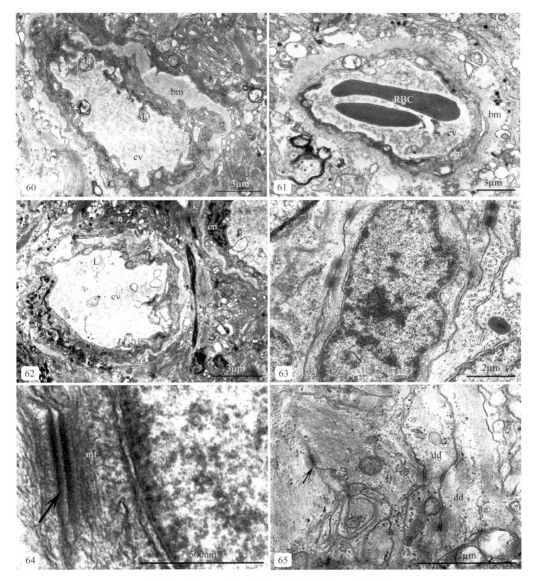

图版 5-V-O 南方鲇尾部神经分泌系统的结构

Plate 5-V-O The structure of caudal neurosecretory system of *Silurus meridionalis*

60. 成鱼性腺Ⅲ期时毛细血管及内皮细胞；61. 成鱼繁殖后毛细血管内红细胞；62. 成鱼性腺Ⅲ期时毛细血管管腔内各种类似次级溶酶体的小泡；63. 6月龄幼鱼尾垂体内神经胶质细胞及其胞间连接；64. 胞间连接——桥粒；65. 成鱼繁殖前树突间连接

bm：基膜；cv：毛细血管；dd：树突；en：内皮细胞；gc：神经胶质细胞；L：溶酶体；mf：微丝；N：细胞核；sL：次级溶酶体；RBC：红细胞；→：桥粒

60. The capillary vessel and endothelial cell of mature fish with gonad in stage Ⅲ; 61. The RBC in capillary vessel of mature fish after reproduction; 62. Different vesicles similar to secondary lysosomes in the cavity of capillary vessel of mature fish with gonad in stage Ⅲ; 63. The glial cell and the junction between these cells in urophysis of 6-month old young fish; 64. Intercellular junction—desmosome; 65. The junction between dendron of pre-reproductive mature fish

bm: basement layer; cv: capillary vessel; dd: dendron; en: endothelial cell; gc: glial cell; L: lysosome; mf: microfilament; N: nucleus; sL: secondary lysosome; RBC: red blood cell; → : desmosome

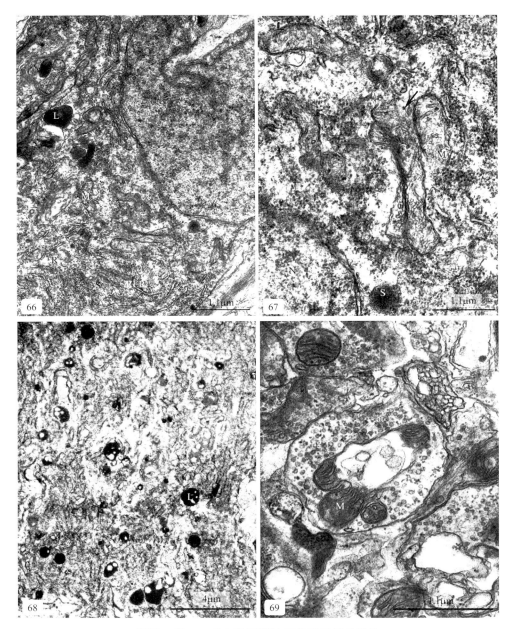

图版 5-Ⅴ-P 南方鲇尾部神经分泌系统的结构
Plate 5-Ⅴ-P The structure of caudal neurosecretory system of *Silurus meridionalis*

66. 3月龄幼鱼 Dahlgren 细胞及其细胞器；67. 3月龄幼鱼 Dahlgren 细胞内线粒体；68. 3月龄幼鱼 Dahlgren 细胞内溶酶体；69. 3月龄幼鱼 Dahlgren 细胞轴突内电子透明小泡

at：轴突末梢；L：溶酶体；tg：透明颗粒；M：线粒体；N：细胞核；R：核糖体；RER：粗面内质网；S：分泌颗粒；→：沉积颗粒

66. Dahlgren cell and its organelles in 3-month old young fish; 67. Mitochondrion of Dahlgren cell in 3-month old young fish; 68. The lysosome of Dahlgren cell in 3-month old young fish; 69. Electron transparent vesicles of Dahlgren cell axon in 3-month old young fish

at: axon terminal; L: lysosome; tg: transparent granule; M: mitochondrion; N: nucleus; R: ribosome; RER: rough endoplasmic reticulum; S: secretory granule; →: sediment granule

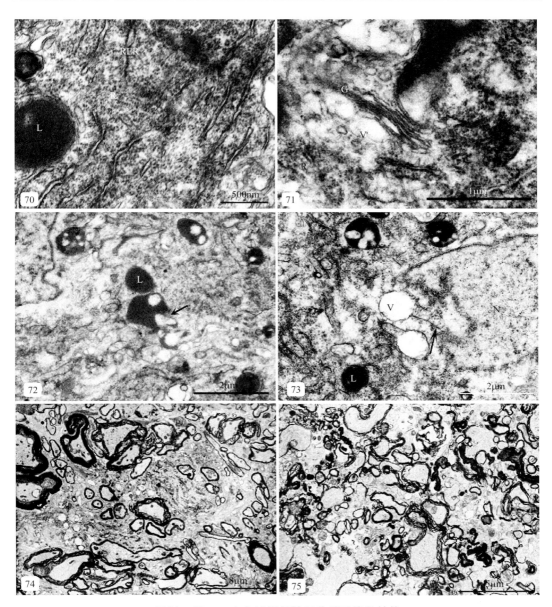

图版 5-Ⅴ-Q 南方鲇尾部神经分泌系统的结构
Plate 5-Ⅴ-Q The structure of caudal neurosecretory system of *Silurus meridionalis*

70. 3月龄幼鱼 Dahlgren 细胞内粗面内质网；71. 3月龄幼鱼 Dahlgren 细胞 Golgi 体及周围囊泡；72. 3月龄幼鱼 Dahlgren 细胞溶酶体与小泡互融，→：融合；73. 3月龄幼鱼 Dahlgren 细胞核内陷，→：内陷；74. 3月龄幼鱼尾部有髓神经纤维；75. 1^+ 龄幼鱼尾部有髓神经纤维
G：高尔基体；L：溶酶体；N：细胞核；R：核糖体；RER：粗面内质网；V：囊泡

70. The RER of Dahlgren cell in 3-month old young fish; 71. The Golgi body and peripheral vesicles of Dahlgren cell in 3-month old young fish; 72. Lysosome melted with vesicle of Dahlgren cell in 3-month old young fish, →: fusion; 73. Nuclear invagination of Dahlgren cell in 3-month old young fish, →: invagination; 74. The caudal myelinated nerve fiber in 3-month old young fish; 75. The caudal myelinated nerve fiber in 1^+ old young fish
G: Golgi body; L: lysosome; N: nucleus; R: ribosome; RER: rough endoplasmic reticulum; V: vesicle

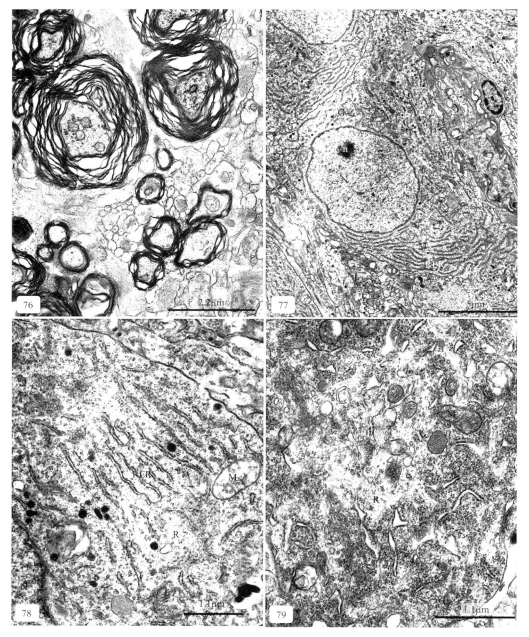

图版 5-Ⅴ-R 南方鲇尾部神经分泌系统的结构

Plate 5-Ⅴ-R The structure of caudal neurosecretory system of *Silurus meridionalis*

76. 6月龄幼鱼尾部有髓神经纤维；77. 6月龄幼鱼 Dahlgren 细胞胞质；78. 6月龄幼鱼 Dahlgren 细胞内质网；79. 1^+ 龄幼鱼 Dahlgren 细胞胞质及内质网

G：高尔基体；L：溶酶体；M：线粒体；N：细胞核；n：核仁；R：核糖体；RER：粗面内质网；S：分泌颗粒

76. The caudal myelinated nerve fiber in 6-month old young fish; 77. The fish cytoplasm of Dahlgren cell in 6-month old young fish; 78. The endoplasmic reticulum of Dahlgren cell in 6-month old young fish; 79. The cytoplasm and rough endoplasmic reticulum of Dahlgren cell in 1^+ old young fish

G: Golgi body; L: lysosome; M: mitochondrion; N: nucleus; n: nucleolus; R: ribosome; RER: rough endoplasmic reticulum; S: secretory granule

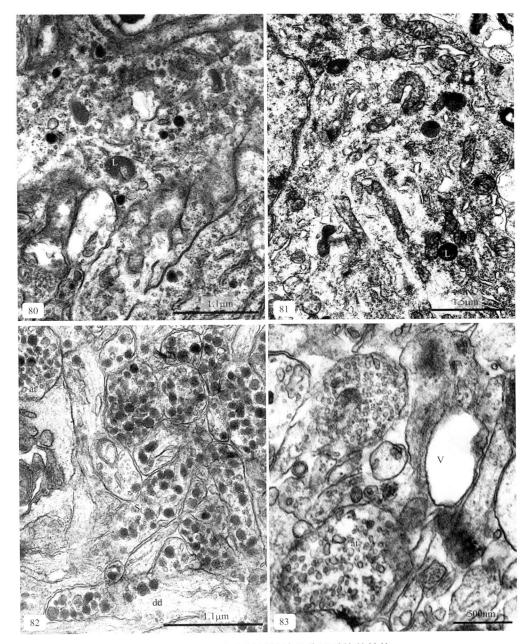

图版 5-Ⅴ-S 南方鲇尾部神经分泌系统的结构

Plate 5-Ⅴ-S The structure of caudal neurosecretory system of *Silurus meridionalis*

80. 6月龄幼鱼 Dahlgren 细胞内溶酶体；81. 1⁺龄幼鱼 Dahlgren 细胞内溶酶体；82. 6月龄幼鱼 Dahlgren 细胞突起内神经分泌颗粒；83. 1⁺龄幼鱼 Dahlgren 细胞轴突末梢及其突触小泡

at：轴突末梢；dd：树突；L：溶酶体；lg：透明颗粒；M：线粒体；S：分泌颗粒；V：囊泡

80. The lysosome of Dahlgren cell in 6-month old young; 81. The lysosome of Dahlgren cell in 1⁺ old young fish; 82. The neurosecretory granules in dendron of Dahlgren cell in 6-month old young fish; 83. The axon terminal and its synaptic vesicle in Dahlgren cell of 1⁺ old young fish

at: axon terminal; dd: dendron; L: lysosome; lg: lucent granule; M: mitochondrion; S: secretory granule; V: vesicle

第 6 章 性腺中非生殖细胞的结构

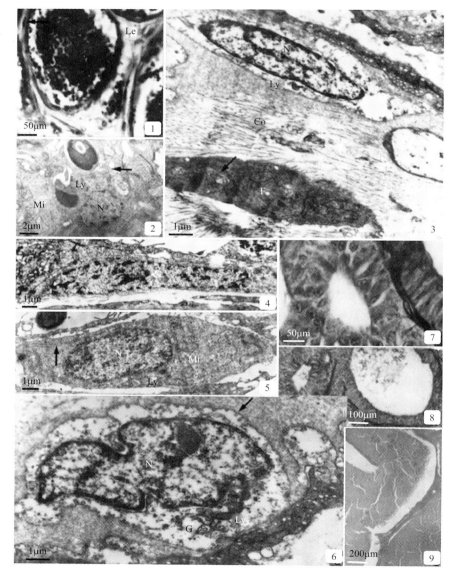

图版 6-I-A 长吻鮠性腺中非生殖细胞的结构
Plate 6-I-A The structure of non-germinal cells in gonad of *Leiocassis longirostris*

1. 精巢切片，示精小叶之间的 Leydig 细胞（Le）和精小叶周缘的边界细胞（箭头）；2. 支持细胞及发育中的精母细胞，N：支持细胞核，Mi：线粒体，Ly：溶酶体，箭头示滑面内质网；3. 上部为结缔组织细胞，N：细胞核，Ly：溶酶体；下部为成纤维细胞（F），内包涵体（箭头），Co：胶原纤维；4. 边界细胞，N：细胞核；5. Leydig 细胞，N：细胞核，Mi：线粒体，Ly：溶酶体，滑面内质网（箭头）；6. 淋巴细胞，N：细胞核，Ly：溶酶体，G：高尔基复合体，胞饮泡（箭头）；7～9. 精巢尾区切片；7. 非繁殖期；8. 繁殖前期；9. 繁殖期

1. Section of testis, showing the Leydig cell (Le) among the seminiferous lobules, and marginal cells (arrow) around the lobules; 2. Sertoli cell and spermatocytes under development, N: nucleus of Sertoli cell, Mi: mitochondrion, Ly: lysosome, the arrow showing the smooth endoplasmic reticulum; 3. The upper one is the connective tissue cell, N: nucleus, Ly: lysosome; and the lower one is the fibroblast (F), inner inclusion bodies (arrow), Co: collagenous fiber; 4. Marginal cell, N: nucleus; 5. Leydig cell, N: nucleus, Mi: mitochondrion, Ly: lysosome, smooth endoplasmic reticulum (arrow); 6. Lymphocytes, N: nucleus, Ly: lysosome, G: Golgi apparatus, pinocytotic vesicle (arrow); 7-9. Section on the tail region of testis; 7. Non-reproductive stage; 8. Pre-reproductive stage; 9. Reproductive stage

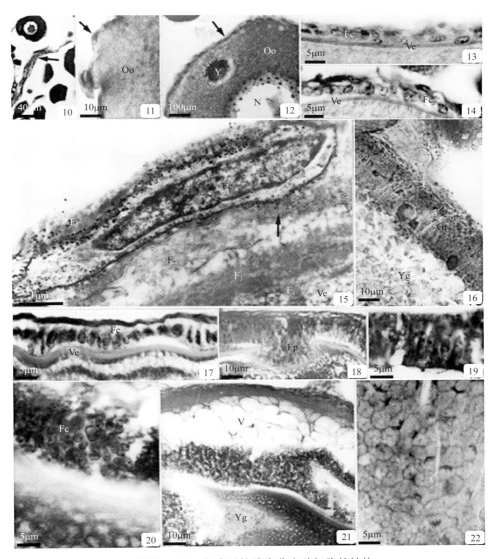

图版 6-I-B 长吻鮠性腺中非生殖细胞的结构

Plate 6-I-B The structure of non-germinal cells in gonad of *Leiocassis longirostris*

10. Ⅱ时相卵巢切片，示卵巢基质细胞（箭头）；11. Ⅱ时相早期卵母细胞（Oo），示零散排列的滤泡细胞（箭头）；12. Ⅱ时相晚期卵母细胞（Oo），示卵黄核（Y）、细胞核（N）和单层滤泡细胞（箭头）；13. Ⅲ时相早期卵母细胞，示双层滤泡细胞（Fc）和卵黄膜（Ve）；14. Ⅲ时相晚期卵母细胞，示内层滤泡细胞变为立方状（Fc）和卵黄膜（Ve）；15. Ⅲ时相早期卵母细胞超微结构，示滤泡细胞（Fc）、滤泡膜的4层结构（F_1、F_2、F_3和F_4）、卵黄膜（Ve）和向内转移的滤泡细胞分泌小泡（箭头）；16. Ⅳ时相晚期卵母细胞，示内层滤泡细胞及其分泌颗粒（Gr）和卵黄颗粒（Yg）；17. Ⅲ时相晚期卵母细胞，示柱状滤泡细胞（Fc）和卵黄膜（Ve）；18. 滤泡细胞形成"伪足"（Fp）吞食卵黄；19. 排卵后的滤泡细胞；20. 滤泡细胞核增大形成合胞体状态（Fc）；21. 滤泡细胞肥大液泡化（V）和退化末期的卵黄颗粒（Yg）；22. 空滤泡中滤泡细胞泡状化

10. Section of phase Ⅱ ovary, showing the stromal cell (arrow); 11. Oocyte (Oo) in early phase Ⅱ, showing the dispersed follicle cells (arrow); 12. Oocyte (Oo) in late phase Ⅱ, showing the yolk nucleus (Y), nucleus (N) and monolayer follicle cell (arrow); 13. Oocyte (Oo) in early phase Ⅲ, showing bilayer follicle cells (Fc) and vitelline membrane (Ve); 14. Oocyte (Oo) in late phase Ⅲ, showing the inner follicle cell changed to a shape of cubic (Fc) and vitelline membrane (Ve); 15. Ultrastructure of oocyte in the early phase Ⅲ, showing follicle cell (Fc), four layers of follicular membrane (F_1, F_2, F_3 and F_4), vitelline membrane (Ve) and inward transferred vesicles secreted by the follicles (arrow); 16. Oocyte (Oo) in late phase Ⅳ, showing inner follicle cell and its secretory granules (Gr), yolk granule (Yg); 17. Oocyte (Oo) in late phase Ⅲ, showing columnar follicle cell (Fc) and vitelline membrane (Ve); 18. Pseudopodium (Fp) formed by follicle cell is swallowing the yolk; 19. Follicle cell after ovulation; 20. Syncytium (Fc) formed by the nuclear enlarged follicle cell; 21. Vacuolization (V) of enlarged follicle cell, and yolk granule (Yg) in the end of the degeneration period; 22. Vacuolization of the follicle cell in the empty follicle

图版 6-Ⅱ-A 南方鲶卵巢滤泡细胞和卵膜生成的组织学结构
Plate 6-Ⅱ-A The histological structure on the formation of ovarian follicle cell and egg envelope in *Silurus meridionalis*

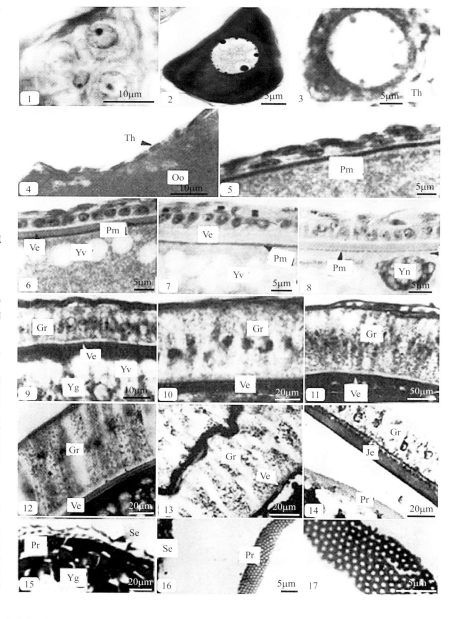

1. 卵原细胞，周缘未见滤泡细胞；2，3. 零散期的卵泡膜细胞；4. 单层扁平期的卵泡膜细胞；5. 多层扁平期的卵泡膜细胞；6. 形成中的颗粒细胞和卵黄膜；7，8. 立方状期的颗粒细胞和卵黄膜；9～13. 柱状期的颗粒细胞和变化中的卵黄膜；9. 柱状期早期的颗粒细胞和卵黄膜；10. 柱状期中期的颗粒细胞和卵黄膜；11. 柱状期晚期的颗粒细胞和卵黄膜；12. 柱状期中期稍晚阶段的颗粒细胞和卵黄膜；13. 图11 的放大；14. Ⅳ时相末的卵母细胞，示分泌期的颗粒细胞及初级和次级卵膜；15. 已脱离卵泡的成熟卵，示初级和次级卵膜；16. 正常胚胎孵化后留下的空卵膜（示初级和次级卵膜）切片；17. 图16中初级卵膜的放大

Gr：颗粒细胞；Je：胶质膜（次级卵膜）；Oo：卵母细胞；Pm：质膜；Pr：初级卵膜；Se：次级卵膜；Th：卵泡膜细胞；Ve：卵黄膜；Yg：卵黄颗粒；Yn：卵黄核；Yv：卵黄泡

1. Oogonium, with no follicle cell around; 2, 3. Theca cell in the scatter stage; 4. Theca cell in the simple squamous stage; 5. Theca cell in the stratified squamous stage; 6. Granular cell under growth and vitelline membrane; 7, 8. Granular cell and vitelline membrane in the cubic stage; 9-13. Granular cell and changing vitelline membrane in the stage of column stage; 9. Granular cell and vitelline membrane in the early phase of column stage; 10. Granular cell and vitelline membrane in the middle phase of column stage; 11. Granular cell and vitelline membrane in the late phase of column stage; 12. Granular cell and vitelline membrane in the late-middle phase of column stage; 13. Enlargement of figure 11; 14. Oocyte at the late phase Ⅳ, showing granular cell of secretive stage, the primary and the secondary egg envelope; 15. A mature egg which has detached from the follicle, showing the primary and the secondary egg envelope; 16. The section of empty egg envelope after embryo hatching (showing the primary and the secondary egg envelope); 17. Enlargement of the primary egg envelope of figure 16
Gr: granular cell; Je: jelly coat (secondary egg envelope); Oo: oocyte; Pm: plasma membrane; Pr: primary egg envelope; Se: secondary egg envelope; Th: theca cell; Ve: vitelline membrane; Yg: yolk granule; Yn: yolk nucleus; Yv: yolk vesicle

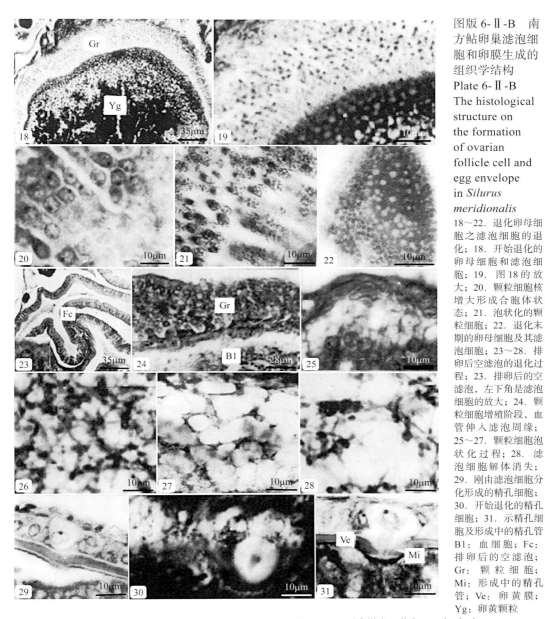

图版 6-Ⅱ-B 南方鲇卵巢滤泡细胞和卵膜生成的组织学结构
Plate 6-Ⅱ-B The histological structure on the formation of ovarian follicle cell and egg envelope in *Silurus meridionalis*

18~22. 退化卵母细胞之滤泡细胞的退化;18. 开始退化的卵母细胞和滤泡细胞;19. 图18的放大;20. 颗粒细胞核增大形成合胞体状态;21. 泡状化的颗粒细胞;22. 退化末期的卵母细胞及其滤泡细胞;23~28. 排卵后空滤泡的退化过程;23. 排卵后的空滤泡,左下角是滤泡细胞的放大;24. 颗粒细胞增殖阶段,血管伸入滤泡周缘;25~27. 颗粒细胞泡状化过程;28. 滤泡细胞解体消失;29. 刚由滤泡细胞分化形成的精孔细胞;30. 开始退化的精孔细胞;31. 示精孔细胞及形成中的精孔管
B1:血细胞;Fc:排卵后的空滤泡;Gr:颗粒细胞;Mi:形成中的精孔管;Ve:卵黄膜;Yg:卵黄颗粒

18-22. Retrogression of follicle cell of the retrograde oocyte; 18. The oocyte and follicle cell that are beginning to retrogress; 19. Enlargement of figure 18; 20. The nucleus of granular cells enlarged to form a syncytium state; 21. The vacuolated granular cells; 22. The oocyte and its follicle cell at late phase of retrogression; 23-28. The degenerative course of empty follicle after ovulation; 23. The empty follicle after ovulation, the lower left corner is the enlargement of the follicle cell; 24. The blood vessel stretched into the periphery of follicle in granular cell proliferation stage; 25-27. The vacuolization course of granular cell; 28. The disintegration and disappearance of follicle cell; 29. A micropylar cell just formed by differentiated of follicle cell; 30. The micropylar cell that begins to retrogression; 31. Showing the micropylar cell and the forming of the micropylar canal
B1: blood cell; Fc: empty follicle cell after ovulation; Gr: granular cell; Mi: micropylar canal being formed; Ve: vitelline membrane; Yg: yolk granule

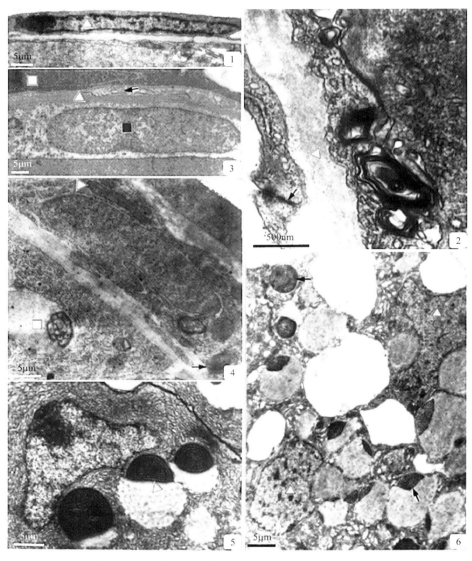

图版 6-Ⅲ-A 南方鲇卵巢滤泡细胞和卵膜生成的超微结构

Plate 6-Ⅲ-A The ultrastructure on the formation of ovarian follicle cell and egg envelope in *Silurus meridionalis*

1. 单层扁平卵泡膜细胞期，示滤泡细胞核（△）；2. 单层扁平卵泡膜细胞期，示粗面内质网、微丝、膜性小泡，以及相邻滤泡细胞间的连接复合体（←）和放射带1（△）；3. 多层扁平卵泡膜细胞期，示鞘膜细胞（□）、滤泡细胞（■）、粗纤维层（←）、细纤维层（△）；4. 立方状颗粒细胞期，示鞘膜细胞中的小管状线粒体（△）、锯齿状线粒体（→）、丰富的粗面内质网、退化的巨型线粒体（□）；5. 立方状颗粒细胞不规则的核、丰富的粗面内质网、巨型线粒体（△）；6. 柱状颗粒细胞期，示合胞体中两个不规则的细胞核（△），丰富的粗面内质网、高尔基体及退化各期的巨型线粒体（←）

1. Simple squamous theca cell stage, showing nucleus of follicle cell (△); 2. Simple squamous theca cell stage, showing rough endoplasmic reticulum, microfilament, membrane vesicle, junctional complex (←) between two neighboring follicle cells and zona radiata 1 (△); 3. Stratified squamous theca cell stage, showing theca cell (□), follicle cell (■), rough fiber layer (←) and thin fiber layer (△); 4. Cubic granular cell stage, showing the small tubular mitochondrion (△), serrated mitochondrion (→), abundant rough endoplasmic reticulums, giant degenerated mitochondrion (□) in the theca cell; 5. The nucleus with irregular shapes, abundant rough endoplasmic reticulums and giant mitochondrion (△) in the cubic granular cell; 6. Column granular cell stage, showing two irregular nuclei (△), abundant rough endoplasmic reticulum, Golgi body, and giant mitochondrion in different degenerated stages (←) in the syncytium

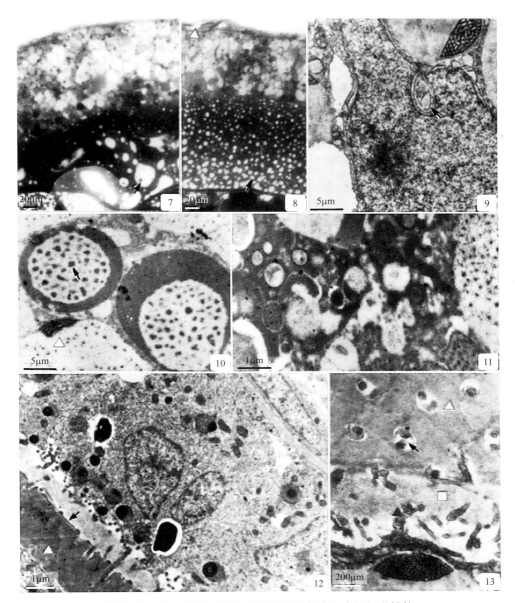

图版 6-Ⅲ-B 南方鲇卵巢滤泡细胞和卵膜生成的超微结构

Plate 6-Ⅲ-B The ultrastructure on the formation of ovarian follicle cell and egg envelope in *Silurus meridionalis*

7. 颗粒细胞半薄切片，示染色迥然不同的内、外2层及运输泡（←）；8. 颗粒细胞半薄切片，示丰富的血管（Δ）和运输泡（←）；9. 高柱状颗粒细胞期，示核开始空泡化（←）；10. 颗粒细胞外层深、浅色泡中的卵黄中间颗粒（←）和卵黄前体颗粒（Δ）；11. 颗粒细胞内、外层交界处，示高尔基体、内质网及退化线粒体形成的泡状结构中沉积高电子密度物质；12. 卵黄发生期卵母细胞，示放射带Ⅱ（Δ）和放射带Ⅲ（←）；13. 示初级卵膜（Δ）、次级卵膜（□）、颗粒细胞的胞质突起（▲）、卵母细胞的微绒毛（←）

7. Semithin section of granular cell, showing two (inner and outer) layers with distinct staining and transport vesicles (←); 8. Semithin section of granular cell, showing the abundant blood vessels (Δ) and transport vesicles (←); 9. High-columnar granular cell stage, showing the beginning of the vacuolization of the nucleus (←); 10. Intermediate yolk granule (←) and yolk-precursor granule (Δ) in the dark- and light-coloured vesicles in the outer layer of the granular cell; 11. The boundary of the inner and outer layers of the granule cell, showing Golgi body, endoplasmic reticulum and high electronic density substances in the vesicular structures formed by the degenerated mitochondrion; 12. Oocyte in the vitellogenesis stage, showing zona radiata Ⅱ (Δ) and zona radiata Ⅲ (←); 13. Showing the primary (Δ) and secondary (□) egg envelope, plasma processes of granular cell (▲), microvilli of the oocyte (←)

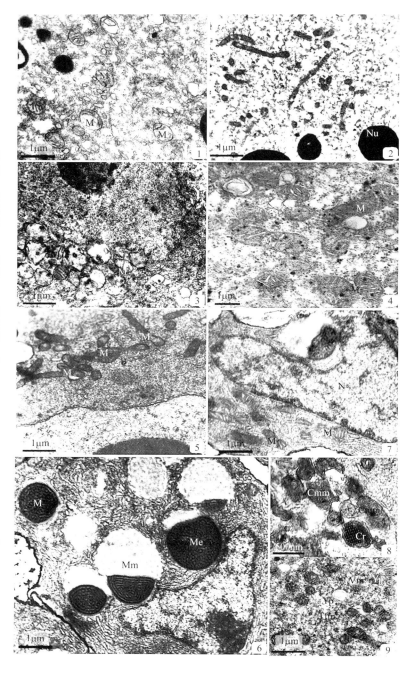

图版 6-Ⅳ 南方鲇卵母细胞和滤泡细胞中线粒体的类型与变化
Plate 6-Ⅳ Type and variation of mitochondrion in oocyte and follicle cell in *Silurus meridionalis*

1. 椭圆形板状嵴线粒体；2. 细条状线粒体；3. 球形线粒体；4. 长条形板状嵴线粒体；5. 锯齿状线粒体；6. 巨型线粒体；7. 滤泡细胞中的线粒体；8. 组成线粒体云的退化线粒体；9. 卵黄发生期卵母细胞中的线粒体 Cmm: 同心膜样线粒体；Cr: 退化线粒体的晶体结构；M: 线粒体；Me: 衰退早期的巨型线粒体；Mm: 衰退中期的巨型线粒体；Ml: 衰退晚期的巨型线粒体；N: 细胞核；Nu: 核仁；Tfm: 典型功能型线粒体；Vm: 空泡状线粒体；Y: 巨型线粒体充满低电子密度的物质；Yp: 卵黄小板

1. Elliptic mitochondrion with tabular crista; 2. Thinly strip shaped mitochondrion; 3. Spherical mitochondrion; 4. Elongated mitochondrion with tabular crista; 5. Serrated mitochondrion; 6. Giant mitochondrion; 7. Mitochondrion in the follicle cell; 8. Degenerated mitochondrion for the formation of mitochondrial cloud; 9. Mitochondrion of the oocyte in vitellogenesis stage Cmm: mitochondrion with concentric membrane; Cr: crystal structure of the degenerated mitochondrion; M: mitochondrion; Me: giant mitochondrion in the early degeneration stage; Mm: giant mitochondrion in the middle degeneration stage; Ml: giant mitochondrion in the late degeneration stage; N: nucleus; Nu: nucleolus; Tfm: typically functional mitochondrion; Vm: vacuolated mitochondrion; Y: giant mitochondrion, with plenty of low electron density substances; Yp: yolk plate